# 마이크로파 공학

## Microwave Engineering

나극환 지음

청문각

# 머리말

일찍이 1827년에 옴은 축전지와 전선에 흐르는 전류를 조사하던 중에 전압과 전류 사이에 비례관계가 있음을 발견하고 옴의 법칙을 발표하였고, 1845년에 키르히호프가 21세의 나이에 키르히호프의 법칙을 만들어내었으며, 1871년에는 맥스웰에 의하여 맥스웰 방정식이 발표되었다.

그 후 무수히 많은 과학자들에 의하여 전자공학은 눈부시게 발전하였는데, 특히 제2차 세계대전을 통하여 많은 기술들이 개발되었고 우주개발 기술들이 상용화되면서 집적회로와 소프트웨어가 본격적으로 실생활에 접목되었다.

현대 과학은 모든 분야가 빠르게 발전하고 있지만, 특히 전자공학의 발전 속도는 타의 추종을 불허하기 때문에 그에 따른 부작용도 심각하게 대두되고 있는 실정이라고 할 수 있다. 그중 하나가 고급기술들의 수명이 단축되면서 그 경제적 가치가 급락하는 것이라 할 수 있고, 또 하나는 기존의 기술 인력들이 시간이 흐름에 따라 새로운 기술에 적응하지 못하면 무능력자로 전락할 수밖에 없다. 그리고 새롭게 전자공학에 도전하는 초보자들의 공부에 대한 부담이 나날이 커져가기 때문에 공부하기 좋은 환경과 좋은 도구들이 제공되는 상황에서도 아예 접근을 포기해야 하는 분야들이 지속적으로 증가하고 있다. 따라서 선택과 집중에 의하여 특정분야의 기술심도를 높이고자 하는 노력에도 불구하고 오랫동안 누적되었던 기초적인 기술들을 이해하지 못하고 최신의 피상적인 응용기술들만 공부하게 되므로 고도의 기초지식이 요구되는 연구개발이 어렵게 되는 점이라 할 수 있다.

최근 국제적인 통신 서비스의 점증하는 요구에 따라 이동통신이나 위성통신, 무선인터넷, GPS, 무선 멀티미디어 등으로 수요가 급증하는 추세이며, 그러한 무선통신 분야는 기초개념들의 확보가 중요하다. 하지만 다급하게 요구되는 산업체의 기술개발 필요성에 부응하여 주로 도구들에 의한 제품개발만을 염두에 두어왔던 연유로 그 바탕이 되는 가장 기초적인 기술 및 노하우의 축적이 미진하다고 할 수 있다. 또한 인터넷을 통한 정보의 홍수 속에서 살고 있는데도 불구하고 외국어로 써진 자료들 사이에서 자기에게 필요로 하는 지식을 신속하게 얻어내는 것이 쉽지 않다고 할 수 있다.

이는 우리말로 된 전공서적이 충분치 않음을 의미하기도 하므로, 본 저서는 그러한 점을 감안하여 대한민국의 학생들이 많은 원서를 장시간 찾아야만 얻을 수 있는 내용을 한글로 쉽게 접하고 이해할 수 있도록 하는 취지에서 써지고 편집되었으며, 지나치게 이론 및 해석에 치중하지 않고 학생들이 최대한 실무에 관한 감각과 노하우를 많이 익힐 수 있도록 노력하였다.

제 1 장에서는 전자파의 역사와 맥스웰 방정식을 기초로 하여 전자기학 과목에서 잘 다루어지지 않는 내용인 전자파의 복사 및 전파현상과 스칼라 전위 및 벡터 전위를 이용한 파동방정식의 해법을 각 좌표계에 대하여 설명하였고, 제 2 장에서는 전송선로를 타고 가는 전자파의 전달현상을 기술하였으며, 제 3 장에서는 앞단과 뒷단 사이의 임피던스를 정합시키기 위한 분포정수 정합회로와 집중정수 정합회로의 개념과 설계방법에 관하여 상세히 설명하였다.

제 4 장에서는 통상적인 도파관의 전파해석 방법에 대하여 기술하였고, 제 5 장에서는 주로 마이크로스트립의 구조 및 특성, 그의 해석방법 등을 기술하였고, 특히 그를 구현하기 위한 기판의 조건, 도체가공에 있어서의 제한조건 등을 다루었으며, 제 6 장에서는 마이크로파 전송선로에서의 전압/전류에 대한 정의와 2 단자쌍 회로해석방법에 대하여 설명하였다.

제 7 장에서는 마이크로파 진공관소자를 기술함에 있어, 진공관소자가 현 실생활에 많이 응용되지 않고 있는 점을 감안하여 핵심적인 개념만을 간단히 요약하고 지루한 수식의 유도과정을 모두 생략하였으며, 제 8 장에서는 마이크로파에 사용되는 거의 모든 반도체소자에 관한 기초개념을 기술하였다.

제 9 장에서는 고주파 및 초고주파 회로시스템에 필수적인 수동회로와 부품들을 나열하여 설명하였고, 제 10 장에서는 마이크로파 증폭기의 개념과 그 설계방법에 대하여 다루었으며, 제 11 장에서는 각종의 마이크로파 공진기들에 대하여 소개하였고, 제 12 장에서는 일반적인 필터의 기초개념과 마이크로파 필터의 설계를 위한 기술들을 소개하였다.

제 13 장에서는 제반 마이크로파 회로의 특성을 측정하기 위한 소자 및 장치들에 대하여 설명하였다.

위의 모든 내용을 기술함에 있어 독자가 쉽게 이해할 수 있도록 가급적 수식보다는 개념설명을 많이 포함시키기 위해 노력하였으며, 미처 다루지 못한 발진기에 관한 내용은 개정

판에서 추가될 것임을 밝힌다.

　본 저서가 출간되도록 원고정리를 도와 준 여러분들과 이 책의 출판을 위해 수고하신 청문각 편집부 여러분께 감사드린다.

2016. 5.

저자　羅 克 煥

# 차례

## 07 마이크로파 진공관소자

## 08 초고주파 반도체소자

## 09 마이크로파 수동회로

## 10 마이크로파 증폭기

## 11 공진기

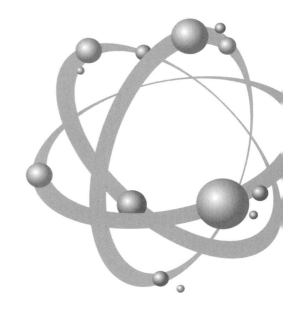

# 01 전자파전파

고대 중국에서는 자석을 사용하였던 기록이 남아 있고, 기원전 600년경 그리스에서는 정전기에 대한 지식이 있었음을 알 수 있는 흔적이 있는데, 예를 들어 'Electricity'의 어원은 그리스말로 호박(Amber)이라는 단어에 있다. 그들은 소맷자락으로 호박조각을 문지르면 솜털 등의 물질들이 어떻게 끌려오는가 관찰하면서 많은 시간을 보냈으나, 그들의 목적은 실험적인 과학에 있었던 것이 아니라 철학이나 사고논리의 정립이 주관심사였다. 그것이 마술적인 것이나 어떤 생명력을 갖는 것이 아니라는 결론을 얻는 데 수백 년의 세월이 걸렸고, 1600년대 말쯤에야 영국의 길버트(Gilbert)가 소위 실험이라고 할 수 있는 작업을 최초로 함으로써, 유리나 유황, 호박 등의 여러 가지 물질들을 문지르면 지푸라기나 솜털뿐만이 아니라 모든 종류의 금속이나 나무, 나뭇잎, 돌, 흙, 심지어는 물이나 기름조차도 끌어당긴다고 여왕에게 보고하였다.

1700년대에 들어서서 프랑스의 군 엔지니어였던 쿨롱(Charles Coulomb) 대령은 자기가 만든 정밀한 Torsion Balance(비틀림을 이용하여 미소한 힘을 재는 저울)를 사용하여 정전기를 띤 두 물체 간에 작용하는 힘을 정량적으로 측정하는 정밀한 실험을 반복한 결과, 1785년에 이미 그보다 약 100년 전에 발견된 뉴턴의 만유인력의 법칙과 유사한 쿨롱의 법칙을 발표하였다.

1837년에는 런던 Royal Society의 회장이었던 패러데이(Michael Faraday)가 유도 전동력(Induced Electro-motive Force)에 관하여 연구하다가 개념을 혼란스럽게 만드는 문제인 정전계와 여러 절연물질들이 그 전계에 미치는 영향에 대하여 관심을 갖게 되었다. 그는 두 개의 동심 도체구(바깥쪽은 반구를 두 개 합쳐서 조립)를 만들어 내부 도체에 양(+)전하를 충전하고 유전체로 둘러싼 다음 외부도체를 결합하고 잠깐 동안 접지(Ground)하여 방전시켰다. 그런 다음 절연된 손잡이로 외부도체를 잡고 측정해본 결과, 항상 내부도체의 전하량과 같은 양의 음(-)전하가 외부도체에 유도됨을 발견하였다. 그는 그러한 실험을 유전체를 바꾸어 가면서 반복적으로 시행하여 보았다. 유도되는 전하는 내부전하량과 항상 같았으므로, 내부도체에서 유전체를 통하여 외부도체로 변위(또는 이동)하는 무언가가 있는 것으로 결론내렸다. 그것을 전속(Electric Flux)이라 하였으며, Coulomb/cm$^2$의 단위를 갖는 변위벡터(Displacement Flux Density)를 정의하였다. 그 이외에도 몇 가지의 독창적인 패러데이의 실험과 이론이 발표되었으나, 그 정도의 이론만으로는 그 당시의 전자기적인 개념은 매우 혼란스러운 상태였다.

그 후 1850년대 중반부터 패러데이의 결과를 기초로 하여 두 명의 스코틀랜드인들에 의해 전자기적인 현상이 규명되기 시작하였다. 그 중 한 사람은 톰슨(Joseph John Thomson)으로서 약간의 성공적인 개념만을 세웠고 다른 한 사람인 맥스웰(James Clerk Maxwell)은 뉴턴의 만유인력에 버금가는 획기적인 업적을 이루어 내었다. 맥스웰은 자기의 아이디어를 정리하여 톰슨에게 꾸준히 편지를 보냈는데, 1856년에 보낸 편지에는 자기가 정리한 이론을 'Whole mass of confusion'이라고 부를 정도로 이론상에 모순점이 많았으나, 1865년에 발표한 논문 〈Dynamical Theory of the Electromagnetic Field〉에서는 두 사람의 친구였던 케임브리지(Cambridge)의 수학자 스토크스(George Stokes)의 적분 식과 패러데이의 뛰어난 개념을 이용하여 그 동안 사용하였던 기계적인 모형을 삭제하고 수학적인 이론체계를 세우면서 정전기 및 시변전자기에 관한 동력학적 이론을 정립하였고, Electromagnetic Momentum(오늘날의 Vector Potential에 해당)의 개념을 처음으로 사용하였으며, 1871년에는 Electromagnetic Momentum을 벡터 전위라고 바꾸어 부르고, 컬(Curl)에 관한 개념을 처음으로 창안하면서 벡터 전위의 컬(Curl)이 곧 자계 벡터라고 정의하였다.

그의 이론에서 제시된 소위 맥스웰 방정식이라 하는 기본 방정식들로부터 많은 물리적인 현상들을 추론할 수 있게 되었다. 그들 중 중요한 것들만 예로 들면 전자파의 전파속도가 빛의 속도와 같음을 유도할 수가 있었고, 따라서 빛도 전자파의 일종이라는 결론까지 얻을 수 있었다. 전자기적인 현상에서의 에너지는 전기를 띤 물체에만 있는 것이 아니고 그 물체 주위에도 분포되어 있음을 알 수 있었다. 또한 전계는 전하나 시간적으로 변하는 자계에 의하여 만들어질 수 있는 것처럼, 자계는 전류나 시간적으로 변하는 전계에 의하여 만들어질 수 있는 것으로 요약하였으나, 암페어 법칙에서 시간적으로 변하는 전계에 의하여 만들어지는 자계는 곧 변위전류(Displacement Current)를 정의하는 것으로서, 그 당시에 맥스웰은 그에 대한 확신이 없으면서도 대담한 추론을 하였고, 그 변위전류의 존재에 의해 전자파의 전자기적 현상을 완전히 설명할 수 있게 되었다. 1879년 맥스웰이 암으로 48세의 나이에 죽고 나서 그 당시에 맥스웰을 신봉하던 Maxwellians이라는 그룹의 일원이었던 영국인 포인팅(J. Poynting)과 헤비사이드(Oliver Heaviside)가 각각 1883년 거의 동시에 맥스웰의 이론이 전자파 에너지가 공간으로 전파하여 나갈 수 있다는 사실을 예언하고 있음을 발견하였고, 그와 같은 이론은 1887년에 독일의 헤르츠(Heinrich Hertz)가 전자파의 복사(radiation)현상을 발견함으로써 옳다는 것이 실험적으로 입증되었으며, 곧 이어 헤비사이드는 20개의 너절한 맥스웰 방정식을 4개의 변수(B, E, J, $\rho$)로 이루어진 4개의 간결한 식으로 정리하였다.

Maxwellians을 필두로 하여 전 세계적으로 거의 100년 동안 맥스웰 방정식이 집중적으로 연구되었는데, 특히 맥스웰의 업적을 그대로 인정하기 싫어했던 수많은 저명 과학자들이 방정식의 결함을 찾기 위해 오랫동안 연구하였으며, 그 결과 맥스웰 방정식은 과학사에서 가장 성공적인 이론인 것으로 판명되었다. 예를 들어 아인슈타인이 상대성 이론을 가지고 뉴턴의 동력학을 수정하면서 맥스웰 방정식도 같이 연구하였던 바, 맥스웰 방정식은 이미 상대성 이론을 만족하고 있음을 발견하였다. 자기 현상이란, 곧 움직이는 하전입자의 상대성 효과에 의한 것으로서, 맥스웰 방정식에는 자동적으로 상대성 이론이 포함된다.

마이크로파 공학이란 주파수 범위가 약 300 MHz～300 GHz 범위의 전자파이론과 응용을 다루는 모든 학문을 말하며 파장으로 환산하면 자유공간에서 1 m～1 mm에 해당한다.

그와 같이 높은 주파수의 전자파에 대해서는 회로 내 두 점 사이의 전파시간이 그 진동주기와 거의 같은 수준이기 때문에, 진동주기에 비하여 전파시간이 아주 짧은 경우에만 성립하는 전류 전압을 기본으로 한 해석방법을 사용할 수 없게 되고 결국 전자계 방정식을 이용하여 해석하여야 한다.

급변하는 현대문명사회에서 통신이 미치는 영향은 지대한 것으로서, 바야흐로 멀티미디어 시대를 구가하게 될 21세기에는 통신의 이동성 및 휴대성이 극도로 강조되어 멀티미디어 망의 중요한 간선으로 등장한 이동통신 및 위성통신뿐만 아니라 장거리 육상통신망이나 기간통신망의 비상용 등으로서의 마이크로파 통신매체는 이제 우리 생활 깊숙이 침투하고 있다.

또한 컴퓨터의 처리속도가 GHz 단위로 빨라짐에 따라 이제는 디지털 시스템의 설계에 있어서도 마이크로파 기술이 접목되지 않으면 안 될 시점에 와 있고, 거리, 속도 또는 재질, 진동 등의 원격측정(Telemetry)이나 비상재해경보 등 무선으로 해결하고자 하는 생활의 모든 편이수단을 위해서 고주파 및 초고주파의 기술이 요구된다.

일반적으로 음파 및 초음파를 포함하는 탄성파는 매질을 이루고 있는 입자의 진동 또는 운동에너지가 인접된 입자에 전달되면서 파가 전달되기 때문에, 공기 중을 통과할 수 있는 주파수가 불과 수십 kHz 이내로 제한되고, 고체 표면을 통해 전달되는 표면파(Surface Wave)조차도 수 GHz 이상 주파수의 발생 및 전달이 지극히 어려운 데 비하여, 전자파의 경우에는 지난 100여 년 동안 전자공학의 눈부신 발전속도에 따라 이제는 직류에서부터 100 GHz까지의 전자파 및 적외선, 가시광선, 자외선, X선, 감마선 등의 전자파들이 이미 우리 실생활에서 광범위하게 활용되고 있다.

그러한 전자파들을 주파수나 파장의 크기에 따라 개략적으로 분류하고 대응되는 명칭들을 표 1.1에 보였고, 표 1.2에는 제2차 세계대전 이후로 미군에서 사용하던 분류법을 예시하였으며, 표 1.3에는 IEEE와 산업계의 표준분류방법을 나타내었다.

**| 표 1.1 |  주파수 및 파장에 따른 전자파의 분류(Band Designation)**

| 주파수에 따른 분류 | | 주파수 | 파 장 | 파장에 따른 분류 | |
|---|---|---|---|---|---|
| 초저주파 | VLF(Very Low Frquency) | 0~30 kHz | ∞~10 km | Very Long Wave | 초장파 |
| 저주파 | LF(Low Frequency) | 30~300 kHz | 10~1 km | Long Wave | 장파 |
| 중주파 | MF(Medium Fequency) | 300~3000 kHz | 1~0.1 km | Medium Wave | 중파 |
| 고주파 | HF(High Frequncy) | 3~30 MHz | 100~10 m | Short Wave | 단파 |
| | VHF(Very High Frequency) | 30~300 MHz | 10~1 m | Ultrashort Wave (Meter Wave) | 초단파 |
| 초고주파 | UHF(Ultra High Frequency) | 300~3000 MHz | 100~10 cm | Microwave (Centimeter Wave) | 극초단파 |
| | SHF(Super High Frequency) | 3~30 GHz | 10~1 cm | | |
| | EHF(Extreme High Frequency) | 30~300 GHz | 10~1 mm | Ultra-Microwave (Millimeter Wave) | 밀리 미터파 |
| | | 0.003~0.429 MGHz | 100~0.7 $\mu m$ | Infrared Ray | 적외선 |
| | | 0.429~0.698 MGHz | 0.7~0.43 $\mu m$ | Visible Light | 가시광선 |
| | | 0.698~100 MGHz | 0.43~0.003 $\mu m$ | Ultraviolet Ray | 자외선 |
| | | 0.01~1000 GGHz | 300~0.003 Å | X-Ray | X선 |
| | | 0.001~1 MGGHz | 3~1 $\mu$Å | Gamma Ray | 감마선 |
| | | | | Cosmic Ray | 우주선 |

**| 표 1.2 |  제2차 세계대전 이후의 미군에 의한 주파수대역 분류표**

| 구식 명칭(WWⅡ~1970) | | 새 명칭(Post 1970) | |
|---|---|---|---|
| 대역명 | 주파수 범위 | 대역명 | 주파수 범위 |
| P | 225 ～ 390 MHz | A | 100 ～ 250 MHz |
| L | 390 ～ 1550 MHz | B | 250 ～ 500 MHz |
| S | 1550 ～ 3900 MHz | C | 500 ～ 1000 MHz |
| C | 3.9 ～ 6.2 GHz | D | 1 ～ 2 GHz |
| X | 6.2 ～ 10.9 GHz | E | 2 ～ 3 GHz |
| K | 10.9 ～ 3.6 GHz | F | 3 ～ 4 GHz |
| Q | 36 ～ 46 GHz | G | 4 ～ 6 GHz |
| V | 46 ～ 56 GHz | H | 6 ～ 8 GHz |
| | | I | 8 ～ 10 GHz |
| | | J | 10 ～ 20 GHz |
| | | K | 20 ～ 40 GHz |
| | | L | 40 ～ 60 GHz |
| | | M | 60 ～ 100 GHz |

**| 표 1.3 |  IEEE/산업계의 표준주파수대역 분류표**

| 새 명칭 (Post 1970) | |
|---|---|
| 대역명 | 주파수 범위 |
| HF | 3 ～ 30 MHz |
| VHF | 30 ～ 300 MHz |
| UHF | 300 ～ 1000 MHz |
| L | 1 ～ 2 GHz |
| S | 2 ～ 4 GHz |
| C | 4 ～ 8 GHz |
| X | 8 ～ 12 GHz |
| Ku | 12 ～ 18 GHz |
| K | 18 ～ 26 GHz |
| Ka | 26 ～ 40 GHz |

(계속)

| 표 1.3 | (계속) IEEE/산업계의 표준주파수대역 분류표

| 새 명칭 (Post 1970) | | |
|---|---|---|
| 대역명 | | 주파수 범위 |
| 밀리미터파<br>(40~300 GHz) | Q | 33 ~ 50.5 GHz |
| | U | 40 ~ 60 GHz |
| | V | 50 ~ 75 GHz |
| | E | 60 ~ 90 GHz |
| | W | 75 ~ 110 GHz |
| | F | 90 ~ 140 GHz |
| | D | 110 ~ 170 GHz |
| | G | 140 ~ 220 GHz |
| Submillimeter | | 300 GHz 이상 |

그러한 전자파를 우리는 통상 정전자계와 시변전자계로 구분하는데, 어휘적으로 구분한다면 정전자계는 직류성분만을 의미하고 나머지는 모두 시변전자계에 속하지만(60 Hz를 사용하는 전기 분야에 적용됨), 비교적 낮은 주파수의 경우에는 전계는 전하(또는 전압)로부터 나오고 자계는 전류의 흐름에 의해 유기되면서 그들(전계/자계)은 서로 직접적인 연관성이 없기 때문에 일정 범위 이내의 낮은 주파수 시변전자계들을 정전자계로 간주하여 근사적으로 해석하며, 이를 정적(Stationary)이라고 하고 그때의 전자계를 준정전자계(Quasi-Static Field)라 한다.

일단 전자파가 복사(Radiation)되면 전계의 시간변화는 자계를 유기시키고, 역으로 자계의 시간변화는 전계를 만들면서 전달되므로, 전파에 있어 전계와 자계는 서로 에너지를 주고 받는 동전의 양면 같은 성격을 띠게 되는데, 그와 같이 복사가 가능한 주파수의 전자파가 실제적인 시변전자계라 할 수 있고, 그러한 주파수의 범위는 안테나의 구조에 따라 매우 큰 차이를 나타내게 되며, 과거의 실험기록에서 가장 낮은 주파수는 15 kHz였다.

기판상에 프린트하는 MIC(Microwave Integrated Circuits)의 경우에는 선로의 크기가 파장에 비하여 충분히 작기 때문에 통상 약 2 GHz 내외의 주파수는 정전자계로 간주하여 해석한다.

마이크로파를 이해하기 위한 첫걸음이 되는 1장에서는, 일반적으로 전파가 전송선로(Transmission Line)를 따라 전파하는 특성이 자유공간에서 전파되는 평면파 특성과 매우 유사한 점을 감안하여 마이크로파의 선로특성을 공부하기 위한 준비과정으로, 자유공간에서의 전자파전파(Wave Propagation) 특성을 요약하여 보기로 하자.

위치변수를 $r$, 시간을 $t$라 할 때, 미분형으로 나타내어진 맥스웰 방정식은 다음과 같다.

$$\nabla \times \mathrm{E}(r,t) = -\frac{\partial \mathrm{B}(r,t)}{\partial t} \tag{1.1a}$$

$$\nabla \times \mathrm{H}(r,t) = \mathrm{J}(r,t) + \frac{\partial \mathrm{D}(r,t)}{\partial t} \tag{1.1b}$$

$$\nabla \cdot \mathrm{D}(r,t) = \rho(r,t) \tag{1.1c}$$

$$\nabla \cdot \mathrm{B}(r,t) = 0 \tag{1.1d}$$

여기에서 $\mathrm{E}(r,t)$ : 전계의 세기(Volts/m)

$\quad\quad\quad \mathrm{H}(r,t)$ : 자계의 세기(Amperes/m)

$\quad\quad\quad \mathrm{D}(r,t)$ : 전속밀도(Coulombs/m$^2$)

$\quad\quad\quad \mathrm{B}(r,t)$ : 자속밀도(1 Weber/m$^2$ = 1 Teslar = $10^4$ Gauss)

$\quad\quad\quad \mathrm{J}(r,t) = \mathrm{J}_c(r,t) + \mathrm{J}_v(r,t)$ : 전류밀도(Amperes/m$^2$)

$\quad\quad\quad \mathrm{J}_c(r,t)$ : 전도전류밀도(Conduction Current Density)

$\quad\quad\quad \mathrm{J}_v(r,t)$ : 이동전류밀도(Convection Current Density)

$\quad\quad\quad \rho(r,t)$ : 공간전하밀도(Coulombs/m$^3$)

식 (1.1b)의 마지막 항은 변위전류(Displacement Current)를 나타내며, 따라서 식 (1.1b)의 우변은 모든 종류의 전류를 다 포함하고 있다고 할 수 있다.

상기의 변수들 중에서 E와 D, E와 J 그리고 H와 B는 다음과 같은 보존적 관계(Conservative Relation)에 있다.

$$\mathrm{D}(r,t) = \epsilon\,\mathrm{E}(r,t) \quad\quad \epsilon = \epsilon_r\,\epsilon_o$$
$$\mathrm{B}(r,t) = \mu\,\mathrm{H}(r,t) \quad\quad \mu = \mu_r\,\mu_o$$
$$\mathrm{J}(r,t) = \sigma\,\mathrm{E}(r,t) \tag{1.2}$$

만일 E, H, D, B, J, $\rho$를 모두 편의상 지수함수로 나타낸다면, $r$과 $t$는 서로 독립적인 변수들로서 변수분리가 가능하므로 각각 $\mathrm{E}(r,t) = \mathrm{E}(r)e^{j\omega t}$와 같은 형태로 나타낼 수 있고, 원래 모두가 실함수인 그들 함수는 언제라도 $\mathrm{E}(r,t) = Re\{\mathrm{E}(r)e^{j\omega t}\}$와 같이 실수부만을 취함으로써 얻을 수 있다. 따라서 식 (1.1)의 시간미분연산자 $\frac{\partial}{\partial t}$를 모두 그 고유값(Eigen Value)인 상수 $j\omega$로 대치할 수 있고, 그 경우에 방정식의 양변에 $e^{j\omega t}$가 공통적으로 나타나게 되므로 방정식의 양변을 $e^{j\omega t}$로 나누면 방정식에서 변수 $t$를 완전히 제거할 수 있어서 방정식은 오로지 공간변수 $r$(또는 $x, y, z$)만으로 나타내어지고, 그 때 나타나는 $r$만의 함수 $\mathrm{E}(r)$을 페이저(Phasor)라고 한다.

이 페이저를 이용하면 식 (1.1)의 시간영역(Frequency Domain) 맥스웰 방정식을 다음과 같이 주파수 영역 방정식(Frequency Domain Equation)으로 나타낼 수 있다.

$$\nabla \times \mathrm{E}(r) = -j\omega\mu\mathrm{H}(r) \tag{1.3a}$$

$$\nabla \times \mathrm{H}(r) = \mathrm{J}_c(r) + j\omega\epsilon\,\mathrm{E}(r)$$

$$= (\sigma + j\omega\epsilon)\mathrm{E}(r) \tag{1.3b}$$

$$\nabla \cdot \mathrm{D}(r) = \rho(r) \tag{1.3c}$$

$$\nabla \cdot \mathrm{B}(r) = 0 \tag{1.3d}$$

### 맥스웰 방정식의 해석

벡터의 기원은 아리스토텔레스와 1세기의 Heron of Alexandria에 의해 언급된 것과 만유인력으로 유명한 17세기 뉴턴이 벡터적 실체(중력, 속도 등)에 대하여 광범위하게 다룬 'Principia Mathematica'에 둘 수 있지만, 그 때까지도 벡터의 개념은 전혀 찾아 볼 수 없고, 18세기에 와서 베셀(Wessel), 아르강(Argand), 가우스(Gauss) 등이 복소수를 2차원 평면에 나타내면서 화살표를 사용하였다. 그 후 1843년에 해밀턴(Hamilton)이 벡터(Vector)라는 말을 최초로 사용하여 두 벡터의 비로 정의되는 4차원의 쿼터니언(Quaternion)을 창안하면서 당시의 학계에 쿼터니언 열풍을 일으켰으며, 그에 따르는 스칼라적(Dot Product)과 벡터적(Cross Product) 등에 대하여 정의하였고, 미분연산자인 $\nabla$을 하프의 모양을 닮았다 하여 'Nabla'라고 하였다.

1870년대 중반부터 맥스웰은 해밀턴의 쿼터니언 이론을 전자기 이론에 다양하게 접목시키어 많은 성공을 거두었으나, 쿼터니언의 난해한 특성으로 인하여 배척당하면서 마침내 쿼터니언이 출현한 지 40년 만에 헤비사이드에 의해 오일러 식(Euler's Formular)에 기초하는 복소 이론이 적용되어 맥스웰 방정식이 알기 쉽게 깔끔한 모양으로 정리되었다.

모든 전자계의 근원은 전하로서, 자계 역시 전하의 상대적 움직임에 따른 거리의 축소 현상(특수 상대성 이론)에 기인되는 것이다. 전계는 당연히 전하로부터 나오므로 전계에 대한 발산은 가우스의 법칙에 따라 그 발산을 취하는 공간 내에 전하가 존재하면 발산 값이 그 전하 크기와 같게 되고, 공간의 크기를 정의할 수 없는 무한 미소 공간의 경우에는 전하 값의 정의 역시 어려우므로 그 미소 공간 내의 전하밀도가 균일한 것으로 간주하여 전하 크기 자체보다는 전하 크기를 공간 크기로 나눈 전하밀도 값이 되도록 한 미분형의 발산을 정의하며, 그 결과가 식 (1.1c)이다.

자계의 경우에는 도체 내에서 전류가 흐를 때 + 전하와 – 전하의 운동속도 차이 때문에 상대성 원리에 의해 외부와의 거리가 다르게 나타나면 외부에 미치는 인력과 척력의 균형이 깨지고, 그 힘이 바로 자력으로 정의되며, 그 힘을 작용시킬 수 있는 가능성의 크기를 자계로 정의한다.

따라서 자계의 경우에는 계를 만드는 직접적인 원천(Source)이 존재하지 않기 때문에 자계의 발산은 어디에서나 항상 '0'으로 나타나며, 그는 식 (1.1d)로 표현된다. 경우에 따라 자하(Magnetic Charge)를 정의하여 사용하기도 하지만, 그것은 전계와 자계의 문제를 쌍대성(Duality)에 의해 쉽게 풀기 위한 방편으로 가상적으로 정의하여 사용하는 것일 뿐이다.

식 (1.1c)와 식 (1.1d)에 비하여 식 (1.1a) 및 식 (1.1b)가 다른 점은 전계와 자계 함수가 같은 식에 동시에 나타나는 점과 그들의 시간미분을 포함한다는 점을 들 수 있는데, 시간미분은 전자계가 시간적으로 변하는 시변전자계(Time Varying Electromagnetic Field)임을 의미하고, 전계와 자계가 같은 식에 나타나는 것은 그들이 서로 영향을 미칠 수 있는 불가분의 관계에 있음을 의미한다.

상기 4개의 미분방정식은 모두 좌변을 전자계 방정식(Field Equation)으로 하고 우변은 소스 방정식(Source Equation)을 나타내도록 정리되어 있는데, 식 (1.1c)와 식 (1.1d)의 경우에는 소스가 단순한 데 비하여, 식 (1.1a)의 경우에는 자계가 전계의 소스가 되고 식 (1.1b)의 경우에는 전류와 전계가 자계의 소스 역할을 함을 알 수 있다.

암페어의 법칙에 따라 전류 I와 그에 의해 유기되는 자계 H의 관계는 회전바퀴에 가해지는 힘 F에 의하여 수직방향으로 유기되는 토크(Torque) $\tau$와 유사한 점이 많지만, 큰 차이점은 암페어의 법칙에서는 전류가 소스가 되어 자계가 유기되는 것에 비하여 회전바퀴의 경우에는 역으로 회전력이 소스가 되어 토크를 만들어 내는 점이다. 어쨌든 토크 $\tau$는 다음과 같이 팔의 길이인 위치벡터 r과 가해지는 힘 벡터 F의 벡터적(Cross Product)으로 나타내어진다.

$$\tau = \mathrm{r} \times \mathrm{F} \tag{1.4}$$

따라서 그와 마찬가지로 회전하는 벡터와 그에 수직한 벡터의 관계인 자계와 전류 역시 유사한 모양의 벡터적으로 나타내어져야 함을 직관적으로 알 수 있다.

그렇다면 상기 식 회전축의 길이 r은 암페어의 법칙에서 어떤 양으로 대응이 되어야 하는지를 알 필요가 있으며, 그를 알기 위해서 암페어의 주회법칙(Ampere's Circuital Law)으로부터 출발해보자.

$$\oint \mathrm{H} \cdot d\ell = \mathrm{I} \tag{1.5}$$

이는 암페어에 의하여 관측되었던 현상으로서, 상기 식이 만족되는 것은 원주가 원의 반경에 정비례하는 것과 밀접한 연관이 있는데, 이는 선 전류 I에 의하여 유기되는 자계 H가 선 전류로부터의 거리 $r$에 역비례하기 때문이며, 결국 상기 선적분의 폐루프를 어떠한 모양으로 취하여도 경로의 증감과 자계의 증감이 서로 상쇄되어 항상 상기 식을 만족하게 된다.

이제 만일 그림 1.1과 같이 상기 선적분식을 $xy$평면상의 한 점을 중심으로 하는 미소 사각형 면적에 대하여 적용시키면, 전류의 방향을 $z$방향이라 하고 사각형의 각 변 길이를 $\Delta x$,

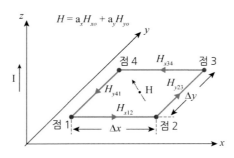

| 그림 1.1 | 전류 I에 의해 유기되는 자계

$\Delta y$라 할 때, 각 변에서의 자계의 세기는 중심점의 세기로부터 1차 근사로 나타내어질 수 있음은 자명하며, 각 변에서의 자계의 세기는 다음과 같이 나타내어질 수 있다.

$$H_{x12} = H_{xo} - \frac{1}{2}\frac{\partial H_x}{\partial y}\Delta y$$

$$H_{x34} = H_{xo} + \frac{1}{2}\frac{\partial H_x}{\partial y}\Delta y$$

$$H_{y23} = H_{yo} + \frac{1}{2}\frac{\partial H_y}{\partial x}\Delta x$$

$$H_{y41} = H_{yo} - \frac{1}{2}\frac{\partial H_y}{\partial x}\Delta x \tag{1.6}$$

따라서 $xy$평면 내에서의 선적분은 다음과 같다.

$$\oint_{xy} \mathrm{H} \cdot dL_{xy} = H_{x12}\,\Delta x + H_{y23}\,\Delta y + H_{x34}\,(-\Delta x) + H_{y41}\,(-\Delta y)$$

$$= \left\{\frac{\partial H_y}{\partial x} - \frac{\partial H_y}{\partial x}\right\}\Delta x \Delta y = \left\{\frac{\partial H_y}{\partial x} - \frac{\partial H_y}{\partial x}\right\}\Delta S_{xy}$$

만일 전류의 방향이 $z$방향이 아니고 임의 방향이라면 미소 사각형도 전류와 수직한 임의 평면상에 있을 것이며, 그 경우의 폐루프 적분은 전류를 $x$, $y$, $z$ 방향성분으로 분해하고 그 각각에 대하여 계산된 폐루프 적분을 모두 합하면 다음과 같이 나타낼 수 있다.

$$\oint \mathrm{H} \cdot dL = \left\{\frac{\partial H_z}{\partial y} - \frac{\partial H_y}{\partial z}\right\}\Delta S_{yz} + \left\{\frac{\partial H_x}{\partial z} - \frac{\partial H_z}{\partial x}\right\}\Delta S_{zx}$$

$$+ \left\{\frac{\partial H_y}{\partial x} - \frac{\partial H_y}{\partial x}\right\}\Delta S_{xy} \tag{1.7}$$

만일 미소면적벡터를 $\Delta \mathrm{S} = \mathrm{a}_x\,\Delta_{yz} + \mathrm{a}_y\,\Delta_{zx} + \mathrm{a}_z\,\Delta_{xy}$와 같이 정의하면 $\nabla$의 정의와 함께 상기 식을 아래와 같이 그들의 벡터적으로 쓸 수 있다.

$$\nabla = \mathrm{a}_x\frac{\partial}{\partial x} + \mathrm{a}_y\frac{\partial}{\partial y} + \mathrm{a}_z\frac{\partial}{\partial z}$$

$$H = a_x H_x + a_y H_y + a_z H_z$$

$$\oint H \cdot dL = \nabla \times H \cdot \Delta S = Curl\ H \cdot \Delta S = I \tag{1.8}$$

성기 식을 $\Delta S$ 로 나누어 다음을 얻는다.

$$J = \nabla \times H \tag{1.9}$$

따라서 회전바퀴의 토크에서 팔의 길이 r에 해당하는 것은 미분연산자 $\nabla$ 임을 알 수 있는데, 맥스웰은 그 $\nabla$ 연산자와 벡터적이 결합된 것을 컬(Curl)로 정의하였으며, 상기 식에 스토크스의 정리를 이용하여 식 (1.1b)를 만들었다.

이제 식 (1.1b)의 우변을 보면 전류밀도 외에 전속밀도의 시간미분 항이 있는데, 이는 변위전류밀도(Displacement Current Density)를 나타내는 것으로서, 결국 모든 종류의 전류가 다 자계를 유기할 수 있음을 나타내는 것이다. 전류에 의하여 유기되는 자계는 소스 전류에 종속되므로 설령 전류가 교류라 하더라도 그 특성은 직류의 경우와 별로 다를 것이 없으며, 그를 정전자계(Static Field)라고 한다.

그에 비하여 변위전류의 경우에는 전속밀도 또는 전계가 식 (1.1a)와 같이 자계로부터 유기될 수도 있고, 식 (1.1b)에 의하여 다시 자계를 만들 수 있기 때문에, 그러한 사실은 소스와 전혀 상관없는 전자파의 존재를 의미하는 것이고, 그것이 바로 전자파의 복사(Radiation) 가능성을 나타내는 것이며, 만일 식 (1.1b)에서 전류밀도 항이 없다면 그것은 복사된 전자파의 경우에 해당하고, 그 경우가 바로 시변전자계(Time Varing Field)라 할 수 있다.

따라서 식 (1.1a) ~ (1.1d)는 정전자계와 시변전자계를 모두 포함하는 매우 일반적인 식들로서, 그 4개의 방정식들의 시간미분을 모두 '0'으로 대입하면 정전자계에 관한 방정식들이 되고, 소스에 해당하는 전류밀도 J와 전하밀도 $\rho$를 모두 '0'으로 대입하면 시변전자계 방정식이 된다.

그중에 전하밀도 $\rho$는 전계를 종단시킬 수 있는 능력이 있어야 하기 때문에, 자유전하는 전계에 이끌려 사라지기 전까지의 매우 짧은 시간 동안만 식 (1.1c)를 유지시킬 수 있고 사라지고 나면 $\rho = 0$이 되어 빈공간의 균질성(Homogeneous) 방정식이 되므로, 비균질 방정식이 유지되려면 $\rho$는 공간 내 특정 위치에 고정되어 있는 공간전하밀도여야 하며, 식 (1.1b)의 전류밀도 J와 식 (1.1c)의 전하밀도 $\rho$에는 모든 종류의 전류와 전하를 다 포함시킬 수 있기 때문에 결국 모든 전압과 전류의 존재는 그 주변에 각각 전계 또는 자계를 필수적으로 동반함을 알수 있다.

또한 맥스웰 방정식의 해 E, D, H, B는 모두 $\cos(\omega t - \beta z)$의 형태로 나타내어지는데, 전자파가 진행하기 위해서는 시간의 경과에 따라 $\omega t - \beta z = \theta$가 일정한 값이 유지되도록 $z$도 증가하여야 하므로, 결국 그 시간미분 값이 $\omega - \beta v = 0$이어야 한다는 사실로부터 전자파의 속도 $v = \omega/\beta$는 빛의 속도임을 알 수 있게 된다.

식 (1.1a)는 도체 루프 내부를 통과하는 시변 자속 Φ에 의해 도체에 유기되는 기전력(EMF : Electromotive Force)을 정의해주는 패러데이의 법칙으로부터 다음과 같은 과정으로 유도될 수 있다.

$$\text{EMF} = \oint_l \mathbf{E} \cdot d\mathbf{L} = -\frac{\partial \Phi}{\partial t} = -\frac{\partial}{\partial t} \int_s \mathbf{B} \cdot d\mathbf{s} \qquad (1.10)$$

위 식에 스토크스의 정리를 적용하여 다음을 얻는다.

$$\int_s (\nabla \times \mathbf{E}) \cdot d\mathbf{s} = -\int_s \frac{\partial \mathbf{B}}{\partial t} \cdot d\mathbf{s}$$

이제 만일 식 (1.1b)에 발산(Divergence)을 취해 보면, 임의 벡터 A에 대한 벡터 정의 $\nabla \cdot (\nabla \times \mathbf{A}) = 0$으로부터 다음과 같은 전류의 연속방정식을 쉽게 얻을 수 있다.

$$\nabla \cdot (\nabla \times \mathbf{H}) = 0 = \nabla \cdot \mathbf{J}_c + \frac{\partial \rho}{\partial t} \qquad (1.11)$$

## 1.3 경계조건

특성이 서로 다른 매질 내에서 전자파의 전파특성은 당연히 서로 다르게 되고, 따라서 그 경계면을 통과하는 전자파는 상황에 따라 만족해야 할 연속성 조건과 불연속성 조건이 전장 및 자장의 각 성분마다 다르게 나타나며, 그 조건들을 모두 일컬어 경계조건(Boundary Conditions)이라 한다. 그들 경계조건의 개념적인 유도는 모든 전자기학 교재에서 다루고 있으므로, 본 교재에서는 유도과정을 생략하고 결과들만을 일목요연하게 요약하여 정리해 본다.

## 1.3.1 서로 다른 유전체 사이의 경계

품질이 좋은 유전체 1과 유전체 2가 접해 있다. 각 유전체 내부의 경계면 근처에서의 전계와 자계의 접선성분들을 각각 $E_{t1}$, $E_{t2}$, $H_{t1}$, $H_{t2}$라 하고, 법선성분들을 $E_{n1}$, $E_{n2}$, $H_{n1}$, $H_{n2}$라 하며, 전속밀도와 자속밀도의 각 성분들을 $D_{t1}$, $D_{t2}$, $B_{t1}$, $B_{t2}$, $D_{n1}$, $D_{n2}$, $B_{n1}$, $B_{n2}$라 할 때, 두 유전체 사이의 경계면에서 만족되어야 할 경계조건들은 다음과 같다.

접선성분

$$E_{t1} = E_{t2}, \quad \frac{D_{t1}}{D_{t2}} = \frac{\epsilon_1}{\epsilon_2} \tag{1.12a}$$

$$H_{t1} = H_{t2}, \quad \frac{B_{t1}}{B_{t2}} = \frac{\mu_1}{\mu_2} \tag{1.12b}$$

(단, 경계면상에 표면전류밀도가 존재하지 않는 것으로 가정)

법선성분

$$D_{n1} = D_{n2}, \quad \frac{E_{n1}}{E_{n2}} = \frac{\epsilon_2}{\epsilon_1} \tag{1.12c}$$

(단, 경계면상에 표면전하가 존재하지 않는 것으로 가정)

$$B_{n1} = B_{n2}, \quad \frac{H_{n1}}{H_{n2}} = \frac{\mu_2}{\mu_1} \tag{1.12d}$$

이상의 경계조건 중에 정전자계의 경우는 전계와 자계가 서로 상관하지 않으므로 서로 독립적이지만, 시변(Time Varying)전자계의 경우에는 식 (1.12a)와 식 (1.12d)가 등가적이라 할 수 있으며 식 (1.12b)와 식 (1.12c)도 전류의 연속방정식을 통하여 등가적임을 입증할 수 있다.

## 1.3.2 완전도체와 유전체 사이의 경계

완전도체에서는 정전자계의 경우에 내부전계가 0이며 전하밀도는 표면에만 존재한다. 그와 같은 특성은 시변전자계의 경우에도 마찬가지지만, 그 외에도 자계 및 자속밀도 역시 도체 내부에서 0이 되는 성질이 추가되는데, 그 이유는 시변전자계의 경우에는 전계와 자계가 맥스웰 방정식을 통하여 연결이 되어 있어서 $E$가 0이면 필수적으로 $H$도 0이 되기 때문이며, 전 도체 표면에 수직한 전계성분이 표면전하에 의하여 종단되는 것처럼 접선방향 자계 또한 표면전류에 의하여 종단되는 경계조건에 의해 이론적인 연속성을 유지한다.

그에 비하여 정전자계의 경우에는 $E$와 $H$가 전혀 관련이 없기 때문에 비자성체인 도체는 자계에 아무런 영향을 미치지 못하는 반면, 강자성체이면서 도전율이 높은 철, 니켈, 코발트 등의 경우에는 자계가 인가되었을 경우에는 도체 내부의 자계는 인가된 자계보다 비투자율 $\mu_r$ 배만큼 감소하면서 전체적으로 도체의 기하학적인 구조에 따라 복잡한 자계분포를 갖게 된다.

따라서 도체를 매질 1, 유전체를 매질 2라 하고 도체에서 유전체를 향하는 단위 법선벡터를 $n$이라 할 때, 그 경계면에서 전자계가 만족해야 할 경계조건은 다음과 같다.

### 1) 정전자계

$$n \cdot D_2 = \rho_s \tag{1.13a}$$
$$n \times E_2 = 0 \tag{1.13b}$$
$$n \cdot B_1 = n \cdot B_2 \tag{1.13c}$$
$$n \times H_2 = n \times H_1 + J_s \tag{1.13d}$$

위의 식들은 아주 간편하고 함축적인 형태를 가지고 있어서 초보자들에게는 오히려 이해되기 어려운 면이 있기 때문에, 그들을 접선성분과 법선성분으로 나누어 쉽게 이해될 수 있도록 다시 써 보면 다음과 같다.

접선성분

$$E_{t1} = E_{t2} = 0, \quad D_{t1} = D_{t2} = 0 \tag{1.14}$$

$$H_{t2} = H_{t1} + J_s \tag{1.15}$$

법선성분

$$D_{n1} = \epsilon_1 E_{n1} = 0, \quad D_{n2} = \epsilon_2 E_{n2} = \rho_s \tag{1.16}$$

$$B_{n1} = B_{n2}, \quad \frac{H_{n1}}{H_{n2}} = \frac{\mu_2}{\mu_1} \tag{1.17}$$

## 2) 시변전자계

$$\mathbf{n} \cdot \mathbf{D}_2 = \rho_s \tag{1.18a}$$

$$\mathbf{n} \times \mathbf{E}_2 = 0 \tag{1.18b}$$

$$\mathbf{n} \cdot \mathbf{B}_2 = 0 \tag{1.18c}$$

$$\mathbf{n} \times \mathbf{H}_2 = \mathbf{J}_s \tag{1.18d}$$

위의 네 식에 포함된 개념을 쉽게 풀어서 쓰면, 전계 및 자계의 각 접선성분과 법선성분에 대해서 다음과 같은 조건들이 성립함을 의미한다.

접선성분

$$E_{t1} = E_{t2} = 0, \quad D_{t1} = D_{t2} = 0 \tag{1.19}$$

$$H_{t1} = 0 = B_{t1}, \quad H_{t2} = J_s, \quad B_{t2} = \mu_2 J_s \tag{1.20}$$

법선성분

$$D_{n1} = 0 = E_{n1}, \ D_{n2} = \epsilon_2 E_{n2} = \rho_s \tag{1.21}$$

$$B_{n1} = \mu_1 H_{n1} = 0, \quad B_{n2} = \mu_2 H_{n2} = 0 \tag{1.22}$$

영상법(影像法)은 임의의 정전계(Electrostatic Field)를 등가적인 다른 전계로 변환함에 의하여 계산을 쉽게 하도록 할 수 있는 편리한 방법으로서, 임의의 점전하 또는 전하분포 근처에 접지면이 있으면, 마치 거울에 의하여 상(像)이 반대편에 비치는 것과 같이, 접지면 반대편에 크기가 같고 극성이 반대인 영상전하가 존재하는 것처럼 전위분포가 바뀌는 현상을 이용하는 것이다.

자유공간 내에 있는 점전하 또는 전하분포에 의한 전위분포에 비하여, 무한히 큰 접지면 근처에 있는 점전하 또는 전하분포가 만드는 전위분포(또는 전계분포)는, 마치 그 원래의 전하가 만드는 전위분포와 접지면 반대편의 같은 거리에 있는 영상전하가 만드는 전위분포를 모두 합한 것과 동일하며, 그와 같은 영상전하는 접지면상에서의 전위가 '0'이어야 한다는 경계조건을 만족시키기 위하여 가상적으로 생각할 수 있는 것이다.

그와 같은 영상법의 수학적인 기초는 슈바르츠의 반사이론(Schwarz Reflection Principle)에 두고 있는데, 이는 실함수 $y = f(x)$ 가 $x = 0$ 에서 연속이고 함숫값이 '0'인 경우에는 $f(x)$ 는 기함수이고, 그 도함수인 $\dfrac{\partial f(x)}{\partial x}$ 가 '0'인 경우에는 $f(x)$ 는 우함수인 것으로 정의되기 때문이다.

이제 만일 그림 1.2(a)와 같이 접지된 무한장 도체평면으로부터 수직거리 $D$만큼 떨어진 점에 $+Q$인 점전하가 있다고 할 경우에, 그 전위함수는 도체평면을 중심으로 기함수여야 하므로

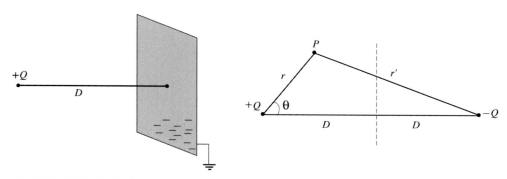

(a) 접지된 무한장 평면도체 앞에 놓인 점전하 +Q     (b) 평면도체를 대치시키기 위한 영상전하 -Q

| 그림 1.2 |

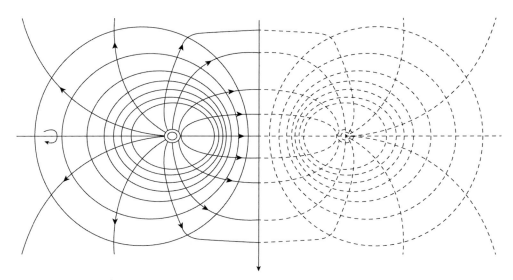

| 그림 1.3 | 점전하와 영상전하에 의한 등전위면과 전계분포

도체평면의 반대쪽으로 $D$ 만큼 떨어진 점에 $-Q$인 점전하가 있는 것으로 나타나고 두 점전하에 의한 전위가 합성된 것과 같은 값을 가지며, 가상전하 $-Q$를 $+Q$의 영상전하(Image Charge)라 한다.

따라서 그림 1.2(b)와 같이 임의 점 $P$에서의 전위 $V$는 거리가 $2D$ 만큼 이격된 다이폴에 의한 것과 동일하며, 다음과 같이 주어진다.

$$V = \frac{Q}{4\pi\epsilon_0}\left(\frac{1}{r} - \frac{1}{r'}\right) \tag{1.23}$$

$$r' = \sqrt{r^2 + 4D^2 - 4rD\cos\theta}$$

상기와 같은 전위분포에 의한 전계는 당연히 그림 1.3에서 보인 바와 같이 도체평면을 중심으로 좌우 대칭이어야 한다.

이제 그림 1.4와 같이 두 개의 접지도체평면 사이에 놓인 점전하 $+Q$의 경우를 생각해보자. 1차적으로 양쪽 도체면 뒤쪽으로 발생된 $+Q$의 영상을 각각 $Q_1$, $Q_1'$이라 할 때, $Q_1$은 왼쪽 도체면에서의 경계조건을 어그러뜨리고, $Q_1'$은 오른쪽 도체평면의 경계조건이 만족되지 못하도록 하기 때문에, 그 경계조건들을 만족시키기 위한 2차적 영상전하가 발생되게 된다.

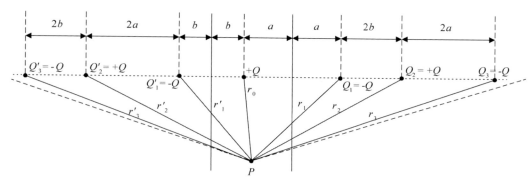

| 그림 1.4 | 두 개의 무한 도체평면 사이의 점전하 +Q에 의한 전위분포

즉, 왼쪽 도체평면에 대한 $Q_1$의 영상은 $Q_2'$으로 나타나고 $Q_1'$의 오른쪽 도체평면에 대한 영상은 $Q_2$로 나타나며, 마찬가지 원리에 의해서 3차 이상의 영상들이 무한히 나타나게 되므로, 두 도체평면 사이 임의 점에서의 전위는 그들 무한 개수의 영상들에 의한 전위 기여도를 모두 합함으로써 다음과 같이 얻을 수 있다.

$$V = \frac{Q}{4\pi\epsilon_0 r_0} - \frac{Q}{4\pi\epsilon_0}\left(\frac{1}{r_1} + \frac{1}{r_1'}\right) + \frac{Q}{4\pi\epsilon_0}\left(\frac{1}{r_2} + \frac{1}{r_2'}\right) - \frac{Q}{4\pi\epsilon_0}\left(\frac{1}{r_3} + \frac{1}{r_3'}\right) + \cdots$$

$$= \frac{Q}{4\pi\epsilon_0}\left\{\frac{1}{r_0} + \sum_{n=1}^{\infty}(-1)^n\left(\frac{1}{r_n} + \frac{1}{r_n'}\right)\right\} \tag{1.24}$$

## 1.5 스칼라 전위와 벡터 전위

정전계(Electrostatic Field Intensity) E가 스칼라 전위(Scalar Potential) $V$로부터 유도될 수 있는 것처럼, 자속밀도 B도 다음과 같은 관계로부터 유도될 수 있는 벡터 전위(Vector Potential) A를 가정할 수 있다.

$$E = -\nabla V \tag{1.25a}$$
$$B = \nabla \times A \tag{1.25b}$$

이 벡터 전위 A의 단위는 Webers/meter이며, 그것이 어떻게 나타내어지는지 알기 위하여, 자속밀도 B에 관한 비오-사바르의 법칙을 써보면 다음과 같다.

$$\mathrm{B} = \frac{\mu_0 I}{4\pi} \oint \frac{d\mathrm{L} \times \mathbf{r}_1}{r^2} = \frac{\mu_0 I}{4\pi} \oint d\mathrm{L} \times \nabla\left(-\frac{1}{r}\right)$$

$$= \frac{\mu_0 I}{4\pi} \oint \nabla\left(\frac{1}{r}\right) \times d\mathrm{L} \tag{1.26}$$

상기 식에 다음의 벡터 정의(Vector Identity)를 대입하면

$$\nabla \times (f\mathrm{A}) = f\,(\nabla \times \mathrm{A}) - \mathrm{A} \times \nabla f$$

$$\nabla f \times \mathrm{A} = \nabla \times (f\mathrm{A}) - f\,(\nabla \times \mathrm{A}) \tag{1.27}$$

$$\mathrm{B} = \frac{\mu_0 I}{4\pi}\left\{ \oint \nabla \times \frac{d\mathrm{L}}{r} - \oint \frac{1}{r}(\nabla \times d\mathrm{L}) \right\} \tag{1.28}$$

과 같이 된다.

여기에서 소스점(Source Point)을 $(x_0, y_0, z_0)$라 하고 필드점(Field Point)을 $(x, y, z)$라 하면, 그 사이의 거리는 $r = \sqrt{(x-x_0)^2 + (y-y_0)^2 + (z-z_0)^2}$ 와 같은데, 연산자 $\nabla \times$은 필드점 좌표계에 의한 미분인 데 반하여, 미소선분 $d\mathrm{L}$은 소스점 좌표계로 나타내어진 것이므로, 서로 독립적이고 결국 상기 식의 둘째 항의 $\nabla \times d\mathrm{L}$ 값은 0이 되며, 따라서 자속밀도 B는 다음과 같이 나타내어진다.

$$\mathrm{B} = \frac{\mu_0 I}{4\pi} \oint \nabla \times \frac{d\mathrm{L}}{r} \tag{1.29}$$

위의 식은 필드점 좌표계로 회로의 모든 미소선분에 대하여 $\nabla \times$을 계산한 다음, 그 결과들을 소스점 좌표계로 모두 벡터합(Vector Summation)임을 의미하고, 그는 미리 벡터합을 하여 $\nabla \times$을 취하는 것과 같으므로, 미분과 적분의 순서는 다음과 같이 바꾸어도 무방하다.

$$\mathrm{B} = \frac{\mu_0 I}{4\pi} \nabla \times \oint \frac{d\mathrm{L}}{r} \tag{1.30}$$

이 식을 식 (1.25b)와 비교하면 선전류 $I$에 의한 벡터 전위 A에 관하여 다음과 같은 식을

얻을 수 있다.

$$A = \frac{\mu_0 I}{4\pi} \oint \frac{dL}{r}$$ (1.31)

또한 전류가 공간 $V_0$에 임의로 분포되어 있는 경우에는 전류밀도 J를 이용하여 다음과 같이 쓸 수 있다.

$$A = \frac{\mu_0}{4\pi} \iiint_V \frac{J}{r} dv_0$$ (1.32)

이제 시변전자계에 대하여 알아보기 위해 맥스웰 방정식 $\nabla \times E = - \frac{\partial B}{\partial t}$에 식 (1.25b)를 대입하면,

$$\nabla \times E = - \frac{\partial \nabla \times A}{\partial t} = - \nabla \times \frac{\partial A}{\partial t}$$

$$\nabla \times \left( E + \frac{\partial A}{\partial t} \right) = 0$$ (1.33)

그런데 임의의 스칼라 함수의 기울기(Gradient)에 $\nabla \times$을 취하면 항상 0이 되므로, 적분상수를 $\nabla V$로 놓을 수 있고 상기 식 괄호 안의 양은 다음과 같이 쓸 수 있다.

$$E + \frac{\partial A}{\partial t} = - \nabla V$$

$$E = - \frac{\partial A}{\partial t} - \nabla V$$ (1.34)

**로렌츠 조건(Lorentz Condition)**

이제 벡터 전위 A의 발산을 조사하기 위하여 식 (1.32)에 $\nabla \cdot$를 취해보자.

$$\nabla \cdot A = \frac{\mu_0}{4\pi} \iiint_V \nabla \cdot \frac{J}{r} dv_0$$ (1.35)

상기 식에 벡터 정의 $\nabla \cdot (fA) = f(\nabla \cdot A) + A \cdot \nabla f$를 대입하면 다음과 같이 쓸 수 있다.

$$\nabla \cdot \mathbf{A} = \frac{\mu_0}{4\pi} \left\{ \iiint_V \frac{\nabla \cdot \mathbf{J}}{r} \, dv_0 + \iiint_V \mathbf{J} \cdot \nabla \frac{1}{r} \, dv_0 \right\} \tag{1.36}$$

이 경우에도 $\mathbf{J}$는 소스점 좌표계 $(x_0, y_0, z_0)$로 나타낸 것이고 $\nabla \cdot$는 필드점 좌표계 $(x, y, z)$에 의한 미분이어서 $\nabla \cdot \mathbf{J} = 0$이므로, 상기 식은 다음과 같이 된다.

$$\nabla \cdot \mathbf{A} = \frac{\mu_0}{4\pi} \iiint_V \mathbf{J} \cdot \nabla \frac{1}{r} \, dv_0 \tag{1.37}$$

그런데 $\frac{1}{r}$에 대해 소스점 좌표계로 취해진 기울기를 $\nabla_0 \left( \frac{1}{r} \right)$라 할 때, 그것은 $\nabla \left( \frac{1}{r} \right)$과의 차이가 점 $(x_0, y_0, z_0)$와 점 $(x, y, z)$ 사이의 거리벡터 방향이 반대인 것밖에 없으므로, 결국 $\nabla \left( \frac{1}{r} \right) = -\nabla_0 \left( \frac{1}{r} \right)$이다.

따라서 식 (1.37)은 다음과 같이 쓸 수 있다.

$$\nabla \cdot \mathbf{A} = -\frac{\mu_0}{4\pi} \iiint_V \mathbf{J} \cdot \nabla_0 \frac{1}{r} \, dv_0 \tag{1.38}$$

이 식은 소스점 좌표계로만 나타내어졌음을 알 수 있고, 여기에 벡터 정의 $\mathbf{A} \cdot \nabla f = \nabla \cdot (f\mathbf{A}) - f(\nabla \cdot \mathbf{A})$를 대입하여 다시 쓰면,

$$\nabla \cdot \mathbf{A} = -\frac{\mu_0}{4\pi} \left\{ \iiint_V \nabla_0 \cdot \frac{\mathbf{J}}{r} \, dv_0 - \iiint_V \frac{1}{r} \nabla_0 \cdot \mathbf{J} \, dv_0 \right\}$$

와 같이 되고, 여기에 발산의 정리를 적용하면 다음과 같이 쓸 수 있다.

$$\nabla \cdot \mathbf{A} = \frac{\mu_0}{4\pi} \left\{ \iiint_V \frac{1}{r} \nabla_0 \cdot \mathbf{J} \, dv_0 - \iint_S \frac{\mathbf{J}}{r} \cdot ds_0 \right\} \tag{1.39}$$

여기에서 $S$는 체적 $V$를 에워싸는 표면이고, $V$는 전류원(Current Source) $\mathbf{J}$를 그 내부에 국한되도록 취한 체적으로서, 그 표면 임의 점에서 $\mathbf{J}$가 0이거나 접선방향이 되도록 할 수 있기 때문에, 상기 식 우변의 둘째 항은 0으로 놓을 수 있으며, 결국 다음과 같이 된다.

$$\nabla \cdot A = \frac{\mu_0}{4\pi} \iiint_V \frac{1}{r} \nabla_0 \cdot J \, dv_0 \tag{1.40}$$

상기 식 (1.40)에 식 (1.11)로 주어지는 전류의 연속방정식을 대입하면 최종적으로 다음과 같은 결과를 얻을 수 있다.

$$\nabla \cdot A = -\frac{\mu_0}{4\pi} \iiint_V \frac{1}{r} \frac{\partial \rho}{\partial t} \, dv_0$$

$$= -\mu_0 \epsilon_r \epsilon_0 \frac{\partial}{\partial t} \iiint_V \frac{\rho}{4\pi \epsilon_r \epsilon_0 r} \, dv_0 \tag{1.41}$$

상기 식의 체적적분은 바로 스칼라 전위 $V$이므로, 상기 식은 비자성체 물질에서 전류와 전하가 연속방정식을 만족하도록 하기 위하여 성립해야 할 $V$와 $A$ 사이의 관계를 나타내고 있는 것으로서, 소위 로렌츠 조건이라 하는 이 조건은 다음과 같이 나타낼 수 있다.

$$\nabla \cdot A = -\mu_0 \epsilon \frac{\partial V}{\partial t} = -j\omega\mu_0 \epsilon V \tag{1.42}$$

## 1.6 파동방정식

임의의 영역에서 전계 및 자계는 맥스웰 방정식의 해로서 존재할 수 있는데, 시변전자계의 경우에는 미지의 함수들인 전계와 자계가 같은 식에 동시에 나타나므로, 그들을 분리해내기 위해서는 두 맥스웰 방정식을 결합하여야 하고 그 과정에서 미분방정식의 차수가 증가하게 되며, 그 결과로 나온 편미분 방정식이 바로 파동방정식(Wave Equation)이다.

일반적으로 전자파가 통과하는 매질은 성질상 크게 두 가지로 나눌 수 있는데, 그들은 바로 공간이 균질(Homogeneous)의 경우와 비균질(Inhomogeneous)의 경우를 말하며, 여기에서 균질이라는 용어는 해당 공간 밖에서 발생된 전자파가 전파하는 전 경로가 균일한 매질로 이루어진 것 외에도 소스가 없는(Source-Free) 것을 의미하는 데 비하여, 비균질이란 균일한 공간 내에 그를 통과하는 전자파를 만들어내는 소스(Source)나 싱크(sink)가 포함되어 있는 경우를 의미한다. 해당 공간이 전자파의 전파특성이 서로 다른 여러 종류의 매질로 이루어진 경우는 경계조건에 의하여 해결될 수 있기 때문에, 상기 분류에는 포함시키지 않는다.

그들 각각의 경우의 전자파 성분들은 파동방정식의 해를 구하여 얻을 수가 있는데, 균질 매질 경우의 파동방정식과 비균질 경우의 방정식이 서로 다르게 나타나며, 당연히 해를 구하는 과정 또한 다르게 된다.

일반적으로 자유공간(Free Space)이라 함은 해당공간 내에 전자파의 싱크 또는 소스 역할을 할 수 있는 그 어떠한 물체도 존재하지 않는 진공 또는 공기로 이루어진 공간을 의미하므로, 자유공간은 여러 가지 균질한 매질 중에 비유전율이 1이고 전자파를 흡수하는 싱크도 없는 특수한 경우라고 할 수 있다.

또한 전자파를 만들어내는 소스로부터 충분히 멀리 떨어진 점에서는 소스 형태에 관계없이 항상 전계와 자계가 진행방향에 수직한 평면 내에 있으면서 그 평면 내에서 전자파의 크기와 위상이 일정한 균일 평면파(Uniform Plane Wave)로 간주될 수가 있기 때문에, 자유공간을 통과하는 전자파는 모두 평면파라고 할 수 있다. 그러한 평면파는 전계와 자계가 전자파의 진행방향에 수직한 방향성분만을 가지므로 TEM(Transverse Electro-magnetic) 모드로 진행한다고 할 수 있다(예제 1.1 참조).

따라서 균질한 파동방정식은 소스에서 충분히 멀리 떨어진 소위 원거리점(Far Field Region)에서의 평면파에 적용이 되고, 비균질한 파동방정식은 주로 소스 근처의 근거리점 (Near Field Region)에서 다소 복잡한 형태의 전자계 분포에 적용이 된다고 할 수 있다. 이제 그들 각각의 경우에 대해서 파동방정식을 유도하고 그 해를 구하여 보기로 한다.

## 1.6.1 균질 파동방정식

소스가 없는 균질 매질에 대하여 맥스웰 방정식 중 식 (1.3a)에 $\nabla \times$을 취한 결과에 식 (1.3b)를 대입하여 H를 소거하면, 벡터에 관한 항등식 $\nabla \times \nabla \times A = -\nabla^2 A + \nabla(\nabla \cdot A)$로부터 다음을 얻는다.

$$\nabla \times \nabla \times E = -\nabla^2 E + \nabla(\nabla \cdot E)$$

$$= -j\omega\mu \nabla \times \mathrm{H}$$
$$= -j\omega\mu(\sigma + j\omega\epsilon)\mathrm{E} \tag{1.43}$$

소스가 없는 영역 내에서의 공간전하밀도는 0이므로, 식 (1.3c)에 의하여 $\nabla \cdot \mathrm{E} = 0$이고, 이를 상기 식에 대입하면 다음과 같은 전계에 관한 파동방정식을 얻을 수 있다.

$$\nabla^2\mathrm{E} = \gamma^2\mathrm{E} \tag{1.44a}$$

또는

$$(\nabla^2 - \gamma^2)\mathrm{E} = 0 \tag{1.44b}$$

여기서

$$\gamma = \sqrt{j\omega\mu(\sigma + j\omega\epsilon)} = \alpha + j\beta \tag{1.45}$$

$\gamma$ : 매질의 고유전파상수(Intrinsic Propagation Constant)

$\alpha$ : 감쇠상수(Attenuation Constant) (neper/m)

$\beta$ : 위상상수(Phase Constant) (radian/m)

여기에서 감쇠상수는 단위길이당의 감쇠를 정의하는 지수이고, 위상상수는 전파의 진행방향으로 관측되는 단위길이당의 위상을 나타내는 비례상수이다.

손실이 없는 균질 공간을 임의의 방향으로 진행하는 평면파의 동위상면을 여러 위치에서 관측할 수 있는데, 예를 들어 그림 1.5와 같이 2차원 평면상에서 $x$축과 $\theta$의 각도로 진행하는 전자파의 동위상면이 진행하는 속도를 위상속도라 하며, 출발점으로부터 임의의 거리만큼 떨어진 점의 위상 값과 거리의 비를 파수(Wave Number)라 하고 $k$로 나타낸다.

따라서 동위상면상의 모든 점들은 같은 위상 값이지만 거리가 다르고 진행방향인 $A$점까지의 거리가 가장 작으므로 그 방향으로의 파수 $k$가 최댓값으로서 전자파의 전파상수(즉 위상상수 $\beta$)와 같고, $\theta$가 $\pi/2$에 가까워질수록 거리가 무한히 커지므로 파수는 '0'에 가깝게 되며, $x$축과 만나는 $B$점의 파수는 $k_x = k\cos\theta$이고 전자파 에너지가 실제로 전달되는 속도도 $C$점에 대응하는 $c\cos\theta$로 나타낼 수 있음을 알 수 있다.

그런데 전자파가 평면파로서 그림 1.5의 동위상면이 같은 속도로 진행할 때 $O$점으로부터

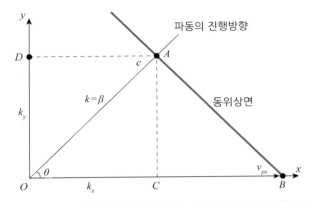

| 그림 1.5 | **평면파의 전파상수와 파수, 위상속도, 에너지 전달속도**

$A$점보다 $B$점이 더 빨리 멀어지는 것으로 간주되기 때문에, $x$축 방향으로의 위상속도는 $v_{px} = c/\cos\theta$로 나타내지며, 이는 광속보다 큰 값으로서 상대성 원리의 첫째 공리(Axiom)에 위배되는 것이지만, 위상속도는 실제로 에너지가 전달되는 속도가 아니라 동위상면의 가상적인 속도로서 결국 파장이 길어진다는 것을 의미한다.

상기 식 (1.44b)와 같이 장 변수(Field Variable)에 관한 모든 항을 좌변에 두었을 때, 우변이 '0'이 되는 미분방정식이 바로 균질 방정식(Homogeneous Equation)이며, 비균질 방정식의 경우에는 우변에 소스항이 남게 되는데, 그 소스가 우변의 장(Field)을 만들게 된다.

마찬가지로 식 (1.3b)에 $\nabla \times$을 취하고 식 (1.3a)를 대입하여 전계를 소거하면, 자계에 관한 동일한 형태의 파동방정식을 다음과 같이 얻을 수 있다.

$$\nabla^2 H = \gamma^2 H \tag{1.46}$$

상기에서 기술한 바와 같이 식 (1.44) 및 식 (1.45)와 같은 균질 벡터 파동방정식(Vector Wave Equation)은 맥스웰 방정식으로부터 쉽게 유도가 가능하며, 특히 직각좌표계(Rectangular Coordinate)에서는 그들로부터 각 성분에 따라 6개의 동일한 형태의 스칼라 파동방정식(Scalar Wave Equation 또는 Scalar Helmholtz Equation)으로 쉽게 분리가 되기 때문에, 그들의 해는 다음과 같이 매우 간단하게 얻어질 수 있지만, 원통좌표계와 구형좌표계의 경우에는 벡터 파동방정식이 각 성분별로 분리가 되지 않기 때문에 해를 구하기가 쉽지 않다.

## 1) 직각좌표계

이제 전계 및 자계에 대한 $x$, $y$, $z$ 각 방향성분 6가지를 대변하여 $\phi$라고 하는 스칼라 함수를 가정하면 스칼라 파동방정식을 다음과 같이 쓸 수 있다.

$$\nabla^2 \phi = \gamma^2 \phi \tag{1.47}$$

또는

$$\frac{\partial^2 \phi}{\partial x^2} + \frac{\partial^2 \phi}{\partial y^2} + \frac{\partial^2 \phi}{\partial z^2} = \gamma^2 \phi$$

이제 만일 전자파의 진행방향을 $z$방향이라고 하면, 평면파에 대해서는 $\frac{\partial E}{\partial x} = \frac{\partial E}{\partial y} = 0$, $\frac{\partial H}{\partial x} = \frac{\partial H}{\partial y} = 0$, $E_z = 0$, $H_z = 0$이므로, 상기 식의 $\nabla^2$는 $z$만의 미분으로 나타내어지며, $E_x$, $E_y$, $H_x$, $H_y$의 4성분 각각에 대해서 다음과 같은 미분방정식을 얻을 수 있다.

$$\frac{\partial^2 \phi}{\partial z^2} = \gamma^2 \phi \tag{1.48}$$

이 미분방정식은 고유값(Eigen Value) $+\gamma$ 및 $-\gamma$에 대해 각각 특수해를 가지므로, 그들을 선형조합(Linear Combination)하여 $\phi$에 관한 일반해를 다음과 같이 얻을 수 있다.

$$\phi = A_1 e^{-\gamma z} + A_2 e^{+\gamma z} \tag{1.49}$$

여기에서 $A_1$과 $A_2$는 경계조건에 의하여 결정되어야 할 미정계수이며, $z$가 변함에 따라 전자파의 크기가 감소하면서 위상이 감소하는 방향이 곧 진행방향이라 할 수 있으므로, $e^{-\gamma z}$가 양의 $z$방향으로 진행하는 진행파를 의미하고, $e^{+\gamma z}$는 음의 $z$방향으로 전달되는 반사파를 나타낸다.

전자파가 자유공간을 통과하는 경우에는, $\epsilon = \epsilon_0$, $\mu = \mu_0$이고 $\sigma = 0$이므로 식 (1.45)의 전파상수를 다음과 같이 쓸 수 있다.

$$\gamma = j\omega \sqrt{\mu_0 \epsilon_0}$$

$$\alpha = 0, \quad \beta = \omega \sqrt{\mu_0 \epsilon_0} \tag{1.50}$$

식 (1.49)와 같이 진행파와 반사파가 공존하는 상황에서는 합성된 전자파 패턴이 매우 복잡하게 나타나므로, 당분간 반사파가 없이 진행파만 있는 경우를 가정하여 해석한다. 또한 전계와 자계는 $z$방향에 수직한 평면 내에 있으면서 서로 수직인 관계에 있고 좌표에 대한 기준이 없으므로, 전계의 방향을 임의로 좌표계의 $x$방향으로 취할 수가 있고, 따라서 전계는 $x$방향만 갖고 자계는 $y$방향 성분만을 갖는 것으로 가정할 수가 있으며, 그 경우에 전계는 다음과 같이 쓸 수 있다.

$$E_x = E_0 e^{-j\beta z} \tag{1.51}$$

따라서 그 일계 미분은 다음과 같다.

$$\frac{\partial E_x}{\partial z} = -j\beta E_0 e^{-j\beta z} = -j\omega \sqrt{\mu_0 \epsilon_0} \, E_x \tag{1.52}$$

한편으로 자유공간에서의 맥스웰 방정식 $\nabla \times \mathrm{E} = -j\omega\mu_0\mathrm{H}$는 $E_z = 0$, $H_z = 0$, $\frac{\partial E}{\partial x} = \frac{\partial E}{\partial y} = 0$, $\frac{\partial H}{\partial x} = \frac{\partial H}{\partial y} = 0$을 참고하여 다음과 같이 쓸 수 있다.

$$\frac{\partial E_x}{\partial z} = -j\omega\mu_0 \, H_y \tag{1.53}$$

상기 식 (1.52) 및 식 (1.53)은 당연히 같아야 하므로, 다음과 같은 관계를 얻는다.

$$\sqrt{\mu_0 \epsilon_0} \, E_x = \mu_0 H_y \tag{1.54}$$

따라서 전계와 자계의 비는 다음과 같이 주어지며, 그를 일컬어 자유공간의 고유임피던스(Intrinsic Impedance)라 한다.

$$\eta_0 = \frac{E_x}{H_y} = \sqrt{\frac{\mu_0}{\epsilon_0}} \simeq 377 \, \Omega \tag{1.55}$$

$$\mu_0 = 4\pi \times 10^{-7} \, [\mathrm{Henry/m}]$$

$$\epsilon_0 = \frac{1}{36\pi} \times 10^{-9} \, [\mathrm{Farad/m}]$$

만일 식 (1.51)에 시간함수 $e^{j\omega t}$를 첨가하면 전계는 $E_x = E_0 e^{j(\omega t - \beta z)}$와 같은 꼴로 나타내어지고, 그 파두(Wave Front)의 위상을 상수 $\theta_0$라 할 때, 시간이 흐르면서 전자파가 진행하여도 파두의 위상은 일정하므로, $\Delta t$ 동안에 $\Delta z$만큼 이동하였을 경우의 위상변화량 $\omega \Delta t - \beta \Delta z$는 항상 0이어야 하며, 그 관계로부터 위상속도(Phase Velocity) $v_p$를 다음과 같이 구할 수 있다.

$$\omega \Delta t - \beta \Delta z = 0$$

$$v_p = \frac{\Delta z}{\Delta t} = \frac{\omega}{\beta} = \frac{\omega}{\omega \sqrt{\mu_0 \epsilon_0}} = \frac{1}{\sqrt{\mu_0 \epsilon_0}} = 3 \times 10^8 \, [\mathrm{m/sec}] = \mathrm{c} \qquad (1.56)$$

## 2) 원통좌표계

선전류에 의한 전자계의 해석이나 원통형 도체에 의한 전자파의 산란 문제 또는 원통형 도파관 내부를 통과하는 전자파 해석 등의 문제에 있어서는 원통좌표계(Circular Coordinate)를 이용함이 편리하며, 만일 매질 내에서의 손실이 없는 경우만을 고려하면, $\alpha = 0$이므로 식 (1.44)의 벡터 파동방정식은 다음과 같이 쓸 수 있다.

$$\nabla^2 \mathbf{E} = -\beta^2 \mathbf{E} \qquad (1.57)$$

여기에서 전계 $\mathbf{E}$는 다음과 같이 원통좌표계의 각 성분별로 나뉜다.

$$\mathbf{E}(\rho, \phi, z) = \mathbf{a}_\rho E_\rho(\rho, \phi, z) + \mathbf{a}_\phi E_\phi(\rho, \phi, z) + \mathbf{a}_z E_z(\rho, \phi, z) \qquad (1.58)$$

이를 식 (1.57)에 대입하면 다음과 같다.

$$\nabla^2 \left[ \mathbf{a}_\rho E_\rho + \mathbf{a}_\phi E_\phi + \mathbf{a}_z E_z \right] = -\beta^2 \left[ \mathbf{a}_\rho E_\rho + \mathbf{a}_\phi E_\phi + \mathbf{a}_z E_z \right] \qquad (1.59)$$

그러나 상기 식 (1.59)는 직각좌표계의 경우와는 달리, 변수분리법을 적용하여도 각 성분별로 3개의 스칼라 파동방정식으로 쉽게 분리가 될 수 없고, 오로지 z성분항만이 다음과 같이 분리될 수 있으며,

$$\nabla^2 E_z = -\beta^2 E_z \tag{1.60}$$

나머지 항들은 베셀 방정식으로 만든 다음, 그 해인 베셀 함수를 이용하여 최종적인 해인 전계를 구할 수가 있다. 자계의 경우에도 동일하게 유도될 수 있다.

### 3) 구좌표계

점원(Point Source)에서 복사되는 전자파의 근거리(Near Field) 특성이나, 크고 작은 구(球) 모양의 장애물에 의해 전자파가 산란되는 특성을 해석하기 위해서는 파동방정식이 구좌표계 (Spherical Coordinate)에서 해석되어야 하는데, 구좌표계에서의 벡터 파동방정식은 각 성분별로 헬름홀츠 방정식, 라게르 방정식, 르장드르 방정식 등으로 분해되지만, 실질적으로 그 해를 정확하게 구하는 일은 대단히 어려운 편이다.

## 1.6.2 비균질 파동방정식

비균질 벡터 파동방정식은 소스에 인접한 영역인 근거리점에 적용되는 것으로서, 맥스웰 방정식으로부터 직접 벡터 전위(Vector Potential)과 스칼라 전위(Scalar Potential)에 관한 비균질 파동방정식을 얻을 수 있는데, 그 해는 그린 함수(Green Function)를 이용하면 비교적 쉽게 풀릴 수 있으며, 그렇게 얻어진, 소스로부터 유기되는(Source Dependent) 벡터 퍼텐셜 및 스칼라 퍼텐셜로부터 최종 해인 전계 및 자계를 유도해낼 수가 있다.

### *V*와 A에 관한 파동방정식

A에 관한 파동방정식은 맥스웰 방정식 $\nabla \times H = J + \dfrac{\partial D}{\partial t}$ 에 식 (1.25b) 및 식 (1.34) 그리고 로렌츠 조건을 대입하여 다음과 같이 구할 수 있다.

$$\nabla \times \frac{B}{\mu} - \epsilon \frac{\partial E}{\partial t} = J$$

$$\nabla \times B - \mu\epsilon \frac{\partial\left(-\dfrac{\partial A}{\partial t} - \nabla V\right)}{\partial t} = \mu J$$

$$\nabla \times \nabla \times A + \mu\epsilon \frac{\partial^2 A}{\partial t^2} + \nabla\left(\mu\epsilon \frac{\partial V}{\partial t}\right) = \mu J \tag{1.61}$$

상기 식에 벡터 정의 $\nabla \times \nabla \times E = \nabla(\nabla \cdot E) - \nabla^2 E$와 로렌츠 조건을 대입함으로써 다음의 벡터 전위 $A$에 관한 비균질 파동방정식을 얻을 수 있다.

$$\nabla(\nabla \cdot A) - \nabla^2 A + \mu\epsilon \frac{\partial^2 A}{\partial t^2} - \nabla(\nabla \cdot A)$$

$$= -\nabla^2 A + \mu\epsilon \frac{\partial^2 A}{\partial t^2} = \mu J \tag{1.62}$$

$$\nabla^2 A - \mu\epsilon \frac{\partial^2 A}{\partial t^2} = -\mu J \tag{1.63}$$

여기에서 파수를 $k = \omega \sqrt{\mu\epsilon}$ 이라 하고, 상기의 벡터 퍼텐셜에 관한 비균질 파동방정식을 주파수 영역으로 다시 쓰면 다음과 같다.

$$\nabla^2 A + \omega^2 \mu\epsilon A = \nabla^2 A + k^2 A = -\mu J \tag{1.64}$$

이제 $V$에 관한 파동방정식을 구하기 위해서 맥스웰 방정식 $\nabla \cdot D = \rho$에 식 (1.34)를 대입하면

$$\nabla \cdot D = \epsilon \nabla \cdot \left(-\frac{\partial A}{\partial t} - \nabla V\right) = \rho \tag{1.65}$$

와 같이 되고 이를 다시 정리하면 다음과 같다.

$$-\frac{\partial(\nabla \cdot A)}{\partial t} - \nabla^2 V = \frac{\rho}{\epsilon} \tag{1.66}$$

이제 상기 식에 식 (1.42)의 로렌츠 조건을 대입하고 정리하면 다음과 같은 $V$에 관한 파동 방정식을 얻는다.

$$-\frac{\partial\left(-\mu\epsilon\dfrac{\partial V}{\partial t}\right)}{\partial t} - \nabla^2 V = \frac{\rho}{\epsilon}$$

$$\nabla^2 V - \mu\epsilon\frac{\partial^2 V}{\partial t^2} = -\frac{\rho}{\epsilon} \tag{1.67}$$

이 역시 파수 $k = \omega\sqrt{\mu\epsilon}$ 를 사용하여 주파수 영역으로 다시 쓰면 다음과 같다.

$$\nabla^2 V + k^2 V = -\frac{\rho}{\epsilon} \tag{1.68}$$

식 (1.64) 및 식 (1.68)의 파동방정식을 만족하는 A와 $V$는 식 (1.42)의 로렌츠 조건을 통하여 서로 연결되어 있지만, 이 전위들은 유일하게 정의되지 않는데, 그 이유는 두 미분방정식과 관련된 균질 파동방정식의 해들도 로렌츠 조건을 만족하게 되며, 그들을 임의로 더해주어도 방정식을 만족하기 때문이다.

예를 들어 새로운 벡터 전위를 $A' = A - \nabla\phi$ 와 같이 정의하고, 여기에서 $\phi$ 는 다음과 같은 균질 파동방정식을 만족하는 임의의 스칼라 함수라 하자.

$$\nabla^2\phi + k^2\phi = 0 \tag{1.69}$$

그런데 벡터 정의에 의하여 $\nabla \times \nabla\phi = 0$ 이므로, 벡터 전위 $A'$은 A와 같은 자속밀도 B를 정의하게 되며, 그와 같은 벡터 전위의 변환에 대해 식 (1.34)가 Invariant(같은 E를 정의)하기 위해서는 스칼라 전위 $V$ 도 새로운 전위 $V = V' + j\omega\phi$로 변환(Transform)되어야 함을 다음 식으로부터 쉽게 알 수 있다.

$$E = -j\omega A' - \nabla V' = -j\omega A + j\omega\nabla\phi - \nabla V - j\omega\nabla\phi$$
$$= -j\omega A - \nabla V \tag{1.70}$$

또한 $A'$과 $V'$을 식 (1.42)의 로렌츠 조건에 대입하여 보면, $\phi$가 식 (1.69)의 균질 방정식을 만족함을 알 수 있으며, 이와 같이 새로운 전위 $A'$과 $V'$으로의 변환을 게이지 변환(Gauge Transformation)이라 하고, 그러한 변환에 대한 장 벡터(Field Vector)들의 불변(Invariance)을 게이지 불변(Gauge Invariance)이라 한다.

## 1.6.3 비균질 파동방정식의 해

정전자계의 경우에는 스칼라 전위 파동방정식인 식 (1.68)에서 파수 $k$가 '0'이 되어 푸아송 방정식이 되며, 그 식은 맥스웰 방정식 $\nabla \cdot D = \rho$로부터 직접 유도할 수도 있다.

$$\nabla \cdot E = \frac{\rho}{\epsilon}$$

$$E = -\nabla V$$

$$\nabla^2 V = -\frac{\rho}{\epsilon} \tag{1.71}$$

그런데 점전하 $Q$에 의하여 거리 $R$만큼 떨어진 점에서의 전위 $V$는

$$V = \frac{Q}{4\pi\epsilon R} \tag{1.72}$$

이고, 만일 $Q/\epsilon = 1$로 규준화시켰다면 그러한 단위 점전하에 의한 전위 $V$는

$$V = \frac{1}{4\pi R} \tag{1.73}$$

이다.

또한 식 (1.71)을 3차원적 점전하 $Q$의 경우에 적용하기 위해서는 점전하의 미소체적 반경을 $a$라 할 때 다음과 같이 나타내어져야 하며,

$$\nabla^2 V = -\frac{1}{\epsilon} \frac{Q}{(미소체적)} = -\frac{1}{\epsilon} \lim_{a \to 0} \frac{Q}{\frac{4}{3}\pi a^3} \tag{1.74}$$

마찬가지로 규준화된 단위 점전하의 경우에는 다음과 같이 나타내어져야 한다.

$$\nabla^2 V = -\lim_{a \to 0} \frac{3}{4\pi a^3} \tag{1.75}$$

상기 식에서 우변 − 부호 뒤의 값은 한 점에서만 함숫값이 ∞이고 체적 적분한 값은 '1'이기 때문에, 다음과 같이 정의되는 디랙 델타 함수(Dirac Delta Function)로 간주될 수 있다.

$$\int_v \delta(\mathbf{r}-\mathbf{r}')dv = \begin{cases} 1, & \mathbf{r}' \in v \\ 0, & \mathbf{r}' \not\in v \end{cases} \tag{1.76}$$

여기에서 위치 벡터(Position Vector) r은 관측 전계 벡터(Field Vector)이고, r'은 점전하가 있는 소스 벡터(Source Vector)이며, $\delta(\mathbf{r}-\mathbf{r}')$은 3차원적 델타 함수로서 다음과 같다.

$$\mathbf{r} = x\,\mathbf{a}_x + y\,\mathbf{a}_y + z\,\mathbf{a}_z$$
$$\mathbf{r}' = x'\,\mathbf{a}_x + y'\,\mathbf{a}_y + z'\,\mathbf{a}_z$$
$$\delta(\mathbf{r}-\mathbf{r}') = \delta(x-x')\delta(y-y')\delta(z-z') \tag{1.77}$$

따라서 r = r'점에 위치하는 단위 점전하에 의한 스칼라 퍼텐셜 $V$를 $G$라 할 때, $G$는 다음과 같은 푸아송 방정식(Poisson's Equation)을 만족한다.

$$\nabla^2 G(\mathbf{r}, \mathbf{r}') = -\delta(\mathbf{r}-\mathbf{r}') \tag{1.78}$$

이제 R = r − r'은 필드점과 소스점 사이의 거리 벡터이고, $R = \|\mathbf{r}-\mathbf{r}'\|$은 거리 값이라 하면, 단위 점전하에 의한 스칼라 퍼텐셜 $G$는 당연히 식 (1.73)과 같이 나타내어져야 하며,

$$G = \frac{1}{4\pi R} \tag{1.79}$$

$$R = \sqrt{(x-x')^2 + (y-y')^2 (z-z')^2} \tag{1.80}$$

$$\mathbf{R} = \mathbf{a}_x(x-x') + \mathbf{a}_y(y-y') + \mathbf{a}_z(z-z') \tag{1.81}$$

이 함수 $G$를 미분방정식의 그린 함수라 한다.

그런데 디랙 델타 함수의 가려내는 특성(Sifting Property)에 의하여 다음의 결과를 얻을 수 있다.

$$\iiint_v \frac{\rho(\mathbf{r})}{\epsilon}\delta(\mathbf{r}-\mathbf{r}')\,dv = \frac{\rho(\mathbf{r}')}{\epsilon} \tag{1.82}$$

따라서 임의의 소스 분포에 의해 유기되는 공간 내의 퍼텐셜은 중첩의 원리(Superposition Principle)에 의해 단위 점전하에 관한 식 (1.78)을 소스점 전체에 걸쳐 합함으로써 얻을 수

있기 때문에, 결국 식 (1.78)을 소스가 있는 구역 전체에 걸쳐 적분하여 구해진 퍼텐셜 $V$는 다음 식 (1.84)를 만족한다.

$$\nabla^2 G(\mathbf{r}, \mathbf{r}') = -\delta(\mathbf{r} - \mathbf{r}') \tag{1.83}$$

$$\nabla^2 V(\mathbf{r}, \mathbf{r}') = -\frac{\rho(\mathbf{r}')}{\epsilon} \tag{1.84}$$

결국 식 (1.84)의 해인 스칼라 퍼텐셜은 그린 함수에 전하분포함수를 곱하고, 소스가 있는 전 영역에 걸쳐 적분함으로써 얻을 수 있다.

$$V(\mathbf{r}, \mathbf{r}') = \iiint_v \frac{\rho(\mathbf{r}')}{\epsilon} \, G(\mathbf{r}, \mathbf{r}') dv' \tag{1.85}$$

상기 정전자계와 달리 시변전자계의 경우에는 식 (1.68)인 파동방정식을 풀어야 하는데, 그를 위하여 먼저 다음의 파동방정식을 풀어 단위 점 소스에 의해 유기되는 스칼라 퍼텐셜 분포인 그린 함수를 구해야 한다.

$$\nabla^2 G + k^2 G = -\delta(x - x')\delta(y - y')\delta(z - z') \tag{1.86}$$

식 (1.86)을 풀기 위하여 다음의 라플라시안을 이용한다(예제 1.2 참조).

$$\nabla^2 \frac{e^{-jkR}}{R} = e^{-jkR} \nabla^2 \frac{1}{R} - \frac{k^2}{R} e^{-jkR} \tag{1.87}$$

상기 식의 우변 둘째 항을 좌변으로 이동시켜 다시 쓰면 다음과 같다.

$$\nabla^2 \frac{e^{-jkR}}{R} + k^2 \frac{e^{-jkR}}{R} = e^{-jkR} \nabla^2 \frac{1}{R} \tag{1.88}$$

식 (1.78)과 식 (1.79)를 참고하면 상기 식의 우변 라플라시안 $\nabla^2 \frac{1}{R}$은 $R=0$ 이외의 점에서는 값이 '0'인 델타 함수임을 알 수 있으므로, 상기 식의 양변을 $4\pi$로 나누면 다음과 같이 쓸 수 있다.

$$\nabla^2 \frac{e^{-jkR}}{4\pi R} + k^2 \frac{e^{-jkR}}{4\pi R} = e^{-jkR} \nabla^2 \frac{1}{4\pi R} = -e^{-jkR} \delta(\mathbf{r} - \mathbf{r}') \tag{1.89}$$

상기 식에서 $e^{-jkR}$은 $R = 0$에서 '1'이기 때문에 우변이 델타 함수를 나타내기에 부족함이 없으며, 상기 식은 비균질 파동방정식인 식 (1.86)과 같은 형태이기 때문에, 그 식의 해인 그린 함수는 다음과 같이 나타내어질 수 있다.

$$G = \frac{e^{-jkR}}{4\pi R} \tag{1.90}$$

상기 식 (1.90)을 이용하면 다음과 같은 스칼라 퍼텐셜에 관한 비균질 파동방정식의 해를 쉽게 구할 수 있다.

$$\nabla^2 V + k^2 V = -\frac{\rho}{\epsilon} \tag{1.91}$$

결국 중첩의 원리에 의해서 스칼라 퍼텐셜은 식 (1.90)에 $\rho/\epsilon$를 곱하여 소스 영역 전체에 걸쳐 적분함으로써 다음과 같이 얻을 수 있다.

$$V = \iiint_v \frac{\rho}{\epsilon} \frac{e^{-jkR}}{4\pi R} \, dv \tag{1.92}$$

마찬가지로 벡터 퍼텐셜에 관한 비균질 파동 방정식인 식 (1.68)의 해는 다음과 같이 나타내어질 수 있다.

$$\mathbf{A} = \frac{\mu}{4\pi} \iiint_v \frac{\mathbf{J} \, e^{-jkR}}{R} \, dv \tag{1.93}$$

## 1.7 평면파의 전파

### 1.7.1 무손실 유전체 내에서의 평면파

균일한 무손실 유전체 내에서의 전자파의 전파특성은 자유공간의 경우에 비하여 유전율이 $\epsilon_0$ 대신 $\epsilon_r \epsilon_0$를 사용하여야 하는 것 이외엔 모두가 동일하며, 따라서 다음의 식들을 얻는다.

$$\eta = \sqrt{\frac{\mu}{\epsilon}} = \sqrt{\frac{\mu}{\epsilon_r \epsilon_0}} = \frac{377}{\sqrt{\epsilon_r}} \, \Omega \tag{1.94a}$$

$$\alpha = 0 \tag{1.94b}$$

$$\beta = \omega \sqrt{\mu \epsilon} \tag{1.94c}$$

$$v_p = \frac{1}{\sqrt{\mu \epsilon}} \tag{1.94d}$$

### 1.7.2 손실이 있는 도체 내에서의 평면파

손실이 있더라도 도체라고 할 수 있는 경우에는 $\sigma$와 $\omega \epsilon$ 모두 무시할 수 없을 정도의 크기를 가지고 있으므로, 전파상수는 식 (1.45)에서 주어진 바와 같이 일반적인 꼴로 나타내어야 한다.

$$\gamma = \sqrt{j \omega \mu (\sigma + j \omega \epsilon)} = \alpha + j \beta \tag{1.95}$$

이제 식 (1.51) 및 (1.52)에서 $j\beta$ 대신 $\gamma$를 대입하여 다음을 얻을 수 있다.

$$E_x = E_0 \, e^{-\gamma z} \tag{1.96}$$

$$\frac{\partial E_x}{\partial z} = - \gamma E_0 \, e^{-\gamma z} = - \gamma E_x \tag{1.97}$$

상기 식 (1.97)과 맥스웰 방정식 $\nabla \times \mathbf{E} = -j \omega \mu_0 \mathbf{H}$로부터 얻어지는 다음의 식을 연립하여 풀어서 해당 매질의 고유임피던스를 얻을 수 있다.

$$\frac{\partial E_x}{\partial z} = -j\omega\mu_0 H_y$$

$$\eta = \frac{E_x}{H_y} = \sqrt{\frac{j\omega\mu_0}{\sigma + j\omega\epsilon}} \tag{1.98}$$

### 1.7.3 손실이 있는 유전체 내에서의 평면파

손실이 다소 있다 하더라도 유전체 내에서 마이크로파와 같이 높은 주파수대역 전자파에 대해서는 $\omega\epsilon \gg \sigma$의 조건이 성립하므로 전파상수와 고유임피던스를 다음과 같이 근사시킬 수 있다.

$$\gamma = \sqrt{j\omega\mu(\sigma + j\omega\epsilon)} = j\omega\sqrt{\mu\epsilon}\sqrt{1 - j\frac{\sigma}{\omega\epsilon}} = j\omega\sqrt{\mu\epsilon_{eff}} \tag{1.99}$$

$$\epsilon_{eff} = \epsilon\left(1 - j\frac{\sigma}{\omega\epsilon}\right) \tag{1.100}$$

여기에서 $\epsilon_{eff}$는 유효유전율이며, $\frac{\sigma}{\omega}\epsilon$를 손실 탄젠트(Loss Tangent)라 하고 다음과 같이 정의한다.

$$\tan\theta = \frac{\sigma}{\omega\epsilon} \tag{1.101}$$

여기에서 $\theta$를 손실각(Loss Angle)이라고 하며, 상기 손실 탄젠트 값은 매우 작기 때문에 식 (1.95)의 전파상수는 다음과 같이 근사시킬 수 있다.

$$\gamma = j\omega\sqrt{\mu\epsilon}\left(1 - j\frac{\sigma}{\omega\epsilon}\right)^{\frac{1}{2}} \simeq j\omega\sqrt{\mu\epsilon}\left(1 - j\frac{\sigma}{2\omega\epsilon}\right) = \frac{\sigma}{2}\sqrt{\frac{\mu}{\epsilon}} + j\omega\sqrt{\mu\epsilon} \tag{1.102}$$

$$\alpha = \frac{\sigma}{2}\sqrt{\frac{\mu}{\epsilon}} \tag{1.103a}$$

$$\beta = \omega\sqrt{\mu\epsilon} \tag{1.103b}$$

또한 고유임피던스 역시 $\omega\epsilon \gg \sigma$ 조건에 따라 다음과 같이 쓸 수 있다.

$$\eta = \sqrt{\frac{j\omega\mu}{\sigma + j\omega\epsilon}} = \sqrt{\frac{\mu}{\epsilon}}\left(1 - j\frac{\sigma}{\omega\epsilon}\right)^{-\frac{1}{2}} \simeq \sqrt{\frac{\mu}{\epsilon}}\left(1 + j\frac{\sigma}{2\omega\epsilon}\right) \qquad (1.104)$$

## 1.7.4 도체 내에서의 평면파

도전율이 큰 양도체에서는 전도전류가 변위전류보다 훨씬 더 크다. 다시 말해서 $\omega\epsilon \ll \sigma$이므로

$$\gamma = \sqrt{j\omega\mu(\sigma + j\omega\epsilon)} \simeq \sqrt{j\omega\mu\sigma} = \sqrt{2\pi f\mu\sigma}\ \sqrt{j} = \sqrt{\pi f\mu\sigma}\ (1+j) \qquad (1.105)$$

$$\alpha = \beta = \sqrt{\pi f\mu\sigma} \qquad (1.106)$$

진행파는 지수함수 $e^{-\alpha z}$에 따라 감쇠되고 $e^{-1} = 0.368$이며, 그와 같이 $\alpha z = 1$이 되는 $z$ 값은 다음과 같다.

$$z = \frac{1}{\sqrt{\pi f\mu\sigma}} \qquad (1.107)$$

이 거리를 Skin Depth $\delta$라 하며 다음과 같이 나타낼 수 있다.

$$\delta = \frac{1}{\sqrt{\pi f\mu\sigma}} = \frac{1}{\alpha} = \frac{1}{\beta} \qquad (1.108)$$

도체 내에서는 전자파가 이와 같이 강한 감쇠를 받게 되어 중심 부분에서는 전혀 전자파가 존재할 수 없게 되며 표면으로부터 Skin Depth 이내에서만 표면을 따라 진행할 수 있게 된다. 이와 같은 현상을 표피효과(Skin Effect)라 한다.

이상적인 도체의 경우에는 경계조건에 따라 도체에 접선방향성분의 전계는 0이 되고 법선방향성분의 전계는 도체의 표면에 유기되는 표면전하에 의해 종단되는 데 반해, 자계는 법선방향성분이 0이 되고 접선방향성분은 자계방향에 수직한 방향으로 흐르는 표면전류에 의하여 연속성이 유지된다. 도체 내부에 시변전자계가 존재할 수 없기 때문에 도체 표면에 수직한 방향으로의 관련전류성분 또한 존재할 수가 없고, 외부 전자파가 도체 표면에 임의의 방향으

로 입사되고 있다고 하더라도 표면에 수직한 방향으로 진행하는 전자파 성분은 완전 반사되고 나머지 성분만 표면을 따라서 진행할 수가 있다.

또한 그러한 양도체의 고유임피던스는 다음과 같이 근사화될 수 있다.

$$\eta = \sqrt{\frac{j\omega\mu}{\sigma + j\omega\epsilon}} \simeq \sqrt{\frac{j\omega\mu}{\sigma}} = \frac{\sqrt{2\pi f\mu\sigma}}{\sigma} \sqrt{j}$$

$$= \frac{1}{\sigma\delta}(1+j) = R_s(1+j) \tag{1.109}$$

여기에서 $R_s = \dfrac{1}{\sigma\delta}$ 는 도체의 표면 저항이다.

## 1.8  에너지 밀도와 포인팅 벡터

임의의 매질 내에 축적되어 있는 전자계의 에너지 밀도는 다음과 같다.

$$\frac{dW_E}{d\tau} = \frac{1}{2}\mathrm{D} \cdot \mathrm{E} \ \text{(전계 에너지 밀도)} \tag{1.110a}$$

$$\frac{dW_M}{d\tau} = \frac{1}{2}\mathrm{B} \cdot \mathrm{H} \ \text{(자계 에너지 밀도)} \tag{1.110b}$$

### 1.8.1 포인팅 벡터

자유공간에서의 전자파의 전파방향은 벡터 $\mathrm{E} \times \mathrm{H}$ 의 방향이므로 이제 이 벡터의 발산을 정의해보자. 자유공간에서는 전도전류가 없으므로 다음과 같이 전개할 수 있다.

$$\nabla \cdot (\mathrm{E} \times \mathrm{H}) = \mathrm{H} \cdot (\nabla \times \mathrm{E}) - \mathrm{E} \cdot (\nabla \times \mathrm{H})$$

$$= \mathrm{H} \cdot (\nabla \times \mathrm{E}) - \mathrm{E} \cdot (\nabla \times \mathrm{H}) \tag{1.111}$$

$$\nabla \cdot (\mathrm{E} \times \mathrm{H}) = -\mathrm{H} \cdot \frac{\partial \mathrm{B}}{\partial t} - \mathrm{E} \cdot \frac{\partial \mathrm{D}}{\partial t}$$

$$= -\frac{\partial}{\partial t}\left(\frac{1}{2}\mu H^2 + \frac{1}{2}\epsilon E^2\right) \qquad (1.112)$$

이 식을 임의의 폐곡면 S로 둘러싸인 체적 $\tau$에 대하여 체적적분을 수행하고 거기에 발산의 정리를 적용하면 다음과 같이 쓸 수 있다.

$$\oint_S (\mathrm{E} \times \mathrm{H}) \cdot d\mathrm{s} = -\frac{\partial}{\partial t}\int_\tau \left(\frac{1}{2}\epsilon \mathrm{E}^2 + \frac{1}{2}\mu \mathrm{H}^2\right)d\tau \qquad (1.113)$$

따라서 우변은 체적 $\tau$에서 단위시간당 소실되는 에너지 양으로서 체적 $\tau$ 자체 내에서는 전력소모가 없기 때문에 좌변의 적분은 당연히 폐곡면 $S$를 통하여 밖으로 유출되는 에너지의 전체량이다.

여기서 벡터 $\mathrm{E} \times \mathrm{H}$를 1884년의 제안자인 영국 물리학자 포인팅(John H. Poynting)의 이름을 따서 포인팅 벡터라 하며 다음과 같이 쓴다.

$$\mathrm{S} = \mathrm{E} \times \mathrm{H} \qquad (1.114)$$

이 포인팅 벡터는 전파의 진행방향을 지시하며 이 벡터를 임의의 폐곡면에 대하여 면적분 하면 체적을 빠져나가는 단위시간당의 에너지 흐름을 나타낸다.

이제 좀 더 일반적인 경우로 매질 내의 전도전류 J를 고려하여 식 (1.112)를 다시 쓰면,

$$\nabla \cdot (\mathrm{E} \times \mathrm{H}) = -\mathrm{H} \cdot \frac{\partial \mathrm{B}}{\partial t} - \mathrm{E} \cdot \left(\frac{\partial \mathrm{D}}{\partial t} + \mathrm{J}\right)$$

$$= -\frac{\partial}{\partial t}\left(\frac{1}{2}\mu \mathrm{H}^2 + \frac{1}{2}\epsilon \mathrm{E}^2\right) - \mathrm{E} \cdot \mathrm{J} \qquad (1.115)$$

$$\int_S (\mathrm{E} \times \mathrm{H}) \cdot d\mathrm{a} = -\frac{\partial}{\partial t}\int_\tau \left(\frac{1}{2}\epsilon \mathrm{E}^2 + \frac{1}{2}\mu \mathrm{H}^2\right)d\tau - \int_\tau \mathrm{E} \cdot \mathrm{J}\, d\tau \qquad (1.116)$$

여기서 우변의 둘째 항은 단위시간당 체적 내에서 소모되는 열량을 나타낸다.

그런데 자유공간에서와 같이 전계와 자계의 위상이 일치할 경우에는 앞에서 정의한 포인팅 벡터 S가 유용하지만 서로 임의의 위상을 갖는 일반적인 경우에는 어느 한 순간에 에너지의

흐름을 정의하기가 애매해지며, 따라서 평균전력을 정의할 수 있는 포인팅 벡터의 평균값을 사용하는 것이 편리하다.

이제 전계와 자계의 방향을 각각 $x$, $y$방향으로 취하면 그 순시치는 다음과 같이 쓸 수 있다.

$$\mathbf{E} = E_0 \exp\left[j\left(\omega t - \beta z\right)\right] \mathbf{a}_x \tag{1.117}$$

$$\mathbf{H} = H_0 \exp\left[j\left(\omega t - \beta z + \theta\right)\right] \mathbf{a}_y \tag{1.118}$$

따라서 벡터 $\mathbf{E} \times \mathbf{H}$는 단순히 스칼라 함수의 곱 $EH$에 $\mathbf{a}_z$를 곱한 벡터가 되며 이들 각각의 전자계를 다음과 같은 실함수 형태로 쓸 수 있다.

$$E = E_0 \cos\left(\omega t - \beta z\right) \tag{1.119}$$

$$H = H_0 \cos\left(\omega t - \beta z + \theta\right) \tag{1.120}$$

따라서

$$
\begin{aligned}
EH &= E_0 H_0 \cos\left(\omega t - \beta z\right) \cos\left(\omega t - \beta z + \theta\right) \\
&= E_0 H_0 \left[\cos^2\left(\omega t - \beta z\right)\cos\theta - \cos\left(\omega t - \beta z\right)\sin\left(\omega t - \beta z\right)\sin\theta\right]
\end{aligned} \tag{1.121}
$$

임의의 사인함수의 시간 평균값이 0이고 그 제곱의 평균값은 $\frac{1}{2}$이므로 위 식의 한 주기에 대한 평균값은 다음과 같이 된다.

$$\mathbf{S}_{av} = \frac{1}{2} E_0 H_0 \cos\theta\, \mathbf{a}_z \tag{1.122}$$

다른 한편으로 식 (1.117)과 식 (1.118)에 의해 $\mathbf{E} \times \mathbf{H}^*$을 계산하여 보면

$$\mathbf{E} \times \mathbf{H}^* = E_0 H_0\, e^{j\theta}\, \mathbf{a}_z \tag{1.123}$$

이므로 포인팅 벡터의 평균값 $\mathbf{S}_{av}$는 다음과 같이 나타낼 수 있다.

$$\mathbf{S}_{av} = \frac{1}{2} Re\left[\mathbf{E} \times \mathbf{H}^*\right] \tag{1.124}$$

자유공간에서의 전자파는 항상 전계와 자계의 방향이 진행방향에 수직한 평면파임을 증명하시오.

**풀이** 자유공간 내 임의의 점에서 임의의 방향으로 존재하는 전계를 다음과 같이 쓸 수 있다.

$$\mathbf{E} = (E_x\mathbf{a}_x + E_y\mathbf{a}_y + E_z\mathbf{a}_z)\, e^{jk_x x} e^{jk_y y} e^{jk_z z} \tag{1.125}$$

이제 다음과 같은 위치벡터(Position Vector) $\mathbf{r}$과 파수벡터(Wave Number Vector) $\mathbf{k}$, 그리고 $\mathbf{E}_o$를 다음과 같이 정의하자.

$$\mathbf{r} = x\mathbf{a}_x + y\mathbf{a}_y + z\mathbf{a}_z \tag{1.126}$$

$$\mathbf{k} = k_x\mathbf{a}_x + k_y\mathbf{a}_y + k_z\mathbf{a}_z \tag{1.127}$$

$$\mathbf{E}_o = E_x\mathbf{a}_x + E_y\mathbf{a}_y + E_z\mathbf{a}_z \tag{1.128}$$

이들을 이용하면 상기의 전계벡터 $\mathbf{E}$는 다음과 같이 간결하게 나타내어질 수 있다.

$$\mathbf{E} = \mathbf{E}_o\, e^{j\mathbf{k}\cdot\mathbf{r}} \tag{1.129}$$

그런데 자유공간에서는 어떠한 소스도 없기 때문에 그의 발산 $\nabla\cdot\mathbf{E}$는 '0'이 되어야 하며, 벡터 정의 $\nabla\cdot(f\mathbf{A}) = \mathbf{A}\cdot\nabla f + f(\nabla\cdot\mathbf{A})$를 이용하여 $\nabla\cdot\mathbf{E}$를 다음과 같이 쓸 수 있다.

$$\nabla\cdot\mathbf{E} = \nabla\cdot\left\{\mathbf{E}_o\, e^{j\mathbf{k}\cdot\mathbf{r}}\right\} = \mathbf{E}_o\cdot\nabla e^{j\mathbf{k}\cdot\mathbf{r}} + e^{j\mathbf{k}\cdot\mathbf{r}}\nabla\cdot\mathbf{E}_o \tag{1.130}$$

상기 식에서 마지막 항인 $\nabla\cdot\mathbf{E}_o$에서 $\mathbf{E}_o$는 위치좌표에 대해 상수이므로 '0'인 것이 당연하고, 따라서 다음과 같이 나타낼 수 있다.

$$\nabla\cdot\mathbf{E} = \mathbf{E}_o\cdot\nabla e^{j\mathbf{k}\cdot\mathbf{r}} = \mathbf{E}_o\cdot(j\mathbf{k})\, e^{j\mathbf{k}\cdot\mathbf{r}} = 0 \tag{1.131}$$

상기 식이 '0'이 되기 위해서는 필수적으로 $\mathbf{E}_o\cdot\mathbf{k}$가 '0'이어야 하고, 이는 곧 두 벡터 $\mathbf{E}_o$와 $\mathbf{k}$는 수직이어야 함을 의미하며, 결국 전자파의 방향과 그 진행방향은 서로 수직일 수밖에 없다는 결론을 얻는다.

다음 식을 증명하시오.

$$\nabla^2\frac{e^{-jkR}}{R} = e^{-jkR}\nabla^2\frac{1}{R} - \frac{k^2}{R}e^{-jkR} \tag{1.132}$$

**풀이**

$$\nabla^2 \frac{e^{-jkR}}{R} = \nabla \cdot \left( \nabla \frac{e^{-jkR}}{R} \right) = \nabla \cdot \left( e^{-jkR} \nabla \frac{1}{R} + \frac{1}{R} \nabla e^{-jkR} \right) \tag{1.133}$$

상기 식에 다음의 벡터 정의(Vector Identity) $\nabla \cdot (f \mathbf{A}) = f \nabla \cdot \mathbf{A} + \nabla f \cdot \mathbf{A}$를 적용하면

$$\nabla^2 \frac{e^{-jkR}}{R} = e^{-jkR} \nabla^2 \frac{1}{R} + \frac{1}{R} \nabla^2 e^{-jkR} + 2 \nabla \frac{1}{R} \cdot \nabla e^{-jkR} \tag{1.134}$$

을 얻을 수 있고, 상기 식 우변의 마지막 항에 아래의 식들을 대입한다.

$$\nabla e^{-jkR} = -jk e^{-jkR} \nabla R = -jk e^{-jkR} \frac{\mathbf{R}}{R} \tag{1.135}$$

$$
\begin{aligned}
\nabla R &= \left( \mathbf{a}_x \frac{\partial}{\partial x} + \mathbf{a}_y \frac{\partial}{\partial y} + \mathbf{a}_z \frac{\partial}{\partial z} \right) \left[ (x-x')^2 + (y-y')^2 + (z-z')^2 \right]^{1/2} \\
&= \frac{\left[ (x-x') \mathbf{a}_x + (y-y') \mathbf{a}_y + (z-z') \mathbf{a}_z \right]}{\left[ (x-x')^2 + (y-y')^2 + (z-z')^2 \right]^{1/2}} = \frac{\mathbf{R}}{R}
\end{aligned} \tag{1.136}
$$

$$
\begin{aligned}
\nabla \cdot \mathbf{R} &= \left( \mathbf{a}_x \frac{\partial}{\partial x} + \mathbf{a}_y \frac{\partial}{\partial y} + \mathbf{a}_z \frac{\partial}{\partial z} \right) \cdot \left[ (x-x') \mathbf{a}_x + (y-y') \mathbf{a}_y + (z-z') \mathbf{a}_z \right] \\
&= 3
\end{aligned} \tag{1.137}
$$

$$
\begin{aligned}
\nabla \cdot \left( \frac{\mathbf{R}}{R} \right) &= \nabla \cdot \left( \frac{\mathbf{R}}{\sqrt{R^2}} \right) = \frac{1}{\sqrt{R^2}} \nabla \cdot \mathbf{R} + \mathbf{R} \cdot \nabla \frac{1}{\sqrt{R^2}} \\
&= \frac{3}{\sqrt{R^2}} - \mathbf{R} \cdot \frac{\mathbf{R}}{(R^2)^{3/2}} = \frac{3}{R} - \frac{R^2}{R^3} = \frac{2}{R}
\end{aligned} \tag{1.138}
$$

$$
\begin{aligned}
\nabla^2 e^{-jkR} &= \nabla \cdot (\nabla e^{-jkR}) = -jk \nabla \cdot \left( \frac{e^{-jkR}}{R} \mathbf{R} \right) \\
&= -jk \left\{ \frac{e^{-jkR}}{R} \nabla \cdot \mathbf{R} + \mathbf{R} \cdot \nabla \left( \frac{e^{-jkR}}{R} \right) \right\} \\
&= -jk \left\{ \frac{3}{R} e^{-jkR} + \mathbf{R} \cdot \left( \frac{R \nabla e^{-jkR} - e^{-jkR} \nabla R}{R^2} \right) \right\} \\
&= -jk \left\{ \frac{3}{R} e^{-jkR} + \mathbf{R} \cdot \left( \frac{R \left( -jk e^{-jkR} \frac{\mathbf{R}}{R} \right) - e^{-jkR} \left( \frac{\mathbf{R}}{R} \right)}{R^2} \right) \right\} \\
&= -jk \left\{ \frac{3}{R} e^{-jkR} - \frac{jkR e^{-jkR} + e^{-jkR}}{R} \right\} = -j \frac{k}{R} \left\{ 2 e^{-jkR} - jkR e^{-jkR} \right\} \\
&= -j \frac{2k}{R} e^{-jkR} - k^2 e^{-jkR}
\end{aligned} \tag{1.139}
$$

$$\nabla \frac{1}{R} = -\frac{1}{R^2} \nabla R$$

$$= -\frac{1}{R^2}\left(\mathbf{a}_x\frac{\partial}{\partial x} + \mathbf{a}_y\frac{\partial}{\partial y} + \mathbf{a}_z\frac{\partial}{\partial z}\right)[(x-x')^2 + (y-y')^2 + (z-z')^2]^{1/2}$$

$$= -\frac{1}{R^2}\frac{\mathbf{a}_x(x-x') + \mathbf{a}_y(y-y') + \mathbf{a}_z(z-z')}{[(x-x')^2 + (y-y')^2 + (z-z')^2]^{1/2}} = -\frac{\mathbf{R}}{R^3} \tag{1.140}$$

따라서 최종적으로 식 (1.134)는 다음과 같이 나타내어질 수 있다.

$$\nabla^2\frac{e^{-jkR}}{R} = e^{-jkR}\nabla^2\frac{1}{R} + \frac{1}{R}\nabla^2 e^{-jkR} + 2\nabla\frac{1}{R}\cdot\nabla e^{-jkR}$$

$$= e^{-jkR}\nabla^2\frac{1}{R} + \frac{1}{R}\left(-j\frac{2k}{R}e^{-jkR} - k^2 e^{-jkR}\right) + 2\left(-\frac{\mathbf{R}}{R^3}\right)\cdot\left(-jke^{-jkR}\frac{\mathbf{R}}{R}\right)$$

$$= e^{-jkR}\nabla^2\frac{1}{R} - j\frac{2k}{R^2}e^{-jkR} - \frac{k^2}{R}e^{-jkR} + j2k\frac{R^2}{R^4}e^{-jkR}$$

$$= e^{-jkR}\nabla^2\frac{1}{R} - \frac{k^2}{R}e^{-jkR} \tag{1.141}$$

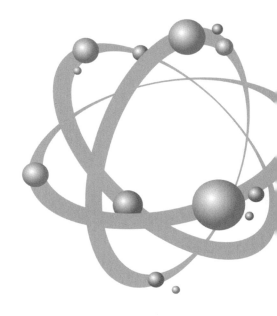

# 02 전송선로

# 2.1 서론

일반 회로에서는 모든 임피던스 소자들이 집중정수(Lumped Element)로 나타내지만 전력전송의 경우와 같이 장거리 선로를 사용하는 경우에는 선로의 분포 용량 또는 분포 자기유도를 무시할 수 없게 된다. 이러한 현상은 주파수가 아주 높아져서 그 파장이 사용되는 회로 크기에 비해 충분히 크지 못한 경우에도 나타나게 되므로 마이크로파 전송선로는 분포정수(Distributed Element)회로에 의해 해석되어야 한다.

그림 2.1에 저주파 및 고주파, 마이크로파를 위해 사용될 수 있는 전송선로의 몇 가지 예를 보였는데, 그들 모두 선로방향으로의 전자파 전달특성은 분포소자 값들인 전송선로 단위길이 당의 R, L, G, C 성분들에 의한 같은 형태의 등가회로로 해석될 수 있고, 같은 형태의 파동방정식을 만족하게 되기 때문에 선로의 종류에 관계없이 그림 2.2(a)에 나타내어진 등가회로가 공통적으로 적용될 수 있다. 그를 선로 단위길이당의 임피던스 Z와 선로 단위길이당의 어드미턴스에 의하여 작은 선로구간 $\Delta z$에 대해 간단하게 다시 그린 것이 그림 2.2(b)이다.

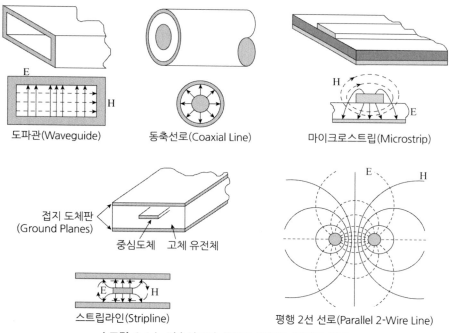

도파관(Waveguide)  동축선로(Coaxial Line)  마이크로스트립(Microstrip)

접지 도체판
(Ground Planes)

중심도체  고체 유전체

스트립라인(Stripline)  평행 2선 선로(Parallel 2-Wire Line)

| 그림 2.1 |  **전송선로의 종류와 그들의 전자계 분포**

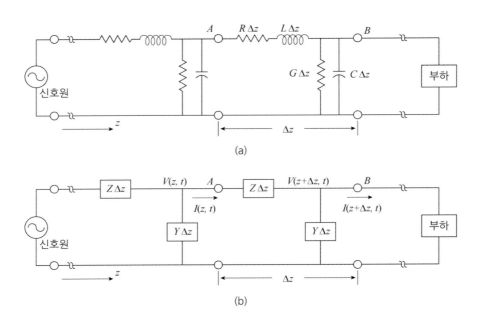

$Z = R + j\omega L$ : 선로 단위길이당의 직렬 임피던스
$Y = G + j\omega C$ : 선로 단위길이당의 병렬 어드미턴스

| 그림 2.2 |  전송선로의 등가회로

<br>

### 2.2  전송선로의 파동방정식

그림 2.2에서 선로 구간 $\Delta z$의 왼쪽 $A$점에서 유입하는 전류를 $I$, $A$점의 전압을 $V$라 할 때 입사전류 $I$는 구간 $\Delta z$의 저항 $R\Delta z$ 및 인덕턴스 $L\Delta z$를 통과하므로 이 구간 오른쪽 선간전압은 $\Delta V$만큼 변화를 받는다.

마찬가지로 전압 $V$에 의하여 분포용량 $C\Delta z$ 및 컨덕턴스 $G\Delta z$를 통하여 전류가 흐르므로 구간 $\Delta z$의 오른쪽으로 유출하는 전류는 $\Delta I$만큼 변화를 받는다.

$$V - (V + \Delta V) = -\Delta V = I \times (\text{구간 } \Delta z\text{의 임피던스}) = I(R + j\omega L)\Delta z$$

$$I - (I + \Delta I) = -\Delta I = V \times (\text{구간 } \Delta z\text{의 어드미턴스}) = V(G + j\omega C)\Delta z$$

위 식을 미소구간 $dz$에 관하여 다시 쓰면

$$dV/dz = -ZI \tag{2.1}$$

$$dI/dz = -YV \tag{2.2}$$

이들 두 식을 결합함으로써 다음과 같은 표준형식의 파동방정식을 얻을 수 있다.

$$d^2V/dz^2 = ZYV = \gamma^2 V \tag{2.3}$$

$$d^2I/dz^2 = ZYI = \gamma^2 I \tag{2.4}$$

$$\gamma = \sqrt{ZY} = \sqrt{(R+j\omega L)(G+j\omega C)} = \alpha + j\beta; \text{ (전파상수)}$$

$\alpha$ : 감쇄상수(Neper/m)

$\beta$ : 위상상수(Radian/m)

위 식에서 알 수 있는 바와 같이 선로의 전파상수(Propagation Constant) $\gamma$는 일반적으로 복소수이고 그 실수부 $\alpha$는 감쇠상수(Attenuation Constant), 허수부 $\beta$는 위상상수(Phase Constant)라한다.

식 (2.3), (2.4)의 일반해는 다음과 같이 구할 수 있다.

$$V(z) = V^+ e^{-\gamma z} + V^- e^{+\gamma z} \tag{2.5}$$

$$I(z) = I^+ e^{-\gamma z} + I^- e^{+\gamma z} \tag{2.6}$$

식 (2.5)의 $V$를 식 (2.1)에 대입하여 전류 $I$를 구하면 다음과 같다.

$$I(z) = \sqrt{\frac{Y}{Z}} \left( V^+ e^{-\gamma z} - V^- e^{\gamma z} \right) \tag{2.7}$$

식 (2.5)와 식 (2.7)로부터 반사파가 없이 입사파만 있는 경우($V^- = 0$)에 전압과 전류의 비는 $\sqrt{Z/Y}$ 로 나타낼 수 있고, 그것을 선로의 특성 임피던스(Characteristic Impedance)라 정의한다.

$$Z_0 = 1/Y_0 = \sqrt{Z/Y}$$
$$= \sqrt{(R+j\omega L)/(G+j\omega C)} = R_0 + jX_0 \tag{2.8}$$

여기서 특성 임피던스 $Z_0$는 다음과 같은 단위를 갖는다.

$$\sqrt{(\mathrm{Ohm} / 단위길이) / (\mho / 단위길이)} = \mathrm{Ohm}$$

무손실선로$(R = G = 0)$의 $Z_0$는 $\sqrt{L/C}$가 된다.

$Z_0$와 $\gamma$는 둘 다 선로정수 $R,~L,~G,~C$ 및 주파수의 함수이고 선로의 길이나 전원 또는 부하의 상태에는 상관이 없으며, 어디까지나 선로 자체의 고유한 전기적 특성을 나타내는 양이다.

식 (2.5)와 식 (2.6)은 신호원으로부터의 거리 $z$인 점의 전압과 전류를 나타내는 선로방정식이며 다시 쓰면 다음과 같다.

$$V(z) = V^+ e^{-\gamma z} + V^- e^{+\gamma z} \tag{2.9a}$$

$$I(z) = (V^+/Z_0)e^{-\gamma z} - (V^-/Z_0)e^{+\gamma z} \tag{2.9b}$$

여기서 첨자 $+$는 $z$가 증가하는 방향으로 진행하는 입사파를 나타내고 첨자 $-$는 그 반대방향으로 향하는 반사파를 나타낸다.

무한장선로에 대해서는 $V^-$가 0이 되어야 한다. 왜냐하면 둘째 항은 $z$의 증가에 따라 무한대로 커져서 에너지 보존의 법칙에 위배되기 때문이다. 다시 말하면 무한장선로에 대해서는 반사파가 있을 수 없다.

## 2.3 선로정수의 주파수 변화

전송선로의 모든 전기적 특성을 결정하는 것은 단위길이당의 $R,~L,~G,~C$이며, 통상적으로 직렬저항 $R$ 및 병렬 컨덕턴스 $G$값은 주파수가 높아질수록 표피효과와 유전체손실 때문에 증가하게 된다.

높은 주파수에서는 $R \ll \omega L,~G \ll \omega C$이므로 전파상수를 다음과 같이 근사시킬 수 있다.

$$\begin{aligned}
\gamma &= \sqrt{(R + j\omega L)(G + j\omega C)} \\
&= j\omega \sqrt{LC}\,(1 + R/j\omega L)^{1/2}(1 + G/j\omega C)^{1/2} \\
&\fallingdotseq j\omega \sqrt{LC}\,(1 + R/2j\omega L)(1 + G/2j\omega C)
\end{aligned}$$

$$\fallingdotseq j\omega\sqrt{LC}\left[1+(R/j\omega L+G/j\omega C)/2\right]$$

$$=\frac{1}{2}(R\sqrt{C/L}+G\sqrt{L/C})+j\omega\sqrt{LC} \tag{2.10}$$

그러므로 감쇄상수와 위상상수는 각각 다음과 같이 주어진다.

$$\alpha=\frac{1}{2}(R\sqrt{C/L}+G\sqrt{L/C}) \tag{2.11}$$

$$\beta=\omega\sqrt{LC} \tag{2.12}$$

마찬가지로 특성 임피던스는 다음과 같다.

$$\begin{aligned}
Z_0 &= \sqrt{(R+j\omega L)/(G+j\omega C)}\\
&= \sqrt{L/C}\,(1+R/j\omega L)^{1/2}(1+G/j\omega C)^{-1/2}\\
&\fallingdotseq \sqrt{L/C}\,(1+R/2j\omega L)(1-G/2j\omega C)\\
&\fallingdotseq \sqrt{L/C}\,[1+(R/j\omega L-G/j\omega C)/2]\\
&\fallingdotseq \sqrt{L/C}
\end{aligned} \tag{2.13}$$

손실이 전혀 없는 경우에는 무손실선로의 경우에는 $R$과 $G$가 0이므로 특성 임피던스는 $Z_0=\sqrt{L/C}$와 같이 나타낼 수 있는데, 상기 결과에 의하면 손실이 비교적 작은 전송선로에서도 주파수가 높은 경우의 특성 임피던스는 무손실선로와 같은 것으로 근사시킬 수 있음을 알 수 있다.

예를 들어 도체 반경이 $a$이고 선간거리가 $d$인 평행 2선식 선로와 내부도체의 반경이 $b$이고 외부도체의 반경이 $a$인 동축선로의 단위길이당 $L, C$ 값은 다음과 같이 주어진다.

$$\text{2선 선로}: L\simeq\frac{\mu_o}{\pi}\ln\frac{d}{a},\quad C\simeq\frac{\pi\epsilon_o}{\ln d/a}$$

$$\text{동축 선로}: L\simeq\frac{\mu}{2\pi}\ln\frac{a}{b},\quad C\simeq\frac{2\pi\epsilon}{\ln a/b}$$

상기 식들의 $L, C$ 값을 식 (2.13)에 대입하면 평행 2선식 선로와 동축선로의 특성 임피던스는 다음과 같음을 알 수 있다.

$$2\text{선 선로: } Z_o \simeq \sqrt{\frac{\mu_o}{\epsilon_o}} \; \frac{\ln d/a}{\pi} = 120 \ln \frac{d}{a} = 276 \log \frac{d}{a} \, [\Omega]$$

$$\text{동축 선로: } Z_o \simeq \sqrt{\frac{\mu}{\epsilon}} \; \frac{\ln a/b}{2\pi} = \frac{60}{\sqrt{\epsilon_r}} \ln \frac{a}{b} = \frac{138}{\sqrt{\epsilon_r}} \log \frac{a}{b} \, [\Omega] \qquad (2.14)$$

평행 2선식 선로 경우 선간거리 $d$가 클수록, 도체 반경 $a$가 작을수록 $Z_o$가 커지고, 동축선로의 경우 외부도체와 내부도체의 반경의 비 $a/b$가 클수록 $Z_o$는 커지며, 대표적인 $Z_o$의 값은 평행 2선식의 경우에 200~800 Ω, 동축선에서는 30~100 Ω이고, 아주 낮은 주파수에서는 손실 때문에 $Z_o$는 복소수로 나타내어진다.

그림 2.3은 일반적인 2선 선로에 있어 $R$과 $G$를 일정하다고 가정하고 구한 $\alpha$, $\beta$의 주파수에 따른 변화를 보여주고 있다.

**위상속도(Phase Velocity)**

전송선로 상의 전자파를 시간함수 $e^{j\omega t}$가 추가된 형태로 진행파만 써보면 다음과 같이 나타내어진다.

$$e^{j(\omega t - \beta z)} = e^{j\theta}$$

이를 실함수 형태로 나타내면 다음과 같다.

$$\cos(\omega t - \beta z) = \cos\theta$$

만일 관측자가 특정시간에 관측되는 위상 값을 지속적으로 보기 위하여 전자파를 따라간다면 관측자가 이동하여야 하는 속도가 곧 전자파의 속도라 할 수 있으므로, 다음과 같이 위상이 일정한 식을 시간 $t$로 미분하여 전자파의 속도를 구할 수 있다.

$$\omega t - \beta z = \theta_{Constant}$$
$$\omega - \beta v_p = 0$$
$$v_p = \frac{\omega}{\beta} = \frac{\omega}{\omega\sqrt{LC}} = \frac{1}{\sqrt{\mu\epsilon}}$$

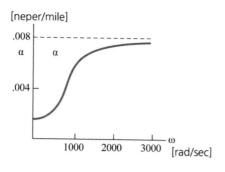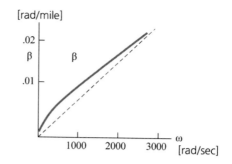

| 그림 2.3 | 선 선로의 $\alpha, \beta$ 값 변화

결국 전송선로의 위상속도는 다음과 같이 전도체의 크기와 간격에는 상관이 없고, 오로지 절연물질의 유전율과 투자율에만 관계가 있음을 알 수 있으며, 만일 무손실 전송선로의 주위 가 공기이고 부근에 강자성체가 없다면 선로를 따른 전자파의 위상속도는 다음과 같이 자유 공간의 전자파 속도 $c$와 같게 된다.

$$v_p = \frac{1}{\sqrt{\mu_o \epsilon_o}} = 3 \times 10^8 \ [\mathrm{m/s}] \tag{2.15}$$

$$\epsilon_o = \frac{1}{36\pi} \times 10^{-9} \ [\mathrm{Farad/m}]$$

$$\mu_o = 4\pi \times 10^{-7} \ [\mathrm{Henry/m}]$$

## 2.4 무왜전송선로(Distortionless Transmission Line)

선형시스템(Linear System)에서는 입력과 출력파형이 닮은꼴로 나타나게 되고, 임의의 물리 적인 신호는 수많은 정현파의 합으로 나타낼 수 있기 때문에, 임의의 길이의 전송선로가 선형 시스템으로 간주되기 위해서는, 즉 그를 통과하는 신호가 일그러짐을 받지 않기 위해서는, 첫 째, 전송신호의 각 주파수 성분이 동일한 비율로 감쇄되어야 하고, 둘째로 모든 주파수 성분 이 동일한 속도로 전파되어야 한다.

상기 조건은 선로의 감쇄정수 $\alpha$가 주파수에 무관해야 하고, 또 선로의 위상정수 $\beta$가 주파수에 정비례해야 함을 의미하지만, 실제의 선로에서는 $\alpha$, $\beta$가 주파수의 복잡한 함수이므로 완전하게 그러한 무왜조건(Distortionless Condition)을 만족시키기가 어렵다.

그러나 만일 $R/L = G/C$의 관계가 성립되는 특정한 선로는 상기의 두 조건이 모두 만족된다.

$$\gamma = \sqrt{(R+j\omega L)(G+j\omega C)} = \sqrt{j\omega L}\,\sqrt{j\omega C}\,\sqrt{\left(1+\frac{R}{j\omega L}\right)\left(1+\frac{G}{j\omega C}\right)}$$

$$= j\omega\,\sqrt{LC}\left(1+\frac{R}{j\omega L}\right) = \sqrt{RG} + j\omega\,\sqrt{LC} \tag{2.16}$$

이와 같은 선로를 무왜선로(Distortionless Line)라 하며 무손실선로는 그중 특수한 경우에 해당된다. 보통의 선로에서는 $R/L$이 $G/C$에 비하여 큰데, 특히 전화선과 같이 $C$가 크고 전송되는 신호의 최고주파수와 최저주파수의 비가 큰 선로에서는 파형의 찌그러짐이 발생한다.

그러한 문제를 개선하는 방법으로는 $L$을 증가시키는 것이 합리적이며, 단위거리당의 $L$을 증가시키기 위해 유도성 장하(Inductive Loading)라 하여 한 파장마다 몇 개씩의 코일을 불연속적으로 직렬로 연결하거나, 아니면 심선의 주위에 고투자율의 자성재료를 균일하게 감는 방법을 쓰고 있는데, 이러한 방법도 위상속도를 낮게 하는 점과 저역통과필터 역할을 하게 되어 차단주파수 이상의 전자파는 통과시키지 않는 단점이 있다.

### 신호의 분산(Signal Dispersion)

상기에서 언급되었던 바와 같은 신호왜곡은 선로의 손실이 '0'이 아닌 것과 위상속도가 모든 주파수에 대해 일정하지 못한 것이 원인이며, 그와 같은 현상은 결국 신호 내에 포함되어 있는 주파수 성분들이 서로 퍼지는 효과를 나타내게 되는데, 그와 같은 현상을 일컬어 신호의 분산이라고 한다.

원칙적으로 무손실선로는 분산이 되지 않아서 신호의 왜곡이 없지만, 실제적인 전송선로는 약간의 손실을 수반할 뿐 아니라, 전송선로의 $L$과 $C$ 자체가 주파수에 대해 일정한 값을 갖지 못한 경우가 많기 때문에, 매우 넓은 주파수대역에 대해서는 추가로 왜곡이 발생하게 되며, 특히 선로의 길이가 길어질수록 손실과 그에 따른 왜곡이 심각하게 된다.

## 2.5 반사계수

그림 2.4에서 반사전압과 입사전압의 비를 반사계수(Reflection Coefficient)라 하며 $\Gamma$(Gamma)로 나타낸다.

$$반사계수 \equiv \frac{입사전압\ 혹은\ 입사전류}{입사전압\ 혹은\ 입사전류}$$

$$\Gamma \equiv \frac{V_{\mathrm{ref}}}{V_{\mathrm{inc}}} \equiv -\frac{I_{\mathrm{ref}}}{I_{\mathrm{inc}}}$$

선로의 길이를 $l$이라 할 때 식 (2.9)로부터 부하점에서의 전압과 전류는 다음과 같다.

$$V_L = V^+ e^{-\gamma l} + V^- e^{+\gamma l}$$

$$I_L = \frac{1}{Z_0}(V^+ e^{-\gamma l} - V^- e^{+\gamma l}) \tag{2.17}$$

이 식의 비가 바로 부하 임피던스가 된다. 즉,

$$Z_L = \frac{V_L}{I_L} = Z_0 \frac{V^+ e^{-\gamma l} + V^- e^{\gamma l}}{V^+ e^{-\gamma l} - V^- e^{+\gamma l}} = Z_0 \frac{1 + \Gamma_L}{1 - \Gamma_L} \tag{2.18}$$

$$\Gamma_L = \frac{V^- e^{\gamma l}}{V^+ e^{-\gamma l}} = \frac{Z_L - Z_0}{Z_L + Z_0} \tag{2.19}$$

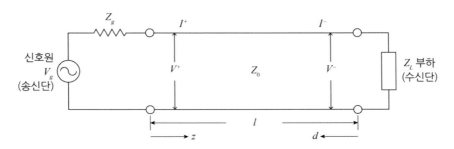

| 그림 2.4 | 부하 임피던스 $Z_L$로 종단된 전송선로

이와 같이 부하점에서의 반사계수는 부하 임피던스와 특성 임피던스의 비만에 의하여 결정되며, 특수한 경우로서 완전반사 및 무반사를 위한 조건과 반사계수 값은 다음과 같다.

완전반사

① 부하가 개방(Open Circuit)된 경우 : $Z_L = \infty$, $\Gamma_L = 1$

② 부하가 단락(Short Circuit)된 경우 : $Z_L = 0$, $\Gamma_L = -1$

③ 부하가 순 리액턴스인 경우 : $Z_L = jX$, $\Gamma_L = |1| \angle \theta$         (2.20a)

무반사

① 부하가 $Z_0$인 경우 : $Z = Z_0$, $\Gamma = 0$         (2.20b)

부하점에서의 반사계수를 다음과 같이 복소(Complex) 형태로 쓸 수도 있다.

$$\Gamma_L = |\Gamma| e^{j\theta} \tag{2.21}$$

여기에서 $|\Gamma|$은 $\Gamma$의 크기로서 항상 1보다 작은 값이며 $\theta$는 부하점에서의 입사파전압과 반사파전압 사이의 위상각, 즉 반사계수의 위상각이다.

마찬가지로 선로상 임의 점에서 주어지는 반사계수의 일반형은 다음과 같이 복소 형태로 주어진다.

$$\Gamma(z) = \frac{V^- e^{\gamma z}}{V^+ e^{-\gamma z}} \tag{2.22}$$

식 (2.9)의 계수 $V^+$, $V^-$는 경계조건으로부터 구할 수 있는 일종의 미정계수로서, 경계조건의 선택에는 여러 가지가 있을 수 있으나 가장 유용한 것은 바로 부하점이라 할 수 있다. 이 경우에 모든 선로상의 해석을 기지의 부하 임피던스를 이용하는 부하점을 기준으로 잡는 것이 편리하며, 따라서 통상 다음과 같이 변수를 치환한다.

$$z = l - d \tag{2.23}$$

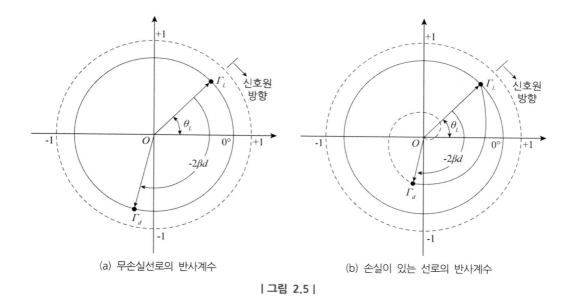

(a) 무손실선로의 반사계수　　　　　(b) 손실이 있는 선로의 반사계수

| 그림 2.5 |

이것을 식 (2.22)에 대입하면 부하점으로부터 $d$만큼 떨어진 점에서의 반사계수가 다음과 같이 주어진다.

$$\Gamma = \frac{V^- e^{\gamma(l-d)}}{V^+ e^{-\gamma(l-d)}} = \frac{V^- e^{\gamma l}}{V^+ e^{-\gamma l}} e^{-2\gamma d} = \Gamma_L e^{-2\gamma d} \tag{2.24}$$

## 2.6　정재파와 정재파비

부하가 $Z_0$로 종단된 선로에서는 부하 쪽으로 진행하는 파만 존재하고, 따라서 무손실선로에 대한 전압, 전류의 실효값 분포는 전체 선로에 걸쳐 평탄하게 되며, 손실이 있을 경우에는 지수함수적으로 균일하게 감소한다. 그러나 $Z_0$로 종단되지 않은 선로에서는 서로 반대방향으로 진행하는 두 파의 간섭으로 인하여 합성파의 실효값 분포에 기복이 생긴다. 이것을 정재파 (Standing Wave)라고 한다.

가장 뚜렷한 정재파는 무손실선로가 개방되거나 단락되었을 경우에 또는 리액턴스로 종단된 경우에 생긴다. 이때에는 부하에서의 전력흡수가 없고, 따라서 입사파는 전부 반사되며 반사계수의 크기는 1이 된다.

그래서 정상상태의 선로상에서는 서로 반대방향으로 동일속도로 진행하는 동일진동, 동일 파장의 두 교류전압파 및 두 교류전류파가 존재한다. 실제로 관측되는 전압, 전류는 이 양자의 합이다.

그림 2.6은 완전반사가 발생하는 무손실선로에서의 전압파형을 1/8주기마다 도시한 것이며 그로부터 선로상 어느 점에서나 전압은 시간에 따라 정현적으로 변하지만 그 진폭이 각 점에서 현저하게 다름을 알 수 있다.

특히 $\lambda/2$씩의 간격을 두고 전압값이 항상 0이 되는 점들이 존재한다. 이 점들을 정재파의 노드라고 부르고 인접절점 간의 중앙에서 전압은 최대진동을 하며 이 점들을 루프(Loop)라 한다.

이제 정재파비(Standing-Wave Ratio)라는 양을 다음과 같이 정의한다.

$$\text{정재파비} \equiv \frac{|\text{최대전압 또는 최대전류}|}{|\text{최소전압 또는 최소전류}|}$$

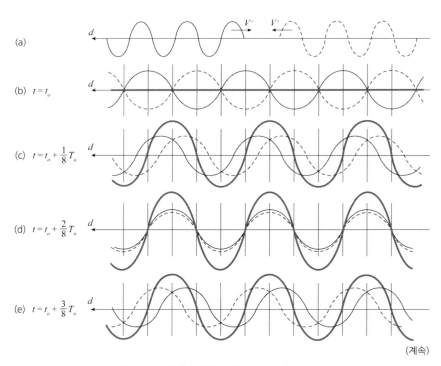

(계속)

| 그림 2.6 |  완전반사되는 무손실선로에서의 정재파

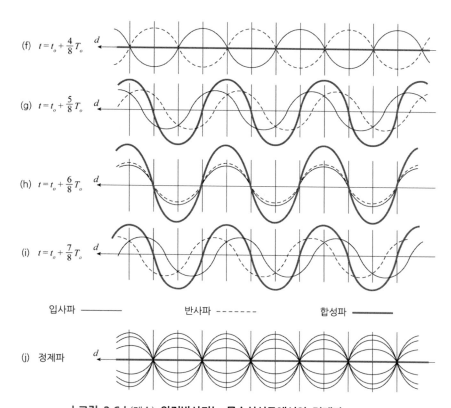

(f) $t = t_o + \frac{4}{8} T_o$

(g) $t = t_o + \frac{5}{8} T_o$

(h) $t = t_o + \frac{6}{8} T_o$

(i) $t = t_o + \frac{7}{8} T_o$

입사파 ———   반사파 --------   합성파 ———

(j) 정제파

| 그림 2.6 | (계속) 완전반사되는 무손실선로에서의 정재파

$$\rho \equiv \frac{|V_{\max}|}{|V_{\min}|} = \frac{|I_{\max}|}{|I_{\min}|} \tag{2.25}$$

정재파비가 1일 때 반사파는 없고 그 경우에 선로를 평탄선로(Flat Line)라고 하는 반면에, 반사가 있는 선로는 공진선로(Resonant Line)라고 한다. 단, 손실이 있는 선로상에서는 정재파 패턴이 각 위치마다 달라지기 때문에 정재파비가 유일하게 정의될 수 없다.

식 (2.9)와 식 (2.22)로부터 선로상 임의의 점에서의 전압과 무손실선로에서의 전압 최댓값 및 최솟값은 다음과 같다.

$$V(z) = V^+ e^{-\gamma z} (1 + \Gamma) \tag{2.26}$$

$$|V_{\max}| = |V^+| (1 + |\Gamma|) \tag{2.27}$$

$$|V_{\min}| = |V^+|(1 - |\Gamma|) \tag{2.28}$$

따라서 이들을 식 (2.25)에 대입하면 다음과 같은 정재파비 $\rho$와 반사계수 $\Gamma$ 사이의 유용한 관계식을 얻는다.

$$\rho = \frac{1 + |\Gamma|}{1 - |\Gamma|} \tag{2.29}$$

$$|\Gamma| = \frac{\rho - 1}{\rho + 1} \tag{2.30}$$

## 2.7  선로 임피던스

선로상 한 점에서의 페이저 전압과 전류의 비를 그 점에서의 선로 임피던스(Line Impedance)라 하며 다음과 같다.

$$Z \equiv \frac{V(z)}{I(z)} = \frac{V(d)}{I(d)} \tag{2.31}$$

부하점에서의 경계조건으로부터 $V^+$와 $V^-$를 구하기 위하여 식 (2.9)에 $z = l$, $V(l) = V_L = I_L Z_L$을 대입하면

$$I_L Z_L = V^+ e^{-\gamma l} + V^- e^{\gamma l}$$

$$I_L Z_0 = V^+ e^{-\gamma l} - V^- e^{\gamma l} \tag{2.32}$$

위 식을 $V^+$와 $V^-$에 관하여 풀면

$$V^+ = \frac{1}{2} I_L [Z_L + Z_0] e^{\gamma l}$$

$$V^- = \frac{1}{2} I_L [Z_L - Z_{0o}] e^{-\gamma l} \tag{2.33}$$

이들과 $z = l - d$를 식 (2.9)에 대입하면 다음과 같다.

$$V = \frac{I_L}{2}[Z_L + Z_o]e^{\gamma d} + [Z_L - Z_o]e^{-\gamma d}$$

$$I = \frac{I_L}{2Z_0}[Z_L + Z_o]e^{\gamma d} - [Z_L - Z_o]e^{-\gamma d} \tag{2.34}$$

따라서 이들의 비를 구하여 얻어지는 선로 임피던스는 선로상 임의 점에서 다음과 같이 나타낼 수 있다.

$$Z = Z_o\frac{[Z_L + Z_o]e^{\gamma d} + [Z_L - Z_o]e^{-\gamma d}}{[Z_L + Z_o]e^{\gamma d} - [Z_L - Z_o]e^{-\gamma d}} \tag{2.35}$$

위 식에 쌍곡선 함수를 대입하면

$$e^{\pm \gamma d} = \cosh \gamma d \pm \sinh \gamma d$$

$$Z = Z_o\frac{Z_L\cosh \gamma d + Z_o\sinh \gamma d}{Z_o\cosh \gamma d + Z_L\sinh \gamma d} = Z_o\frac{Z_L + Z_o\tanh \gamma d}{Z_o + Z_L\tanh \gamma d} \tag{2.36}$$

무손실선로의 경우에는 $\alpha = 0$, $\gamma = j\beta$이므로 위 식을 다시 쓰면 다음과 같다.

$$Z = Z_o\frac{Z_L\cos\beta d + j Z_o\sin\beta d}{Z_o\cos\beta d + j Z_L\sin\beta d} = Z_o\frac{Z_L + j Z_o\tan\beta d}{Z_o + j Z_L\tan\beta d} \tag{2.37}$$

$$\sinh(j\beta z) = j\sin \beta z$$

$$\cosh(j\beta z) = \cos \beta z$$

상기와 같은 결과로부터 임의 점에서의 반사계수와 선로 임피던스 사이의 관계식을 구할 수 있다. 즉 식 (2.35)에 식 (2.19)를 대입하고 식 (2.24)를 이용하여 다시 쓰면 다음을 얻는다.

$$\Gamma = \Gamma_L e^{-2\gamma d} = |\Gamma_L| e^{-2\alpha d} e^{j(\theta - 2\beta d)}$$

$$\Gamma_L = \frac{Z_L - Z_o}{Z_L + Z_o}$$

$$Z = Z_0 \frac{1 + \Gamma_L e^{-2\gamma d}}{1 - \Gamma_L e^{-2\gamma d}} \qquad (2.38)$$

$$Z = Z_0 \frac{1 + \Gamma}{1 - \Gamma} \qquad (2.39)$$

## 2.8 특성 임피던스와 전파상수의 측정

주어진 전송선로에서 특성 임피던스와 전파상수를 측정하는 과정은 다음과 같다.

1) 식 (2.36)에 $d = l$을 대입하여 $Z$를 구한다.
2) 수신단을 단락시키고 선로의 입력 임피던스를 측정한다.

$$Z_L = 0, \quad Z_{SC} = Z_0 \tanh \gamma l \qquad (2.40)$$

3) 수신단을 개방시키고 선로의 입력 임피던스를 측정한다.

$$Z_L = \infty, \quad Z_{0C} = Z_0 \coth \gamma l \qquad (2.41)$$

따라서 특성 임피던스의 측정값은 다음과 같다.

$$Z_0 = \sqrt{Z_{SC} Z_{0C}} \qquad (2.42)$$

선로의 전파상수는 다음 식으로 계산할 수 있다.

$$\gamma = \alpha + j\beta = \frac{1}{l} \operatorname{arctanh} \sqrt{\frac{Z_{SC}}{Z_{0C}}} \qquad (2.43)$$

## 2.9 회로소자로서의 선로

한쪽이 단락, 개방되거나 또는 리액턴스로서 종단된 적당한 길이의 선로는 고주파 회로에서 공진회로나 저손실의 유도성 리액턴스와 용량성 리액턴스를 얻는 데 널리 사용된다. 특히 단락선로는 짧은 파장에서 쉽게 완전반사를 시킬 수 있으므로 회로소자로서 가장 흔히 사용된다. 개방선로에서는 짧은 파장에서 에너지복사가 일어날 가능성이 있다.

### 2.9.1 단락선로

무손실 단락선로(Shotred Line)에 있어서 부하로부터의 거리 $d$인 점의 입력 임피던스는 식

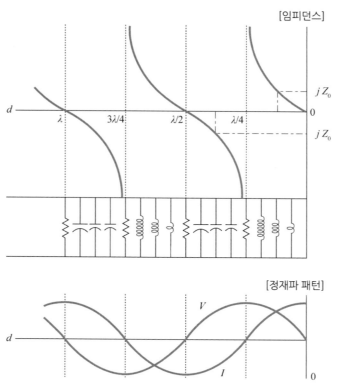

| 그림 2.7 | 무손실 단락선로의 길이에 따른 리액턴스 변화 및 정재파 패턴

(2.40)에 $\gamma l = j\beta d$를 대입하여 다음을 얻는다.

$$Z = jZ_0 \tan \beta d \tag{2.44}$$

단, $\beta = \dfrac{\omega}{v_p} = \dfrac{2\pi}{\lambda}$

그림 2.7에는 식 (2.44)를 이용하여 무손실 단락선로의 리액턴스가 부하로부터의 거리 $d$에 따라서 변화하는 모양을 그렸다. 선로의 길이가 $\lambda/4$의 우수배와 같을 때 입력 임피던스는 0이 되고(실제로는 선로 손실 때문에 매우 작은 저항값을 갖는다) 선로의 길이가 $\lambda/4$보다 짧을 때에는 유도성 리액턴스를, 또 $\lambda/2$와 $\lambda/4$ 사이일 경우에는 용량성 리액턴스를 갖는다.

선로의 길이를 적당히 조절함으로써 $-\infty$에서 $+\infty$까지의 임의의 리액턴스를 얻을 수 있으며, 따라서 단락선로를 리액턴스 소자로 사용할 수 있다.

예를 들어 $l = \lambda/8$ $(\beta l = \pi/4)$로 하면, $Z = jZ_0$의 유도성 리액턴스를 얻을 수 있고 또 $l = 3\lambda/8$ $(\beta l = 3\pi/4)$로 하면 $Z = -jZ_0$의 용량성 리액턴스를 얻을 수 있다.

## 2.9.2 개방선로

부하가 개방된 무손실 선로에 대한 기본식은 식 (2.41)로부터 얻는다.

$$Z = -jZ_0 \cot \beta d \tag{2.45}$$

정재파 패턴이나 입력 임피던스의 변화 등을 단락선로의 경우와 똑같은 과정을 거쳐 그릴 수 있으나 후자의 결과에서 $\lambda/4$ 구간만큼 떼어 버리고 생각하여도 된다. 왜냐하면 단락선로에 있어서 수신단부터 $\lambda/4$ 떨어진 점에서 우측(단락단 쪽)을 본 임피던스는 $\infty$이므로 이 점을 개방하여도 그 좌측부에서의 전압, 전류분포나 임피던스에는 하등 변화가 없을 것이기 때문이다.

그림 2.8에는 개방선로의 부하(Open)로부터의 거리에 따른 입력 임피던스의 변화와 전압 정재파와 전류 정재파 패턴을 나타내었다.

이 그림들을 기억하는 데 있어서 개방단에서는 $I = 0$, $V =$최대, $Z = \infty$라는 당연한 사실을 상기하면 단락선로의 경우(단락단에서는 $V = 0$, $I =$최대, $Z = \infty$)와의 혼동을 피할 수 있다.

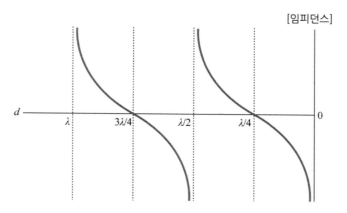

| 그림 2.8 | 무손실 개방선로의 길이에 따른 입력단 리액턴스의 변화

## 2.9.3 리액턴스로 종단된 선로

완전반사($|\varGamma_L| = 1$)는 에너지를 흡수하지 않는 리액턴스 소자로 종단된 선로에서도 일어난다. 이 경우의 정재파 패턴은 페이저도로부터, 임피던스 변화는 식 (2.36)으로부터 구할 수 있으나 다음과 같이 생각하면 단락 또는 개방선로에 대한 결과로부터 쉽게 알 수 있다.

만일 부하 임피던스가 $Z_l = jX$ 라 하면 이 부하 대신에 입력 임피던스가 바로 $jX$와 같게 되는 적당한 길이의 단락 또는 개방선로를 여기에 연결하여도 원선로상에서의 전압, 전류분포나 임피던스에는 변화가 없다.

따라서 먼저 부하 대신에 가상적으로 원선로를 적당한 길이만큼 연장하여 그 전체에 대한 정재파 패턴이나 임피던스를 생각한 다음 그 가상적 부분만을 제거하면 실제의 부하가 연결된 경우에 대한 것이 얻어진다.

부하가 유도성(용량성) 리액턴스인 경우에는 리액턴스가 클(작을)수록, 즉 $L(C)$이 클수록 최초의 전압 최대(소)점은 수신단에 가까운 곳에 생긴다.

리액턴스로서 종단된, 길이가 일정한 선로의 입력 임피던스는 그 부하 리액턴스를 가감함으로써 용이하게 변화시킬 수 있다(특히 콘덴서를 연결한 경우). 이것은 선로의 길이를 변화시키는 것보다 훨씬 편리하므로 종종 사용된다.

대부분의 전송선로는 오로지 식 (2.39)로 나타내어지는 반사계수와 선로 임피던스 사이의 관계만에 의하여 해석될 수 있고, 무손실인 경우의 특성 임피던스는 단순한 비례상수 역할만 하기 때문에, 좀 더 보편화된 개념의 규준화 임피던스를 다음과 같이 정의하여 사용한다.

규준화 임피던스 $\qquad z = Z/Z_0 = \dfrac{1+\Gamma}{1-\Gamma} = r \pm jx$ $\qquad\qquad$ (2.46)

특성 어드미턴스 $\qquad Y_0 = 1/Z_0 = G_0 \pm jB_0$

선로 어드미턴스 $\qquad Y = 1/Z = G \pm jB$

규준화 어드미턴스 $\qquad y = Y/Y_0 = Z_0/Z = 1/z = g \pm jb$ $\qquad\qquad$ (2.47)

### 규준화 임피던스(Normalized Impedance)의 성질

1) 규준화 임피던스의 최댓값 $z_{\max}$ 는 다음 식과 같이 순수한 양의 실수로 나타내지며 그 크기는 정재파비와 같다.

$$z_{\max} = \frac{Z_{\max}}{Z_0} = \frac{|V_{\max}|}{Z_0|I_{\min}|} = \frac{|V^+ e^{-\gamma z}|(1+|\Gamma|)}{Z_0|V^+ e^{-\gamma z}|(1-|\Gamma|)/Z_0}$$

$$= \frac{|V_{\max}|}{|V_{\min}|} = \frac{1+|\Gamma|}{1-|\Gamma|} = \rho \qquad\qquad (2.48)$$

2) 규준화 임피던스의 최솟값 $z_{\min}$ 도 다음 식과 같이 순수한 양의 실수로 나타내지며 그 크기는 정재파비의 역수와 같다.

$$z_{\min} = \frac{Z_{\min}}{Z_0} = \left|\frac{1+\Gamma}{1-\Gamma}\right|_{\min} = \frac{1-|\Gamma|}{1+|\Gamma|} = \frac{1}{\rho} \qquad\qquad (2.49)$$

3) 선로 임피던스 $Z$는 주기가 반파장인 주기함수이므로 $z_{\max}$와 $z_{\min}$ 역시 선로를 따라서

반파장의 간격마다 주기적으로 반복된다.

$$z_{\max}(z) = z_{\max}(z \pm \lambda/2)$$
$$z_{\min}(z) = z_{\min}(z \pm \lambda/2) \tag{2.50}$$

4) $V_{\max}$와 $V_{\min}$이 $\lambda/4$마다 교대로 반복되어지므로 $z_{\max}$와 $z_{\min}$은 서로 $\lambda/4$ 만큼 떨어진 점에서 나타나며 그들의 크기는 서로 역수관계에 있다.

$$z_{\max}\left(z \pm \frac{\lambda}{4}\right) = \frac{1}{z_{\min}(z)} \tag{2.51}$$

## 2.11 전송선로의 등가모델

균일한 특성 임피던스를 갖는 전송선로의 작은 조각은 대칭회로인 $T$ 또는 $\pi$ 등가회로로 대치될 수 있고, 회로 소자 값들이 계산된 해당 주파수에서만은 그 등가회로들과 선로조각이 정확하게 똑같은 특성을 나타내게 된다.

길이가 $l$이고 특성 임피던스가 $Z_0$, 전파상수가 $\gamma$인 작은 선로조각의 $T$ 등가회로는 그림 2.9에 보인 바와 같으며, 거기에 나타난 등가 임피던스 $Z_1$과 $Z_2$를 구해보자.

만일 선로의 양단이 $Z_0$로 정합되어 있다고 하면 입력 임피던스 $Z_s = Z_0$이며 다음과 같이 나타낼 수 있다.

$$Z_s = Z_1 + \frac{Z_2(Z_1 + Z_0)}{Z_0 + Z_1 + Z_2} = Z_0 \tag{2.52}$$

또한 그림 2.9에서 $I_{\text{out}}$과 $I_{\text{in}}$ 사이의 관계를 구하면

$$I_{\text{out}} = \frac{\dfrac{1}{Z_1 + Z_0}}{\dfrac{1}{Z_2} + \dfrac{1}{Z_1 + Z_0}} I_{\text{in}} = \frac{Z_2}{Z_0 + Z_1 + Z_2} I_{\text{in}} \tag{2.53}$$

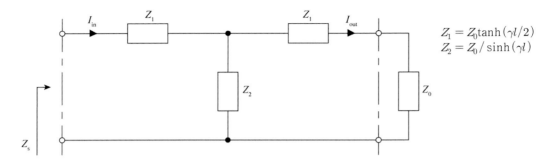

| 그림 2.9 | 특성 임피던스가 $Z_0$인 전송선로의 $T$ 등가회로

그런데 진행파에 대한 전송선로에서의 전류전압은 선로방정식으로부터 구할 수도 있고 다음과 같다.

$$I_{\text{out}} = e^{-\gamma l} I_{\text{in}} \tag{2.54}$$

위의 두 식을 같다고 하면 다음 식을 얻는다.

$$e^{-\gamma l} = \frac{Z_2}{Z_0 + Z_1 + Z_2} \tag{2.55}$$

이 결과식을 식 (2.52)에 대입하면 다음과 같다.

$$Z_0 = Z_1 + \frac{Z_2}{Z_0 + Z_1 + Z_2}(Z_0 + Z_1)$$
$$= Z_1 + e^{-\gamma l}(Z_0 + Z_1) \tag{2.56}$$

위 식을 $Z_1$에 대하여 정리하면 다음과 같이 쓸 수 있다.

$$Z_1 = Z_0 \frac{1 - e^{-\gamma l}}{1 + e^{-\gamma l}} = Z_0 \frac{e^{\frac{\gamma l}{2}} - e^{-\frac{\gamma l}{2}}}{e^{\frac{\gamma l}{2}} + e^{-\frac{\gamma l}{2}}}$$
$$= Z_0 \tanh(\gamma l / 2) \tag{2.57}$$

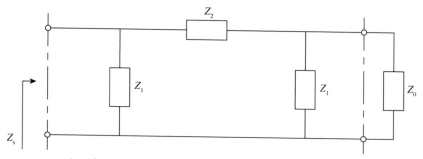

| 그림 2.10 | 특성 임피던스가 $Z_0$인 전송선로의 $\pi$ 등가회로

이제 $Z_2$를 구하기 위해 식 (2.55)를 다시 정리하여 식 (2.57)을 대입하면 다음과 같이 쓸 수 있다.

$$Z_2 = (Z_0 + Z_1 + Z_2)\, e^{-\gamma l}$$

$$Z_2 [1 - e^{-\gamma l}] = e^{-\gamma l}(Z_0 + Z_1)$$

$$= e^{-\gamma l}\, Z_0 \frac{2e^{\frac{\gamma l}{2}}}{e^{\frac{\gamma l}{2}} + e^{-\frac{\gamma l}{2}}} = e^{-\gamma l}\, Z_0 \frac{2}{1 + e^{-\gamma l}} \tag{2.58}$$

$$Z_2 = Z_0 \frac{2e^{-\gamma l}}{1 - e^{-2\gamma l}} = Z_0 \frac{2}{e^{\gamma l} - e^{-\gamma l}} = \frac{Z_0}{\sinh(\gamma l)} \tag{2.59}$$

같은 선로조각에 대한 $\pi$ 등가회로는 그림 2.10에 보인 바와 같으며, 그의 등가 임피던스 $Z_1$, $Z_2$ 역시 상기와 비슷한 과정을 거쳐 다음과 같이 구할 수 있다.

$$Z_1 = Z_0 / \tanh(\gamma l / 2)$$

$$Z_2 = Z_0 \sinh(\gamma l) \tag{2.60}$$

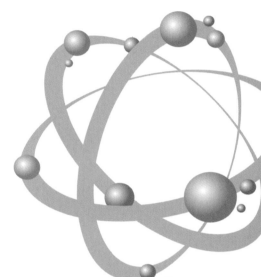

# 03 스미스 도표와 임피던스 정합

## 스미스 도표의 구성

전송선로에 관련된 여러 가지 계산을 신속하게 하기 위하여 여러 가지 도표가 고안되어 왔는데 그 중 일반적으로 가장 유용한 것은 스미스 도표(Smith chart)이며 이것은 두 종류의 직교원으로 되어 있다.

그 하나는 규준화 임피던스의 저항성분 $r$을 나타내고, 나머지 하나는 리액턴스 성분 $x$를 나타낸다(스미스 도표는 원래 무손실선로에 적용되도록 작성된 것이기 때문에 $Z_0$는 저항으로 가정한다).

또 이 도표상의 한 점의 극좌표는 선로상의 임의 점 반사계수의 크기와 각을 나타낸다. 이 도표를 이용하면 부하 임피던스가 주어졌을 때 선로상 임의 점의 입력 임피던스, 부하 임피던스와 반사계수와의 관계, 임피던스와 정재파비 또는 전압 최소점과의 관계 등을 신속하게 구할 수 있다.

스미스 도표는 식 (2.39)를 기초로 작성된 것으로서 이제 그의 실체를 알아보기 위해 다음과 같이 간단한 계산을 하여보자.

무손실선로에서 부하로부터의 거리 $d$인 점에서의 규준화 임피던스 $z$는 다음과 같이 나타낼 수 있다.

$$z = \frac{1+\Gamma}{1-\Gamma} = r \pm jx \tag{3.1}$$

위 식에 반사계수를 $\Gamma = u + jv$와 같이 실수부와 허수부로 나누어 대입하면 다음과 같이 쓸 수 있다.

$$r + jx = \frac{1 + u + jv}{1 - u - jv} \tag{3.2}$$

이 식을 유리화하여 양변의 실수부와 허수부를 각각 같게 놓아 얻어진 식을 가지고 다음과 같이 변수 $u$와 $v$에 관한 원의 방정식을 만들 수 있다.

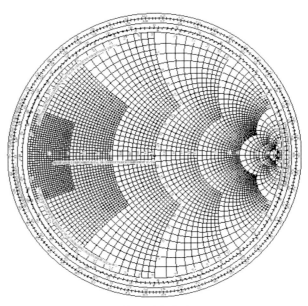

(a) 스미스 도표

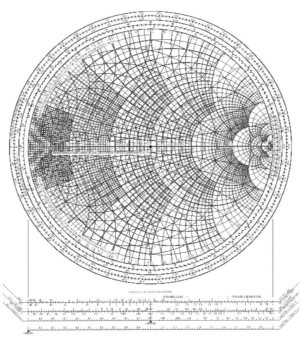

(b) 중첩된 임피던스도와 어드미턴스도

| 그림 3.1 |

$$r = \frac{1 - u^2 - v^2}{(1-u)^2 + v^2}$$

$$x = \frac{2v}{(1-u)^2 + v^2}$$

그러므로

$$\left( u - \frac{r}{1+r} \right)^2 + v^2 = \frac{1}{(1+r)^2} \tag{3.3}$$

$$(u-1)^2 + \left( v - \frac{1}{x} \right)^2 = \frac{1}{x^2} \tag{3.4}$$

이와 같이 구해진 원들을 반사계수의 복소평면상에 겹쳐 그려서 단위원 내에 들어오는 부분만 취한 결과는 그림 3.1과 같이 나타낼 수 있고

$$y = g \pm jb = \frac{1}{z} = \frac{1 - \Gamma}{1 + \Gamma} = \frac{1 + (-\Gamma)}{1 - (-\Gamma)} = \frac{1 + \Gamma'}{1 - \Gamma'} \tag{3.5}$$

이고, $\Gamma' = u' + jv'$으로 놓으면, 앞에서 구한 $\Gamma$와 $z$ 사이의 관계에 의하여 구해진 임피던스도는 $\Gamma'$과 $y$ 사이에 구해지는 원들과 일치하므로, 위의 도표를 어드미턴스도로 사용될 수도 있다. 즉 스미스 도표는 $y$값을 $-\Gamma$평면 위에 그린 것이라고 볼 수도 있으므로, 스미스 도표에서 복소수 $z$를 대표하는 점과 그 역수 $1/z = y$를 대표하는 점은 도표의 중심에 관하여 대칭위치에 있다.

## 3.2 스미스 도표의 특징

1) $r$과 $x$의 궤적들은 도표상에 직교하는 2군의 원을 형성한다.
2) 모든 원들은 모두 $(u = 1, v = 0)$인 점을 지난다.
3) 도표 위쪽 반은 양의 리액턴스$(+jx)$, 아래쪽은 $-jx$를 나타낸다.

4) 어드미턴스도로 사용하는 경우 $r$ 원은 $g$ 원이 되고 $x$ 원은 $b$ 원이 된다.

5) 스미스 도표를 한 번 회전하는 거리는 반파장이 된다.

6) $Z_{\min} = 1/\rho$인 선로상의 점에서 $V_{\min}$이 된다.

7) $Z_{\max} = \rho$인 선로상의 점에서 $V_{\max}$가 된다.

8) 도표 중심에서부터 오른쪽 수평축은 $V_{\max}$, $I_{\min}$, $Z_{\max}$, $\rho$(SWR)를 나타낸다.

9) 도표 중심에서 왼쪽으로 향한 수평축은 $V_{\min}$, $I_{\max}$, $Z_{\min}$, $1/\rho$을 나타낸다.

10) 규준화 어드미턴스 $y$는 규준화 임피던스 $z$의 역수이므로 서로 대응하는 값은 원점을 중심으로 대칭되는 점이다.

11) 규준화 임피던스와 어드미턴스는 반파장마다 같은 값이 반복된다.

12) 전송선로상에서의 거리는 파장단위로 표시함이 편리하다.


**스미스 도표의 이용**

(1) 주어진 임피던스로부터 반사계수를 구함(또는 그 반대의 과정)

선로상 임의 점(부하점 포함)에서의 임피던스를 알고 있으면, 스미스 도표상에 규준화 임피던스 점을 찍으면 그 복소좌표가 그 점에서의 반사계수이다.


(2) 선로에 대한 임피던스의 변화를 구함

무손실선로에서는 전파의 크기가 진행에 따라 변하지 않기 때문에 반사계수의 크기는 선로상 어디에서나 동일하며, 따라서 선로상을 이동함에 따라 임피던스를 나타내는 점은 원점을 중심으로 반경이 $|\Gamma|$인 일정 원주상을 회전한다.


(3) 임피던스를 알고 정재파비와 전압 최대(소)점을 구함(또는 그 반대의 과정)

전압 최대점에서 규준화 임피던스는 순 저항의 최댓값이 되고, 그것이 선로의 정재파비 $\rho$와 같으므로, 주어진 임피던스를 대표하는 도표상의 점을 회전시켜서 우(좌)측의 $u$축과 만나는 점이 곧 전압 최대(소)점이다. 따라서 $\rho$를 구할 수 있고, 그 회전각으로부터 전압 최대(소)점의 위치를 알 수 있다.

전송선로를 이용하는 여러 가지 회로시스템이나 제반 측정에 있어 입력 임피던스가 선로의 길이나 주파수에 따라 변하지 않거나 무반사가 요망되는 일이 많지만, 실제적으로는 부하 임피던스가 무손실선로의 특성 임피던스와 일치하는 순 저항값을 갖는 경우가 매우 드물기 때문에 대부분의 경우에 부하와 선로 사이에 적당한 임피던스 정합회로를 추가할 필요가 있게 된다.

무손실선로의 경우에 정합회로는 복소 부하 임피던스를 순 저항값의 특성 임피던스로 변환시켜주면 되지만, 복소 출력 임피던스를 갖는 임의의 2단자쌍 회로에서 무효전력을 줄이기 위해서는 해당 점에서 양방향을 바라본 임피던스가 공액복소수의 관계를 갖도록 하는 최대전력 전송조건인 공액 정합을 만족해야 한다.

임피던스 정합회로를 위하여 비교적 낮은 RF 주파수에서는 집중정수의 리액턴스 소자들을 사용하여 $L$, $T$, $\pi$ 등의 구조로 회로를 구성할 수 있으나, 아주 높은 주파수에서는 적당하게 설계된 직렬 또는 병렬의 분포정수소자를 이용하는 경우가 많다.

이제 임피던스 정합의 근본원리를 이해하기 위하여 그림 3.2(a)와 같이 아주 간단한 회로에서 주어진 전원저항 $R_S$에 대하여 부하 $R_L$에 전달되는 전력 $P_{out}$이 최대가 되도록 할 수 있는 $R_L$ 값은 $R_S$에 비하여 어떠한 값을 갖게 되는지 알아보자.

아주 간단한 분압의 원리에 의하여 부하저항 $R_L$에 걸리는 전압 $V_L$과 $R_L$에서 흡수되는 전력 $P_{out}$은 다음과 같다

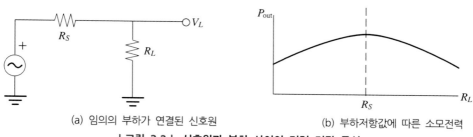

(a) 임의의 부하가 연결된 신호원      (b) 부하저항값에 따른 소모전력

| 그림 3.2 | **신호원과 부하 사이의 전력 전달 특성**

$$V_L = \frac{R_L}{R_S + R_L} V_S$$

$$P_{\text{out}} = \frac{V_L^2}{R_L} = \frac{R_L}{(R_S + R_L)^2} V_S^2 \tag{3.6}$$

여기에서 $V_S$와 $R_S$를 고정된 것으로 간주를 하고 $R_L$의 변화에 따른 $P_{\text{out}}$ 값의 궤적을 그래프로 그려보면 $P_{\text{out}}$을 최대로 하는 $R_L$값을 찾을 수 있으나, 이는 식 (10.23)을 $R_L$에 관하여 미분하여 그 결과를 0으로 놓아도 구할 수 있으며, 그 결과는 다음과 같다.

$$\frac{(R_S + R_L)^2 - 2R_L(R_S + R_L)}{(R_S + R_L)^4} V_S^2 = 0$$

$$\therefore \ R_L = R_S \tag{3.7}$$

이와 같이 부하저항은 신호원의 출력저항과 같을 경우에 가장 큰 전력을 받아 소모할 수가 있고 그를 임피던스 정합이라 하며, 그들이 실수가 아닌 복소 임피던스인 경우에는 단순히 두 임피던스가 같은 경우보다 더 큰 전력이 전달되는 경우가 있는데, 임피던스의 허수부는 +와 −값을 다 가질 수 있기 때문에 서로 상쇄시킴으로써 전체 루프전류의 크기를 크게 할 수 있는 상태인 공액정합(Conjugate Matching)을 말하며, 신호원의 출력 임피던스와 부하 임피던스의 실수부가 같고 허수부는 상쇄될 수 있도록 서로 공액인 경우를 말한다.

앞에서 기술된 바와 같이 신호원으로부터 부하로 최대의 전력이 전달되기 위해서는 임피던스 정합이 이루어져야 하지만, 대부분의 경우에 그렇지 못하기 때문에 신호원과 부하 사이에 임피던스 변환장치를 삽입함으로써 소기의 목적을 달성하고 있다.

그와 같이 임피던스를 변환시켜주는 가장 전통적이고 기본적인 방법은 그림 3.3과 같은 트랜스포머로서, 트랜스포머는 주로 전압 또는 전류를 변환시켜주는 것으로 알려져 있지만 바로 그러한 특성을 이용하여 임피던스 변환기(Impedance Transformer)로도 매우 유용하게 사용될 수가 있다.

그림 3.3에서 알 수 있는 바와 같이 입력 임피던스 $Z_1$에 비해 출력 임피던스 $Z_2$는 $n^2$배가 되므로, $n$값을 조정함으로써 원하는 임의의 임피던스를 얻을 수가 있다.

그러나 그러한 트랜스포머는 크기가 크고 무거우며, 값이 비싸고 무엇보다도 주파수가 높

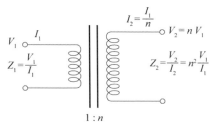

| 그림 3.3 | 전통적인 변압기

아질수록 기생 인덕턴스 및 용량으로 인하여 구현이 어려워진다는 문제점들이 있다.

따라서 트랜스포머를 대치할 수 있는 방법들이 개발되어 있는데, 비교적 낮은 주파수의 경우에는 집중정수 $L$ 및 $C$를 사용한 임피던스 정합회로가 사용되고, 높은 주파수에 대해서는 그 집중소자들을 분포정수소자로 대치시킨 정합회로가 사용된다.

임피던스의 정합은 앞에서 기술된 바와 같이 신호원이나 부하가 순실수인 경우와 복소 임피던스인 경우를 구분하여 회로특성을 최적화할 수 있도록 하는 임피던스 정합회로를 설계하는 것이 관건이라 할 수 있다.

# 3.4 집중정수에 의한 임피던스 정합

일반적으로 임피던스 정합회로의 설계에 있어서, 증폭기의 대역폭이 지극히 넓은 경우이거나 특별한 문제점이 없는 한, 통상 2, 3개의 $L$ 또는 $C$소자를 이용한 2소자정합(2-Element Matching) 및 3소자정합(3-Element Matching)이 사용되며, 특별히 필요시에는 여러 단을 사용하는 다수소자정합(Multi-Element Matching)도 가능하나, 대부분의 경우 구조가 간단한 2소자 정합인 $L$자형 회로만으로도 임피던스 정합이 가능하다.

이와 같은 $L$자형 회로는 그림 3.4에 보인 바와 같이 8가지가 있으며, 각자 저역통과(Low Pass)나 고역통과(High Pass) 또는 대역통과(Band Pass) 특성을 갖게 되는 것으로서, 부하에 가까운 소자를 변환소자(Transforming Element)라 하고 먼 소자를 보상소자(Compensating Element)라 한다. 정합회로의 설계과정에서 선로상에 분포하는 기생 리액턴스는 정합회로의

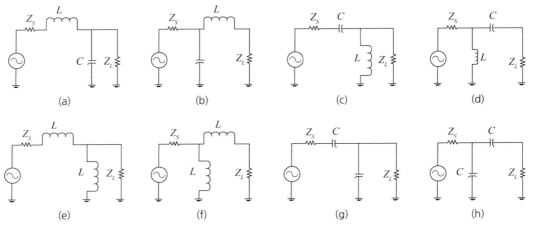

| 그림 3.4 | 임피던스 정합을 위한 $L$ 회로

소자 값에 흡수시켜 계산을 한다.

또한 3소자정합에 있어서는 Π 회로와 $T$ 회로 중 하나를 임의로 선택하여 사용할 수 있으며, 이들의 해석은 두 개의 $L$ 회로가 서로 마주보고 있는 것으로 간주하여 그 사이에 가상적인 저항(Virtual Resistance)을 가정해서 수행할 수도 있고, 부하에 가까운 두 개의 소자를 변환소자, 세 번째 소자를 보상소자로 간주하여 해석할 수도 있다. 다수소자정합의 경우에도 그러한 개념을 확장해나가면 된다.

그러한 모든 $LC$ 매칭의 기본 개념은 리액턴스 소자와 저항소자를 직렬로 연결했을 때와 병렬로 연결했을 경우에 같은 입력 임피던스를 만들기 위한 저항값이 서로 크게 다르게 되는 사실에 기초를 두고 있다.

그림 3.5(a)에서 부하저항 $R_L$과 직렬 연결된 변환소자 $X_1$의 임피던스 합은 $R_L + jX_1$이고, 그의 역수인 어드미턴스 $Y_1$은 다음과 같다.

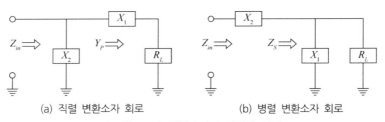

(a) 직렬 변환소자 회로      (b) 병렬 변환소자 회로

| 그림 3.5 | 변환소자의 직병렬 연결

$$Y_P = \frac{1}{R_L + jX_1} = \frac{R_L}{R_L^2 + X_1^2} - j\frac{X_1}{R_L^2 + X_1^2} = G_P + jB_P \tag{3.8a}$$

$$R_P = \frac{1}{G_P} = \frac{R_L^2 + X_1^2}{R_L} = R_L(1 + Q^2) \tag{3.8b}$$

$$X_P = -\frac{1}{B_P} = \frac{R_L^2 + X_1^2}{X_1} = X_1\left(1 + \frac{1}{Q^2}\right) \tag{3.8c}$$

$$Q = \frac{X_1}{R_L} \tag{3.8d}$$

상기 식 (3.7b)를 보면 부하저항 $R_L$이 새로운 저항값 $R_P$로 바뀌었음을 알 수 있고, 나머지 $Y_P$의 허수부인 서셉턴스 $B_P$를 $X_2$에 의해 상쇄시키면, 입력 임피던스 $Z_{\text{in}}$은 $R_P$ 값으로 보이게 되므로, $Q$값을 조정하면, 즉 $X_1$값을 조정하면 원하는 임피던스 정합이 가능하게 된다.

마찬가지로 그림 3.5(b)에서도 유사한 방법으로 직렬 어드미턴스 $Z_S$는 다음과 같이 나타내어질 수 있다.

$$Z_S = \frac{1}{\dfrac{1}{R_L} + \dfrac{1}{jX_1}} = \frac{jR_LX_1}{R_L + jX_1} = \frac{jR_LX_1(R_L - jX_1)}{R_L^2 + X_1^2}$$

$$= \frac{R_LX_1^2}{R_L^2 + X_1^2} + j\frac{R_L^2X_1}{R_L^2 + X_1^2} = R_S + jX_S \tag{3.9a}$$

$$R_P = \frac{R_LX_1^2}{R_L^2 + X_1^2} = R_L\frac{1}{1 + \dfrac{R_L^2}{X_1^2}} = R_L\frac{1}{1 + Q^2} \tag{3.9b}$$

$$X_P = -\frac{1}{B_P} = \frac{R_L^2 + X_1^2}{X_1} = X_1\left(1 + \frac{1}{Q^2}\right) \tag{3.9c}$$

$$Q = \frac{B_1}{G_L} = \frac{R_L}{X_1} \tag{3.9d}$$

상기 식 (3.8)과 식 (3.9)로부터 그림 3.5(a)와 같이 부하에 직렬로 연결된 변환소자는 저항값을 증가시키고, 그림 3.5(b)와 같이 부하에 병렬로 연결된 변환소자는 저항값을 감소시킴을 알 수 있다.

그와 같이 저항에 $L$ 또는 $C$를 직렬 또는 병렬로 연결하여 주어진 저항값을 필요에 따라 작은 값을 크게 또는 큰 값을 작게 보이도록 치환하여 사용할 수 있기 때문에 임피던스의 정합이 가능하게 되는 것이다. 일단 저항값을 필요로 하는 값으로 변환하고 나면 연결해준 $L$ 또는 $C$ (변환소자)에 의하여 임피던스의 허수부인 리액턴스 또는 서셉턴스 성분이 발생되므로, 그림 3.5의 $X_2$와 같이 다른 또 하나의 $L$ 또는 $C$를 연결하여 그것을 상쇄시켜줄 수 있으며, 그를 보상소자(Compensation Element)라 한다. 저항소자를 사용하면 정합은 가능하지만 소자 자체에서 큰 손실을 갖기 때문에 거의 사용되지 않는다.

### 스미스 도표상에서의 임피던스 정합

스미스 도표를 이용한 임피던스 매칭을 쉽게 하기 위하여 $L$ 또는 $C$를 직병렬 연결할 경우의 임피던스 점의 움직임을 그림 3.6에 보였으며, 그들을 이용하여 임의의 부하 임피던스를 특성 임피던스(도표의 원점)에 정합시키고자 할 때 2소자정합으로 임피던스 변환이 가능한 부하 임피던스의 범위를 그림 3.7에 일목요연하게 나타내었다.

어떤 경우이든지 간에 스미스 도표상에서 구해진 리액턴스를 주어진 주파수에 대하여 소자 값으로 환산하는 과정을 쉽게 하도록 하려면 다음과 같은 식들을 활용하는 것이 좋다.

1) 직렬 커패시터: $C = \dfrac{1}{\omega \Delta x Z_o}$  (3.10a)

2) 직렬 인덕터: $L = \dfrac{\Delta x Z_o}{\omega}$  (3.10b)

3) 병렬 커패시터: $C = \dfrac{\Delta b}{\omega Z_o}$  (3.10c)

4) 병렬 인덕터: $L = \dfrac{Z_o}{\omega \Delta b}$  (3.10d)

여기에서 $\omega = 2\pi f$

    $\Delta x$ = 도표에서 구해진 규준화 리액턴스의 변화분

    $\Delta b$ = 도표에서 구해진 규준화 서셉턴스의 변화분

    $Z_0$ = 특성 임피던스

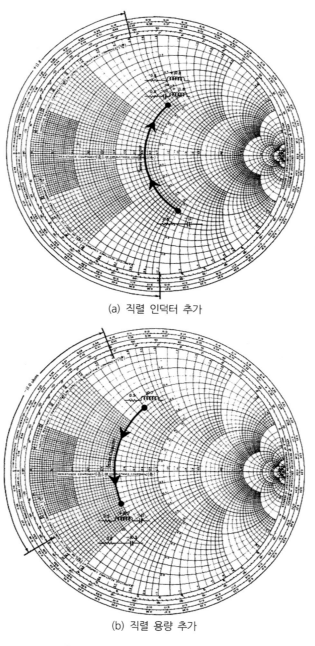

(a) 직렬 인덕터 추가

(b) 직렬 용량 추가

(계속)

| 그림 3.6 | 소자의 추가에 따른 도표상의 이동

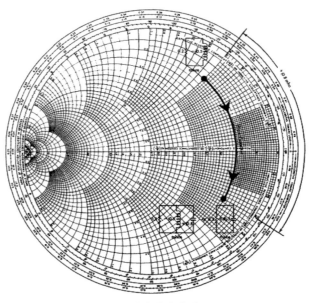

(c) 병렬 용량 추가

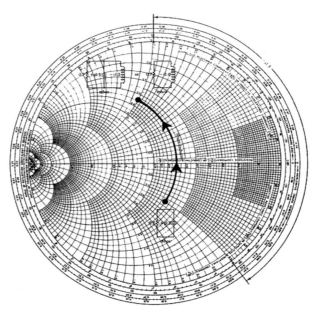

(d) 병렬 인덕터 추가

| 그림 3.6 | (계속) 소자의 추가에 따른 도표상의 이동

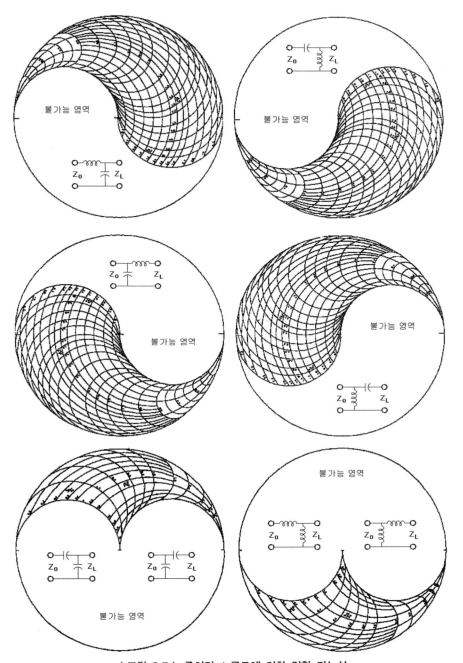

| 그림 3.7 | 주어진 *L* 구조에 의한 정합 가능성

100 Ω인 순실수의 전원 임피던스와 1000 Ω의 순실수 부하 임피던스를 연결하기 위한 2소자 임피던스 정합회로의 입력 측 직렬 리액턴스와 출력 측 병렬 리액턴스를 구하시오.

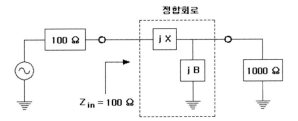

**| 그림 3.8 |** 두 순 저항 사이의 임피던스 정합회로

**풀이** 두 저항 100 Ω 및 1000 Ω이 정합되기 위해서는 정합회로의 입력 임피던스 $Z_{in}$이 100 Ω이어야 한다. 따라서 다음을 얻는다.

$$Z_{in} = jX + \cfrac{1}{\cfrac{1}{1000} + jB} = jX + \frac{1000}{1 + j1000B} = jX + \frac{1000(1 - j1000B)}{1 + 10^6 B^2} = 100$$

상기 식에서 실수부와 허수부는 각각 같아야 하므로 다음을 얻는다.

$$\frac{1000}{1 + 10^6 B^2} = 100, \ 900 = 10^8 B^2, \ B = 0.003 \ [\mho]$$

$$jX - j\frac{1000B}{1 + 10^6 B^2} = 0 \quad X = \frac{1000^2 B}{1 + 10^6 B^2} = \frac{3000}{1 + 9} = 300 \ [\Omega]$$

예제 3.1에서 신호원 측의 선로에 분포하는 직렬 기생 리액턴스가 $+j126$ Ω이고, 부하 측의 병렬 기생 용량이 2 pF이라 할 때, 동작주파수 100 MHz에 대한 임피던스 정합회로의 파라미터 값을 구하시오.

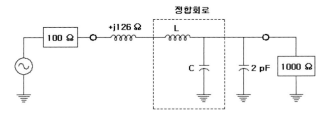

**| 그림 3.9 |** 직렬 기생 리액턴스와 병렬 기생용량이 있는 경우의 임피던스 정합회로

**풀이** 값이 100 Ω인 신호원 임피던스를 1000 Ω의 부하 임피던스에 정합시키기 위한 직렬 리액턴스 값은 예제 3.1에서 얻어진 바와 같이 $j300$ Ω이지만, 직렬 기생 리액턴스가 이미 $j126$ Ω 존재하고 있기 때문에 정합회로에서는 그 차이인 $j174$ Ω이 되도록 직렬 $L$을 달아 주면 된다. 따라서 그 리액턴스 값을 위한 $L$값은 동작주파수 100 MHz에 대하여 다음과 같이 주어진다.

$$\omega L = 174$$
$$L = \frac{174}{2 \times 3.14 \times 100 \times 10^6} = 277 \times 10^{-9} \, [\text{Henry}] = 277 \, [\text{nH}]$$

또한 정합회로의 병렬 서셉턴스는 $j0.003$ Mho이므로 그 서셉턴스 값을 위한 용량값 $C'$과 동작주파수 100 MHz에 대하여 다음과 같다.

$$\omega C' = 0.003$$
$$C' = \frac{0.003}{2 \times 3.14 \times 100 \times 10^6} = 4.78 \times 10^{-12} \, [\text{Farad}] = 4.78 \, [\text{pF}]$$

그런데 기생 병렬용량이 2 pF 존재하므로, 정합을 위하여 추가로 달아 주어야 할 용량 $C = 4.78 - 2 = 2.78$ [pF]이다.

---

**예제 3.3**

스미스 도표상에서 2소자정합을 이용하여 $25 - j\,15$ Ω의 신호원 임피던스를 $100 - j\,25$ Ω의 부하 임피던스에 정합시키고자 한다. 사용주파수를 60 MHz라 할 때 저역통과형의 정합회로를 설계하시오.

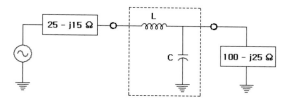

| 그림 3.10 | 복소 신호원 임피던스와 복소 부하 임피던스를 정합하기 위한 회로

**풀이** 완전정합조건은 부하 임피던스가 신호원 임피던스의 공액이어야 하므로 결국 정합회로의 입력 임피던스는 $Z_{\text{in}} = 25 + j\,15$ Ω이어야 하고, 따라서 $Z_L = 100 - j\,25$ Ω을 $25 + j\,15$ Ω으로 변환시키는 정합회로를 설계하여야 한다.

이제 편의상 위의 임피던스들을 임의의 특성 임피던스 $Z_0 = 50$ Ω으로 규준화시키면 $z_{\text{in}} = 0.5 + j\,0.3$ Ω, $z_L = 2 - j\,0.5$ Ω으로서, 이들을 스미스 도표상에 점을 찍어서 입력 측의 직렬 인덕터와 출력 측의 병렬용량으로 변환시킬 수 있는 방법을 강구한다.

$z_L$에 병렬 연결되는 용량은 서셉턴스의 증가를 의미하므로 어드미턴스도에서 아래쪽으로 이동하고, 입력 측의 직렬 인덕터는 리액턴스의 증가를 의미하므로 임피던스도에서 위쪽으로 이동하게 된다.

스미스 도표로부터 구해진 서셉턴스 및 리액턴스의 변화량은 각각 $\Delta b = +0.73$, $\Delta x = +1.2$ 이므로, 이와 같은 양의 서셉턴스 또는 리액턴스를 만들기 위한 용량 및 인덕턴스의 값은 식 (3.10)에 의해 다음과 같이 구할 수 있다.

$$C = \frac{\Delta b}{\omega Z_0} = \frac{0.73}{2\pi \times (60 \times 10^6) \times 50} = 38.7 \text{ pF}$$

$$L = \frac{\Delta x \, \Delta Z_0}{\omega} = \frac{1.2 \times 50}{2\pi \times (60 \times 10^6)} = 159 \text{ nH}$$

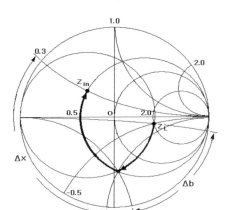

| 그림 3.11 | 예제 3.3의 도표 풀이

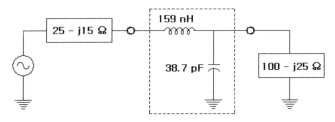

| 그림 3.12 | 예제 3.3의 임피던스 정합회로

# 3.5 분포정수에 의한 임피던스 정합

분포정수소자를 이용한 임피던스 정합의 개념은 앞에서 기술된 집중정수소자 임피던스 정합에 의해 설계된 정합회로 내에서 요구되는 모든 $L$, $C$값들을 분포정수소자로 변환시켜주는 것이라 할 수 있으며, 다만 분포정수의 경우에는 선로의 위치에 따라 임피던스가 달라지는 현상을 이용하여 복소 임피던스를 순실수 임피던스로 변환시켜줄 수가 있고 집중정수 정합에서 요구되는 소자의 수를 줄여줄 수도 있는 점이 다르다.

또한 특정 길이의 전송선로는 입력 임피던스가 매우 흥미 있는 꼴로 나타내어지기 때문에 종종 유용하게 사용되기도 한다.

## 3.5.1 직렬 $\lambda/4$ 선로

부하 임피던스 $Z_L$이 선로의 특성 임피던스 $Z_0$와 같지 않은 순 저항값을 갖는 경우에는 그림 3.13과 같이 적당한 특성 임피던스 $Z_{0m}$의 길이 $\lambda/4$인 다른 선로를 직렬로 삽입하여 임피던스 정합을 시킬 수 있다.

즉 $\lambda/4$ 선로의 입력 단자에서 부하 쪽을 바라본 입력 임피던스는 식 (2.37)에 $d = \lambda/4$를 대입하여 다음과 같이 쓸 수 있다.

$$Z_{\text{in}} = \frac{Z_{0m}^2}{Z_L} \tag{3.11}$$

임피던스 정합을 위해서는 이 입력 임피던스 $Z_{\text{in}}$이 주선로의 특성 임피던스 $Z_0$와 같아야 하므로 위 식에 $Z_{in} = Z_0$을 대입하여 요구되는 $Z_{0m}$값을 구하면

$$Z_{0m} = \sqrt{Z_0 Z_L} \tag{3.12}$$

이 $\lambda/4$ 선로의 입력단자 좌측에서는 임피던스가 정합되어 정재파가 없게 되며, 부하 임피던스가 허수부를 가지고 있는 경우에도 다음과 같이 응용할 수 있다. 즉 부하점으로부터 신호원 쪽으로 이동하면서 부하 쪽을 바라본 임피던스가 순 저항이 되는 점을 찾아서 그 점의 입력

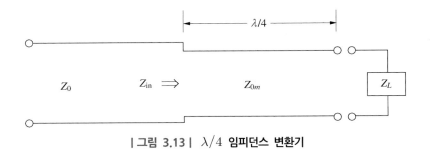

| 그림 3.13 | $\lambda/4$ **임피던스 변환기**

임피던스를 새로운 부하로 간주하여 $\lambda/4$ 선로를 삽입하는 방법이다. 선로의 입력 임피던스가 순 저항이 되는 점은 스미스 도표상에서는 수평축을 끊는 점에 해당한다.

　$\lambda/4$ 임피던스 변환기의 특성 임피던스를 소요값과 같도록 하는 방법에 있어서 스트립라인이나 마이크로스트립의 경우에는 단순히 선폭만을 증감하면 되므로 매우 쉽게 설계할 수 있지만, 평행 2선의 경우에는 선의 굵기나 선 간 거리를 본 선로와 다르게 하여야 하며 동축선로의 경우에는 내부도선의 굵기만을 다르게 하든지 또는 적당한 유전체를 $\lambda/4$ 구간에 채워 넣어야 하고 그 경우에 유전체의 유전율에 따라 파장이 달라짐에 유의하여야 한다.

## 3.5.2 병렬 스터브

### 1) 단일 스터브에 의한 임피던스 정합

　스터브(Stub)는 길이를 조정할 수 있는 단락 또는 개방선로를 의미하며, 그림 3.14와 같이 $Z_l \neq Z_0$일 경우에, 부하로부터 적당한 거리 $d_1$에 적당한 길이 $d_2$인 스터브를 주선로에 병렬로 연결하여 임피던스를 정합시킬 수 있다.

　즉 단일 스터브에 의한 임피던스 정합(Single Shunt-Stub Matching)은 $d_1$을 적당히 선정하여 부하를 바라본 주선로의 어드미턴스와 스터브의 어드미턴스의 합이 주선로의 특성 어드미턴스 $Y_0 = 1/Z_0$과 같도록 스터브의 길이를 조정하여 주는 것을 말한다.

　먼저 $d_1$에서의 어드미턴스 $Y_1$의 실수부가 $Y_0$와 같도록 $d_1$을 조정하면 다음과 같다.

$$Y_1 = Y_0 + jB \tag{3.13}$$

다음에는 위 식의 서셉턴스 $jB$를 상쇄하기 위하여 스터브의 입력 어드미턴스 값이 $Y_2 =$

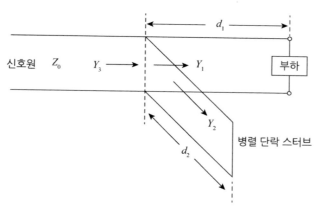

**| 그림 3.14 |** 단일 스터브에 의한 임피던스 정합

$-jB$로 되도록 스터브의 길이 $d_2$를 조정하여야 한다.

따라서 $d_1$점에서 우측을 본 전체 어드미턴스 $Y_3$는 $Y_3 = Y_1 + Y_2 = Y_0$가 되고, 결국 임피던스 정합이 이루어진다.

스터브의 특성 임피던스는 보통 주선로와 동일한 것을 사용하며 이 경우에 스미스 도표를 어드미턴스도로서 사용하는 것이 편리하다.

최종적으로 정합이 된 상태에서는 그림 3.14의 어드미턴스들을 규준화한 값은 다음과 같다.

$$y_1 = 1 + jb, \ y_2 = 0 - jb, \ y_3 = 1 + j0 \tag{3.14}$$

## 2) 이중 스터브에 의한 임피던스 정합

도파관이나 동축선로에서는 스터브 위치를 조정하는 일이 구조적으로 어렵기 때문에 스터브 한 개를 추가하여 임피던스 정합을 시키는데, 그림 3.15와 같이 두 개의 스터브를 부하에 가까운 고정된 위치에 일정한 간격(보통 $\lambda/4$ 또는 $3/8\lambda$)으로 설치하고, 두 스터브의 길이만을 독립적으로 조정함으로써 왼쪽 스터브점에서 양쪽을 들여다 본 임피던스가 정합이 되도록 할 수 있다.

그림 3.15(a)에서 스터브 간격이 $3/8\lambda$일 경우에 대하여 정합을 시키기 위해서는 $y_6$가 $1 + j0$이어야 한다.

또한 $y_5$는 서셉턴스 성분만 가지므로 $y_4 = y_6 - y_5$는 $1 + jb$와 같이 나타내어져야 하고 이것

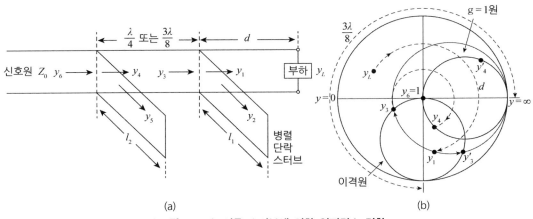

| 그림 3.15 | **이중 스터브에 의한 임피던스 정합**

은 $g = 1$ 원주상의 어느 점이 된다. 따라서 이로부터 부하 쪽으로 $3/8\lambda$만큼 이동한 점에서의 어드미턴스 $y_3$는 $g = 1$ 원을 반시계방향으로 $270°$만큼 회전시킨 이격원(Spacing Circle)상의 어느 한 점이어야 한다.

이 사실에 착안하여 그림 3.15(b)에 보인 바와 같이 다음과 같은 과정으로 계산한다.

1) 먼저 $y_L$과 $d$로부터 점 $y_1$을 찍는다.
2) $y_2$는 서셉턴스 성분만을 가지므로 $y_1 + y_2$는 $y_1$을 지나는 $g =$ 상수인 원주상을 따르며, 이 원과 이격원과의 교점이 차후의 정합에 필요한 $y_3$값이 된다(도표의 $y_3{'}$도 가능한 점이다).
3) $y_1$, $y_3$의 값을 읽고 $y_3 - y_1 = y_2 = jb_2$를 계산하여 스터브 1의 소요길이를 결정한다.
4) 점 $y_3$를 시계방향으로 $270°$ 회전시키면 $y_4$가 되며 그 점은 원래의 $g = 1$ 원상의 점이 되므로, 그 값을 읽어서 그중 서셉턴스 성분을 상쇄하는 데 필요한 스터브 2의 길이를 결정한다.

그림 3.15(b)에서 점 $y_1$을 지나는 $g$값이 일정하게 정의되는 원이 이격원과 만나지 않으면($y_1$의 실수부 $g_1$이 너무 크면 이런 경우가 생긴다) 이 방법으로는 임피던스의 정합이 불가능하다.

---

**예제 3.4**

$Z_L = 100 + j\,100\ \Omega$, $Z_0 = 100\ \Omega$일 경우에 반사계수를 구하시오.

**풀이** $r + jx = 1 + j1$이므로 도표에서 $r = 1$ 원과 $x = 1$ 원과의 교점, 즉 그림 3.16의 점 $A$의 극좌표를 읽음으로써 $\Gamma_L = 0.45 \angle 63.5°$임을 알 수 있다.

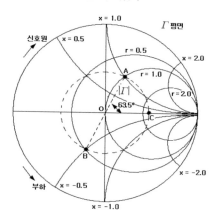

| 그림 3.16 | 스미스 도표의 구성 및 용도

### 예제 3.5

특성 임피던스가 50 Ω이고 규준화된 부하 임피던스가 $z_L = 1 + j1$일 때 부하점에서 $\lambda/4 (\beta d = 90°)$만큼 신호원 쪽으로 이동한 점에서의 선로 임피던스를 구하시오.

**풀이** 그림 3.16의 점 $A$를 $2 \times 90°$만큼 시계방향으로 회전시킨 점 $B$의 규준화 임피던스를 읽으면 $0.5 - j0.5$이고, 선로 임피던스는 그 값에 $z_0$를 곱한 $25 - j25$ Ω이다. 주어진 입력 임피던스로부터 부하 임피던스를 구하려면 상기의 역과정에 의한다.

### 예제 3.6

규준화된 임피던스가 $1 + j1$일 때 정재파비를 구하시오.

**풀이** 그림 3.16의 점 $A$를 신호원 쪽으로(시계방향으로) 순 저항점 $C$까지 $\beta d = 31.7° (d = 0.088\lambda)$만큼 회전시키면 점 $C$에서 $r = 2.6$, $x = 0$이므로 정재파비는 2.6이다. 정재파비와 전압 최대점을 알고 부하 임피던스를 구하기 위해서는 그 역과정을 거친다.

### 예제 3.7

$Z_0 = 50$ Ω인 전송선로의 부하점에 안테나를 연결하고 선로상의 정재파비를 측정하였더니 2.0이었으며, 부하점에서 $0.08\lambda$만큼 떨어진 곳에 최초의 전압 최소점이 생겼다고 한다. 안테나의 임피던스를 구하시오.

**풀이** 그림 3.17과 같이 우선 스미스 도표의 원점 O를 중심으로 하여 $r = 2.0$, $x = 0$을 지나는 원을 그린다. 이 원과 왼쪽 수평축과의 교점 $P$는 전압 최소점에 대응된다. 점 $P$에서 부하 쪽으로 (반시계방향으로) $0.08\lambda$만큼 회전한 점 $Q$의 좌표를 읽으면 $r = 0.6$, $x = -0.38$이므로 부하 임피던스는 다음과 같다.

$$(0.6 - j0.38)Z_0 = 30 - j19 \ \Omega$$

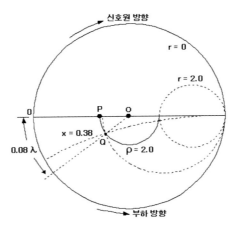

| 그림 3.17 | 예제 3.4의 도표 해

## 예제 3.8

규준화된 부하 임피던스가 $z_L = 1 + j1$로 주어지고 사용주파수의 파장이 5 cm라 한다. 부하점으로부터 맨 처음에 위치하는 전압 최대점과 전압 최소점의 위치를 구하시오.

**풀이** $d_1(V_{\max}) = (0.25 - 0.162) = (0.088)5 = 0.44 \ \text{cm}$

$\quad\quad d_2(V_{\min}) = (0.5 - 0.162) = (0.338)5 = 1.69 \ \text{cm}$

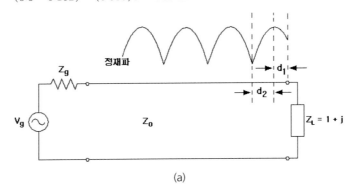

(a)

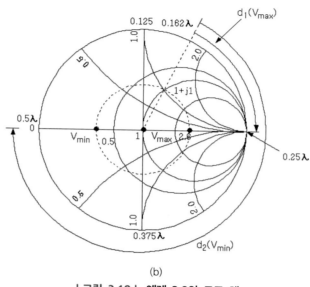

(b)

| 그림 3.18 | 예제 3.8의 도표 해

특성 임피던스가 50 Ω인 선로에 부하를 달았을 때 SWR이 2이었다. 부하점을 단락시켜 보았더니 부하가 달려 있을 때에 비해서 전압 최소점이 부하 쪽으로 0.15λ로 움직였다. 부하 임피던스를 구하시오(전압 최소점의 위치가 최대점보다 정확하기 때문에 최소점을 주로 사용한다).

**풀이** 이 문제는 원래 단락된 선로에 부하를 달았더니 전압 최소점이 부하점으로부터 신호원 쪽으로 0.15λ만큼 떨어진 점에 나타난 경우와 동일하다.

따라서 스미스 도표상에 원점을 중심으로 SWR에 의하여 원을 그린 다음 전압 최소점을 찍고 원주상을 따라 반시계방향으로 0.15λ 이동하면 그 점이 바로 규준화된 부하 임피던스($z_L = 1 - j0.65$)를 나타낸다. 결국 부하 임피던스 $Z_L = (1 - j0.65)(50) = 50 - j0.325$ Ω을 얻는다.

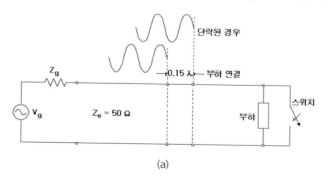

(a)

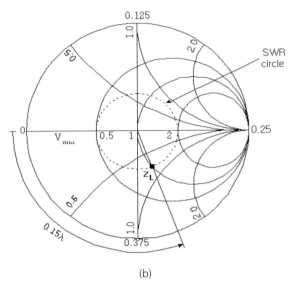

(b)

| 그림 3.19 | 예제 3.9의 도표 해

---

**예제 3.10**

$Z_0 = 400\ \Omega$의 무손실선로에 부하 임피던스 $Z_L = 100 + j100\ \Omega$을 달았다. 그 선로와 같은 특성 임피던스를 갖는 단일 스터브를 사용하여 임피던스 정합을 시키고자 할 때, 스터브의 길이 $d_2$와 부하점에서의 거리 $d_1$(최단거리)을 결정하시오.

**풀이** 규준화 부하 어드미턴스를 다음과 같이 구하고 그것을 스미스 도표상에 찍는다.

$$y_L = \frac{Y_L}{Y_0} = \frac{Z_0}{Z_L} = \frac{400}{100 + j100} = 2 - j2$$

이 점은 $z_L = 0.25 + j0.25$에 대응하는 점의 대칭점으로서도 구해진다.

이것을 원점 0을 중심으로 시계방향으로 회전시켜서 $g = 1$인 원과의 교점 $y_1$, $y_1{}'$을 구하여 스터브를 이 점에 연결한다.

$$y_1 = 1 - j1.58, \quad y_1{}' = 1 + j1.58$$

부하점에서 이 점까지의 거리 $d_1$은 도표 둘레의 파장척도로부터

$$d_1 = (0.322 - 0.291)\lambda = 0.031\lambda$$
$$d_1{}' = [(0.5 - 0.291) + 0.178]\lambda = 0.387\lambda$$

$y_1$과 $y_1{'}$ 허수부분을 상쇄시키기 위한 스터브의 어드미턴스는 다음과 같다.

$$y_2 = 0 + j1.58, \quad y_2{'} = 0 - j1.58$$

그를 위한 단락 스터브의 길이는 스미스 도표의 $y = \infty$점으로부터 시계방향으로 회전하여 $y_2$ 및 $y_2{'}$ 점에 이르는 거리와 같으며 다음과 같이 주어진다.

$$d_2 = (0.25 + 0.159)\lambda = 0.409\lambda$$
$$d_2{'} = (0.341 - 0.25)\lambda = 0.091\lambda$$

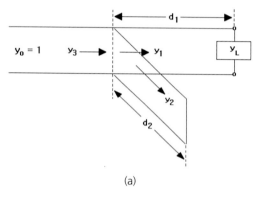

(a)

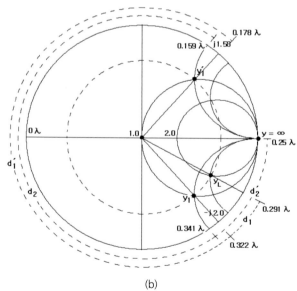

(b)

| 그림 3.20 | 스미스 도표에 의한 예제 3.10의 풀이

$Z_0 = 50\ \Omega$의 무손실선로에 부하 임피던스 $50/[2+j(2+\sqrt{3})]$ 달았다. 단일 스터브를 사용하여 임피던스 정합을 시키고자 할 때 스터브의 길이와 부하점으로부터 가장 가까운 스터브의 위치를 구하시오. 단, 스터브의 특성 임피던스는 $100\ \Omega$이다.

**풀이** 규준화 부하 어드미턴스를 다음과 같이 구하고 그것을 스미스 도표상에 찍는다.

$$y_L = 1/z_L = 2+j(2+\sqrt{3}) = 2+j3.732$$

$y_L$을 지나는 SWR 원을 그리면 이 원은 단위원과 $y_1$ 점에서 만난다.

$$y_1 = 1-j2.6$$
$$Y_1 = Y_0 y_1 = 0.02 - j0.052\ [\text{Mho}]$$

이제 스터브 위치에서의 임피던스 $Y_3$는 부하를 바라본 임피던스 $Y_1$과 스터브의 임피던스 $Y_2$와의 합이고, 정합을 위해서는 그 값이 $1/50\ [\text{Mho}]$이어야 한다.

$$Y_3 = Y_1 + Y_2$$

그런데 $Y_1$는 복소수이고 그의 실수부가 $1/50$이므로 허수부만 $Y_2$에 의하여 상쇄되면 임피던스 정합이 이루어진다.

도표상에서 부하 $y_L$점과 스터브의 위치점인 $y_1$ 사이의 거리 $d$를 시계방향의 눈금으로부터 구하면

$$d = (0.302 - 0.215)\lambda = 0.087\lambda$$

서셉턴스 $-j0.052$를 상쇄하기 위한 스터브의 서셉턴스 $j0.052$를 특성 임피던스 $100\ \Omega$인 단락선로로 구현하기 위하여 규준화시킨 값 $y_2$는

$$y_2 = \frac{+j0.052}{1/100} = +j5.20$$

따라서 이와 같은 규준화 임피던스를 갖도록 하기 위한 단락 스터브의 길이 $l$은 스미스 도표로부터 오른쪽 끝에서부터 거의 한 바퀴 시계방향으로 돌아간 거리로서 다음과 같다.

$$l = (0.50 - 0.031)\lambda = 0.469\lambda$$

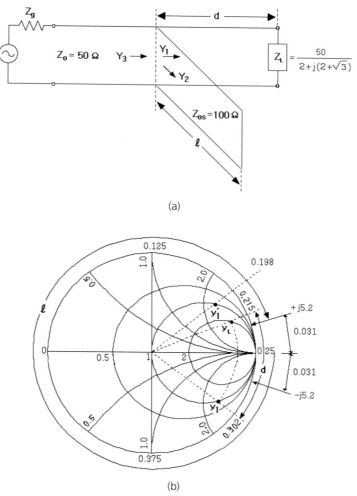

(a)

(b)

| 그림 3.21 | 예제 3.11의 도표 풀이

### 예제 3.12  이중 스터브 정합

$Z_0 = 50\ \Omega$의 무손실선로에 부하 임피던스 $100 + j100\ \Omega$을 달았다. 첫째 스터브의 위치는 부하로부터 $0.4\lambda$만큼 떨어져 있고 첫째와 둘째 스터브 사이의 간격은 $3\lambda/8$이라 한다. 임피던스 정합을 시키기 위한 두 스터브의 길이를 구하고 이 방법으로 임피던스 정합이 불가능한 부하 임피던스의 범위를 스미스 도표상에 빗금으로 나타내시오. 단 스터브들의 특성 임피던스도 $50\ \Omega$으로 한다.

**풀이**  규준화된 부하 임피던스를 그림 3.12의 스미스 도표상에 찍고 그 점을 SWR 원을 따라 $180°$ 회전시켜 다음과 같이 규준화된 부하 어드미턴스를 구한다.

$$z_L = (100 + j100) / 50 = 2 + j2$$

$$y_L = 0.25 - j0.25$$

임피던스 정합이 이루어지기 위해서는 부하로부터 첫째 스터브가 연결된 점에서 부하 쪽을 바라본 어드미턴스가 $g = 1$인 단위원상에 있어야 하므로, 그로부터 부하 쪽으로 $3\lambda/8$만큼 이동한 둘째 스터브 위치에서의 어드미턴스의 합은 $g = 1$인 원을 도표의 원점을 중심으로 반시계방향으로 $2\beta d = 2(2\pi/\lambda)3\lambda/8 = 3\pi/2$ 만큼 회전시킨 이격원의 원주상에 있어야 한다. 이제 $y_L$을 시계방향으로 SWR 원을 따라 $0.4\lambda$만큼 회전시킨 점을 $y_1$이라 하고 그의 실수부 일정원을 따라 이격원과 교차하는 두 점을 $y_3$, $y_3{}'$라 하자. 도표로부터 그들의 값을 읽으면

$$y_1 = 0.55 - j1.08, \quad y_3 = 0.55 - j0.11, \quad y_3{}' = 0.55 - j1.88$$

이들 $y_3$와 $y_3{}'$에 대하여 각각 한 개씩의 답이 가능하며, $y_1$점을 $y_3$와 $y_3{}'$ 위치로 이동시키기 위한 첫째 스터브의 서셉턴스 값은 다음과 같다.

$$y_2 = y_3 - y_1 = (0.55 - j0.11) - (0.55 - j1.08) = j0.97$$

$$y_2{}' = y_3{}' - y_1 = (0.55 - j1.88) - (0.55 - j1.08) = -j0.8$$

그와 같은 규준화 서셉턴스 값을 갖기 위한 단락 스터브 1의 길이는 각각 다음과 같다.

$$l_1 = (0.25 + 0.123)\lambda = 0.373\lambda$$

$$l_1{}' = (0.25 - 0.107)\lambda = 0.143\lambda$$

이제 $y_3$와 $y_3{}'$을 일정한 SWR 원을 따라 시계방향으로 $3\pi/2$만큼 회전시켜서 얻어지는 $g = 1$ 원 상의 두 점 $y_4$와 $y_4{}'$의 값을 읽어 보면

$$y_4 = 1 - j0.61, \quad y_4{}' = 1 + j2.60$$

따라서 이들의 허수부를 상쇄시키기 위한 스터브 2의 입력 서셉턴스 값은 다음과 같다.

$$y_5 = j0.61, \quad y_5{}' = -j2.6$$

그와 같은 규준화 서셉턴스 값을 갖기 위한 단락 스터브 2의 길이는 각각 다음과 같다.

$$l_2 = (0.25 + 0.087)\lambda = 0.337\lambda$$

$$l_2{}' = (0.308 - 0.25)\lambda = 0.058\lambda$$

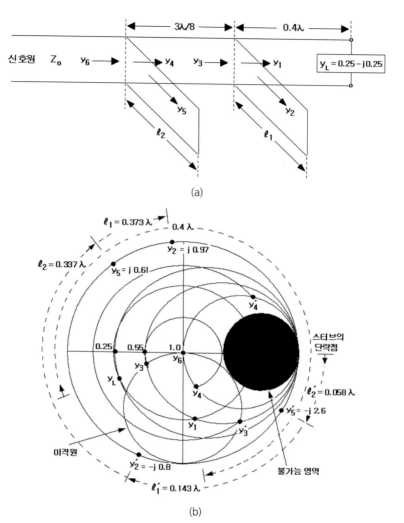

| 그림 3.22 | 예제 3.12의 도표 해

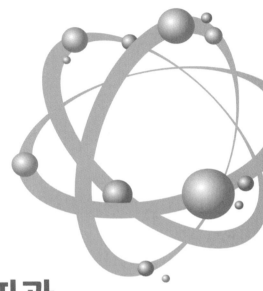

# 04 마이크로파 도파관

## 4.1 서론

도파관의 역사는 1897년 레일리(Lord Rayleigh)가 유전체로 채워진 직사각형 및 원통형의 도파관에 대한 해석을 발표한 데 그 기원을 두고 있으나, Hondros, Debye를 거쳐 1933년 이후 벨 연구소의 Carson, Mead, Schelkunoff, Southworth나 Barrow 등에 의한 해석 및 실험을 통하여 비로소 도파관(Waveguide)이라는 이름으로 유용한 전자파 전송매체로서 사용되기에 이르렀다.

그러한 이론은 1936~1940년 사이에 급격한 발전을 거듭하면서 제2차 세계대전 중 레이더에 마이크로파를 사용하고자 하는 요구에 따라 다양한 종류의 소자들이 개발되었고, 전후에도 이론과 기술 면에서 꾸준히 발전되고 세련되어 오늘에 이르게 되었다.

일종의 전송선로인 도파관은 UHF 이하의 낮은 주파수(긴 파장)에 대해서는 그 크기가 지나치게 커져서 실용성이 없기 때문에, 주로 마이크로파 주파수대역 이상의 높은 주파수의 경우에 사용되는데, 일반적인 도파관 형태는 속이 빈 직사각형 또는 원형의 금속관으로 되어 있으며, 그를 통하여 전자파가 진행할 때 전자파는 도파관 내벽에 반사되면서 진행하게 된다. 이때 발생하는 도파관 내에서의 손실과 찌그러짐이 다른 전송선로에 비하여 아주 작기 때문에 전파특성 면에 있어서는 도파관이 마이크로파 전송선로로 가장 우수하다고 볼 수 있다.

도파관을 위하여 사용되는 금속으로는 구리, 놋쇠, 알루미늄 등이 주로 사용되지만 전자파의 감쇠가 지극히 작아야 하는 경우에는 부식을 방지하기 위하여 도파관 표면에 은도금이나 금도금을 하여 사용하기도 하고, 중량이 문제가 되는 특수한 경우에는 두랄루민이나 마그네슘 등이 사용된다.

그 외에 타원형과 오목형(요각) 도파관과 같은 다른 유형의 도파관도 전자파를 전달할 수 있다.

전자파가 도파관을 통해 진행할 때 그림 4.2와 같이 평면파는 도파관 내벽 사이에서 반사를 일으키며 지그재그 형태로 진행하게 되므로 전계나 자계는 진행방향의 성분을 갖게 되고, 따라서 도파관 내의 전자파는 TEM파가 아니다.

다시 말하면 전계와 자계 중에 한 가지 이상이 진행방향 성분을 가져야만 앞으로 진행할 수 있다.

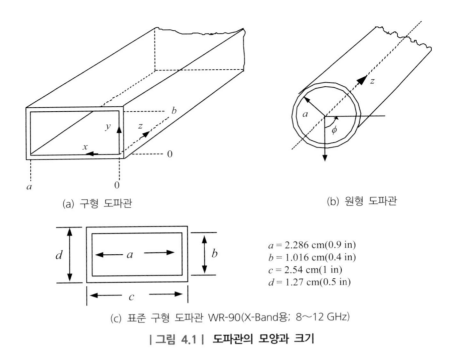

(a) 구형 도파관

(b) 원형 도파관

$a$ = 2.286 cm(0.9 in)
$b$ = 1.016 cm(0.4 in)
$c$ = 2.54 cm(1 in)
$d$ = 1.27 cm(0.5 in)

(c) 표준 구형 도파관 WR-90(X-Band용; 8～12 GHz)

| 그림 4.1 | **도파관의 모양과 크기**

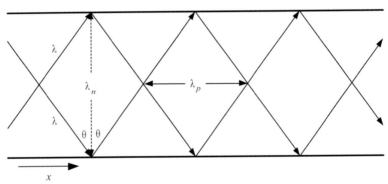

| 그림 4.2 | **도파관 내에서 산란되는 평면파**

전송선로에 대한 해석은 특성 임피던스와 전파상수를 구하는 일로 귀착이 되며, 그러한 파라미터들은 전자파 모양에 관계없이 전파(Propagation) 방향으로는 같은 선로방정식을 만족하게 되어 있다.

따라서 2장에서 구하였던 파동방정식을 해당 도파관의 경계조건을 대입하여 풂으로써 전계 및 자계의 분포를 구하고 그로부터 필요한 파라미터들을 구할 수 있다.

일반적으로 그와 같이 구해지는 파동방정식의 해는 무한히 많은 수가 가능하며, 도파관의 특성상 크게 두 가지로 분류되는 해가 존재한다.

그들 모두가 다 진행방향으로의 전계와 자계 중 한 가지만을 가질 수 있기 때문에, 0이 아닌 전계가 수직방향 성분만이 존재할 경우를 TE 모드라고 하고, 0이 아닌 자계가 수직방향 성분만이 존재할 경우를 TM 모드라 한다.

또한 도파관에서 가능한 무한개의 TE 또는 TM 모드의 해들을 구별하기 위하여 통상 전자계의 크기가 $x$, $y$축방향으로 변화하는 횟수에 대응하는 첨자 $m$, $n$을 써서 $\mathrm{TE}_{mn}$ 모드 또는 $\mathrm{TM}_{mn}$ 모드와 같이 표시한다.

## 4.2 구형 도파관(Rectangular Waveguide)

### 4.2.1 직각좌표계에서의 파동방정식의 해

주파수함수로 사용된 전자파의 파동방정식은 다음과 같다.

$$\nabla^2 \mathbf{E} = \gamma^2 \mathbf{E}$$
$$\nabla^2 \mathbf{H} = \gamma^2 \mathbf{H} \tag{4.1}$$

여기에서 $\gamma = \sqrt{j\omega\mu(\sigma + j\omega\epsilon)}$ 이며, 자유공간의 경우에는 $\gamma = j\omega\sqrt{\mu_0\epsilon_0} = jk$.

직각좌표계에서는 E 또는 H의 각각의 성분들이 개별적으로 식 (4.1)과 동일한 형태의 스칼라 파동방정식(헬름홀츠 방정식)을 만족하게 되므로, 전계 3방향성분과 자계 3방향성분 모두 6개의 전자계 성분들 중 하나를 $\psi$라 할 때, $\psi$는 $\nabla^2\psi = \gamma^2\psi$ 식의 해가 되며, 이는 직각좌표계에서 다음과 같이 쓸 수 있다.

$$\frac{\partial^2\psi}{\partial x^2} + \frac{\partial^2\psi}{\partial y^2} + \frac{\partial^2\psi}{\partial z^2} = \gamma^2\psi \tag{4.2}$$

이 미분방정식은 변수분리법에 의하여 다음과 같이 해를 가정하여 풀 수 있다.

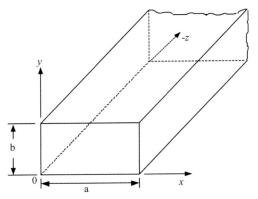

| 그림 4.3 | 직각좌표계에서의 구형 도파관

$$\psi = X(x)\,Y(y)Z(z) \tag{4.3}$$

여기에서 $X(x)$는 $x$만의 함수이고, $Y(y)$는 $y$만의 함수, $Z(z)$는 $z$만의 함수이다.

이 식을 식 (4.2)에 대입하고 양변을 $\psi = X(x)\,Y(y)Z(z)$로 나누면

$$\frac{1}{X}\frac{d^2X}{dx^2} + \frac{1}{Y}\frac{d^2Y}{dy^2} + \frac{1}{Z}\frac{d^2Z}{dz^2} = \gamma^2 \tag{4.4}$$

위 식 좌변의 3개 항은 각각 개별적인 독립변수들만의 함수이고 그들의 합은 $\gamma^2$로 항상 일정하므로 각 항들의 값도 서로 다른 임의의 상수들로 나타내야 한다.

따라서 3개 항들의 값을 각각 $-k_x^2,\ -k_y^2,\ -k_z^2$라 놓으면 다음과 같이 쓸 수 있다. 단 공기로 차 있는 도파관의 경우에는 손실이 없으므로 매질 자체의 전파상수 $\gamma$와 위상상수 $k$는 $\gamma = jk$, $k = \omega\sqrt{\mu_0\epsilon_0}$ 이고 $\gamma^2 = -\omega^2\mu_0\epsilon_0$로서 $-$ 값의 실수이기 때문에 $k_x$, $k_y$, $k_z$ 역시 모두 실수이다.

$$-k_x^2 - k_y^2 - k_z^2 = \gamma^2 \tag{4.5}$$

$$\frac{d^2X}{dx^2} = -k_x^2 X \tag{4.6a}$$

$$\frac{d^2Y}{dy^2} = -k_y^2 Y \tag{4.6b}$$

$$\frac{d^2Z}{dz^2} = -k_z^2 Z \tag{4.6c}$$

진행방향과 수직인 $x$와 $y$방향에 대해서는 도파관 양 끝점의 경계조건을 만족하는 정재파 패턴을 구해야 하므로, 그들의 해를 다음과 같은 꼴로 가정하여 경계조건으로부터 미정계수들을 구하기로 한다.

$$X = A \sin k_x x + B \cos k_x x$$
$$Y = C \sin k_y y + D \cos k_y y \tag{4.7}$$

그런데 도파관 내부를 통과하는 전자파는 도파관 벽에서의 경계조건을 만족하면서 반사를 거듭하므로 당연히 도파관 내부의 전파상수 $\gamma_g$가 자유공간의 고유전파상수 $\gamma$와 다르게 되며, 만일 전자파의 진행방향을 $+z$방향으로 가정하고 $k_x^2 + k_y^2 = k_c^2$, $-k_z^2 = \gamma_g^2$이라 놓으면 식 (4.6)으로부터 다음을 얻는다.

$$\gamma_g^2 = \gamma^2 + k_x^2 + k_y^2 = -k^2 + k_c^2 \tag{4.8}$$

여기에서 $k$는 자유공간의 파수(Wave Number)로서 이는 위상상수와 마찬가지로 선로 길이를 위상으로 바꿀 수 있는 비례상수이고, $k_c = \sqrt{k_x^2 + k_y^2}$는 차단파수(Cutoff Wave Number)이다. 따라서 도파관 내부의 전파상수 $\gamma_g$와 위상상수 $\beta_g$는 다음과 같이 쓸 수 있다.

$$\gamma_g = j \sqrt{k^2 - k_c^2} = j \sqrt{\omega^2 \mu_0 \epsilon_0 - k_c^2} \quad (\text{−부호는 반사파를 의미하므로 생략}) \tag{4.9}$$
$$\beta_g = \sqrt{k^2 - k_c^2} = \sqrt{\omega^2 \mu_0 \epsilon_0 - k_c^2} \tag{4.10}$$

상기 식으로부터 만일 $\omega^2 \mu_0 \epsilon_0 \leq k_c^2$ 이면 $\beta_g$는 0 또는 순허수가 되어 $z$에 따른 위상변화가 없기 때문에 도파관을 통한 전자파의 전파(Propagation)가 불가능해지고, $k_c$는 오로지 도파관의 물리적인 크기에 의하여 결정되는 것이므로 주어진 도파관 내에서 상수이며, 그 임계점이 되는 $\omega_c^2 \mu_0 \epsilon_0 = k_c^2$ 식을 만족하는 주파수를 도파관의 차단주파수(Cutoff Frequency)라 하며 다음 식으로 나타낼 수 있다.

$$f_c = \frac{1}{2\pi \sqrt{\mu_0 \epsilon_0}} \sqrt{k_x^2 + k_y^2} \tag{4.11}$$

이 차단주파수보다 큰 주파수에서는 $\omega^2 \mu \epsilon > k_c^2$ 조건을 만족하게 되고 전파상수는 다음과 같이 순허수가 되어 전자파가 진행할 수 있게 된다.

$$\gamma_g = j\beta_g = j\omega \sqrt{\mu_0 \epsilon_0} \ \sqrt{1 - \left(\frac{f_c}{f}\right)^2} \tag{4.12}$$

진행파만 고려하였을 경우에 $z$ 방향의 해 $Z$는 $e^{-j\beta_g z}$와 같은 형태로 나타나므로, 최종적인 직각좌표계에서의 헬름홀츠 방정식에 대한 해 $\psi$는 다음과 같이 쓸 수 있다.

$$\psi = (A \sin k_x x + B \cos k_x x)(C \sin k_y y + D \cos k_y y) \, e^{-j\beta_g z} \tag{4.13}$$

## 4.2.2 구형 도파관 내에서의 TE 모드

TE 모드에서는 전계의 $z$방향 성분이 존재하지 않기 때문에($E_z = 0$), 도파관을 통하여 전자파 에너지가 전송되기 위해서는 최소한 자계의 $z$방향 성분 $H_z$가 0이 아니어야 한다. 따라서 확실히 0이 아닌 $H_z$를 먼저 구하고 나서 그를 이용하여 다른 전자계 성분들을 나타내는 것이 편리하다.

$H_z$에 관한 헬름홀츠 방정식과 그 해는 다음과 같다.

$$\nabla^2 H_z = \gamma^2 H_z \tag{4.14}$$

$$H_z = (A \sin k_x x + B \cos k_x x)(C \sin k_y y + D \cos k_y y) \, e^{-j\beta_g z} \tag{4.15}$$

다른 전자계 성분들과 $H_z$와의 관계를 구하기 위하여 다음과 같은 자유공간에 대한 맥스웰 방정식을 전개하여 보자.

$$\nabla \times E = -j\omega\mu_0 H$$

$$\nabla \times H = j\omega\epsilon_0 E \tag{4.16}$$

위의 두 식을 직각좌표계의 성분별로 나타내면 다음과 같다.

$$\frac{\partial E_z}{\partial y} - \frac{\partial E_y}{\partial z} = - j\omega\mu_0 H_x \qquad \frac{\partial H_z}{\partial y} - \frac{\partial H_y}{\partial z} = j\omega\epsilon_0 E_x$$

$$\frac{\partial E_x}{\partial z} - \frac{\partial E_z}{\partial x} = - j\omega\mu_0 H_y \qquad \frac{\partial H_x}{\partial z} - \frac{\partial H_z}{\partial x} = j\omega\epsilon_0 E_y$$

$$\frac{\partial E_y}{\partial x} - \frac{\partial Ex}{\partial y} = - j\omega\mu_0 H_z \qquad \frac{\partial H_y}{\partial x} - \frac{\partial H_x}{\partial y} = j\omega\epsilon_0 E_z \qquad (4.17)$$

식 (4.15)로부터 $\frac{\partial}{\partial z} = - j\beta_g$임을 알 수 있고, 또한 $E_z = 0$이므로 그들을 위 식에 대입하면 다음과 같이 된다.

$$\beta_g E_y = - \omega\mu_0 H_x$$

$$\beta_g E_x = \omega\mu_0 H_y$$

$$\frac{\partial E_y}{\partial x} - \frac{\partial E_x}{\partial y} = - j\omega\mu_0 H_z$$

$$\frac{\partial H_z}{\partial y} + j\beta_g H_y = j\omega\epsilon_0 E_x \qquad (4.18)$$

$$j\beta_g H_x + \frac{\partial H_z}{\partial x} = - j\omega\epsilon_0 E_y$$

$$\frac{\partial H_y}{\partial x} - \frac{\partial H_x}{\partial y} = 0$$

이들을 연립하여 풀어서 $E_x$, $E_y$, $H_x$, $H_y$ 각각을 $H_z$의 항으로 나타내고 그 결과 식에 $k_c^2 = \omega^2\mu_0\epsilon_0 - \beta_g^2$을 대입하여 정리하면 다음을 얻는다.

$$E_x = \frac{- j\omega\mu_0}{k_c^2} \frac{\partial H_z}{\partial y} \qquad (4.19)$$

$$E_y = \frac{j\omega\mu_0}{k_c^2} \frac{\partial H_z}{\partial x} \qquad (4.20)$$

$$H_x = \frac{- j\beta_g}{k_c^2} \frac{\partial H_z}{\partial x} \qquad (4.21)$$

$$H_y = \frac{- j\beta_g}{k_c^2} \frac{\partial H_z}{\partial y} \qquad (4.22)$$

이제 위의 식들에 도파관 벽에서의 경계조건, 즉 도체 표면에서 전계의 접선성분이나 자계의 법선성분이 0이 되는 조건을 적용한다.

먼저 식 (4.19)의 $H_z$에 식 (4.15)를 대입하면

$$E_x = \frac{-j\omega\mu_0 k_y}{k_c^2}(A\sin k_x x + B\cos k_x x)(C\cos k_y y - D\sin k_y y)e^{-j\beta_g z}$$

여기에 $y = 0$을 대입하여 $E_x = 0$으로 놓으면

$$\frac{-j\omega\mu_0 k_y}{k_c^2}C(A\sin k_x x + B\cos k_x x)e^{-j\beta_g z} = 0$$

이므로 이 식이 모든 $x$ 값에 대하여 항상 0이 되기 위해서는 $C$가 0이 되어야 한다.

또한 $y = b$를 대입하여 $E_x = 0$으로 놓으면

$$\frac{-j\omega\mu_0 k_y}{k_c^2}(A\sin k_x x + B\cos k_x x)(D\sin k_y b)e^{-j\beta_g z} = 0$$

이므로 이 식이 모든 $x$ 값에 대하여 항상 0이 되기 위해서는 $\sin k_y b = 0$이어야 하고 결국 $k_y b$는 $\pi$의 정수배가 되어야 한다. 즉

$$k_y b = n\pi, \quad k_y = \frac{m\pi}{b}, \quad n = \pm 1, 2, 3, \cdots \tag{4.23}$$

또한 식 (4.20)의 $H_z$에 식 (4.15)를 대입하면

$$E_y = \frac{-j\omega\mu_0 k_x}{k_c^2}(A\cos k_x x - B\sin k_x x)(D\sin k_y y)e^{-j\beta_g z}$$

여기에 $x = 0$을 대입하여 $E_y = 0$으로 놓으면

$$\frac{-j\omega\mu_0 k_y}{k_c^2}A(-D\sin k_y y)e^{-j\beta_g z} = 0$$

이므로 이 식이 모든 $y$값에 대하여 항상 0이 되기 위해서는 $A$가 0이 되어야 한다.

또한 $x = a$를 대입하여 $E_y = 0$으로 놓으면

$$\frac{-j\omega\mu_0 k_y}{k_c^2}(B \sin k_x a)(D \sin k_y y)e^{-j\beta_g z} = 0$$

이므로 이 식이 모든 $y$값에 대하여 항상 0이 되기 위해서는 $\sin k_x a = 0$이어야 하고, 따라서 $k_x a$는 $\pi$의 정수배가 되어야 한다. 즉

$$k_x a = m\pi, \quad k_x = \frac{m\pi}{a}, \quad m = \pm 1, 2, 3, \cdots \tag{4.24}$$

이상의 결과를 정리하여 $H_z$에 관한 식을 써보면

$$H_z = H_z \cos\frac{m\pi x}{a}\cos\frac{n\pi y}{b}e^{-j\beta_g Z} \tag{4.25}$$

여기에서 $H_{0z}$는 $H_z$의 크기를 나타내는 임의의 상수이다.

따라서 식 (4.19), (4.20), (4.21), (4.22)에 식 (4.25)를 대입하면 다음과 같은 구형 도파관에서의 $\text{TE}_{mn}$ 모드 해를 얻어낼 수 있다.

$$E_x = E_{0x} \cos\frac{m\pi x}{a}\sin\frac{n\pi y}{b}e^{-j\beta_g z}$$

$$E_y = E_{0y} \sin\frac{m\pi x}{a}\cos\frac{n\pi y}{b}e^{-j\beta_g z}$$

$$E_z = 0 \tag{4.26}$$

$$H_x = H_{0x} \sin\frac{m\pi x}{a}\cos\frac{n\pi y}{b}e^{-j\beta_g z}$$

$$H_y = H_{0y} \cos\frac{m\pi x}{a}\sin\frac{n\pi y}{b}e^{-j\beta_g z}$$

단, $m = n = 0$인 경우는 제외한다.

이제 식 (4.9)에 식 (4.23), (4.24)를 대입하면 다음과 같은 차단파수를 얻는다.

$$k_c = \sqrt{\left(\frac{m\pi}{a}\right)^2 + \left(\frac{n\pi}{b}\right)^2} = \omega_c \sqrt{\mu_0 \epsilon_0} = 2\pi f_c \sqrt{\mu_0 \epsilon_0} \qquad (4.27)$$

위 식으로부터 차단주파수를 다음과 같이 쓸 수 있다.

$$f_c = \frac{1}{2\sqrt{\mu_0 \epsilon_0}} \sqrt{\frac{m^2}{a^2} + \frac{n^2}{b^2}} \qquad (4.28)$$

또한 식 (4.12)로부터 전파상수는 다음과 같이 나타낼 수 있다.

$$\beta_g = \omega \sqrt{\mu_0 \epsilon_0} \sqrt{1 - \left(\frac{f_c}{f}\right)^2} \qquad (4.29)$$

위 식을 이용하면 다음과 같은 위상속도를 얻는다.

$$v_p = \frac{\omega}{\beta_g} = \frac{c}{\sqrt{1 - (f_c/f)^2}} \qquad (4.30)$$

여기에서 $c = 1/\sqrt{\mu_0 \epsilon_0}$ 은 빛의 속도이다.

　도파관의 파동 임피던스는 자유공간 내 평면파의 고유임피던스와 마찬가지로 서로 수직한 전계와 자계의 비로 정의되며, 식 (4.19)와 식 (4.21)로부터 다음을 얻는다.

$$Z_g = \frac{E_x}{H_y} = \frac{E_y}{H_x} = \frac{\omega\mu_0}{\beta_g} = \frac{\eta}{\sqrt{1 - (f_c/f)^2}} \qquad (4.31)$$

여기에서 $\eta = \sqrt{\mu_0 \epsilon_0}$ 는 자유공간의 고유 임피던스이다.

　도파관 내부를 통과하는 전자파의 관내파장(Guide Wavelength)은 식 (4.30)으로부터 쉽게 구할 수 있다.

$$\lambda_g = \frac{\lambda_0}{\sqrt{1 - (f_c/f)^2}} \qquad (4.32)$$

여기에서 $\lambda_0 = \dfrac{c}{f}$는 자유공간파장이다.

## 4.2.3 구형 도파관 내에서의 TM 모드

TM 모드에서는 자계의 $z$방향 성분이 존재하지 않기 때문에($H_z = 0$) 도파관을 통하여 전자파 에너지가 전송되기 위해서는 최소한 전계의 $z$방향 성분 $E_z$가 0이 아니어야 하므로 $E_z$를 먼저 구하고 나서 그를 이용하여 다른 전자계 성분들을 나타내기로 한다.

TM 모드에서의 $E_z$에 관한 헬름홀츠 방정식과 그 해도 다음과 같이 나타내어진다.

$$\nabla^2 E_z = \gamma^2 E_z \tag{4.33}$$

$$E_z = (A \sin k_x x + B \cos k_x x)(C \sin k_y y + D \cos k_y y) e^{-j\beta_g z} \tag{4.34}$$

이제 위 식에 도파관 벽에서의 경계조건, 즉 도체 표면에서 전계의 접선성분이 0이 되는 조건을 적용하여 미정계수들을 결정한다.

식 (4.34)에 $x = 0$을 대입하여 $E_z = 0$으로 놓으면

$$B(C \sin k_y y + D \cos k_y y) e^{-j\beta_g z} = 0$$

이 식이 모든 $y$값에 대하여 항상 0이 되기 위해서는 $B$가 0이어야 한다. 또한 $x = a$를 대입하여 $E_z = 0$으로 놓으면 다음과 같다.

$$(A \sin k_x a)(C \sin k_y y + D \cos k_y y) e^{-j\beta_g z} = 0$$

위 식이 모든 $y$값에 대하여 항상 0이 되기 위해서는 $\sin k_x a = 0$이어야 하고, 결국 $k_x a$는 $\pi$의 정수배가 되어야 한다. 즉

$$k_x a = m\pi, \quad k_x = \frac{m\pi}{a}, \quad m = \pm 1, 2, 3, \cdots \tag{4.35}$$

또한 식 (4.34)에 $y = 0$을 대입하여 $E_z = 0$으로 놓으면

$$D(A \sin k_x x + B \cos k_x x) e^{-j\beta_g z} = 0$$

이 식이 모든 $x$값에 대하여 항상 0이 되기 위해서는 $D$가 0이어야 한다. 또한 $y = b$를 대입하여 $E_z = 0$으로 놓으면 다음과 같다.

$$(A \sin k_x x + B \cos k_x x)(C \sin k_y b) e^{-j\beta_g z} = 0$$

위 식이 모든 $x$값에 대하여 항상 0이 되기 위해서는 $\sin k_y b = 0$이어야 하고, 결국 $k_y b$는 $\pi$의 정수배가 되어야 한다.

즉

$$k_y b = n\pi, \quad k_y = \frac{m\pi}{b}, \quad n = \pm 1, 2, 3, \cdots \tag{4.36}$$

위의 결과에 따라 $E_z$식을 다시 쓰면 다음과 같다.

$$E_z = E_{0z} \sin\frac{m\pi x}{a} \sin\frac{n\pi y}{b} e^{-j\beta_g z} \tag{4.37}$$

여기에서 $E_{0z}$는 $E_z$의 크기를 나타내는 임의의 상수이며, $m = 0$ 또는 $n = 0$인 경우에는 $E_z$ 자체가 0이 되어 해가 되지 못한다. 따라서 구형 도파관에서는 TM$_{01}$ 또는 TM$_{10}$ 모드가 존재하지 않으며, 이것은 TE 모드와 TM 모드 전반에 걸쳐 지배모드(Dominant 모드)가 $a > b$인 경우에 TE$_{10}$ 모드임을 의미한다.

이제 다른 전자계 성분들과 $E_z$ 사이의 관계를 구하기 위하여 맥스웰 방정식 $\nabla \times E = -j\omega\mu H$, $\nabla \times H = j\omega\epsilon E$를 직각좌표계의 성분별로 전개하면 다음과 같다.

$$\frac{\partial E_z}{\partial y} - \frac{\partial E_y}{\partial z} = -j\omega\mu_0 H_x \qquad \frac{\partial H_z}{\partial y} - \frac{\partial H_y}{\partial z} = j\omega\epsilon_0 E_x$$

$$\frac{\partial E_x}{\partial z} - \frac{\partial E_z}{\partial x} = -j\omega\mu_0 H_y \qquad \frac{\partial H_x}{\partial z} - \frac{\partial H_z}{\partial x} = j\omega\epsilon_0 E_y$$

$$\frac{\partial E_y}{\partial x} - \frac{\partial E_x}{\partial y} = -j\omega\mu_0 H_z \qquad \frac{\partial H_y}{\partial x} - \frac{\partial H_x}{\partial y} = j\omega\epsilon_0 E_z$$

식 (4.37)로부터 $\dfrac{\partial}{\partial z} = -j\beta_g$임을 알 수 있고, 또한 $H_z = 0$이므로 위 식에 대입하면 다음과 같다.

$$\frac{\partial E_z}{\partial y} + j\beta_g E_y = -j\omega\mu_0 H_x \beta_g H_y = \omega\epsilon_0 E_x$$

$$j\beta_g E_x + \frac{\partial E_z}{\partial x} = j\omega\mu_0 H_y - \beta_g H_x = \omega\epsilon_0 E_y$$

$$\frac{\partial E_y}{\partial x} - \frac{\partial E_x}{\partial y} = 0 \quad \frac{\partial H_y}{\partial x} - \frac{\partial H_x}{\partial y} = j\omega\epsilon_0 E_z \tag{4.38}$$

이들을 연립하여 풀어서 $E_x$, $E_y$, $H_x$, $H_y$ 각각을 $E_z$의 항으로 나타내고 그 결과 식에 $k_c^2 = \omega^2\mu_0\epsilon_0 - \beta_g^2$을 대입하여 정리하면 다음을 얻는다.

$$E_x = \frac{-j\beta_g}{k_c^2}\frac{\partial E_z}{\partial x} \tag{4.39}$$

$$E_y = \frac{-j\beta_g}{k_c^2}\frac{\partial E_z}{\partial y} \tag{4.40}$$

$$H_x = \frac{j\omega\epsilon_0}{k_c^2}\frac{\partial E_z}{\partial y} \tag{4.41}$$

$$H_y = \frac{-j\omega\epsilon_0}{k_c^2}\frac{\partial E_z}{\partial x} \tag{4.42}$$

이들 4개의 식에 식 (4.37)의 $E_z$를 대입하면 구형 도파관 내에서 가능한 TM$_{mn}$ 모드의 전자계 해를 다음과 같이 얻는다.

$$E_x = E_{0x}\ \cos\frac{m\pi x}{a}\sin\frac{n\pi y}{b}e^{-j\beta_g z}$$

$$E_y = E_{0y}\ \sin\frac{m\pi x}{a}\cos\frac{n\pi y}{b}e^{-j\beta_g z}$$

$$E_z = E_{0z}\ \sin\frac{m\pi x}{a}\sin\frac{n\pi y}{b}e^{-j\beta_g z} \tag{4.43}$$

$$H_x = H_{0x} \sin\frac{m\pi x}{a}\cos\frac{n\pi y}{b}e^{-j\beta_g z}$$

$$H_y = H_{0y} \cos\frac{m\pi x}{a}\sin\frac{n\pi y}{b}e^{-j\beta_g z}$$

$$H_z = 0$$

단, $m=0$ 또는 $n=0$인 경우는 제외한다.

따라서 TM 모드의 특성방정식은 다음과 같이 주어진다.

차단주파수 $$f_c = \frac{1}{2\sqrt{\mu_0\epsilon_0}}\sqrt{\frac{m^2}{a^2}+\frac{n^2}{b^2}} \tag{4.44}$$

전파상수 $$\beta_g = \omega\sqrt{\mu_0\epsilon_0}\sqrt{1-\left(\frac{f_c}{f}\right)^2} \tag{4.45}$$

위상속도 $$v_p = \frac{\omega}{\beta_g} = \frac{c}{\sqrt{1-(f_c/f)^2}} \tag{4.46}$$

관내파장 $$\lambda_g = \frac{\lambda_0}{\sqrt{1-(f_c/f)^2}} \tag{4.47}$$

파동 임피던스 $$Z_g = \frac{\beta_g}{\omega\epsilon_0} = \eta\sqrt{1-\left(\frac{f_c}{f}\right)} \tag{4.48}$$

두 개 이상의 모드가 같은 차단주파수를 가질 때 그들을 축퇴(Degenerate)한다고 하며, 구형 도파관의 경우에는 대응하는 $TE_{mn}$ 모드와 $TM_{mn}$ 모드가 항상 축퇴하고 정사각형 도파관에서는 $TE_{mn}$, $TE_{nm}$, $TM_{mn}$, $TM_{nm}$ 모드들 4개가 축퇴한다.

일반적으로 구형 도파관은 $a=2b$의 크기를 갖는 것이 많이 사용되는데, 임의의 도파관에서 가장 낮은 차단주파수를 갖는 모드를 지배모드(Dominant 모드)라고 하며, 식 (4.28)로부터 알 수 있듯이 $a>b$인 구형 도파관의 지배모드는 $TE_{10}$ 모드이다.

각각의 모드는 독특한 전자계분포(모드 또는 Field Pattern)를 갖게 되며 도파관에 전자파를 여기(Exitation)시킬 때나 또는 임의의 불연속점에서 거의 모든 모드가 나타나지만, 실제적으로 는 지배모드만이 전파되고 고차 모드들은 아주 급격하게 감소하므로 일명 소멸 모드(Evanescent

Modes)라 한다.

그림 4.4에서 낮은 차수의 모드들에 대한 전자계분포를 볼 수 있으며, 표 4.1에는 $a \geq b$인 여러 가지 모양의 구형 도파관에 대하여 $TE_{10}$ 모드를 기준으로 한 고조파 모드들의 차단주파수의 비를 보였다.

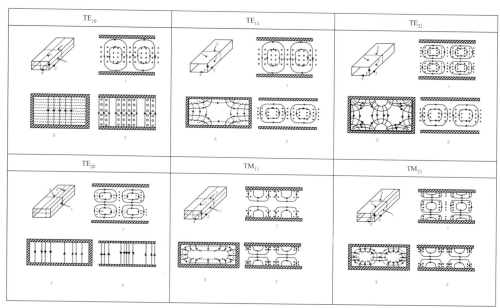

| 그림 4.4 | 제반 전파 모드의 형태

| 표 4.1 | $TE_{10}$ 모드를 기준으로 한 차단주파수의 비($a \geq b$)

| 모드 | | | | | | | | | |
|---|---|---|---|---|---|---|---|---|---|
| $f/f_{10}$ | | | $TE_{11}$ | | | $TE_{21}$ | $TE_{12}$ | $TE_{22}$ | |
| $a/b$ | $TE_{10}$ | $TE_{01}$ | $TM_{11}$ | $TE_{20}$ | $TE_{02}$ | $TM_{21}$ | $TM_{12}$ | $TM_{22}$ | $TE_{30}$ |
| 1 | 1 | 1 | 1.414 | 2 | 2 | 2.236 | 2.236 | 2.828 | 3 |
| 1.5 | 1 | 1.5 | 1.803 | 2 | 3 | 2.500 | 3.162 | 3.606 | 3 |
| 2 | 1 | 2 | 2.236 | 2 | 4 | 2.828 | 4.123 | 4.472 | 3 |
| 3 | 1 | 3 | 3.162 | 2 | 6 | 3.606 | 6.083 | 6.325 | 3 |
| ∞ | 1 | ∞ | ∞ | 2 | ∞ | ∞ | ∞ | ∞ | 3 |

**예제 4.1**

내부 치수가 7×3.5 cm인 구형 도파관의 $TE_{10}$에 대하여

1) 차단주파수를 구하시오.
2) 주파수가 3.5 GHz일 때 도파관 내 전자파의 위상속도를 구하시오.
3) 같은 주파수에 대한 관내파장을 구하시오.

**풀이** 1) $f_c = \dfrac{c}{2a} \dfrac{3 \times 10^8}{2 \times 7 \times 10^{-2}} = 2.14 \, \text{GHz}$

2) $V_p = \dfrac{c}{\sqrt{1 - (f_c/f)^2}} = \dfrac{3 \times 10^8}{\sqrt{1 - (2.14/3.5)^2}} = 3.78 \times 10^8 \, \text{m/s}$

3) $\lambda_g = \dfrac{\lambda_0}{\sqrt{1 - (f_c/f)^2}} = \dfrac{3\lambda 10^8/(3.5\lambda 10^9)}{\sqrt{1 - (2.14/3.5)^2}} = 10.8 \, \text{cm}$

## 4.2.4 구형 도파관에 대한 제반 모드의 여기

실제적으로 도파관을 사용함에 있어 전자파는 동축케이블이나 다른 도파관으로부터 인입

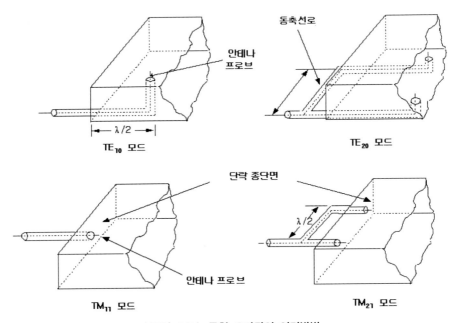

| 그림 4.5 | 구형 도파관의 여기방법

134  마이크로파 공학

되는 경우가 대부분이며 그 경우에 해당 도파관 내부에 전자파 에너지를 입력시키는 것을 여기(Excitation)라 한다.

여기의 방법은 원하는 모드가 어떤 것이냐에 따라 다르게 되며 해당 모드에 대해서 최대의 전력전송이 일어나도록 하여야 한다.

일반적으로 사용되는 여기장치로는 프로브(Probe)와 루프(Loop)를 들 수 있는데 그들의 개수와 위치도 원하는 모드가 발생되도록 하기 위하여 적절히 선정되어야 하며, 그를 위하여 프로브의 전계 $E$와 자계 $H$의 방향이 원하는 모드의 $E$, $H$와 일치하도록 하여야 한다. 그림 4.5에 TE$_{10}$ 모드와 함께 몇 가지 모드의 여기방법을 예시하였다.

## 4.3 원형 도파관(Circular Waveguide)

원형 도파관의 구조는 관 모양으로 된 원형 도체로 이루어져 있다. 원형 도파관을 통해 전파되는 평면파도 역시 TE 모드나 TM 모드로 나타난다.

### 4.3.1 원통좌표계에서의 파동방정식의 해

원통좌표계에서 스칼라 헬름홀츠 방정식은 다음과 같다.

$$\frac{1}{r}\frac{\partial}{\partial r}\left(r\frac{\partial \Psi}{\partial r}\right)+\frac{1}{r^2}\frac{\partial^2 \Psi}{\partial \phi^2}+\frac{\partial^2 \Psi}{\partial z^2}=\gamma^2\Psi \tag{4.49}$$

이 미분방정식을 풀기 위하여 구형 도파관의 경우와 같이 변수분리법을 사용하여 해를 다음과 같이 가정한다.

$$\Psi = R(r)\Phi(\phi)Z(z) \tag{4.50}$$

여기서 $R(r)$: $r$ 만의 함수

$\Phi(\phi)$: $\phi$ 만의 함수

$Z(z)$: $z$만의 함수

식 (4.49)에 식 (4.50)을 대입하여 $\Psi$로 나누면 다음의 식을 얻을 수 있다.

$$\frac{1}{rR}\frac{d}{dr}\left(r\frac{dR}{dr}\right)+\frac{1}{r^2\Phi}\frac{d^2\Phi}{d\phi^2}+\frac{d^2Z}{dz^2}=\gamma^2 \tag{4.51}$$

위 식의 우변 $\gamma^2=\omega^2\mu_0\epsilon_0$은 일정한 주파수에 대해 상수이고, 좌변의 세 항은 서로 완전히 독립적인 항들이므로, 식이 성립하기 위한 유일한 가능성은 좌변의 각 항이 상수인 경우밖에 없다. 따라서 셋째 항을 상수 $\gamma_g^2$으로 가정하면 다음과 같이 나타낼 수 있다.

$$\frac{d^2Z}{dz^2}=\gamma_g^2Z \tag{4.52}$$

위 방정식의 해를 구하면 다음과 같다.

$$Z=Ae^{-\gamma_g z}+Be^{\gamma_g z} \tag{4.53}$$

여기에서 $\gamma_g$는 도파관 내의 전파상수이다.

또한 식 (4.51) 좌변의 셋째 항에 $\gamma_g^2$을 대입하고 $r^2$을 곱하면 다음과 같다.

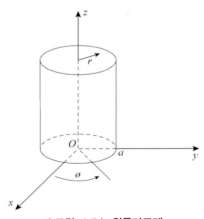

| 그림 4.6 | 원통좌표계

$$\frac{r}{R}\frac{d}{dr}\left(r\frac{dR}{dr}\right)+\frac{1}{\Phi}\frac{d^2\Phi}{d\phi^2}-(\gamma^2-\gamma_g^2)r^2=0 \tag{4.54}$$

위 식으로부터 $z$에 이어 다시 $r$과 $\phi$의 변수분리가 완료되었음을 알 수 있고, 따라서 각 항들을 임의의 상수로 놓고 해당 변수만의 함수들을 개별적으로 풀어 나갈 수 있다.

둘째 항을 상수 $-n^2$으로 놓으면 다음과 같이 나타낼 수 있다.

$$\frac{d^2\Phi}{d\phi^2}=-n^2\Phi \tag{4.55}$$

이 방정식의 해 $\phi$는 다음과 같다.

$$\Phi= A_N\, \sin n\phi+ B_N\, \cos n\phi \tag{4.56}$$

이제 식 (4.54)의 $\phi$ 항에 $-n^2$을 대입하고 $\gamma^2-\gamma_g^2=-k_c^2$이라 놓은 다음, 양변에 $R$을 곱하여 정리하면 다음 식을 얻는다.

$$r^2\frac{d^2R}{dr^2}+r\frac{dR}{dr}+[(k_c r)^2-n^2]R=0 \tag{4.57}$$

이 식은 $n$차 베셀 방정식이며 다음 식을 베셀 방정식의 특성방정식이라고 한다.

$$k_c^2+\gamma^2=\gamma_g^2 \tag{4.58}$$

무손실 도파관에서는 $\gamma^2=-\omega^2\mu_0\epsilon_0$이므로 특성방정식은 다음과 같이 바꿀 수 있다.

$$\beta_g= \pm\sqrt{\omega^2\mu_0\,\epsilon_0-k_c^2} \tag{4.59}$$

식 (4.57)의 베셀 방정식의 해는 다음과 같다.

$$R= C_n\, J_n(k_c r)+ D_n N_n(k_c r) \tag{4.60}$$

여기서 $J_n(k_c r)$은 제1종 $n$차 베셀 함수이고 $N_n(k_c r)$은 제2종 $n$차 베셀 함수 또는 노이만 함수라고 하며, 이를 그림 4.7 및 그림 4.8에 나타내었다.

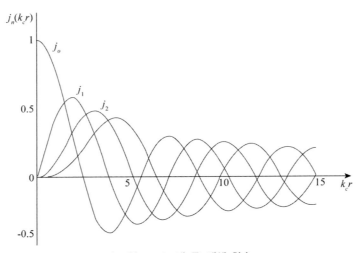

| 그림 4.7 | 제1종 베셀 함수

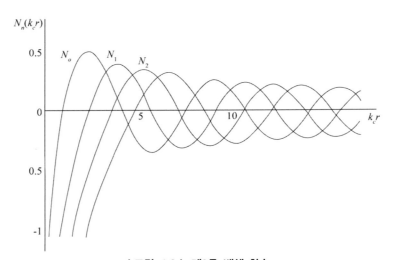

| 그림 4.8 | 제2종 베셀 함수

따라서 원통좌표계에서 헬름홀츠 방정식의 전체적인 해는 다음과 같다.

$$\Psi = [C_n\,J_n(k_c\,r) + D_n\,N_n(k_c\,r)](A_n\,\sin\,n\phi + B_n\,\cos\,n\phi)e^{-j\beta_g z} \tag{4.61}$$

이제 위 식의 미정계수를 결정하기 위하여 경계조건을 대입한다. 즉 도파관 내부의 $z$축상에서 전자계는 유한한 값을 갖는 데 비하여 그림 4.8을 보면 $r = 0$에서 함수 $N_n$이 무한대가 되므로 $D_n = 0$이 되어야 한다.

또한 $\phi$의 기준은 임의로 취할 수 있으므로 $\phi$방향으로의 연속성을 고려하면 $\sin n\phi$와 $\cos n\phi$는 차이점이 없으며, 따라서 $\phi$에 관한 함수 $\Phi$를 다음과 같이 쓸 수 있다.

$$\Phi = A_n \cos n\phi \tag{4.62}$$

따라서 최종적인 원통좌표계에서의 헬름홀츠 방정식의 해는 다음과 같이 쓸 수 있다.

$$\Psi = \Psi_0 J_n(k_c r) \cos n\phi e^{-j\beta_g z} \tag{4.63}$$

## 4.3.2 원형 도파관에서 TE 모드

원형 도파관에서도 구형 도파관에서와 마찬가지로 TE 모드에서는 전계의 $Z$방향 성분이 존재하지 않으며($E_z = 0$) 도파관을 통하여 전자파 에너지가 전송되기 위해서는 최소한 자계의 $z$방향 성분 $H_z$가 0이 아니어야 한다.

따라서 $H_z$를 먼저 구하고 나서 그에 의해 다른 전자계 성분들을 나타내기로 한다.

$H_z$에 관한 헬름홀츠 방정식과 그 해는 다음과 같이 쓸 수 있다.

$$\nabla^2 H_z = \gamma^2 H_z \tag{4.64}$$

$$H_z = H_{0z} J_n(k_c r) \cos n\phi e^{-j\beta_g z} \tag{4.65}$$

이 $H_z$와 다른 전자계 성분들 사이의 관계를 구하기 위하여 맥스웰의 두 Curl 방정식 $\nabla \times E = -j\omega\mu_0 H$과 $\nabla \times H = -j\omega\epsilon_0 E$를 원통좌표계 성분별로 전개한다.

$$\frac{1}{r}\frac{\partial E_z}{\partial \phi} - \frac{\partial E_\phi}{\partial z} = -j\omega\mu_0 H_r$$

$$\frac{\partial E_r}{\partial z} - \frac{\partial E_z}{\partial r} = -j\omega\mu_0 H_\phi$$

$$\frac{1}{r}\frac{\partial(rE_\phi)}{\partial r} - \frac{1}{r}\frac{\partial E_r}{\partial \phi} = -j\omega\mu_0 H_z$$

$$\frac{1}{r}\frac{\partial H_z}{\partial \phi} - \frac{\partial H_\phi}{\partial z} = j\omega\epsilon_0 E_r$$

$$\frac{\partial H_r}{\partial z} - \frac{\partial H_z}{\partial r} = j\omega\epsilon_0 E_\phi$$

$$\frac{1}{r}\frac{\partial(rH_\phi)}{\partial r} - \frac{1}{r}\frac{\partial H_r}{\partial \phi} = j\omega\epsilon_0 E_r$$

여기에 $\frac{\partial}{\partial z} = -j\beta_g$, $E_z = 0$, $k_c^2 = \omega^2\mu_0\epsilon_0 - \beta_g^2$을 대입하고 그들을 연립하여 풀어서 다음과 같은 결과를 얻는다.

$$E_r = \frac{-j\omega\mu_0}{k_c^2}\frac{1}{r}\frac{\partial H_z}{\partial \phi}$$

$$E_\phi = \frac{j\omega\mu_0}{k_c^2}\frac{\partial H_z}{\partial r}$$

$$E_z = 0$$

$$H_r = \frac{-j\beta_g}{k_c^2}\frac{\partial H_z}{\partial r}$$

$$H_\phi = \frac{-j\beta_g}{k_c^2}\frac{1}{r}\frac{\partial H_z}{\partial \phi}$$

$$H_z = H_{0z}J_n(k_c r)\cos n\phi\, e^{-j\beta_g z} \tag{4.66}$$

이제 $k_c$를 결정하기 위하여 경계조건을 고려하면, $r = a$인 도파관 내부 표면에서의 전계의 접선성분, 즉 $\phi$ 성분 전계 $E_\phi$가 0이 되어야 하고 등가적으로 자계의 법선성분 $H_r$이 0이 되어야 한다. 이 조건을 위 식에 대입하면 결과적으로 다음 조건식을 얻게 된다.

$$\left.\frac{\partial H_z}{\partial r}\right|_{r=a} = H_{0z}J_n{}'(k_c r)\cos n\phi\, e^{-j\beta_g z} = 0$$

그러므로

$$J_n{}'(k_c a) = 0 \tag{4.67}$$

여기에서 $J_n{}'$은 $J_n$의 미분함수이다.

식 (4.67)의 해는 $J_n(k_c a)$ 곡선의 극점(최대점 및 최소점)들로서 가능한 $k_c a$의 값들은 표 4.2와 같으며, 베셀 함수의 차수 $n$과 식 (4.67)과 같이 베셀 함수의 기울기가 '0'이 되는 점들의 순서 $p$가 $\text{TE}_{np}$ 모드를 이룬다.

표 4.2 안의 값들을 $X'_{np}$라 하면 $k_c$의 허용값은 다음과 같다.

$$k_c = \frac{X'_{np}}{a} \tag{4.68}$$

여기서 $n = 0, 1, 2, 3, \cdots$

$\qquad p = 1, 2, 3, 4, \cdots$

또한 식 (4.66)에 (4.65)를 대입하면 원형 도파관에서의 $\text{TE}_{np}$에 관한 최종적인 전자계의 해를 다음과 같이 얻을 수 있다.

$$E_r = E_{0r} J_n\left(\frac{X'_{np}\, r}{a}\right) \sin n\phi\, e^{-j\beta_g z}$$

$$E_\phi = E_{o\phi} J_n{}'\left(\frac{X'_{np}\, r}{a}\right) \cos n\phi\, e^{-j\beta_g z}$$

$$E_z = 0$$

$$H_r = H_{0r} J_n{}'\left(\frac{X'_{np}\, r}{a}\right) \cos n\phi\, e^{-j\beta_g z}, \quad H_{0r} = -\frac{E_{0\phi}}{Z_g}$$

$$H_\phi = H_{o\phi} J_n\left(\frac{X'_{np}\, r}{a}\right) \sin n\phi\, e^{-j\beta_g z}, \quad H_{o\phi} = -\frac{E_{0r}}{Z_g}$$

$$H_z = H_{0z} J_n\left(\frac{X'_{np}\, r}{a}\right) \cos n\phi\, e^{-j\beta_g z} \tag{4.69}$$

**| 표 4.2 |** $\text{TE}_{np}$ 모드를 위한 $J_n{}'(k_c a) = 0$의 $p$번째 해

| $p$ | $n=$ | 0 | 1 | 2 | 3 | 4 | 5 |
|---|---|---|---|---|---|---|---|
| 1 | | 3.832 | 1.841 | 3.054 | 4.201 | 5.317 | 6.416 |
| 2 | | 7.016 | 5.331 | 6.706 | 8.015 | 9.282 | 10.520 |
| 3 | | 10.173 | 8.536 | 9.969 | 11.346 | 12.682 | 13.987 |
| 4 | | 13.324 | 11.706 | 13.170 | | | |

결국 원형 도파관의 TE 모드에 대한 전파상수는 식 (4.59)와 식 (4.68)에 의해 다음과 같이 주어진다.

$$\beta_g = \sqrt{\omega^2 \mu_0 \epsilon_0 - \left(\frac{X'_{np}}{a}\right)} \tag{4.70}$$

차단주파수는 $k_c = \dfrac{X'_{np}}{a} = \omega_C \sqrt{\mu_0 \epsilon_0}$ 로부터 다음과 같다.

$$f_c = \frac{X'_{np}}{2\pi a \sqrt{\mu_0 \epsilon_0}} \tag{4.71}$$

위상속도는 $\beta_g = \pm \sqrt{\omega^2 \mu_0 \epsilon_0 - k_c^2}$ 로부터

$$v_p = \frac{\omega}{\beta_g} = \frac{c}{\sqrt{1 - (f_c/f)^2}} \tag{4.72}$$

$$(c = 1/\sqrt{\mu_0 \epsilon_0} : 빛의 속도)$$

따라서 관내파장은 다음과 같이 주어진다.

$$\lambda_g = \frac{\lambda_0}{\sqrt{1 - (f_c/f)^2}} \quad (\lambda_0 : 자유공간 파장) \tag{4.73}$$

도파관의 파동 임피던스는 다음과 같다.

$$Z_g = \frac{\omega \mu_0}{\beta_g} = \frac{\eta_0}{\sqrt{1 - (f_c/f)^2}} \tag{4.74}$$

$$(\eta_0 = \sqrt{\frac{\mu_0}{\epsilon_0}} : 자유공간의 고유임피던스)$$

내부가 공기로 찬 원형 도파관에 전자파가 $TE_{11}$ 모드로 진행하고 있을 때 도파관의 반경을 5 cm라 하고 다음을 구하시오.

1) 차단주파수
2) 동작주파수가 3 GHz일 경우의 관내파장
3) 그 때의 파동 임피던스

**풀이** 1) 표 4.2로부터 $TE_{11}$, 즉 $n = 1$, $p = 1$인 경우에 $X'_{11} = 1.841$이므로 식 (4.68)에 의해 차단파수는 다음과 같다.

$$k_c = \frac{X'_{np}}{a} = \frac{1.841}{a} = \frac{1.841}{5 \times 10^{-2}} = 36.82$$

따라서 차단주파수는

$$f_c = \frac{X'_{np}}{2\pi \sqrt{\mu_0 \epsilon_0}} = \frac{(36.82)(3 \times 10^8)}{2\pi} = 1.758 \times 10^9 \text{ Hz}$$

2) 위상상수는 다음과 같다.

$$\beta_g = \sqrt{\omega^2 \mu_0 \epsilon_0 - k_c^2}$$
$$= \sqrt{(2\pi \times 3 \times 10^9)^2 (4\pi \times 10^{-7} \times 8.85 \times 10^{-12}) - (36.82)^2}$$
$$= 50.9 \text{ radian/m}$$

따라서 관내파장은 다음과 같이 구할 수 있다.

$$\lambda_g = \frac{2\pi}{\beta_g} = \frac{6.28}{50.9} = 12.3 \text{ cm}$$

3) 도파관의 특성 임피던스는

$$Z_g = \frac{\omega \mu_0}{\beta_g} = \frac{(2\pi \times 3 \times 10^{-9})(4\pi \times 10^{-7})}{50.9} = 465 \ \Omega$$

## 4.3.3 원형 도파관에서의 TM 모드

원형 도파관에서의 $TM_{np}$ 모드도 자계의 $z$방향 성분이 존재하지 않으며($H_z = 0$) 전계의 $z$방향 성분 $E_z$는 0이 아니므로 $E_z$를 먼저 구하고 나서 그에 의해 다른 전자계 성분들을 나타내기로 한다.

$H_z$에 관한 헬름홀츠 방정식과 그 해는 다음과 같이 쓸 수 있다.

$$\nabla^2 E_z = \gamma^2 E_z \tag{4.75}$$

$$E_z = E_{0z} J_n (k_c r) \cos n\phi e^{-j\beta_g z} \tag{4.76}$$

여기에서 $k_c$를 결정하기 위해 전계의 접선성분 $E_z$가 $r = a$에서 0이 되는 경계조건을 대입하면 다음과 같다.

$$J_n (k_c a) = 0 \tag{4.77}$$

$J_n (k_c r)$은 진동함수이므로 표 4.3과 같이 무수히 많은 수의 영점(Zero-crossing)을 가지며 그것이 곧 근 $X_{np}$이므로

$$X_{np} = k_c a, \quad k_c = \frac{X_{np}}{a} \tag{4.78}$$

여기서 $n = 0, 1, 2, 3, \cdots$

$\quad\quad p = 1, 2, 3, 4, \cdots$

이제 기지의 $E_z$와 다른 전자계 성분들 사이의 관계를 구하기 위하여 두 맥스웰 방정식 $\nabla \times E = -j\omega\mu_0 H$과 $\nabla \times H = -j\omega\epsilon_0 E$를 원통좌표계 성분별로 전개한 다음 연립하여 풀면 다음과 같다.

| 표 4.3 | TM$_{np}$ 모드를 위한 $J_n (k_c a) = 0$의 $p$번째 해

| P | n= | 0 | 1 | 2 | 3 | 4 | 5 |
|---|---|---|---|---|---|---|---|
| 1 | | 2.405 | 3.832 | 5.136 | 6.380 | 7.588 | 8.771 |
| 2 | | 5.520 | 7.106 | 8.417 | 9.761 | 11.065 | 12.339 |
| 3 | | 8.645 | 10.173 | 11.620 | 13.015 | 14.372 | |
| 4 | | 11.792 | 13.324 | 14.796 | | | |

$$\frac{1}{r}\frac{\partial E_z}{\partial \phi} - \frac{\partial E_\phi}{\partial z} = j\omega\mu_0 H_r$$

$$\frac{\partial E_r}{\partial z} - \frac{\partial E_z}{\partial r} = j\omega\mu_0 H_\phi$$

$$\frac{1}{r}\frac{\partial(rE_\phi)}{\partial r} - \frac{1}{r}\frac{\partial E_r}{\partial \phi} = j\omega\mu_0 H_z$$

$$\frac{1}{r}\frac{\partial H_z}{\partial \phi} - \frac{\partial H_\phi}{\partial z} = -j\omega\epsilon_0 E_r$$

$$\frac{\partial H_r}{\partial z} - \frac{\partial H_z}{\partial r} = -j\omega\epsilon_0 E_\phi$$

$$\frac{1}{r}\frac{\partial(rH_\phi)}{\partial r} - \frac{1}{r}\frac{\partial H_r}{\partial \phi} = j\omega\epsilon_0 E_r$$

여기에 $\frac{\partial}{\partial z} = -j\beta_g$, $E_z z = 0$, $k_C^2 = \omega^2\mu_0\epsilon_0 - \beta_g^2$을 대입하고 그들을 연립하여 풀어서 다음과 같은 결과를 얻는다.

$$E_r = \frac{-j\beta_g}{k_c^2}\frac{\partial E_z}{\partial r}$$

$$E_\phi = \frac{-j\beta_g}{k_c^2}\frac{1}{r}\frac{\partial E_z}{\partial \phi}$$

$$E_z = E_{0z} J_n(k_c r)\cos n\phi\; e^{-j\beta_g z}$$

$$H_r = \frac{j\omega\epsilon_0}{k_c^2}\frac{1}{r}\frac{\partial E_z}{\partial \phi}$$

$$H_\phi = \frac{-j\omega\epsilon_0}{k_c^2}\frac{\partial E_z}{\partial r}$$

$$H_z = 0 \qquad\qquad\qquad\qquad\qquad (4.79)$$

식 (4.79)의 각 식에 $E_z$를 대입하면 원형 도파관에서의 $\mathrm{TM}_{np}$에 관한 최종적인 전자계의 해를 다음과 같이 얻을 수 있다.

$$E_r = E_{0r} J_n{}'\left(\frac{X_{np}\, r}{a}\right)\cos n\phi\, e^{-j\beta_g z}$$

$$E_\phi = E_{o\phi} J_n\left(\frac{X_{np}\, r}{a}\right)\sin n\phi\, e^{-j\beta_g z}$$

$$E_z = H_{0r} J_n\left(\frac{X_{np}\, r}{a}\right)\cos n\phi\, e^{-j\beta_g z}$$

$$H_r = H_{0r} J_n\left(\frac{X_{np}\, r}{a}\right)\sin n\phi\, e^{-j\beta_g z},\quad H_{0r} = \frac{E_{o\phi}}{Z_g}$$

$$H_\phi = H_{o\phi} J_n{}'\left(\frac{X_{np}\, r}{a}\right)\cos n\phi\, e^{-j\beta_g z},\quad H_{0\phi} = \frac{E_{0r}}{Z_g}$$

$$H_z = 0 \tag{4.80}$$

결국 원형 도파관의 TM 모드 특성방정식들은 다음과 같다.

전파상수  $$\beta_g = \sqrt{\omega^2 \mu_0 \epsilon_0 - \left(\frac{X_{np}}{a}\right)} \tag{4.81}$$

차단파수  $$k_c = \frac{X_{np}}{a} = \omega_c \sqrt{\mu_0 \epsilon_0}) \tag{4.82}$$

차단주파수  $$f_c = \frac{X_{np}}{2\pi a \sqrt{\mu_0 \epsilon_0}} \tag{4.83}$$

위상속도  $$v_p = \frac{\omega}{\beta_g} = \frac{c}{\sqrt{1 - (f_c/f)^2}} \tag{4.84}$$

관내파장  $$\lambda_g = \frac{\lambda_0}{\sqrt{1 - (f_c/f)^2}} \tag{4.85}$$

특성 임피던스  $$Z_g = \frac{\beta_g}{\omega \epsilon_0} = \eta \sqrt{1 - \left(\frac{f_c}{f}\right)^2} \tag{4.86}$$

원형 도파관에서의 지배모드(Dominant 모드), 즉 가장 낮은 차단주파수를 갖는 모드는 $k_c a$ =1.841인 TE$_{11}$ 모드이다.

텅 빈 반경 2 cm의 원형 도파관에 10 GHz의 전자파를 전달하고자 전자파의 전달이 가능한 모든 $TE_{np}$ 모드와 $TM_{np}$ 모드를 구하시오.

**풀이** 주어진 주파수에 대해서 $\beta_g = \sqrt{\omega^2 \mu_0 \epsilon_0 - k_c^2} > 0$을 만족하는 경우에만 전자파의 전달이 가능하므로, 차단파수 $k_c < \omega \sqrt{\mu_0 \epsilon_0}$인 모드로만 전달될 수 있다.

그런데 도파관의 치수와 전자파의 주파수가 상수이므로 $k_c a$도 상수이며 다음과 같다.

$$k_c a = \left( \omega \sqrt{\mu_0 \epsilon_0} \right) a = \frac{2\pi \times 10^{10}}{3 \times 10^8} (2 \times 10^{-2}) = 4.18$$

따라서 표 4.2의 $X'_{np}$ 값들과 표 4.3의 $X_{np}$ 값들 중에 4.18보다 작거나 같은 값을 갖는 모드로 10 GHz의 주파수의 전자파를 전송시킬 수 있다. 즉

$$X'_{np} \text{ 또는 } X_{np} \leq 4.18$$

결국 10 GHz의 주파수로 전자파 전송이 가능한 모드는 다음과 같다.

$$TE_{11} (1.841) \quad TM_{01} (2.405)$$
$$TE_{21} (3.054) \quad TM_{11} (3.832)$$
$$TE_{01} (3.832)$$

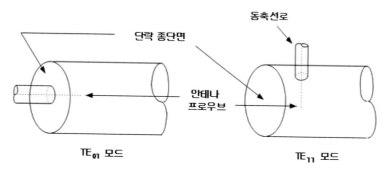

TE₀₁ 모드      TE₁₁ 모드

| 그림 4.9 | 원형 도파관의 여기방법

| 표 4.4 | 제반 전송선로의 비교

| 종류 | 재료 | 형식 | 외부 크기 (인치) | 동작 최대전력 (CW) | 유연성 |
|---|---|---|---|---|---|
| 동축선로 | 테플론 | 0.141"dia | 0.14dia | 50 W | semi-flexible |
| 동축선로 | 폴리에틸렌 | RG 8 | 0.42dia | 30 W | flexible |
| 동축선로 | 헬리컬 폴리스틸렌 | 7/8"HELIAX | 1.0dia | 700 W | semi-flexible |
| 동축선로 | 공기 | 3-1/8"RIGID | 3.5dia | 12 kW | rigid |
| 구형 도파관 | 알루미늄 | WR770 | 8×4 | 57 MW | rigid |
| 구형 도파관 | 알루미늄 | WR187 | 2×1 | 3 MW | rigid |
| 구형 도파관 | 놋쇠 | WR90 | 1×0.5 | 730 kW | rigid |
| 구형 도파관 | 놋쇠 | WR62 | 0.7×0.4 | 440 kW | rigid |
| 구형 도파관 | 은 | WR28 | 0.36×0.22 | 95 kW | rigid |
| 마이크로 스트립 | 알루미나 기판과 금 | 0.025" | - | 50 W | rigid |

## 4.4 파동속도

전자파를 송신 및 수신하는 모든 시스템에서 신호 전달이나 에너지 전달 또는 파두 전달 등에 따른 파동속도(Wave velocity)를 접하게 된다.

이 절에서는 도파관 내에서의 전자파 전달에 따른 이 속도들에 관하여 논하기로 한다.

**위상속도**

앞에서 공기로 채워진 임의의 도파관에서의 위상속도(Phase velocity)와 관내파장은 다음과 같음을 유도했다.

$$v_p = \frac{\omega}{\beta_g} = \frac{c}{\sqrt{1 - (f_c/f)^2}}$$

$$\lambda_g = \frac{\lambda_0}{\sqrt{1 - (f_c/f)^2}} \tag{4.87}$$

여기에서 $c$는 빛의 속도이고 $\lambda_0$는 자유공간파장이며, 위의 두 식을 나누면 위상속도를 다음과 같이 나타낼 수 있다.

$$\frac{v_p}{\lambda_g} = \frac{c}{\lambda_0}$$

$$v_p = \frac{\lambda_g}{\lambda_0}\, c \tag{4.88}$$

그런데 통상 $\lambda_g > \lambda_0$이기 때문에 위상속도는 광속보다 커지게 되고, 이는 어떠한 신호나 에너지도 광속보다 빠르게 전달될 수 없다고 하는 상대성 원리에 위배되는 것으로 커다란 의문이 생길 수도 있다. 결국 그러한 위상속도는 에너지가 전달되는 속도가 아니라는 것을 알 수 있으며, 단지 이미 파두가 전달되어 공간상에 정현파가 분포되어 정지되어 있는 상태를 가정하였을 때, 파장과 주파수의 단순한 곱일 뿐인 것이다.

그와 같이 에너지가 이미 전달된 상태에서 신호원과 관측자 사이에 놓여 있는 도파관 내부의 전자계 분포를 보면, 파장이 자유공간파장보다 더 길어져 있기 때문에 그 값에 일정한 동작주파수를 곱해보면 광속보다 큰 위상속도를 얻을 수 있다. 그렇지만 그 위상속도가 정보를 실어 나르는 시간함수 신호나 파두 또는 에너지의 전달속도 같은 물리적인 양과는 아무런 상관이 없다.

## 군속도

이 세상에 존재하는 모든 실제 정현파는 $t = -\infty$에서 $+\infty$까지 존재하는 이상적인 정현파와는 다르며, 그러한 실제적인 정현파를 이상적인 정현파에 단위계단함수(Unit Step Function) 또는 펄스함수가 곱해져 있는 것으로 간주할 수가 있다.

그러한 정현파는 마치 반송파(Carrier)가 기저대역신호(Base-band Signal)에 의해 변조되어 있는 것처럼 해석할 수 있으므로, 그러한 상황을 일반화시켜서 음성, 영상 또는 데이터 신호 $f_m(t)$에 의해 변조된 임의의 반송파 $\cos \omega_c t$에 대한 에너지의 전달속도를 군속도(Group Velocity)라 하며, 이의 해석을 위해 푸리에 변환(Fourier Transform)을 이용하기로 하자.

이제 임의의 시간함수 $f(t)$의 푸리에 변환을 $F(\omega)$라 하면 그들은 다음과 같은 관계를 갖는다.

$$F(\omega) = \int_{-\infty}^{+\infty} f(t)\, e^{-j\omega t} dt \tag{4.89}$$

$$f(t) = \frac{1}{2\pi} \int_{-\infty}^{+\infty} F(\omega) e^{j\omega t} d\omega \tag{4.90}$$

만일 이러한 신호를 전달함수가 $H(\omega)$인 임의의 회로(예를 들어 필터)에 입력시켰을 때의 출력을 $f_0(t)$라 하면, 그 출력의 주파수 스펙트럼은 $F(\omega)H(\omega)$이므로 다음과 같이 쓸 수 있다.

$$f_0(t) = \frac{1}{2\pi} \int_{-\infty}^{+\infty} F(\omega) H(\omega) e^{j\omega t} d\omega \tag{4.91}$$

그런데 일반적으로 $H(\omega) = |H(\omega)| e^{-j\phi(\omega)}$와 같이 절댓값과 위상각으로 나타낼 수 있으므로 식 (4.91)은 다음과 같이 쓸 수 있다.

$$f_0(t) = \frac{1}{2\pi} \int_{-\infty}^{+\infty} F(\omega) |H(\omega)| e^{j(\omega t - \phi)} d\omega \tag{4.92}$$

여기에서 출력 $f_0(t)$가 $f(t)$와 닮은꼴이 되기 위해서는, 즉 회로가 왜곡(Distortion) 없이 입력을 재생하기 위해서는, $|H(\omega)| = A$로 상수여야 하고, $\phi(\omega) = a\omega + b$와 같이 $\omega$에 정비례하여야 한다. 이를 증명하기 위해 그들을 식 (4.92)에 대입하여 다시 쓰면 다음과 같이 된다.

$$f_0(t) = \frac{A}{2\pi} e^{-jb} \int_{-\infty}^{+\infty} F(\omega) e^{j\omega(t-a)} d\omega \tag{4.93}$$

이 식에 $t - a = t'$으로 변수치환을 행하면 다음과 같다.

$$f_0(t'+a) = \frac{A}{2\pi} e^{-jb} \int_{-\infty}^{+\infty} F(\omega) e^{j\omega t'} d\omega$$
$$= A e^{-jb} f(t') \tag{4.94}$$

따라서 왜곡(Distortion) 없는 시스템의 출력 시간함수는 다음과 같이 쓸 수 있다.

$$f_0(t) = A e^{-jb} f(t-a) \tag{4.95}$$

이제 도파관의 경우를 보면 식 (4.13)에서 알 수 있듯이 도파관 내 전자계의 횡방향 변화는 전파모드가 주어지면 주파수에 무관하고, 주파수의 함수로 나타내어지는 부분은 $z$의 함수인 $e^{-j\beta_g z}$ 밖에 없으며, 그 때의 $\beta_g$는 식 (4.10)에 따라 아래와 같이 주파수의 함수로 주어진다.

$$\beta_g = \sqrt{\omega^2 \mu_0 \epsilon_0 - k_c^2}, \; c = 1/\sqrt{\mu_0 \epsilon_0}$$

$$\beta_g = \left(\frac{\omega^2}{c^2} - k_c^2\right)^{1/2} \tag{4.96}$$

그런데 식 (4.13)은 주파수 영역에서 기술된 식이므로 길이가 l인 도파관은 전달함수가 $e^{-j\beta_g l}$인 회로로 간주될 수 있는데, 위 식의 $\beta_g$는 $\omega$에 정비례하지 못하기 때문에 당연히 어느 정도의 신호왜곡(Signal Distortion)을 동반하게 된다.

이상적인 TEM 파 전송선로는 $\beta = \omega/c$로서 전혀 왜곡이 없는 전송이 가능하지만, 실제 선로에서는 평행 2선 선로조차도 감쇠상수가 주파수의 함수이기 때문에 왜곡이 발생되게 된다. 단 협대역(Narrow-band) 신호의 경우에는 아주 긴 선로를 사용하지 않는 한, 도파관 등의 어떠한 선로에서도 심각한 왜곡이 발생하지 않는다.

이제 길이가 l인 도파관에 입력되는 신호로 $-f_m$과 $f_m$ 사이의 대역을 갖는 시간함수 $f(t)$에 의해 변조된 $f_C \gg f_m$인 반송파를 생각하면, 그 변조(Product Modulation)된 신호는 다음과 같다.

$$S(t) = f(t) \cos \omega_C t = Re[f(t) e^{j\omega_C t}] \tag{4.97}$$

상기의 식을 푸리에 변환한 $S(t)$의 스펙트럼 $F_s(\omega)$는 다음과 같이 쓸 수 있다.

$$\begin{aligned}
F_s(\omega) &= \int_{-\infty}^{+\infty} [f(t)\cos\omega_C t] e^{-j\omega t} dt \\
&= \int_{-\infty}^{+\infty} e^{-j\omega t} f(t) \frac{e^{j\omega_C t} + e^{-j\omega_C t}}{2} dt \\
&= \frac{1}{2} \int_{-\infty}^{+\infty} f(t) [(e^{-j(\omega - \omega_C)t} + e^{-j(\omega + \omega_C)t}] dt \\
&= \frac{1}{2} [F(\omega - \omega_c) + F(\omega + \omega_c)]
\end{aligned} \tag{4.98}$$

그런데 모든 물리적인 시스템의 $|H(\omega)|$는 $\omega$에 대하여 우함수이고, $\phi(\omega)$는 $\omega$에 대하여 기함수로 나타내져야 하므로, 도파관의 주파수응답 $e^{-j\beta_g(\omega)l}$에서는 $\beta_g(\omega)$가 식 (4.96)에서 알수 있듯이 $\omega$에 대하여 우함수이기 때문에, 지수 부분이 기함수가 되도록 하기 위하여 양의 $\omega$에 대해서는 $e^{-j\beta_g(\omega)l}$을 사용하지만, 음의 $\omega$에 대해서는 도파관의 주파수 응답으로 $e^{j\beta_g(\omega)l}$을 선택하여야 한다.

따라서 식 (4.98)의 스펙트럼을 갖는 신호를 길이가 $l$인 도파관에 입력시켰을 때의 출력스펙트럼 $F_0(\omega)$와 출력신호는 다음과 같이 쓸 수 있다.

$$F_0(\omega) = \frac{1}{2}[(F(\omega - \omega_c)e^{-j\beta_g(\omega)l} + F(\omega + \omega_c)e^{j\beta_g(\omega)l}]$$

$$S_0(t) = \frac{1}{2\pi}\int_{-\infty}^{+\infty}F_0(\omega)e^{j\omega t}d\omega \tag{4.99}$$

상기 식 (4.99)에서 $S_0(t)$를 구하는 적분에 있어 두 항의 계산은 매우 비슷하므로, $F_0(\omega)$ 중에 우선적으로 $F(\omega - \omega_c)$ 항만 고려해보면, $-\omega_m \leq \omega_c \leq \omega_m$의 대역 내에서만 0이 아닌 값을 갖게 되므로 출력신호 $S_0(t)$는 실함수로 아래와 같이 구해진다.

$$S_0(t) = Re\left\{\frac{1}{2\pi}\int_{\omega_c - \omega_m}^{\omega_c + \omega_m}F(\omega - \omega_c)e^{j(\omega t - \beta_g(\omega)l)}d\omega\right\} \tag{4.100}$$

그리고 변조파의 대역폭이 반송파 주파수에 비하여 충분히 좁아서 $\omega_m \ll \omega_c$일 경우에 대역 내의 모든 주파수는 $\omega_c$값에 근접해 있다고 볼 수 있으며, 따라서 $\beta_g(\omega)$를 $\omega_c$ 근처에서 테일러 급수(Taylor Series)로 다음과 같이 전개 및 1차 근사될 수 있다.

$$\beta_g(\omega) = \beta_g(\omega_c) + \frac{d\beta_g}{d\omega}\bigg]_{\omega_c}(\omega - \omega_c) + \frac{1}{2}\frac{d^2\beta_g}{d\omega^2}\bigg]_{\omega_{C_{\omega_c}}}(\omega - \omega_c)^2 + \cdots$$

$$\fallingdotseq \beta_g(\omega_c) + \frac{d\beta_g}{d\omega}\bigg]_{\omega_c}(\omega - \omega_c) \tag{4.101}$$

여기에서 첫째와 둘째 항을 각각 다음과 같이 간단히 표기하면

$$\beta_g(\omega_c) = \beta_0 \qquad \qquad \left. \frac{d\beta_g}{d\omega} \right]_{\omega_C} = \beta_0{}'$$

으로 나타낼 수 있고, 이를 식 (4.100)에 대입하면 다음과 같이 쓸 수 있다.

$$\begin{aligned}
S_0(t) &= Re\left\{ \frac{1}{2\pi} \int_{\omega_C - \omega_m}^{\omega_C + \omega_m} F(\omega - \omega_c) e^{j(\omega t - (\beta_0 + \beta_0{}'(\omega - \omega_c))l)} d\omega \right\} \\
&= Re\left\{ \frac{1}{2\pi} \int_{\omega_c - \omega_m}^{\omega_c + \omega_m} F(\omega - \omega_c) e^{j\omega(t - \beta_0{}'l)} \, e^{-j(\beta_0 l - \beta_0{}'l\omega_c)} \, d\omega \right\} \\
&= Re\left\{ \frac{e^{-j(\beta_0 l - \beta_0{}'l\omega_c)}}{2\pi} \int_{\omega_c - \omega_m}^{\omega_c + \omega_m} F(\omega - \omega_c) e^{j\omega(t - \beta_0{}'l)} d\omega \right\}
\end{aligned}$$

위 식의 변수를 치환하여 $t - \beta_0{}' = t'$을 대입하면

$$\begin{aligned}
S_0(t) &= Re\, \frac{e^{-j\beta_0 l + j\beta_0{}'l\omega_C}}{2\pi} \int_{-\omega_m}^{+\omega_m} F(\omega - \omega_c) e^{j(\omega - \omega_c)t'} d(\omega - \omega_c) e^{j\omega_c t} \\
&= Re\left( e^{-j\beta_0 l + j\beta_0{}'l\omega_C} f(t') e^{j\omega_c t'} \right) \\
&= Re\left( e^{-j\beta_0 l + j\beta_0{}'l\omega_C} f(t - \beta_0{}'l) e^{j\omega_C(t - \beta_0{}'l)} \right) \\
&= Re\left( f(t - \beta_0{}'l) e^{j(\omega_C t - \beta_0 l)} \right) \\
&= f(t - \beta_0{}'l)\cos(\omega_c t - \beta_0 l) \tag{4.102}
\end{aligned}$$

식 (4.101)에서 $\beta_g(\omega)$가 $-\omega_m \leq \omega \leq \omega_m$ 범위 내에서 1차 근사(Distortion- Free Condition) 되었기 때문에, 위 식에서 입력신호 $f(t)$가 시간지연이 $\beta_0{}'l$ 만큼 있을 뿐 전혀 왜곡됨이 없이 완전히 재생되었음을 알 수 있으며, 따라서 그 경우에 시간지연에 의해 군속도 $v_g$를 정의할 수 있고, 그 크기는 아래와 같이 길이 $l$을 지연시간으로 나눈 것이 된다.

$$v_g = \frac{l}{\beta_0{}'l} = \left( \frac{d\beta_g}{d\omega} \right)^{-1} \tag{4.103}$$

이 군속도가 신호의 속도로서 이는 주파수대역이 충분히 좁아서 $\beta_g$가 선형적으로 근사될수 있을 경우에만 의미가 있고, 대역이 넓을 경우에는 식 (4.101)에서 2차항 이상을 고려하여야

하므로 필연적으로 신호의 왜곡을 수반하게 되며, 유일한 신호의 속도를 정의할 수 없기 때문에 식 (4.103)의 군속도는 더 이상 신호의 속도를 나타내지 못한다. 그 경우에 대역의 각 부분 신호마다 다른 속도로 진행하기 때문에 결과적으로 신호는 시간과 공간으로 퍼지게 된다.

도파관의 경우에는 식 (4.103)에 식 (4.96)을 대입하면 다음과 같은 군속도를 얻는다.

$$
\begin{aligned}
v_g &= \left( \frac{d\beta_g}{d\omega} \right)^{-1} = \left( \frac{d\beta_g}{d(c\beta)} \right)^{-1} = c\frac{d\beta}{d\beta_g} \\
&= \left( \frac{(\omega^2/c^2 - k_c^2)^{1/2}}{d\omega} \right)^{-1} \\
&= \left( \frac{1}{2}\frac{2\omega/c^2}{(\omega^2/c^2 - k_c^2)^{1/2}} \right)^{-1} \\
&= \left( \frac{\omega/c^2}{\beta_g} \right)^{-1} = \left( \frac{\omega\lambda_g}{2\pi c^2} \right)^{-1} \\
&= \frac{2\pi c^2}{\omega\lambda_g} = \frac{2\pi c f\lambda_g}{2\pi f\lambda_g} = \frac{\lambda_0/2\pi}{\lambda_g/2\pi}c \\
&= \frac{\beta_g}{\beta}c = \frac{\lambda_0}{\lambda_g}c
\end{aligned}
\tag{4.104}
$$

여기서 $\beta = \omega\sqrt{\mu_0\epsilon_0}$ ; 자유공간의 전파상수 $\qquad$ (4.105)

$\beta_g = (\omega^2\mu_0\epsilon_0 - k_c^2)^{1/2}$ ; 도파관의 전파상수 $\qquad$ (4.106)

$c = \dfrac{1}{\sqrt{\mu_0\epsilon_0}} = f\lambda_0$ ; 빛의 속도 $\qquad$ (4.107)

그런데 $\lambda_g > \lambda_o$ 이므로 $V_g < c$ 이고, 또한 식 (4.104)를 식 (4.88)과 비교해 보면 $v_g v_p = c^2$임을 쉽게 알 수 있다.

식 (4.106)으로 주어지는 도파관에서의 전파상수 $\beta_g$가 $\omega$에 대하여 어떻게 변하는지를 그림 4.10(a)에 보였는데, 그림에서 직선, 점선은 식 (4.105)인 $\beta$의 변화를 나타내고 있고, 주파수가 높아질수록 $\beta$와 $\beta_g$가 거의 접근하여 가는 경향을 알 수 있으므로, 차단주파수보다 훨씬 높은 주파수에서는 분산(Dispersion)에 의한 왜곡도 없고 전파속도는 빛의 속도가 됨을 알 수 있으며, 또한 차단주파수 근처에서라도 대역폭이 아주 작을 경우에는 $\beta_g$에 대한 1차 근사가 상당히

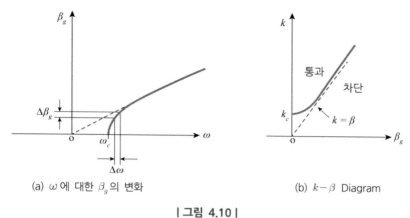

(a) $\omega$에 대한 $\beta_g$의 변화    (b) $k-\beta$ Diagram

| 그림 4.10 |

정확해짐을 알 수 있다. 그림 4.10(b)는 식 (4.10)에 따른 도파관의 $k-\beta$ Diagram이며, 도파관 생산업체들이 사용하는 주파수대역을 표 4.5에 나타내었다.

| 표 4.5 | 도파관의 주파수대역 분류

| Waveguide frequency bands and interior dimensions | | | |
|---|---|---|---|
| Frequency Band | Waveguide Standard | Frequency Limits(GHz) | Inside Dimensions(inches) |
| | WR-2300 | 0.32 − 0.49 | 23.000 ×11.500 |
| | WR-2100 | 0.35 − 0.53 | 21.000 × 10.500 |
| | WR-1800 | 0.43 − 0.62 | 18.000 × 9.000 |
| | WR-1500 | 0.49 − 0.74 | 15.000× 7.500 |
| | WR-1150 | 0.64 − 0.96 | 11.500 × 5.750 |
| | WR-1000 | 0.75 − 1.1 | 9.975 × 4.875 |
| | WR-770 | 0.96 − 1.5 | 7.700 × 3.385 |
| | WR-650 | 1.12 to 1.70 | 6.500 × 3.250 |
| R band | WR-430 | 1.70 to 2.60 | 4.300 × 2.150 |
| D band | WR-340 | 20.20 to 3.30 | 3.400 × 1.700 |
| S band | WR-284 | 2.60 to 3.95 | 2.840 × 1.340 |
| E band | WR-229 | 3.30 to 4.90 | 2.290 × 1.150 |
| G band | WR-187 | 3.95 to 5.85 | 1.872 × 0.872 |
| F band | WR-159 | 4.90 to 7.05 | 1.590 × 0.795 |

(계속)

| 표 4.5 | (계속) 도파관의 주파수대역 분류

| Waveguide frequency bands and interior dimensions | | | |
|---|---|---|---|
| Frequency Band | Waveguide Standard | Frequency Limits(GHz) | Inside Dimensions(inches) |
| C band | WR-137 | 5.85 to 8.20 | 1.372 × 0.622 |
| H band | WR-112 | 7.05 to 10.00 | 1.122 × 0.497 |
| X band | WR-90 | 8.2 to 12.4 | 0.900 × 0.400 |
| Ku band | WR-62 | 12.4 to 18.0 | 0.622 × 0.311 |
| K band | WR-51 | 15.0 to 22.0 | 0.510 × 0.255 |
| K band | WR-42 | 18.0 to 26.5 | 0.420 × 0.170 |
| Ka band | WR-28 | 26.5 to 40.0 | 0.280 × 0.140 |
| Q band | WR-22 | 33 to 50 | 0.224 × 0.112 |
| U band | WR-19 | 40 to 60 | 0.188 × 0.094 |
| V band | WR-15 | 50 to 75 | 0.148 × 0.074 |
| E band | WR-12 | 60 to 90 | 0.122 × 0.061 |
| W band | WR-10 | 75 to 110 | 0.100 × 0.050 |
| F band | WR-8 | 90 to 140 | 0.080 × 0.040 |
| D band | WR-6 | 110 to 170 | 0.0650 × 0.0325 |
| G band | WR-5 | 140 to 220 | 0.0510 × 0.0255 |
| | WR-4 | 170 to 260 | 0.0430 × 0.0215 |
| | WR-3 | 220 to 325 | 0.0340 × 0.0170 |
| Y-band | WR-2 | 325 to 500 | 0.0200 × 0.0100 |
| | WR-1.5 | 500 to 750 | 0.0150 × 0.0075 |
| | WR-1 | 750 to 1100 | 0.0100 × 0.0050 |

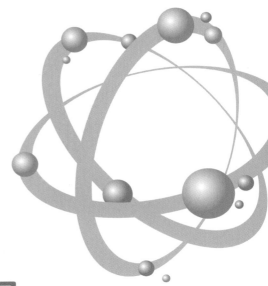

# 05 평면형 전송선로

# 5.1 서론

스트립 선로는 일찍이 1949년에 도입되어 1955년에는 그에 대한 전송선로로서의 해석, 결합선로(Coupled Line)의 상호 임피던스, 복사 효과, 불연속 등에 대해 비교적 상세히 알려졌을 정도로 많은 관심을 끌었지만 실제 초고주파 회로설계에 있어서는 별로 인기가 없었다. 그 이유는 저손실 유전체가 개발되어 있지 못했을 뿐만 아니라 당시에 가용했던 능동 및 수동소자의 물리적 크기가 매우 커서 선로와의 임피던스 정합이 어려웠기 때문이다.

그 이후 1965년까지 터널 다이오드, 믹서 다이오드, 버랙터 다이오드, 스위칭 다이오드 등의 반도체 소자들이 점차 사용되다가 1965년부터는 초고주파 트랜지스터, TED's, 애벌란시 다이오드 등의 반도체 전원소자들과 쇼트키 다이오드(Schottky-Barrier Diode)와 핀 다이오드 등을 수신기와 제어용으로 사용하게 됨으로써 스트립 선로의 축소판인 마이크로스트립을 사용할 수 있게 되었다.

특히 1960년대 초반부터 개발된 위상배열 레이더(Phased Array Radar)의 경우, 수많은 진공관 소자들을 안테나에 배열하고 있기 때문에 너무 무겁고 부피가 커서 비행기나 미사일 등에 사용하기가 불편하였다. 이를 개선하고자 하는 노력의 일환으로 1960년대 중반부터 미국의 몇몇 레이더 제작회사와 정부출연연구소에서 소형화된 반도체 위상배열 레이더를 개발하기 시작함으로써 MIC(Microwave Integrated Circuit)가 출현하게 되어 고주파 분야 기술의 발전에 지대한 공헌을 하였고 마침내는 MMIC(Monolithic MIC) 시대가 도래하게 되었다.

MIC를 위해 사용되는 기술은 저주파회로에서 사용되는 사진석판기법 및 증착 또는 스퍼터링과 같은 박막기술(Thin Film Technology)이 모두 그대로 적용되며, 제작기법 및 형태에 따라 HMIC(Hybrid MIC)와 MMIC(Monolithic MIC)로 분류된다.

HMIC의 경우에는 제반 부품들이 마이크로스트립으로 프린트된 수동회로를 포함하고 있는 유전체 또는 페라이트 기판에 붙여지게 되고, MMIC의 경우에는 능동 및 수동소자가 모두 반도체기판에 성장된 에피택시얼층에 불순물확산이나 Metalization 등을 통하여 일괄적으로 형성된다.

스트립 선로에 관한 초창기 해석방법으로는 1950년대에 광범위하게 사용되어 왔던 등각매핑(Conformal Mapping) 기술이 있었으나, 마이크로스트립의 경우에는 그 자체의 비균질

(Inhomogeneous) 구조 때문에 적용이 불편했고, 1965년에 휠러(Wheeler)에 의해 충진계수 (Filling Factor)의 개념을 도입한 수정 등각 매핑법(Modified Conformal Mapping Method) 이 개발되어 근사적이면서도 상당히 정확한 해를 얻을 수 있었다.

이러한 상태에서 마이크로스트립에 관한 연구를 활발하게 만들어 준 몇 가지 요인이 있는데 그 하나는 고속의 디지털 컴퓨터가 가용하게 된 것이고, 또 하나는 수 GHz 이상의 높은 주파수에서 마이크로스트립의 필요성이 증가하였다는 것이다.

그리하여 개발된 마이크로스트립의 해석방법들로는 맨 먼저 전파모드를 순수한 TEM으로 간주하고 정전용량에 의해 선로의 특성을 결정하는 준정전 해석기술(Quasi-Static Technique) 을 들 수 있는데, 이는 수 GHz 미만의 낮은 주파수 범위에서만 적용될 수 있으며, 둘째로는 선로의 비균질 구조로 인해 발생하는 Non-TEM 성질, 즉 주파수에 따른 유효유전율의 변화를 고려한 분산모형(Dispersion Model)들이 있다.

그러나 좀 더 높은 대역에 대한 정확한 결과를 얻으려면 시간적으로 변화하는 전자계를 고려한 파동방정식을 풂으로써 정전용량이 아닌 전파상수를 구하게 되는 완전파동해석 (Fullwave Analysis)을 해야 한다. 이와 같은 완전파동해석은 여러 가지 회로설계나 다양한 최적화(Optimization)를 하기에는 다소 복잡하고 긴 컴퓨터 시간을 필요로 한다.

결국 지난 1980년대 이전부터 회로를 튜닝하거나 트리밍(Trimming)할 수 있는 가능성은 지극히 제한되어 있고 날이 갈수록 MIC의 개발은 경쟁적으로 증가하는 추세여서 결과적으로 시뮬레이션과 최적화를 통한 지극히 포괄적이고도 정확한 설계과정이 요구되게 되었다.

직접합성법(Direct Synthesis Method)은 수학적 모형이 가능한 소자들에 대해서만 사용이 될 수 있으므로 필터나 Transformer 같은 소수 특정회로의 설계에 적용범위가 제한되어 있는 데 비하여 더 실질적인 방법으로 직접 측정한 데이터를 가지고 범용 CAD 프로그램을 사용하는 방법이 있는데 이 경우에 설계자는 회로를 반복적으로 해석할 수도 있고 요구되는 특성을 얻을 때까지 제반 파라미터를 변화시킬 수도 있다.

오늘날에 와서는 반절연 GaAs기판(Semi-Insulating GaAs Substrate)을 사용하는 순수한 Monolithic MIC가 개발됨으로써 수율도 개선되었고 저주파에서의 실리콘 IC에 준하는 특성을 갖게 되었으며, 컴퓨터를 위한 비용이 급격하게 감소하고 있어 고속, 대용량이고 간편한 컴퓨터가 언제 어디서나 가용하게 되었기 때문에 초고주파 CAD의 지속적인 개발에 대한 중요성이 증대되고 있고, 결국 그를 위한 평면형 선로의 비중이 커지고 있다.

또한 이와 같은 초고주파 회로에서뿐만 아니라 기존의 컴퓨터들을 위한 마스터 클록의 주파수가 나날이 높아지고 있고, 이동통신의 디지털화 등으로 인하여 평면형 선로의 완전한 해석 및 사용법에 대한 이해는 디지털 분야에서도 중요한 관건이 되고 있다.

이와 같은 평면형 회로(Planar Circuit)의 장점으로는 다음을 들 수 있다.

1) 소형경량이다.
2) 신뢰도(Reliability)가 높다.
3) 재생산성(Reproducibility)이 크다.
4) 성능이 향상된다.
5) 대량생산에 적합하다.
6) 값이 저렴하다.

그림 5.1에 평면형 선로의 형태를 종류별로 나타내었다.

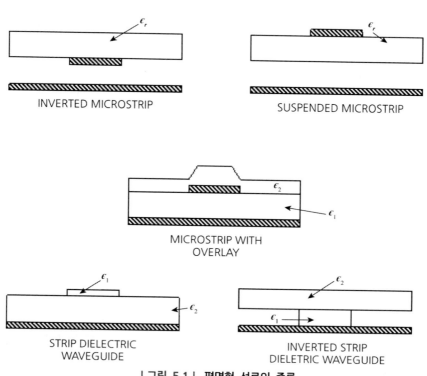

| 그림 5.1 | 평면형 선로의 종류

## 5.2 스트립 선로 및 마이크로스트립

스트립 선로(Stripline)는 그림 5.2에서 보는 바와 같이 샌드위치 같이 생긴 3도체 선로로서 중심의 스트립이 2개의 접지선 사이에 있는 유전체의 한 가운데 위치해 있게 된다.

따라서 구조적으로 스트립 선로는 거의 차폐되어 있어 복사손실을 무시할 수 있다. 또한 완전히 대칭적인 구조를 가지고 있어 완전한 TEM 선로라고 할 수 있다. 그와 같은 특성은 필터나 전력분배기(Power Divider), 결합기(Coupler) 등의 수동회로설계에 적합한 구조를 갖고 있다고 할 수 있지만, 표면실장(Surface Mount)을 하기에는 어렵거나 불가능할 뿐 아니라 홀(Hole) 등의 스트립 선로에 가해지는 어떠한 가공도 회로의 특성을 변화시키게 되어 실제로 사용이 어려운 편이다.

마이크로스트립(Microstrip)은 스트립 선로와는 달리 차폐되어 있지도 않고 대칭구조도 아

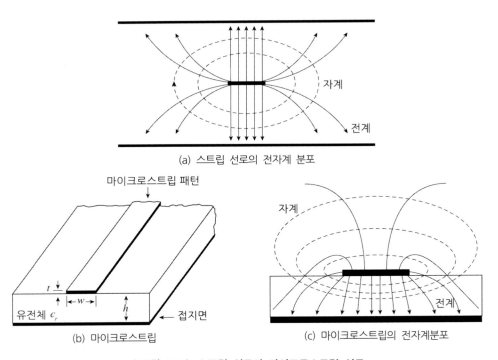

(a) 스트립 선로의 전자계 분포

(b) 마이크로스트립

(c) 마이크로스트립의 전자계분포

| 그림 5.2 | **스트립 선로와 마이크로스트립 선로**

니기 때문에 완전한 TEM 선로가 아니지만, 여러 가지 면에서 스트립 선로의 축소판으로서 그들의 해석방법이 매우 유사하다고 할 수 있으며, 오늘날 MIC에서 능동소자와 수동소자를 연결시키는 데 보편적으로 사용됨으로써 초고주파회로의 소형경량화에 있어 핵심적인 역할을 하고 있다.

마이크로스트립은 간단한 구조와는 달리 그를 통한 전자파의 진행방법이 지극히 복잡하여 정확한 해석이 매우 까다로운 편이지만, 약 2 GHz 미만의 낮은 주파수 범위에 대해서는 그림 5.2와 같은 전파모드를 완전히 정적인 TEM으로 간주할 수 있으며, 그와 같은 경우의 전파모드를 Quasi-TEM이라 하고 그러한 상태를 준정적(Quasi-Static)이라고 한다.

그림 5.2에서 보는 바와 같이 선로의 주변상황이 균일하지 못하기 때문에 선로를 중심으로 본 전자계의 분포는 균일하지도 않고 대칭적이지도 않을 뿐 아니라, 각 공간점의 전계는 서로 다른 유전율의 유전체를 거치게 되어 위치마다 전파특성이 다르게 된다.

일반적으로 고주파는 높은 유전율의 유전체 내에 전속선이 밀집되는 경향을 갖는데, 그러한 현상은 주파수가 높아질수록 심해지고 결국 높은 주파수에서는 유전체 내부를 통과하는 전속밀도의 비율이 높아져서 전체적인 유효유전율이 일정하지 않고 높아지며, 따라서 주파수에 따라 전자파의 위상속도가 변하게 되어 전파상수가 주파수에 정비례하지 못하게 되는데, 그러한 분산(Dispersion)현상으로 인하여 대역폭이 충분히 넓은 경우에는 왜곡이 발생하게 된다.

뿐만 아니라 유전체와 공기 내에서의 전자파의 위상속도가 각각 다르기 때문에 전자계분포가 진행방향에 완전히 수직하지 못하고 비틀어질 수밖에 없으며, 따라서 그와 같은 현상은 여러 가지 고조파 모드 발생의 원인이 되기도 한다.

그러한 마이크로스트립의 장점을 든다면 다음과 같은 항목들을 꼽을 수 있다.

1) 교류신호와 함께 직류도 전달될 수 있다.
2) 다이오드 및 Tr., FET 등의 능동소자들이 쉽게 연결될 수 있다.
3) 선로파장이 자유공간파장의 1/3 정도로 물리적 크기가 작다.
4) 평면형으로 쉽게 프린트가 가능하다.
5) 비교적 높은 전압 및 큰 전력수준에서 동작될 수 있다.

## 5.2.1 정전 해석(Quasi-TEM Solution)

도파관(Waveguide)이나 동축선로(Coaxial Line) 및 2선 선로(2-Wire Line) 등과 같이 전자계가 분포될 영역의 공간이 균일한 유전율의 유전체로 되어 있는 경우에는 확실하게 정의될 수 있는 전파 모드가 존재하는 데 반하여, 마이크로스트립 선로는 전자파가 분포되는 공간이 공기층과 유전체 층의 두 부분으로 나뉘어져 있기 때문에 단일한 전파 모드가 정의되지 못하고 TEM, TE, TM 모드가 뒤섞인 아주 복잡한 모드가 형성된다.

그러한 상황하에서도 대체로 주파수가 비교적 낮을 경우에는 대부분의 RF 에너지가 Quasi-TEM으로 전달됨이 밝혀졌으며, 이는 마이크로스트립의 설계 및 해석에 유용하게 사용된다.

모든 TEM형 전송선로의 특성 임피던스는 다음에 기술하는 바와 같이 두 가지의 용량 $C_o$, $C$에 의하여 나타내어질 수 있음을 알 수 있는데, 여기에서의 $C_o$는 선로 주변을 전부 진공으로 하였을 경우의 가상적인 단위길이당의 용량을 의미하며, $C$는 실제 선로의 단위길이당 용량을 나타낸다.

선로의 주변이 균일하게 진공으로 채워졌을 경우, 만일 $L$을 단위길이당의 선로 인덕턴스라 하면 그 때의 특성 임피던스 $Z_o{'}$은 다음과 같다.

$$Z_o{'} = \sqrt{\frac{L}{C_o}} \tag{5.1}$$

$$c = \frac{1}{\sqrt{LC_o}} \quad (\text{빛의 속도}) \tag{5.2}$$

여기에서 $L$을 구하기 위하여 위의 두 식을 나누면

$$\frac{Z_o{'}}{c} = L \tag{5.3}$$

만일 식 (5.1)과 (5.2)를 곱하면

$$Z_o c = \frac{1}{C_o} \Rightarrow Z_o{'} = \frac{1}{cC_o} \tag{5.4}$$

이 식을 식 (5.3)에 대입하면 $L$은 다음과 같이 쓸 수 있다.

$$L = \frac{1}{c^2 C_o} \tag{5.5}$$

이 $L$은 유전체의 유무에 관계가 없이 Invariant하므로, 이를 실제적인 선로의 경우에 대입하여 다음과 같은 특성 임피던스 $Z_o$를 얻을 수 있다.

$$Z_o = \sqrt{\frac{L}{C}} = \frac{1}{c\sqrt{CC_o}} \tag{5.6}$$

여기에서 $C$와 $C_o$의 비를 유효유전율(Effective Permittivity) $\epsilon_{eff}$라 하며 이는 마이크로스트립의 주변공간이 모두 균일한 유전체로 채워져 있다고 가정했을 경우에 실제 용량 $C$와 같은 용량을 갖도록 할 수 있는 유전율을 나타낸다. 그런데 마이크로스트립의 위상속도는

$$v_p = \frac{1}{\sqrt{LC}} \tag{5.7}$$

이고 상기 식과 식 (5.2)를 나누면 다음을 얻는다.

$$\frac{C}{C_0} = \epsilon_{eff} = \left(\frac{c}{v_P}\right)^2 \tag{5.8}$$

또한 식 (5.1)과 식 (5.6)을 나눔으로써 다음과 같은 관계를 얻을 수 있으며,

$$Z_o' = Z_o\sqrt{\epsilon_{eff}}$$
$$Z_o = \frac{Z_o'}{\sqrt{\epsilon_{eff}}} \tag{5.9}$$

식 (5.8)에 $c = f\lambda_0$와 $v_p = f\lambda_g$를 대입하면 다음과 같은 관계식을 얻는다.

$$\epsilon_{eff} = \left(\frac{\lambda_0}{\lambda_g}\right)^2$$
$$\lambda_g = \frac{\lambda_0}{\sqrt{\epsilon_{eff}}}$$

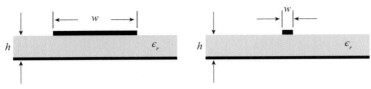

|그림 5.3| 아주 넓은 마이크로스트립과 지극히 좁은 마이크로스트립

일반적으로 마이크로스트립의 선폭이 아주 넓을 경우에는 대부분의 전계가 유전체에 갇혀 있게 되므로 유효유전율 $\epsilon_{eff}$은 기판의 유전율과 거의 같아지게 되고,

$$\epsilon_{eff} \;\Rightarrow\; \epsilon_r$$

선폭이 매우 좁을 경우에는 전속선이 유전체와 공기 중에 거의 같은 비율로 분포하게 되므로 유효유전율은 그들의 평균값에 근접하게 된다.

$$\epsilon_{eff} \;\rightarrow\; \frac{1}{2}(\epsilon_r + 1)$$

따라서 일반적인 마이크로스트립의 유효유전율은 다음과 같은 그들 사이의 값을 갖게 된다.

$$\frac{1}{2}(\epsilon_r + 1) \;\leq\; \epsilon_{ff} \;\leq\; \epsilon_r \tag{5.10}$$

이 식을 다른 방법으로 표현하면 다음과 같이 쓸 수 있다.

$$\epsilon_{eff} = 1 + q(\epsilon_r - 1)$$

$$\frac{1}{2} \;\leq\; q \leq\; 1$$

이 $q$를 충진계수(Filling Factor)라 하며 이는 선폭과 기판 두께의 비 $w/h$의 함수이다.

## 5.2.2 마이크로스트립의 CAD 및 일반 해석

최근에도 사용되는 마이크로스트립의 해석 또는 합성을 위한 방법으로 가장 간단한 Quasi-TEM 방법으로는 1964~1965년에 이루어진 H. A. Wheeler의 연구결과를 기초로 하여 만들어진 1968년 A. Presser의 도표가 있는데, 이는 요구되는 특성 임피던스와 기판의 유전율을 가지고 도표상에서 *w/h*값을 구해내는 방법이며, 약 1% 이내의 오차범위에서 합성 또는 해석이 가능하다.

그러나 이와 같은 방법은 CAD에 이용하기가 불가능하므로 주파수변화에 따라 능동적으로 대처할 수 있는 CAD를 위해서는 해석함수 형태의 수식을 구하는 것이 좋기 때문에 그러한 취지에서 1976년에 개발된 R. P. Owens의 다음과 같은 수식은 0.2% 미만의 오차를 갖고 있어 아직까지도 매우 유용하게 쓰이고 있다.

## CAD를 위한 해석 및 합성방정식

(1) $Z_o$와 $\epsilon_r$이 주어진 상태에서 선폭을 결정하기 위한 합성방정식

$Z_o > (44 - 2\epsilon_r)$ Ω인 비교적 좁은 선로에 대하여 만족하는 식

$$\frac{w}{h} = \left( \frac{\exp H}{8} - \frac{1}{4 \exp H} \right)^{-1} \tag{5.11}$$

여기에서

$$H = \frac{Z_0 \sqrt{2(\epsilon_r + 1)}}{119.9} + \frac{1}{2} \left( \frac{(\epsilon_r - 1)}{(\epsilon_r + 1)} \right) \left( \ln(\pi/2) + \frac{1}{\epsilon_r} \ln(\pi/4) \right)$$

$Z_0 < (44 - 2\epsilon_r)$ Ω인 비교적 넓은 선로에 대하여 만족하는 식

$$\frac{w}{h} = \frac{2}{\pi} \left( (d_\epsilon - 1) - \ln(2d_\epsilon - 1) \right) + \frac{\epsilon_r - 1}{\pi\epsilon} \left( \ln(d_\epsilon - 1) + 0.293 - \frac{0.517}{\epsilon_r} \right) \tag{5.12}$$

여기에서

$$d = \frac{59.95 \pi^2}{Z_0 \sqrt{\epsilon_r}}$$

(2) $\dfrac{w}{h}$와 $\epsilon_r$이 주어진 상태에서 특성 임피던스를 결정하기 위한 해석방정식

$\dfrac{w}{h} < 3.3$인 비교적 좁은 선로에 대하여 만족하는 식

$$Z_0 = \frac{119.9}{\sqrt{2\,(\epsilon_r + 1)}} \left[ \ln 4\,(h/w) + \sqrt{16\,(h/w)^2 + 2} \right.$$

$$\left. - \frac{1}{2} \left[ \frac{\epsilon_r - 1}{\epsilon_r + 1} \right] \left[ \ln \frac{\pi}{2} + \frac{1}{\epsilon_r} \ln \frac{4}{\pi} \right] \right]^{-1} \tag{5.13}$$

$\dfrac{w}{h} > 3.3$인 비교적 넓은 선로에 대하여 만족하는 식

$$Z_0 = \frac{119.9\pi}{2\sqrt{\epsilon_r}} \left[ \frac{w}{2h} + \frac{\ln 4}{\pi} + \frac{\ln\,(e\pi^2/16)}{2\pi} \left[ \frac{\epsilon_r - 1}{\epsilon_r^2} \right] + \right.$$

$$\left. \frac{\epsilon_r + 1}{2\pi\epsilon_r} \left[ \ln \frac{\pi e}{2} + \ln\left( \frac{w}{2h} + 0.94 \right) \right] \right] \tag{5.14}$$

그 외에 더 정확한 방법으로는 컴퓨터를 통한 수치해석방법을 들 수 있는데, 유한차분법 (FDM: Finite Difference Method), 유한요소법(FEM: Finite Element Method), 또는 유한차분 시간영역법(FDTD: Finite Difference Time Domain) 등을 말하며 이 방법들에 의하면 필요에 따라 거의 원하는 정도까지의 정밀도를 얻을 수가 있고, 그 방법들을 그림 5.4에 일목요연하게 나타내었다.

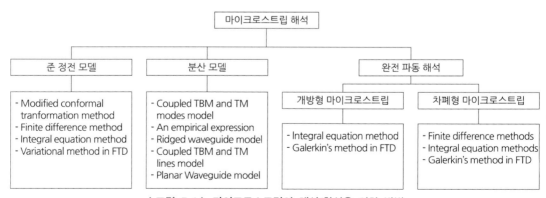

| 그림 5.4 | 마이크로스트립의 해석/합성을 위한 방법

## TEM 해석을 위한 유한차분법

전자기적인 문제들은 유도된 편미분방정식(Partial Differential Equation)이 비선형적이거나 영역이 매우 복잡한 경우도 많고 경계조건이 혼합형인 경우와 매질이 비균질한 경우가 대부분이어서 앞에서 기술한 바와 같은 고전적 해석함수로는 해를 구하기가 매우 어렵거나 불가능하였기 때문에, 컴퓨터의 발달과 함께 편미분방정식을 풀기 위한 수많은 수치해석적인 방법들이 개발되어 왔는데, 그들을 전자기 현상 해석에 적용함에 있어 유한한 컴퓨터 메모리 용량으로 인하여 도파관 모양의 접지 도체면으로 차폐를 시키는 방법이 주로 사용되었고, 완전히 개방된 구조도 경우에는 비균일 구간 분할이나 경계조건을 만족시킬 함수의 선택 등에 의해 컴퓨터 메모리의 절약을 위한 대책이 마련되어야 한다.

개발된 많은 수치적 방법들 중에 쉬우면서도 정확도가 TEM 해석으로는 가장 높은 수준인 유한차분법이 널리 이용되어 왔는데, 이는 1920년에 A. Thom이 개발한 것으로 그 당시에는 'The Method of Squares'라고 칭하면서 비선형 유체역학 방정식을 푸는 데 주로 이용하였다.

그와 같은 FDM으로 주어진 편미분방정식의 해를 구하기 전에 미분을 수치적으로 어떻게 근사시킬 수 있는지를 알아보기 위해 먼저 그림 5.5와 같은 1차원 축상 임의의 점 $x_i$에서의 1계 미분은 인접된 두 점 $x_{i-1}$, $x_{i+1}$에 의해 4가지 방법으로 동일하게 근사될 수 있음에 주목하자.

$$\left.\frac{\partial V}{\partial x}\right|_{x=x_i} = \lim_{\Delta x \to 0} \frac{V(x_i + \Delta x) - V(x_i)}{\Delta x} \tag{5.15a}$$

$$\left.\frac{\partial V}{\partial x}\right|_{x=x_i} = \lim_{\Delta x \to 0} \frac{V(x_i) - V(x_i - \Delta x)}{\Delta x} \tag{5.15b}$$

$$\left.\frac{\partial V}{\partial x}\right|_{x=x_i} = \lim_{\Delta x \to 0} \frac{V(x_i + \Delta x) - V(x_i - \Delta x)}{2\Delta x} \tag{5.15c}$$

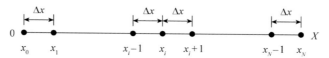

| 그림 5.5 | 1차원 임의 불연속점에서 미분값의 근사

$$\frac{\partial V}{\partial x}\bigg|_{x=x_i} = \lim_{\Delta x \to 0} \frac{V(x_i + \frac{1}{2}\Delta x) - V(x_i - \frac{1}{2}\Delta x)}{\Delta x} \tag{5.15d}$$

따라서 $x_i$점에서의 2계 미분은 상기 식을 참고하여 다음과 같이 나타낼 수 있다.

$$\frac{\partial^2 V}{\partial x^2}\bigg|_{x=x_i} = \lim_{\Delta x \to 0} \frac{\frac{\partial V}{\partial x}\big|_{x=x_i + \Delta x/2} - \frac{\partial V}{\partial x}\big|_{x=x_i - \Delta x/2}}{\Delta x}$$

$$= \lim_{\Delta x \to 0} \frac{V(x_i + \Delta x) + V(x_i - \Delta x) - 2V(x_i)}{(\Delta x)^2} \tag{5.16}$$

상기 식을 이용하면 그림 5.6과 같은 2차원 평면의 $O$점 $(x_i, y_i)$에서 수직 및 수평 단위구간이 $\Delta x = \Delta y = 0$인 경우에 대해 라플라스 방정식 $\nabla^2 V = 0$을 다음과 같이 근사적으로 나타낼 수 있다.

$$\nabla^2 V = \frac{\partial^2 V}{\partial x^2} + \frac{\partial^2 V}{\partial y^2}\bigg|_O$$

$$\simeq \frac{V(x_i + \Delta x, y_i) + V(x_i - \Delta x, y_i) - 2V(x_i, y_i)}{(\Delta x)^2}$$

$$+ \frac{V(x_i, y_i + \Delta y) + V(x_i, y_i - \Delta y) - 2V(x_i, y_i)}{(\Delta y)^2}$$

$$= \frac{V_A + V_B + V_C + V_D - 4V_O}{(\Delta x)^2} = 0 \tag{5.17}$$

따라서 다음의 결과를 얻는다.

$$V_O = \frac{V_A + V_B + V_C + V_D}{4} \tag{5.18}$$

결론적으로 모든 점들의 전위는 그 주위의 4점 전위의 평균값과 같다는 것이다.

그러한 결론은 상당히 오차가 많을 것처럼 느껴지지만, 테일러 급수로 전개해보면 4차 이상

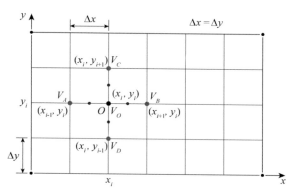

|그림 5.6| 평면 내 임의 불연속점 $O$에서 2계 미분의 근사

의 항들만 무시한 것으로서 매우 정확한 값을 나타낸다.

상기 FDM을 이용하여 임의 공간의 전위분포와 마이크로스트립의 특성 임피던스를 계산하는 실례를 예제 5.1과 예제 5.2에 나타내었다.

**예제 5.1**

그림 5.7과 같이 각각 다른 전위값을 갖는 상하좌우 4개의 경계면으로 둘러싸인 공간 내 그리드 점에서의 전위분포를 계산하시오.

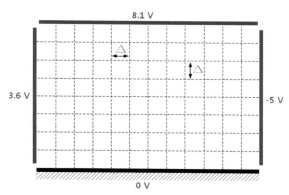

|그림 5.7| 4개의 경계면으로 둘러싸인 공간

**풀이** 경계면에 해당하는 행렬요소들은 고정값으로 두고, 내부 그리드 점의 전위를 주변 4점 전위의 평균값으로 대입하는 과정을 순차적으로 충분히 반복하고 멈추는 동작을 C++로 코딩한 결과를 그림 5.8에 나타내었다.

```cpp
// Finite Difference Method에 의해 임의의 전위들에 둘러싸인 공간 내의 전위분포를 계산하는 프로그램
#include <iostream>
#define total 10
using namespace std ;

void main()
{
    int k, i, j, iteration  ;
    double V[total+1][total+1]  ;           // 공간 내 각 노드들의 전위 값
    double wall[4]  ;                        // 공간을 둘러싸는 4 방향 벽들의 전위 값
    char *Potenial[] = {"Top", "Bottom", "Left", "Right"}  ;

    cout<<"*** 지금부터 FEM 에 의해 임의의 Potential 에 둘러싸인 공간 내의 전위분포를 계산합니다. ***" <<endl  ;
    for(j=0; j<4; j++)
        {
          cout<<"4 각형 공간 " << Potential[j] <<"의 전위는 얼마입니까 ?"  ;
          cin>> wall[j]  ;
        }
    cout<<"감사합니다." <<endl  ;

    for(i=1; i<total; i++)
    {
        for(j=1; j<total; j++)
        {
         V[i][j] = 0.  ;
        }
    }

    for(j=0; j<total+1; j++)              // 4 벽의 초기화
        {
          V[0][j] = wall[0]  ;
          V[total][j] = wall[1]  ;
          V[j][0] = wall[2]  ;
          V[j][total] = wall[3]  ;
        }

    iteration = 100  ;
    for(k=0; k<iteration; k++)              // 4 각형 내 모든 모드들의 Potential 반복 계산
    {
        for(i=1; i<total; i++)
        {
            for(j=1; j<total; j++)
            {
             V[i][j] = ( V[i][j-1] + V[i][j+1] + V[i-1][j] + V[i+1][j] )/4.  ;
            }
        }
    }

    cout<<"********* 공간 내 전위분포 계산 결과 ************" <<endl  ;
    for(i=0; i<total+1; i++)
    {
     for(j=0; j<total+1; j++)  cout<< V[i][j]  ;
    cout<<endl  ;
    }

    cin>> i  ;

return  ;
}
```

| 그림 5.8 |  4개의 경계면으로 둘러싸인 공간 내의 전위분포 계산 프로그램

그림 5.9와 같이 폭이 $w$이고 기판의 비유전율이 $\epsilon_r$인 마이크로스트립이 접지 도체면에 의해 차폐되어 있는 경우에 마이크로스트립의 특성 임피던스를 구하시오.

단 $\triangle = 2.5[\text{mil}] = 2.5 \times 25.4 = 63.5[\mu m]$, 기판의 두께 $H_1 = 10\triangle = 635[\mu m]$, 마이크로스트립으로부터 위쪽 접지면까지의 거리 $H_2 = 290\triangle$이고, 접지 도체면으로 둘러싸인 공간을 정사각형으로 가정하여 가로 폭 $a = 300\triangle = 300 \times 63.5[\mu m] = 19.05[\text{mm}]$로서 마이크로스트립은 차폐 공간 내에서 좌우대칭인 것으로 가정하며, 마이크로스트립 폭 $w = H_1$이고 공기의 유전율 $\epsilon_o = 8.854 \times 10^{-12}$, 기판의 비유전율 $\epsilon_r = 10$인 경우에 대하여 계산된 특성 임피던스 값이 $Z_o = 50[\Omega]$인 것을 확인함으로써 프로그램을 검증하시오.

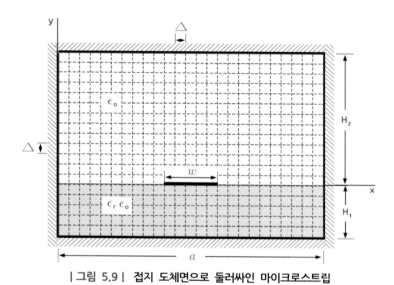

| 그림 5.9 | 접지 도체면으로 둘러싸인 마이크로스트립

**풀이** 공간이 정사각형으로서 가로와 세로 모두 300구간이고 총 메시 교차점 수는 301개이므로, 총 $301 \times 301$ 행렬을 필요로 하며, 일단 모든 행렬요소들을 '0'으로 초기화한 다음, 마이크로스트립상의 교차점들만 10볼트(결과는 전압값에 무관함)로 입력한다.

접지 도체면에 해당하는 가장자리 행렬요소들을 제외한 나머지 $299 \times 299$ 행렬요소들에 대해서만 주변 4개 점 전압의 평균값으로 입력시키는 과정을 반복시킨다.

단, 그 과정에서 마이크로스트립에 해당하는 행렬요소들은 초기에 설정된 10볼트로 고정되어 있어야 하며, 최종 결과를 가지고 마이크로스트립의 상하 전속밀도 차이로부터 마이크로스트립상의 전하밀도와 전하를 구하고 $C = Q/V$에 대입하면, 마이크로스트립의 단위길이당 용량값을 구할 수가 있으므로, 이 과정을 $\epsilon_r = 1$ 및 $\epsilon_r = 10$에 대하여 수행하고, 그 결과들을 식 (5.6)에 대입함으로써 특성 임피던스 $Z_0$를 구할 수 있다.

최종적으로 구해진 C++ 소스 코드를 그림 5.10에 나타내었다.

```
// 이것은 Finite Difference Method 에 의해 마이크로스트립의 임피던스를 계산하는 프로그램입니다.
// 비유전률 = 10 인 알루미나 기판으로서, 기판 두께는 25 mil, 마이크로스트립의 폭 25 mil =0.635 mm,
// 가상적인 접지도체 사각형은 마이크로스트립의 30 배인 725 mil = 0.725 inch, 높이도 725 로 하며,
// 마이크로스트립을 10 구간으로 자르면, 사각형은 가로 세로 300 X 300 구간

#include <iostream>
#include <math.h>
#define total 301
#define eps0 8.854E-12
#define light 3.E+8
using namespace std ;

int main()
{
    int m, k, i, j, iteration, width, thickness  ;
    double V[total][total]  ;                // 공간 내 각 노드들의 전위 값 행렬
    double potential, sigma, epsR, D1, D2, Q, delta, cap0, cap, Zo  ;

    for(i=0; i<total; i++)
    {
        for(j=0; j<total; j++)               // 모든 노드 전위를 "0" 으로 초기화
        {
          V[i][j] = 0.  ;
        }
    }

    delta = 6.35E-5   ;                       // Mesh 한 구간의 폭
    width = 10  ;                             // 마이크로스트립의 폭
    thickness = 10  ;                         // 기판의 두께
    potential = 10.  ;                        // 마이크로스트립의 전압

    cout<< potential <<endl   ;

    for(i=0; i<width; i++)                    // 마이크로스트립의 전위를 10 Volt 로 설정
    {
        V[i+(total-width-1)/2][thickness] = potential   ;
    }

    for(m=0; m<2; m++)
    {
        if(m == 0)
        {
            epsR = 1.  ;
        }
        else
        {
            epsR = 10  ;                      // 기판의 비유전률
        }

        iteration = 100  ;
        for(k=0; k<iteration; k++)            // 4 각형 내 모든 모드들의 Potential 반복 계산
        {
            for(i=1; i<total-1; i++)
            {
                for(j=1; j<total-1; j++)
                {
                    if( j != thickness )
                    {
                        V[i][j] = ( V[i][j-1] + V[i][j+1] + V[i-1][j] + V[i+1][j] )/4.  ;
```

(계속)

| 그림 5.10 |  접지 도체면으로 둘러싸인 공간 내의 전위분포 계산 프로그램

```
                }
            else
                        {
        if( j<(total-width-1)/2 )
                            {
            V[i][j] = ( V[i][j-1] + V[i][j+1] + V[i-1][j] + V[i+1][j] )/4. ;
                            }
            else
                            {
            if( j>(total+width-1)/2 )
                                {
                V[i][j] = ( V[i][j-1] + V[i][j+1] + V[i-1][j] + V[i+1][j] )/4. ;
                                }
                else
                                {
                                }
                            }
                        }
                    }
                }
            }

    D1 = eps0 * epsR * ( V[total/2][thickness] - V[total/2][thickness-1] ) / delta ;    // 전속밀도1
    D2 = eps0 * ( V[total/2][thickness+1] - V[total/2][thickness] ) / delta        ;    // 전속밀도2
    sigma = D1 - D2 ;                                                                   // 표면전하밀도
    Q = sigma * width * delta ;                                                         // 총 전하량
    cap = Q / potential ;        // 캐패시턴스

    if(m == 0)
    {
        cap0 = cap ;
    }
    else
    {
    }
    cout<< "m = " << m <<endl ;

    cout<< "Capacitance=" << cap <<endl ;

        }

    Zo = 1 / light / sqrt(cap0 * cap) ;                                    // 특성임피던스

    cout<<"********* 마이크로스트립의 특성임피던스 계산 결과 ************"<<endl ;
    cout<< "Zo = " << Zo <<endl ;

    cin>> i ;

    return 0 ;
}
```

| 그림 5.10 | (계속) 접지 도체면으로 둘러싸인 공간 내의 전위분포 계산 프로그램

## 분산 모델 해석

만일 주파수가 2 GHz 이상으로 올라가면 분산 현상으로 인해 유효유전율 및 위상속도 그리고 특성 임피던스, 전파상수 등이 일정하지 못하므로 주파수의 함수로 나타내어져야 하고, 식 (5.8)

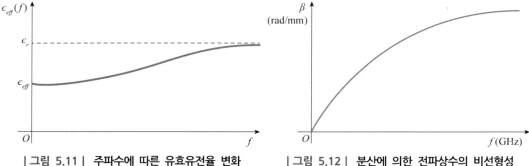

| 그림 5.11 | 주파수에 따른 유효유전율 변화    | 그림 5.12 | 분산에 의한 전파상수의 비선형성

은 다음과 같이 쓸 수 있다.

$$\epsilon_{eff}(f) = \left(\frac{c}{v_p(f)}\right)^2 \tag{5.19}$$

이와 같은 유효유전율(Effective Permittivity)은 주파수의 변화에 따라 다음과 같은 값의 범위 내에서 변화하게 된다.

$$\epsilon_{eff}(f) \rightarrow \begin{cases} \epsilon_{eff}, & f \rightarrow 0 \ \text{인 경우} \\ \epsilon_r, & f \rightarrow \infty \ \text{인 경우} \end{cases} \tag{5.20}$$

그와 같은 유효유전율의 변화를 그림 5.11에 보였으며, 분산 효과에 의한 주파수와 전파상수의 관계를 그림 5.12에 나타내었다.

이와 같은 분산(Dispersion) 효과를 고려한 마이크로스트립 모형으로는 1971년에 Jain, Makios, Chudobiak이 개발한 식이 있는데, 이는 계산된 유효유전율이 기판의 유전율보다 높아지는 경우가 발생되는 불합리한 점을 가지고 있으며, 1972년에 슈나이더(M. B. Schneider)가 그림 5.11을 Curve Fitting하여 얻은 식이 있는데 이 식을 통하여 얻어지는 결과는 통상 ±3%의 비교적 큰 오차를 갖고 있음이 입증되었다.

1978년에는 H. L. Carlin에 의해 개발된 TEM/TM(TE) 결합모형이 있는데, 이것은 마이크로스트립을 TEM 모드만 전송되는 선로와 TM(TE) 모드만 전송되는 선로가 결합된 형태의 회로모형으로서 그 후 약간의 수정을 통하여 상당히 정확한 값을 얻을 수 있었다.

또한 1973년에 COMSAT의 Getsinger에 의하여 개발된 도파관 모형(Ridged Waveguide

Model)이 있으며, 이 모형은 알루미나 같이 비유전율이 약 10인 기판에 대해서는 매우 정확한 결과를 얻을 수 있으나 그 외에는 매개변수 $G$ 값을 적절히 조정해주어야 하는 단점을 갖고 있다. 이 모형은 다시 1976년에 Edwards와 Owens에 의해 수정되어 매개변수에 대한 정의를 새롭게 하고 수식의 정밀도가 보완되어 매우 유용하게 사용되고 있다.

그 외에도 1974년 Bianco et al.에 의한 스트립라인 모형과 1976년 Owens에 의해 개발된 평면형 도파관 모형(Planar Waveguide Model) 등이 있다.

## 완전파동해석을 위한 FDTD법

마이크로스트립은 원천적으로 진행방향 성분과 수직방향 성분의 전자계를 모두 갖는 복합적인 전파특성을 갖고 있어 단순히 용량과 인덕턴스로 나타내어진 수식으로는 충분히 정확하게 기술될 수 없기 때문에, 정확한 해석을 위해서는 맥스웰 방정식이나 파동방정식을 풀어서 시변전자계를 구하고 전하밀도 역시 시변함수여야 하므로 전류밀도로 대치시키며, 용량 대신 전파상수를 구하게 되는 완전파동해석(Fullwave Analysis)을 필요로 한다.

그와 같은 완전파동해석을 컴퓨터에 의해 비교적 쉽게 수행할 수 있는 방법이 개발되어 많이 사용되고 있는데, 바로 유한차분 시간영역법(FDTD: Finite Difference Time Domain)으로서 FDTD도 FDM처럼 유한차분을 이용하여 맥스웰 방정식에 나타나는 시간미분 및 공간미분을 근사적으로 나타낸다.

이제 그 기초개념을 쉽게 이해하기 위하여 $x = x_0$ 근처($\pm \frac{\delta}{2}$)에서 함숫값을 테일러 급수로 전개하면 다음과 같다.

$$f\left(x_0 + \frac{\delta}{2}\right) = f(x_0) + \frac{\delta}{2}f'(x_0) + \frac{1}{2!}\left(\frac{\delta}{2}\right)^2 f''(x_0) + \frac{1}{3!}\left(\frac{\delta}{2}\right)^3 f'''(x_0) + \cdots$$

$$f\left(x_0 - \frac{\delta}{2}\right) = f(x_0) - \frac{\delta}{2}f'(x_0) + \frac{1}{2!}\left(\frac{\delta}{2}\right)^2 f''(x_0) - \frac{1}{3!}\left(\frac{\delta}{2}\right)^3 f'''(x_0) + \cdots \quad (5.21)$$

상기 두 식의 차를 구하면 다음과 같다.

$$f\left(x_0 + \frac{\delta}{2}\right) - f\left(x_0 - \frac{\delta}{2}\right) \simeq \delta f'(x_0) + \frac{2}{3!}\left(\frac{\delta}{2}\right)^3 f'''(x_0) \quad (5.22)$$

만일 $\delta \ll 1$이라 하면 3차 항을 생략하여 다음과 같이 근사될 수 있다.

$$f'(x_0) \simeq \frac{f\left(x_0 + \frac{\delta}{2}\right) - f\left(x_0 - \frac{\delta}{2}\right)}{\delta} \tag{5.23}$$

이제 전자파가 $z$방향으로 진행하는 평면파에 대한 1차원적인 완전파동해석을 위해 가장 일반성이 높은 맥스웰 방정식에 나오는 시간미분을 이용하기로 하며, 평면파의 전계 방향을 $x$방향으로 취하면 자계는 $y$방향 성분만 가지게 되므로, 맥스웰 방정식 중 패러데이 방정식은 다음과 같이 나타내어진다.

$$\nabla \times \mathrm{E} = \begin{bmatrix} \mathbf{a}_x & \mathbf{a}_y & \mathbf{a}_z \\ 0 & 0 & \frac{\partial}{\partial z} \\ E_x & 0 & 0 \end{bmatrix} = \mathbf{a}_y \frac{\partial E_x}{\partial z} = -\mathbf{a}_y \mu \frac{\partial H_y}{\partial t}$$

$$\frac{\partial E_x}{\partial z} = -\mu \frac{\partial H_y}{\partial t} \tag{5.24}$$

마찬가지로 암페어의 법칙은 다음과 같이 나타내어진다.

$$\nabla \times \mathrm{H} = \begin{bmatrix} \mathbf{a}_x & \mathbf{a}_y & \mathbf{a}_z \\ 0 & 0 & \frac{\partial}{\partial z} \\ 0 & 0 & \frac{\partial H_y}{\partial z} \end{bmatrix} = -\mathbf{a}_x \frac{\partial H_y}{\partial z} = -\mathbf{a}_x \epsilon \frac{\partial E_x}{\partial t}$$

$$\frac{\partial H_y}{\partial z} = -\epsilon \frac{\partial E_x}{\partial t} \tag{5.25}$$

식 (5.24)는 전계의 공간변화가 자계의 시간변화로 대치될 수 있고, 식 (5.25)는 자계의 공간변화가 전계의 시간변화에 의해 정의될 수 있음을 나타내므로, 식 (5.24)는 자계를 시간적으로 진행시키기 위하여 사용될 수 있고, 식 (5.25)는 전계를 시간적으로 진행시키는 데 사용될 수가 있다.

그와 같이 전계와 자계 중 어느 한쪽의 공간분포를 계산한 다음, 다른 쪽의 시간변화를 만들어 진행하고 그의 공간분포를 계산하여 다시 다른 쪽의 시간변화를 만들어나가는 방법이 주로 사용되며, 이를 도약 개구리법(Leap-Frog Method)이라 한다.

이제 상기 식 (5.24)와 식 (5.25)를 수치적 계산을 위한 유한차분 식으로 바꾸기 위해 $x$의 미소변화를 $\Delta x$라 하고 $t$의 미소변화를 $\Delta t$라 하면, 전계 및 자계 함수가 임의의 시간 및 공간 점에서 샘플링되는 값은 다음과 같이 나타낼 수 있다.

$$E_x(z, t) = E_x(m\Delta z, s\Delta t) = E_x^s[m] \tag{5.26}$$

$$H_y(z, t) = H_y(m\Delta z, s\Delta t) = H_y^s[m] \tag{5.27}$$

여기에서 $m$과 $s$는 임의의 불연속 공간 점과 시간 점을 정의할 수 있는 정수들이며, 식 (5.24)는 좌표 $\{(m+1/2)\Delta z, s\Delta t\}$에 대해서 다음과 같이 쓸 수 있다.

$$\frac{\partial E_x(z, t)}{\partial z}\bigg|_{(m+1/2)\Delta z, s\Delta t} = -\mu \frac{\partial H_y(z, t)}{\partial t}\bigg|_{(m+1/2)\Delta z, s\Delta t} \tag{5.28}$$

이제 그림 5.13과 같이 전계는 $m$과 $s$가 정수가 되는 점(●)들에 할당하고, 자계는 $m$과 $s$가 모두 반정수가 되는 점(○)들에 할당하며, 수평의 점선이 현재를 나타내는 것으로 가정하면 그 밑의 점들은 과거로서 이미 알고 있는 데이터 점들이며, 점선 위의 점들은 미래로서 과거의 점들을 이용하여 결정해주어야 할 점들이 된다.

식 (5.28) 우변의 자계에 대한 시간미분은 그림 5.13의 $P$점에서 공간좌표 $z = (m+1/2)\Delta z$를 고정한 상태에서 시점 $t = (s+1/2)\Delta t$과 $t = (s-1/2)\Delta t$ 사이의 자계차분으로 구해지고, 좌변의 전계에 대한 공간미분은 시점을 $t = s\Delta t$로 고정하여 공간좌표 $z = (m+1)\Delta z$과 $z = m\Delta z$ 사이의 전계차분으로 다음과 같이 구해진다.

$$\frac{E_x^s[m+1] - E_x^s[m]}{\Delta z} = -\mu \frac{H_y^{\left(s+\frac{1}{2}\right)}\left[m+\frac{1}{2}\right] - H_y^{\left(s-\frac{1}{2}\right)}\left[m+\frac{1}{2}\right]}{\Delta t} \tag{5.29}$$

상기 식으로부터 다음의 차분방정식을 얻을 수 있다.

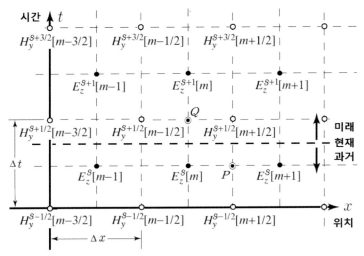

| 그림 5.13 | 시공간 내의 전계 및 자계 노드의 배열(자계의 업데이트)

$$H_y^{\left(s+\frac{1}{2}\right)}\left[m+\frac{1}{2}\right] = H_y^{\left(s-\frac{1}{2}\right)}\left[m+\frac{1}{2}\right] - \frac{\Delta t}{\mu\,\Delta z}\left\{E_x^s[m+1] - E_x^s[m]\right\} \tag{5.30}$$

상기 식은 자계 값에 대한 업데이트 방정식(Update Equation)으로서, 새 노드의 자계 값은 이전 시점의 자계 값과 그 주변의 두 전계 노드에 의하여 구해질 수 있음을 의미하며, 임의의 자계 노드에 적용할 수 있다.

마찬가지로 암페어의 법칙인 식 (5.25)를 시공간좌표 $\{m\Delta z,\ (s+1/2)\Delta t\}$에서의 유한차분 식으로 나타내어보자.

$$\left.\frac{\partial H_y(z,\,t)}{\partial z}\right|_{m\Delta z,\,(s+1/2)\Delta t} = -\,\epsilon\,\left.\frac{\partial E_x(z,\,t)}{\partial t}\right|_{m\Delta z,\,(s+1/2)\Delta t} \tag{5.31}$$

식 (5.31) 우변의 전계에 대한 시간미분은 그림 5.13의 $Q$점에서 공간좌표 $z = m\Delta z$를 고정한 상태에서 시점 $t = (s+1)\Delta t$과 $t = s\Delta t$ 사이의 전계차분으로 구해지고, 좌변의 자계에 대한 공간미분은 시점을 $t = (s+1/2)\Delta t$로 고정하여 공간좌표 $z = (m+1/2)\Delta z$과 $z = (m-1/2)\Delta z$ 사이의 자계차분으로 다음과 같이 구해진다.

$$\frac{H_y^{\left(s+\frac{1}{2}\right)}\left[m+\frac{1}{2}\right] - H_y^{\left(s+\frac{1}{2}\right)}\left[m-\frac{1}{2}\right]}{\Delta z} = -\epsilon\,\frac{E_x^{(s+1)}[m] - E_x^s[m]}{\Delta t} \qquad (5.32)$$

상기 식으로부터 다음의 차분방정식을 얻을 수 있다.

$$E_x^{(s+1)}[m] = E_x^s[m] - \frac{\Delta t}{\epsilon\,\Delta z}\left\{ H_y^{\left(s+\frac{1}{2}\right)}\left[m+\frac{1}{2}\right] - H_y^{\left(s+\frac{1}{2}\right)}\left[m-\frac{1}{2}\right] \right\} \qquad (5.33)$$

상기 식은 전계 값에 대한 업데이트 방정식으로서, 새 노드의 전계 값은 이전 시점의 전계 값과 그 주변의 두 자계 노드에 의하여 구해질 수 있음을 의미하며, 공간 내 임의의 전계 노드에 적용할 수 있다.

상기의 과정을 보면 자계의 업데이트에서 현재 선이 1/2노드만큼 전진했고, 다시 전계의 업데이트에서 1/2노드만큼 전진함으로써, 원래 상태로 돌아와 다시 업데이트할 수 있는 상태가 되므로 이러한 과정을 반복함으로써 해당 공간 전체의 전자계 분포를 계산할 수가 있는 것이다.

## 5.3 마이크로파 기판

### 5.3.1 기판의 선택

이제 이 마이크로스트립을 응용하여 회로설계를 꾀하는 차원에서 생각해보자.

다른 전송선로와 마찬가지로 마이크로스트립 설계에 있어서도 문제의 초점은 임피던스의 정합을 어떻게 수행하느냐에 모아지며, 따라서 원하는 여러 가지의 특성 임피던스를 갖는 마이크로스트립을 어떠한 재료로 어떻게 구현시키느냐 하는 문제로 귀착이 된다.

일단 원하는 특성 임피던스의 최댓값 및 최솟값이 결정이 되면 다음 단계에서 제일 먼저 할 일은 사용해야 할 기판을 선택하는 것으로서, 이는 전력수준 및 동작주파수, 회로의 동작 환경에 따른 온도의 변화나 기계적인 강도, 회로의 크기, 프린트 시에 구현가능한 선폭의 정밀도, 표면처리 정도, 삽입손실, 진동 또는 습기에 따른 내구성 그리고 최종적으로 가격 등의 요소를 고려하여 결정해야 한다. 물론 용도에 따라 도체의 재질 및 두께까지도 정확히 정의되어야 한다.

따라서 만일 기판이 결정되면 남은 일은 주어진 기판의 유전율 $\epsilon_r$ 및 기판의 두께 $h$를 가지고 필요한 선폭 $w$를 결정하는 것이 전부이며, 그를 위해서는 마이크로스트립에 관한 정성적이고도 정량적인 완벽한 이해가 필수불가결하다.

지극히 정확한 해석방법을 통하여 구해진 기판의 두께와 마이크로스트립의 폭에 따른 특성 임피던스의 변화는 그림 5.14와 같다.

기판 선택에 있어서 베이클라이트나 종이 에폭시 기판은 고주파에 전혀 사용이 불가능하지만, FR-4 같은 유리 에폭시 기판은 1 GHz 이하의 주파수에서 경제적으로 사용될 수 있다. 또한 5 GHz까지는 테플론(Teflon), 약 10 GHz 미만에서는 폴리올레핀(Polyolefin) 등의 플라스틱 기판이 사용될 수 있으며, 주파수가 높아지면 기계적인 강도가 큰 알루미나, 열전도율이 높은 베릴리아(Beryllia), 높은 유전율의 티탄산염, 표면처리가 쉬운 사파이어 및 Fused Quartz 등이 사용된다.

그 외에도 G-10이나 Epsilam-10, Alsimag 805, MRC Superstrate, Duroid 등과 같은 합성기판이 많이 사용되는 편이며, 서큘레이터 같은 비가역특성의 회로를 위한 페라이트(Ferrite), MMIC를 위한 실리콘 및 GaAs 그리고 스피넬(첨정석) 등이 기판으로 사용되고 있다.

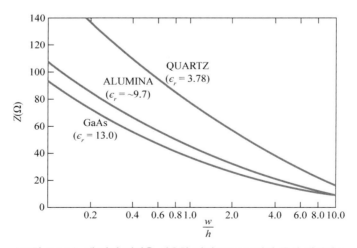

| 그림 5.14 | 세 가지 기판을 사용한 마이크로스트립의 특성 임피던스

실제적인 면에서 마이크로스트립으로 제작이 가능한 특성 임피던스의 한계는 대체적으로 기판의 두께, 스트립의 폭과 관내파장의 비 그리고 도체손실 및 도체 가공(Metalization)의 정밀도에 의하여 결정되는데, 일반적으로 높은 값보다는 낮은 값의 특성 임피던스가 훨씬 더 구현시키기가 어렵고 이는 주파수가 높을수록, 기판이 두꺼울수록 더 어려워진다.

그러한 특성 임피던스의 하한선은 마이크로스트립의 폭이 넓어짐에 따라 발생하는 횡방향 공진(Transverse Resonance)에 의하여 결정되고 통상 λg /4의 0.8배로 주어지며, 상한선은 도체손실과 선로의 정밀도에 의하여 결정되는 것으로 보통 25 $\mu$m 이하의 것은 사용을 피하고 있다.

기판의 두께는 보통 0.125 ~1.25 mm로 하고 있는데 그 상한선은 복사손실과 예상외의 변칙적 전파모드를 방지할 목적으로 주어진다.

예를 들어 1977년에 발표된 R. E. Markle의 논문에 의하면 TE 또는 TM 모드의 전파를 방지하기 위한 기판두께의 최댓값은 다음과 같이 주어진다.

$$h_{\max} = \frac{\lambda_0}{4\sqrt{\epsilon_r - 1}} \tag{5.34}$$

이 식에 의하면 알루미나의 경우에 10 GHz에서 $h_{\max} = 2.5\,\mathrm{mm}$이고, 전자파 복사문제는 보통의 차폐되지 않은 마이크로스트립의 경우에 특히 중요하기 때문에 통상적으로 10 GHz용으로는 0.635 mm(25 mil)의 두께로 상용화되어 있다.

반면에 0.2 mm 이하의 두께를 갖는 기판은 그 위에 설계되는 선로들이 가늘어져서 도체손실이 지나치게 커지고 도체가공(Metalization)의 정밀도가 떨어지며, 또한 기계적으로 약한 단점이 있어서 잘 사용되지 않는다. 다만 GaAs와 같은 MMIC의 경우에는 능동소자의 방열(Heat Sinking)을 수월히 하게 할 목적으로 얇은 기판이 선호되고 있다.

표 5.1에 사용빈도가 높은 기판에 설계되는 마이크로스트립 특성을 나타내었다.

| 표 5.1 |  여러 가지 기판의 마이크로스트립 특성(@10 GHz, 50 Ω)

| 기판재료 | 석영(Quartz) Fused SiO$_2$ | 알루미나 99% Al$_2$O$_3$ (세라믹) | 사파이어 Al$_2$O$_3$ (단결정) | SI Substrate Cr Doped GaAs |
|---|---|---|---|---|
| $\epsilon_r$ | 3.6 | ~9.7 | $\epsilon_{r_+}=9.4,\ \epsilon_{r_{11}}=11.6$ | 13.0 |
| tan $\delta$ | < 0.0001 | 0.0001 | < 0.0001 | 0.0004 |
| $\epsilon_{eff}$ | 2.97 | 6.64 | 7.4 | 7.9 |
| $\dfrac{w}{h}\star$ | 2.1 | 0.96 | 0.86 | 0.78 |
| $\lambda g/4$(mm) | 4.34 | 2.90 | 2.74 | 2.67 |
| Q | 420 | 300 | 380(20 Ω) | 70~100 |
| $\alpha\lambda g$(dB) | 0.065 | 0.091 | 0.072 | ~0.27 |
| R$_s(\mu m)$ | 0.05 | 0.05 | 0.005 | ~0.05 |
| h(mm) | 0.5 | 0.64 | 0.51 | 0.2 |
| 도체 | Ni-Ph, Au | Cr, Au | Cr, Au, Cu | Au |
| 도체두께 | 1000Å, 7 $\mu m$ | 200Å, 7.5 $\mu m$ | 200Å, 3.0 $\mu m$ | ~1.5 $\mu m$ |

$\alpha\lambda g$ = 파장당의 감쇠량, $R_s$ = 표면처리정도(Rms surface roughness)
$\star$ 50 Ω에 대한 결과

## 5.3.2 유전체 기판상의 도체 가공

주어진 유전체 기판상에 마이크로스트립 회로의 구성을 위하여 도체를 입히고 패턴을 만드는 과정을 도체 가공(Metalization)이라 하며, 그를 위한 방법으로는 과정의 차이에 따라 후막기술(Thick-Film Technique)과 박막기술(Thin-Film Technique) 두 가지로 나눌 수 있다.

통상 후막기술이라 하는 것은 실크스크린(Silk Screen)기법을 이용하여 구현된 것을 말하는데, 실크 모양의 미세한 스테인리스 스틸이나 폴리에스터(Polyester)로 된 격자를 패턴에 따라 사진석판레진(Photo-resist Resin)으로 막거나 개방함으로써 만들어진 스크린을 유전체 기판 위에 놓고 도전성 잉크 또는 페이스트(보통 금 성분 포함)를 도포하거나 짜 넣으면 스크린 패턴에 따라 기판상에 회로가 그려지며, 이를 적외선으로 말리고 900~1000℃의 오븐에 넣고 구움으로써 간단히 샘플이 완성되기 때문에 처리비용이 저렴하여 대량생산에 적합한 반면, 패턴의 정밀도가 약 100 $\mu m$로서 지극히 불량하고 기공이 많은 성질 때문에 주파수가 높아짐에 따라 도체손실이 커져서 대체로 10 GHz 미만의 낮은 주파수대역에서만 많이 사용되고 있다.

그에 비하여 박막기술의 경우에는 진공증착(Vacuum Evaporation)이나 자기 스퍼터링

(Magnetic Sputtering)에 의해 도체 가공하고 있으며, 패턴 형성을 위해서는 사진석판기법 (Photo-lithography Technique)과 함께 Plate-Through법 또는 Etch-Back법을 사용한다.

여기에서 Plate-Through법이란 사진석판기법에 의해 기판상에 회로를 프린트하고 그 중에 사진석판레진이 없는 부분만을 증착이나 스퍼터링에 의해 도체를 입힌 다음, 필요 없는 레진을 세척용액으로 씻어 내는 방법이며, Etch-Back법은 사전에 도체 가공이 된 기판에 사진석판으로 회로패턴을 프린트하고 레진이 없는 부분만을 에칭해내는 방법을 말한다.

실질적인 면에서 Plate-Through법은 레진의 두께가 두꺼워야 쉽게 제거될 수 있기 때문에 Etch-Back법에 비해 정밀도가 떨어지며 도체 두께도 균일하지 못한 편이다.

이들 후막(Thick-Film)과 박막(Thin-Film)은 주로 만드는 방법상의 차이로 구분되며, 실제 도체 두께는 약 2배 정도밖에 차이가 나지 않는다.

일반적으로 도체 두께는 표피효과 깊이(Skin Depth)의 4배 이상이 좋은 것으로 판명되어 있는데, 일례로 구리의 표피효과 깊이는 4 GHz에서 약 1 $\mu$m 정도이기 때문에 구리박막의 두께는 5 $\mu$m로 하고 있는 데 비해 후막으로 만들어지는 두께는 약 10 $\mu$m 정도이며, 10 GHz 이상에서 금의 박막 두께는 2~3 $\mu$m 정도로도 충분하다.

X-밴드를 위해 25 mil 두께의 알루미나 기판상에 설계된 50 $\Omega$의 박막선로는 약 0.09 dB/cm의 감쇠율을 갖는 데 비해 후막의 감쇠율은 약 0.24 dB/cm 정도이다.

또한 표 5.1에서 보인 바와 마찬가지로 유전체 기판 표면에 도체막을 견고하게 접착시키기 위하여 금이나 구리 등의 금속층을 입히기 전에 크롬이나 니크롬과 같은 금속을 먼저 아주 얇게 증착시킨다.

## 5.3.3 마이크로스트립의 전력손실

마이크로스트립 선로 내에서의 전송손실은 다음과 같은 네 가지 별개의 현상들에 기인한다.

1) 마이크로스트립의 도체손실
2) 기판의 유전손실
3) 복사손실
4) 표면파손실(TM 또는 TE 모드)

여기에서 도체손실은 주파수와 사용된 금속의 도전율(Conductivity), 표면처리상태(Surface Roughness) 그리고 도체 두께 및 폭에 의해 주로 결정되며, 주파수가 지극히 높은 경우에는 표피효과깊이(Skin Depth)를 고려해야 한다. 실험적으로 입증된 사실에 의하면 표면거칠기 실효값(RMS Surface Roughness)과 표피효과깊이의 비가 약 0.1 이하이면 표면처리에 의한 영향은 거의 무시될 수 있으며, 1에 가까워지면 손실이 약 1.5배 커지는 것으로 나타났다.

주파수 10 GHz에서 금의 표피효과깊이는 약 0.7 $\mu$m 이고 상용으로 판매되는 알루미나 기판의 표면거칠기 실효값은 약 0.05 $\mu$m 이므로, 그와 같은 기판은 X-밴드와 Ku-밴드의 일부에서 별문제 없이 사용될 수 있으며, 더 높은 주파수를 위해서는 사파이어나 석영(Fused Silica) 등과 같은 기판을 사용함이 바람직하다. 그와 같이 표면처리에 있어서는 유리질의 재료들이 알루미나에 비해 월등한 입장이지만, 기계적으로 약한 단점이 있다.

기판의 유전손실은 유전체가 완전한 절연특성을 갖지 못하고 유한한 저항을 갖기 때문에 나타나는 것으로서, 손실을 나타내는 탄젠트 델타(Tan $\delta$)의 함수로 주어지는데, MIMIC을 위한 실리콘 또는 갈륨비소 기판의 경우에는 유전손실이 도체손실에 비하여 3배 이상 크고, 플라스틱 기판은 거의 같은 수준이며, 그 이외 알루미나 등 대부분의 기판은 Tan $\delta = 10^{-3}$ 미만으로서 유전손실은 도체손실의 1 / 5 이하가 되므로 무시될 수 있다.

모든 마이크로파 회로들은 개방단(Open End), 계단(Step), 구부림(Bend) 등의 불연속점들을 갖고 있고, 마이크로스트립은 완전히 개방되어 사용되거나 불완전하게 차폐된 상태로 사용되기 때문에, 복사(Radiation)가 생기거나 차폐회로에 유기전류를 발생시켜 결국 복사손실이 되는데, 이러한 현상은 필터나 증폭기 등의 설계에 있어 매우 귀찮은 존재로서 필수적으로 동반되는 현상이기 때문에 이를 감소시키기 위한 대책의 수립이 요구된다. 그를 위한 방안으로는 금속으로 차폐하거나 불연속점 부근에 전파흡수체인 손실물질을 두는 방법 또는 불연속의 모양을 테이퍼 같이 적당하게 변형시키는 방법들을 고려해볼 수 있다.

25 mil(약 0.65 mm)의 알루미나 기판상에 설계된 50 Ω 마이크로스트립 선로의 개방단은 10 GHz에서 약 $Gr = 30\ \mu$S, 10 Ω 선로는 약 $Gr = 120\ \mu$S의 컨덕턴스를 갖게 된다(S = Mho = Siemens).

표면파(Surface-Wave)는 분산 때문에 야기된 TE 및 Radial TM 모드 중 일부가 마이크로스트립을 벗어나 유전체 기판의 바로 밑에 붙잡혀 진행하는 전자파를 말하는 것으로, 1979년에 J. R. James와 A. Henderson에 의해 해석되었다.

그 해석의 중요한 결론으로는 약 10 GHz까지의 주파수에 대해 알루미나상의 마이크로스트립에 대해서는 $G_s < G_r$이며, 주파수가 증가함에 따라 $G_s$의 비중이 점점 커지는 것이라 할 수 있으나, 아직까지도 이 분야는 계속 연구의 소지가 있다고 할 수 있다.

또한 James와 Henderson의 연구결과에 의하면 알루미나 기판이나 플라스틱(Polyolefin) 기판상에 프린트된 직사각형의 마이크로스트립 공진기는 상기의 네 가지 손실에 의해서 전체 Q-factor가 각각 $300 \to 180$, $60 \to 20$으로 떨어지는 것으로 나타났다.

일반적으로 복사를 차폐시키면 표면파가 증가하므로 전파흡수체를 사용함이 좋지만 이 역시 공간을 많이 차지하는 단점이 있다.

하여간 이와 같은 현상들은 손실 이외에 기생결합(Parasitic Coupling)까지도 동반하기 때문에 이들을 감소시키기 위해서는 높은 유전율 및 얇은 두께의 기판(도체손실은 증가)을 사용하는 것이 좋다.

## 5.3.4 마이크로스트립의 $Q$와 감쇠상수

마이크로스트립 선로상의 전압과 전류의 실효값을 $V, I$라 할 때 선로의 무부하 $Q$(Unloaded Q-factor)는 다음과 같이 나타내어진다.

$$Q_u = \omega \frac{\text{축적되는 에너지}}{\text{소모되는 에너지}} = \omega \frac{LI^2/2 + CV^2/2}{RI^2 + GV^2} \tag{5.35}$$

여기서 $I = V/Z_0$와 $Z_0 = \sqrt{L/C}$를 대입하면 아래와 같다.

$$Q_u = \omega \frac{LI^2/2 + CV^2/2}{RI^2 + GV^2} = \frac{\omega}{2} \frac{L/Z_0 + CZ_0}{R/Z_0 + GZ_0}$$

$$= \frac{\omega}{2} \frac{\sqrt{LC} + \sqrt{LC}}{R\sqrt{C/L} + G\sqrt{L/C}} = \frac{\omega\sqrt{LC}}{R\sqrt{C/L} + G\sqrt{L/C}} \tag{5.36}$$

그런데 식 (2.11), (2.12)에 의해 충분히 마이크로파와 같이 높은 주파수에서의 감쇠상수와 위상상수는 다음과 같이 주어지므로

$$\alpha = \frac{1}{2}\left(R\sqrt{C/L} + G\sqrt{L/C}\right) \tag{5.37a}$$

$$\beta = \omega\sqrt{LC} \tag{5.37b}$$

최종적으로 무부하 Q는 다음과 같이 나타내어진다.

$$Q_U = \frac{\beta}{2\alpha} = \frac{2\pi/\lambda_g}{2\alpha} = \frac{\pi}{\alpha\lambda_g} \tag{5.38}$$

### 5.3.5 마이크로스트립의 횡방향 공진

마이크로스트립의 폭($w$)이 아주 넓은 경우 스트립은 그림 5.15와 같이 횡방향으로 $w + 2d$인 공진선로(Resonant-Line)처럼 행동하므로, 횡방향 공진모드(Transverse-Resonant 모드)가 발생하여 기존의 Quasi-TEM 모드와 강하게 결합하여 심각한 왜곡(Distortion)을 유발하게 되는데, 이러한 폐단은 마이크로스트립의 한가운데에 가느다란 슬릿을 만들어둠으로써 방지가 가능하다.

여기에서 $d$는 마이크로스트립 측면의 용량(Fringing Capacitance)에 의한 등가적 폭으로서 통상 $d = 0.2h$이다.

그림 5.15로부터 횡방향 공진이 발생할 수 있는 가장 낮은 주파수에 대응하는 차단주파수

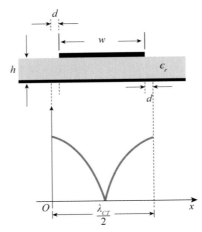

| 그림 5.15 | 마이크로스트립의 횡방향 반파장 공진

파장 $\lambda_{CT}$는 다음과 같이 주어진다.

$$\frac{\lambda_{CT}}{2} = w + 2d = w + 0.4\,h$$

$$\frac{c}{2f_{CT}\sqrt{\epsilon_r}} = w + 0.4\,h \tag{5.39}$$

그러므로

$$f_{CT} = \frac{c}{\sqrt{\epsilon_r}\,(2w + 0.8\,h)} \tag{5.40}$$

여기에서 $c$는 빛의 속도이다.

## 5.4 기타 평면형 선로

### 5.4.1 슬롯 선로

슬롯 선로(Slot line)는 한 면에만 도체가 입혀진 단면기판을 그림 5.16과 같은 구조로 에칭하여 완전히 분리된 좁은 스롯을 만들고 양 도체 사이의 간격에 분포하는 전자계를 이용하는 전송선로로서, 그와 같은 구조 때문에 부품의 병렬 연결 시에는 선로를 따라 변화하는 전자계에 대해 적절한 위치를 잡아 슬롯을 가로질러 연결만 하면 되므로 편리한 반면, 동축 선로와의 연결을 위한 트랜지션(Transition)의 설계는 비교적 어려운 편이다.

슬롯 선로의 임피던스는 슬롯의 폭이 커짐에 따라 증가하며, 60 Ω 미만의 특성 임피던스를 구현하기가 어렵다. 그와 같은 특징은 마이크로스트립으로 높은 임피던스를 만들기가 어렵기 때문에 마이크로스트립을 대치할 목적으로 이용된다.

슬롯 선로는 전파손실이 커서 $Q$가 매우 낮은 편이다.

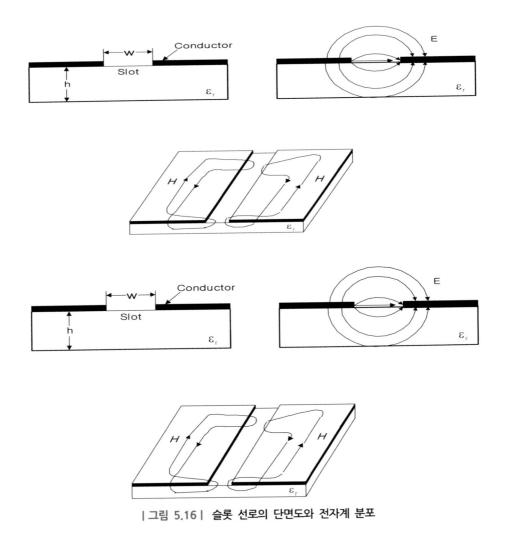

| 그림 5.16 |  슬롯 선로의 단면도와 전자계 분포

## 5.4.2 CPW

CPW(Coplanar Waveguide)는 일명 Coplanar Line으로도 불리며, 슬롯 선로와 마찬가지로 그림 5.17과 같이 단면기판에 2개의 접지도체와 그 사이로 중심도체가 평행하게 프린트된 구조로 이루어져 있다.

중심도체가 있어 부품의 직렬 연결이 쉬운 편이며, 병렬 연결 시에는 회로가 평형구조인지 불평형되었는지에 따라 중심도체와 접지도체 중 하나 또는 양쪽 모두에 연결이 가능하다. 따

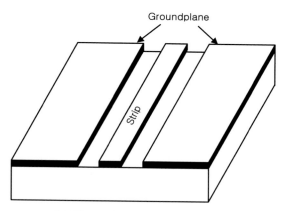

Groundplane

Strip

| 그림 5.17 |  Coplanar Line의 구조

라서 Coplanar Line은 Balanced Mixer나 Single-Ended Mixer에 모두 사용될 수 있으며, 그들 회로의 상호변환에도 사용될 수 있다.

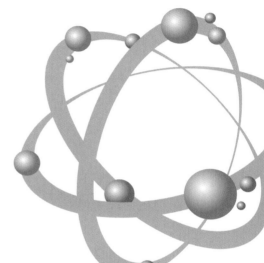

# 06 마이크로파 회로 해석

초고주파 회로는 통상 산란행렬(Scattering Matrix)($S$파라미터)에 의해 나타내어지며, 그 이유를 언급하기 전에 먼저 키르히호프의 법칙과 맥스웰 방정식 사이의 관계를 알아보자.

## 6.1 키르히호프의 법칙과 맥스웰 방정식 사이의 관계

키르히호프의 전류법칙에 의하여 그림 6.1의 $o$점에서 다음의 식을 얻을 수 있다.

$$\sum_{n=1}^{N} I_n = 0 \tag{6.1}$$

일반적으로 벡터 정의(Vector Identity)에 의하면 임의의 벡터 A에 대한 $\nabla \times$의 발산은 0이므로, 즉 $\nabla \cdot (\nabla \times A) = 0$, 이를 맥스웰 방정식에 대입하면 다음과 같이 전류에 관한 연속방정식을 얻을 수 있다.

$$\nabla \times H = J + \frac{\partial D}{\partial t}, \ \nabla \cdot D = \rho$$

$$\nabla \cdot (\nabla \times H) = \nabla \cdot J + \frac{\partial}{\partial t} \nabla \cdot D = 0$$

$$\nabla \cdot J + \frac{\partial \rho}{\partial t} = 0 \tag{6.2}$$

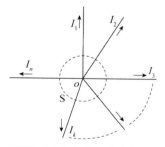

| 그림 6.1 | 노드 $o$에서의 전류

상기 식 (6.2)를 임의의 면적에 의해 둘러싸인 체적에 대하여 적분하면 다음과 같다.

$$\iiint_V \nabla \cdot \mathrm{J}\, dv + \frac{\partial}{\partial t} \iiint_V \rho\, dv = 0 \tag{6.3}$$

이 식을 발산 정리를 이용하여 면적분으로 바꾸면 다음을 얻는다.

$$\iint_s \mathrm{J} \cdot ds = - \frac{\partial}{\partial t} \iiint_V \rho\, dv \tag{6.4}$$

상기 식 (6.4)를 그림 6.1의 노드 $o$에 적용시키면 다음과 같이 쓸 수 있다.

$$\sum_{n=1}^{N} I_n = - \frac{dQ}{dt} \tag{6.5}$$

위 식 (6.5)에서 $Q$는 체적 내의 전하량을 나타내므로, 그 미분인 오른쪽 항은 폐곡면 $S$에 의해 둘러싸인 체적 내에서 전하가 소멸하는 비율을 나타낸다. 따라서 이 식과 식 (6.1)과의 차이점을 비교해보면, 키르히호프의 전류법칙은 노드에 연결된 모든 선전류만을 고려할 수 있는 데 비해 맥스웰 방정식은 노드에서 발생하는 모든 누설전류 등의 기생효과들을 모두 포함한다고 할 수 있다.

다음에는 그림 6.2에 키르히호프의 전압법칙을 적용하여 다음의 결과를 얻을 수 있다.

$$\sum_{n=1}^{N} V_n = - V_0 + V_1 + V_2 + V_3 = 0 \tag{6.6}$$

이제 동일한 조건에서 맥스웰 방정식을 적용시키기 위해 그림 6.2에서 다음의 $\nabla \times$ 방정식을 폐루프 단면적에 걸쳐 적분한다.

$$- \nabla \times \mathrm{E} = \frac{\partial \mathrm{B}}{\partial t}$$

$$- \iint \nabla \times \mathrm{E} \cdot d\mathrm{s} = \iint \frac{\partial \mathrm{B}}{\partial t} \cdot d\mathrm{s} \tag{6.7}$$

위의 식에 스토크스 정리를 적용하여 다음과 같이 쓸 수 있다.

$$- \int \mathrm{E} \cdot d\mathrm{l} = \frac{\partial}{\partial t} \iint_S \mathrm{B} \cdot d\mathrm{s} \tag{6.8}$$

그런데 임의의 두 점 1과 2 사이의 전압은

$$V_{21} = - \int_1^2 \mathrm{E} \cdot d\mathrm{l}$$

와 같이 쓸 수 있으므로 그림 6.2의 폐회로에서 한 바퀴를 돌아온 전압은

$$\sum_{n=1}^N V_n = - \oint \mathrm{E} \cdot d\mathrm{l} \tag{6.9}$$

따라서 식 (6.8)을 다음과 같이 쓸 수 있다.

$$\sum_{n=1}^N V_n = \frac{\partial}{\partial t} \int \int_S \mathrm{B} \cdot d\mathrm{s} \tag{6.10}$$

여기에서 오른쪽 항은 폐회로 내부를 통과하는 자력선의 변화에 따른 기전력을 나타낸다.

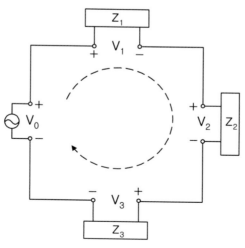

| 그림 6.2 | 폐회로에서의 전압강하

## 6.2 도파관에서의 전압과 전류

임의의 전송선로에서의 전압과 전류는 다음과 같은 식에 의해 등가적으로 정의될 수도 있다.

$$V = \int_{+}^{-} E \cdot dl \tag{6.11a}$$

$$I = \oint_{C+} H \cdot dl \tag{6.11b}$$

상기 식 (6.11a)에서 적분경로는 +도체에서 시작하여 −도체에서 끝남을 의미하며, 식 (6.11b)에서의 적분경로는 +도체를 둘러싸는 임의의 폐루프를 나타내면서 그 루프 내에 −도체까지 두 선 모두를 포함시키지 말 것을 의미한다.

그와 같은 등가전압/전류의 정의에 따라 모든 전송선로상에서 전압 및 전류가 유일하게 정의될 수 있을지에 대한 의문점을 해소하기 위하여, 도파관의 경우를 예로 들어 그 전압과 전류가 어떻게 정의될 수 있는지에 관하여 알아보기로 한다. 먼저 전압과 전류에 관계되는 맥스웰 방정식을 써보면 다음과 같다.

$$\oint E \cdot dl = -\iint \frac{\partial B}{\partial t} \cdot ds \tag{6.12a}$$

$$\oint H \cdot dl = I + \iint \frac{\partial D}{\partial t} \cdot ds \tag{6.12b}$$

그림 6.3의 두 점 $A$, $B$ 사이의 전압강하를 고려할 때, 식 (6.12a)는 다음과 같이 쓸 수 있다.

$$V_{BA} = -\int_{A}^{B} E \cdot dl = \iint \frac{\partial B}{\partial t} \cdot ds \tag{6.13}$$

도파관 내부에서는 항상 진행방향으로의 전계 또는 자계가 존재하기 때문에 TE 모드와 같이 진행방향 성분의 자계를 갖는 경우에 임의로 취한 폐곡선에 대해 식 (6.13)은 항상 다른 값을 주게 되므로 전압이 일의적으로 정의될 수 없다.

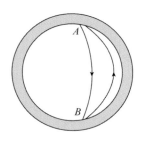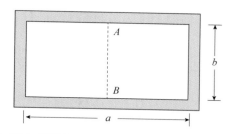

| 그림 6.3 | 도파관

또한 식 (6.12b)로부터 전류는 진행방향 성분의 전계에 의하여 취해진 폐곡선에 따라 다르게 되므로 TM 모드의 경우 전류에 대한 정의가 모호해진다.

따라서 전압과 전류는 TEM 모드에서만 유일하게 정의됨을 알 수 있으며, 결국 Non-TEM으로 전송되는 도파관에 대해서는 전압/전류가 여러 가지로 정의될 수 있으나, 그 중에 통상적으로 다음과 같은 등가전압과 전류(Equivalent Voltage and Currents)에 대한 정의가 유용하다고 할 수 있다.

1) 전압이나 전류는 특정한 전파모드에 대해서만 정의되며, 전압은 횡방향 전계에 비례하는 크기가 되고, 전류는 횡방향 자계에 비례하는 크기로 한다.
2) 등가전압과 등가전류의 곱은 해당 전파모드 전자파의 전력이 되도록 하여야 한다.
3) 단일 입사파에 대한 등가전압과 전류의 비는 선로의 특성 임피던스여야 하며, 이 임피던스는 임의로 선택될 수도 있지만, 통상적으로 해당 모드의 파동 임피던스와 같도록 하거나 또는 1로 규준화한다.

## 6.3 임피던스와 반사계수의 주파수 특성

임의 회로의 입력단 임피던스 함수를 $Z(\omega)$라 할 때, 그 포트에서의 전압과 전류함수는 $V(\omega) = Z(\omega)I(\omega)$의 관계를 갖게 되며, 전압함수 $V(\omega)$를 역푸리에 변환함으로써 시간 전압함수 $v(t)$를 다음과 같이 얻을 수 있다.

$$v(t) = \frac{1}{2\pi} \int_{-\infty}^{\infty} V(\omega) e^{j\omega t} d\omega \tag{6.14}$$

$v(t)$는 실함수이므로 $v(t) = v^*(t)$이고, 따라서 다음과 같이 쓸 수 있다.

$$\int_{-\infty}^{\infty} V(\omega) e^{j\omega t} d\omega = \int_{-\infty}^{\infty} V^*(\omega) e^{-j\omega t} d\omega$$

$$= -\int_{\infty}^{\infty} V^*(-\omega) e^{j\omega t} d\omega = \int_{-\infty}^{\infty} V^*(-\omega) e^{j\omega t} d\omega \tag{6.15}$$

위 식으로부터 다음을 얻는다.

$$V(\omega) = V^{*(-}\omega) \quad \text{또는} \quad V(-\omega) = V^*(\omega) \tag{6.16}$$

이는 $V(\omega)$의 실수부가 $\omega$에 관한 우함수이고, 허수부는 기함수임을 의미하며, 그와 같은 추론은 전류함수 $I(\omega)$에 대해서도 마찬가지임을 알 수 있다. 그러한 결과와 $V(\omega) = Z(\omega)I(\omega)$의 관계식에 따라 다음과 같이 쓸 수 있다.

$$V^*(-\omega) = Z^*(-\omega)I^*(-\omega) = Z^*(-\omega)I(\omega)$$

$$= V(\omega) = Z(\omega)I(\omega) \tag{6.17}$$

따라서 임피던스 함수를 $Z(\omega) = R(\omega) + jX(\omega)$라 하면, $R(\omega)$는 $\omega$에 관한 우함수이고, $X(\omega)$는 기함수임을 알 수 있다.

이제 입력포트에서의 반사계수를 써 보면 다음과 같다.

$$\Gamma(\omega) = \frac{Z(\omega) - Z_0}{Z(\omega) + Z_0} = \frac{R(\omega) - Z_0 + jX(\omega)}{R(\omega) + Z_0 + jX(\omega)} \tag{6.18}$$

따라서

$$\Gamma(-\omega) = \frac{Z(-\omega) - Z_0}{Z(-\omega) + Z_0} = \frac{R(\omega) - Z_0 - jX(\omega)}{R(\omega) + Z_0 - jX(\omega)} = \Gamma^*(\omega) \tag{6.19}$$

결국 반사계수 $\Gamma(\omega)$ 역시 그 실수부는 우함수이고, 허수부는 기함수임이 증명되었으며, 반사계수 절댓값의 제곱은 다음과 같다.

$$|\Gamma(\omega)|^2 = \Gamma(\omega)\Gamma^*(\omega) = \Gamma^*(-\omega)\Gamma(-\omega) = |\Gamma(-\omega)|^2 \tag{6.20}$$

위의 식에서 알 수 있듯이 $|\Gamma(\omega)|^2$은 $\omega$에 관한 우함수이고, 따라서 $|\Gamma(\omega)|$ 역시 우함수일 수밖에 없으며, 그러한 사실은 그들을 테일러 급수로 전개할 때 오로지 짝수 차수의 항들만으로 $a + b\omega^2 + c\omega^4 + \cdots$과 같이 나타내어짐을 의미한다.

## 6.4  Z 및 Y파라미터

이제 그림 6.4와 같이 임의 형태의 전송선로 또는 도파관의 단일전파모드에 해당하는 등가적인 전송선로 여러 개의 포트(Port: 2-Terminal Pair)들이 만나는 접합(Junction)을 생각해보자. 이 접합은 임의의 소자들로 이루어진 N-포트를 갖는 회로를 나타내는 것으로서, 그림에서 $d_n$은 $n$번째 포트에서의 전압과 전류가 정의되는 기준면(Reference Plane)을 나타낸다. 따라서 임의의 $n$번째 포트에서의 총 전압/전류는 다음과 같이 입사파 전압과 반사파 전압의 합으로 주어진다.

$$V_n = V_n^+ + V_n^- \tag{6.21a}$$

$$I_n = I_n^+ + I_n^- \tag{6.21b}$$

위의 식은 식 (2.5) 및 (2.6)에 $z = 0$을 대입한 것과 같으며, 그와 같이 정의되는 $N$개의 전압과 전류값들은 $Z$파라미터에 의해 다음과 같은 1차 연립방정식을 만족한다.

$$V_1 = Z_{11}I_1 + Z_{12}I_2 + Z_{13}I_3 + \cdots + Z_{1N}I_N$$
$$V_2 = Z_{21}I_1 + Z_{22}I_2 + Z_{23}I_3 + \cdots + Z_{2N}I_N$$
$$\cdots\cdots\cdots\cdots\cdots\cdots\cdots\cdots\cdots\cdots\cdots\cdots$$
$$V_N = Z_{N1}I_1 + Z_{N2}I_2 + Z_{N3}I_3 + \cdots + Z_{NN}I_N \tag{6.22a}$$

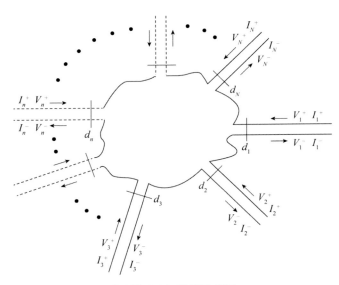

| 그림 6.4 | N-포트 회로

위 식을 행렬 형태로 다시 쓰면 다음과 같다.

$$\begin{bmatrix} V_1 \\ V_2 \\ \vdots \\ V_N \end{bmatrix} = \begin{bmatrix} Z_{11} & Z_{12} & \cdots & Z_{1N} \\ Z_{21} & Z_{22} & \cdots & Z_{2N} \\ & & \vdots & \\ Z_{N1} & Z_{N2} & \cdots & Z_{NN} \end{bmatrix} \begin{bmatrix} I_1 \\ I_2 \\ \vdots \\ I_N \end{bmatrix}$$
(6.22b)

$$[V] = [Z][I]$$
(6.22c)

마찬가지로 어드미턴스 행렬 $[Y]$에 대해 다음과 같이 나타내어진다.

$$\begin{bmatrix} I_1 \\ I_2 \\ \vdots \\ I_N \end{bmatrix} = \begin{bmatrix} Z_{11} & Z_{12} & \cdots & Z_{1N} \\ Z_{21} & Z_{22} & \cdots & Z_{2N} \\ & & \vdots & \\ Z_{N1} & Z_{N2} & \cdots & Z_{NN} \end{bmatrix} \begin{bmatrix} V_1 \\ V_2 \\ \vdots \\ V_N \end{bmatrix}$$
(6.23a)

$$[I] = [Z][V]$$
(6.23b)

따라서 당연히 $[Z]$행렬과 $[Y]$행렬은 다음과 같이 서로 역수관계에 있다.

$$[Y] = [Z]^{-1}$$
(6.24)

그와 같은 $Z$ 및 $Y$파라미터들은 다음과 같이 해당 포트를 제외한 나머지 포트들을 모두 단락 또는 개방시킴으로써 얻어질 수가 있다.

$$Z_{ij} = \left. \frac{V_i}{I_j} \right)_{I_n = 0 (n \neq j)} \tag{6.25a}$$

$$Y_{ij} = \left. \frac{I_i}{V_j} \right)_{V_n = 0 (n \neq j)} \tag{6.25b}$$

만일 N-포트 회로가 가역성이 있다고 가정하면, 위의 식 (6.25a)에서 $i$번째 포트와 $j$번째 포트의 입장이 뒤바뀐 경우를 생각했을 때, 가역성에 의해서 전류 $I_j$에 의하여 유기되는 전압 $V_i$는 $I_j$와 크기가 같은 전류 $I_i$에 의하여 유기되는 전압 $V_j$와 크기가 같아야 하므로, $Z_{ij} = Z_{ji}$로서 [Z]행렬은 대칭(Symmetric)이어야 한다.

마찬가지로 식 (6.25b)의 $Y$파라미터도 똑같은 추론을 할 수가 있으므로, $Y_{ij} = Y_{ji}$로서 [Y]행렬 역시 대칭 행렬이다.

## 6.5 무손실회로

이제 무손실의 N-포트 가역성 회로에 대해서, 그 임피던스 행렬 및 어드미턴스 행렬의 모든 요소들이 순허수여야 함을 증명해보자.

만일 회로가 무손실이면 그 회로의 모든 포트로 입력되는 실제 전력의 총합은 '0'이어야 한다. 즉, $Re\{P_{av}\} = 0$이어야 하며, 그를 전개하면 다음과 같다.

$$P_{av} = \frac{1}{2}[V]^t[I]^* = \frac{1}{2}([Z][I])^t[I]^* = \frac{1}{2}[I]^t[Z][I]^*$$

$$= [I_1 \, I_2 \cdots I_N] \begin{bmatrix} Z_{11} & Z_{12} & \cdots & Z_{1N} \\ Z_{21} & Z_{22} & \cdots & Z_{2N} \\ & & \vdots & \\ Z_{N1} & Z_{N2} & \cdots & Z_{NN} \end{bmatrix} \begin{bmatrix} I_1^* \\ I_2^* \\ \vdots \\ I_N^* \end{bmatrix}$$

$$= I_1 Z_{11} I_1^* + I_1 Z_{12} I_2^* + \cdots + I_1 Z_{1n} I_n^* + \cdots + I_1 Z_{1N} I_N^*$$

$$+ I_2 Z_{21} I_1^* + I_2 Z_{22} I_2^* + \cdots + I_2 Z_{2n} I_n^* + \cdots + I_2 Z_{2N} I_N^*$$

$$+ \cdots + I_m Z_{m1} I_1^* + I_m Z_{m2} I_2^* + \cdots + I_m Z_{mn} I_n^* + \cdots$$

$$= \frac{1}{2} \sum_{n=1}^{N} \sum_{m=1}^{N} I_m \, Z_{mn} \, I_n^* = 0 \tag{6.26}$$

위의 식의 실수부는 무손실회로에 대해 항상 '0'이어야 하므로, 만일 임의의 $n$번째 포트에 입력을 넣고 다른 포트들은 개방(Open)하는 경우를 가정하면, $I_n$을 제외한 모든 전류는 '0'이므로 다음과 같이 쓸 수 있다.

$$Re\left\{ I_n \, Z_{nn} \, I_n^* \right\} = |I_n|^2 \, Re\left\{ Z_{nn} \right\} = 0 \tag{6.27}$$

따라서 $Re\{Z_{nn}\} = 0$으로서 $Z$행렬의 대각선 성분들은 모두 순허수이다.

이번에는 만일 임의의 $n$번째 및 $m$번째 포트를 제외한 모든 포트들을 개방하여 전류를 '0'이 되도록 만든 경우를 가정하면, 상기 식 (6.26)의 항들 중에 첨자가 $n$이나 $m$이 아닌 전류를 포함한 항들은 모두 '0'이므로 남는 항들만 쓰면 다음과 같다.

$$Re\left\{ I_m I_n^* Z_{mn} + I_n I_m^* Z_{nm} + |I_m|^2 Z_{mm} + |I_m|^2 Z_{nn} \right\} = 0$$

그런데 가역성 회로의 $Z$파라미터들은 대칭이고, 대각선 항들의 $Z$파라미터들은 순허수로서 마지막 2항의 실수부는 '0'이므로, $Z$파라미터를 실수부와 허수부로 나누어 상기 식을 다시 쓰면 다음과 같이 쓸 수 있다.

$$Re\left\{ I_m I_n^* Z_{mn} + I_n I_m^* Z_{mn}^* \right\} = Re\left\{ I_m I_n^* \left( Z_{mnr} + j Z_{mni} \right) + I_n I_m^* \left( Z_{mnr} - j Z_{mni} \right) \right\}$$

$$= Re\left\{ \left( I_m I_n^* + I_n I_m^* \right) Z_{mnr} - j \left( I_m I_n^* - I_n I_m^* \right) Z_{mni} \right\} = 0 \tag{6.28}$$

위의 식에서 괄호 안의 항들 합은 다음과 같이 순실수이다.

$$I_n \, I_m^* + I_m \, I_n^* = (I_{nr} + j I_{ni})(I_{mr} - j I_{mi}) + (I_{mr} + j I_{mi})(I_{nr} - j I_{ni})$$

$$= I_{nr} I_{mr} + I_{ni} I_{mi} + j(I_{ni} I_{mr} - I_{nr} I_{mi}) + I_{mr} I_{nr} + I_{mi} I_{ni} - j(I_{mr} I_{ni} - I_{mi} I_{nr})$$

$$= 2\left( I_{mr} I_{nr} + I_{mi} I_{ni} \right) \tag{6.29}$$

따라서 $Re\{Z_{mn}\} = 0$이어야 하고, 최종적으로 무손실회로에 대한 $Z$행렬의 요소들은 순허수라는 결론을 얻는다.

위와 같은 추론은 $Y$행렬에 대해서도 똑같은 방법으로 유도할 수 있으므로 무손실회로에 대한 $Y$행렬의 모든 요소들 또한 순허수이다.

## 6.6 $S$파라미터

식 (6.22) 및 (6.23)으로부터 알 수 있는 바와 같이 $Z$ 및 $Y$파라미터들은 해당 포트에서의 총 전압 및 총 전류에 의하여 정의되고, 그의 측정을 위해서는 한 개 이상의 포트를 단락(Short)시키거나 개방(Open)시켜야 하는데, 이는 요구되는 주파수대역에 걸쳐 구현하기가 쉽지 않을 뿐 아니라, 능동소자들의 경우에는 불안정하게 동작할 수도 있기 때문에, 저주파대역의 경우와는 달리 마이크로파 주파수대역에 대해서는 식 (6.25a, b)로 정의되는 $Z$ 및 $Y$파라미터들의 측정이 쉽지 않다.

따라서 각각의 포트들을 단락 또는 개방시키지 않고 선로의 특성 임피던스(예를 들어 50 Ω)로 정합시켜서 측정할 수 있으며, 입사파와 반사파, 그리고 진행파에 따라 정의되는 산란행렬(Scattering Matrix)을 주로 사용한다.

부품이나 회로에 따라서는 그러한 산란 파라미터(Scattering Parameter)들이 회로해석기술에 의하여 계산될 수도 있으나, 대부분 벡터 회로분석기(Vector Network Analyzer)에 의하여 직접 측정되며, 일단 회로의 산란 파라미터가 구해지면 그로부터 변환식에 의해 다른 파라미터들을 쉽게 구할 수가 있다.

N-포트 회로인 그림 6.4에서 $V_n^+$를 $n$번째 포트에서의 입사파 전압, $V_n^-$를 $n$번째 포트에서의 반사파 전압이라 할 때, 그들 사이의 관계는 모든 포트들의 특성 임피던스가 모두 같은 것으로 가정하면 아래와 같이 산란행렬 또는 S행렬로 정의된다.

$$\begin{bmatrix} V_1^- \\ V_2^- \\ \vdots \\ V_N^- \end{bmatrix} = \begin{bmatrix} S_{11} & S_{12} & \cdots & S_{1N} \\ S_{21} & S_{22} & \cdots & S_{2N} \\ & & \vdots & \\ S_{N1} & S_{N2} & \cdots & S_{NN} \end{bmatrix} \begin{bmatrix} V_1^+ \\ V_2^+ \\ \vdots \\ V_N^+ \end{bmatrix} \tag{6.30a}$$

$$[V^-] = [S][V^+] \tag{6.30b}$$

$$S_{ij} = \left. \frac{V_i^-}{V_j^+} \right)_{V_n = 0 \,(n \neq j)} \tag{6.31}$$

식 (6.31)은 $S_{ij}$가 $j$번째 포트에 $V_j^+$를 인가하되 다른 입력은 모두 '0'으로 하면서 $i$번째 포트로부터 나오는 반사전압을 측정함으로써 얻어질 수 있음을 의미한다. 따라서 $S_{ii}$는 $i$를 제외한 다른 모든 입력을 정합시킨 상태에서 측정한 $i$번째 포트의 반사계수이며, $S_{ij}$는 $j$번째 포트로부터 $i$번째 포트로의 전달계수이다.

그런데 회로단자에서의 전압과 전류를 측정하기 위한 장비가 별로 없고, 전압/전류로 정의되는 산란행렬이 정의되기 위해서는 모든 포트들이 같은 특성 임피던스를 가져야 하므로, 특성 임피던스가 제각기 다른 N-포트 회로로 일반화시키기 위해 산란 파라미터가 전압/전류에 의하여 정의되지 않고 전력을 통하여 정의되는 새로운 변수들인 $a_n$, $b_n$을 아래와 같이 정의해 보자.

$$a_n = \frac{1}{2\sqrt{Z_{on}}}(V_n + Z_{on}I_n) \tag{6.32a}$$

$$b_n = \frac{1}{2\sqrt{Z_{on}}}(V_n - Z_{on}I_n) \tag{6.32b}$$

이들을 $V_n$ 및 $I_n$에 관하여 정리하면 다음과 같다.

$$V_n = \sqrt{Z_{on}}\,(a_n + b_n) \tag{6.33a}$$

$$I_n = \frac{1}{\sqrt{Z_{on}}}(a_n - b_n) \tag{6.33b}$$

그런데 각 포트의 입사파 및 반사파 전압/전류는 해당 특성 임피던스에 의해 $V_n^+ = Z_{on}I_n^+$,

$V_n^- = -Z_{on} I_n^-$ 와 같이 나타내어지므로, 식 (6.32a, b)에 식 (6.25a, b)를 대입해보면 다음 결과를 얻을 수 있다.

$$a_n = \frac{V_n^+}{\sqrt{Z_{on}}} = \sqrt{Z_{on}}\; I_n^+ \tag{6.34a}$$

$$b_n = \frac{V_n^-}{\sqrt{Z_{on}}} = -\sqrt{Z_{on}}\; I_n^- \tag{6.34b}$$

위의 결과에 따라 $n$번째 포트의 평균 입사전력 $P_n^+$ 및 반사전력 $P_n^-$ 는 $a_n, b_n$ 또는 $V_n^+, V_n^-, I_n^+, I_n^-$ 등에 의하여 다음과 같이 정의될 수 있다.

$$P_n^+ = \frac{1}{2}|a_n|^2 = \frac{1}{2} V_n^+ I_n^{+*} = \frac{|V_n^+|^2}{2Z_{on}} \tag{6.35a}$$

$$P_n^- = \frac{1}{2}|b_n|^2 = \frac{1}{2} V_n^- I_n^{-*} = \frac{|V_n^+|^2}{2Z_{on}} \tag{6.35b}$$

위의 식으로부터 임의의 $n$번째 포트에서의 입사파와 반사파를 나타내는 양 $a_n, b_n$ 이 물리적으로 어떤 의미를 갖게 되는가를 짐작할 수가 있다.

따라서 그림 6.5(a)와 같은 N-포트(Port 또는 Branch) 회로에 대해서 임의의 $j$번째 포트를 통하여 접합 쪽으로 향하는 입사파를 $a_j$라 하고, 접합으로부터 $i$번째 포트를 통해 바깥쪽으로 진행하는 반사파를 $b_i$라 할 때 다음과 같은 선형방정식을 얻는다.

$$b_i = \sum_j^n S_{ij} a_j \tag{6.36}$$

여기에서 $S_{ij}$는 $i = j$인 경우에는 다른 모든 포트에 정합부하를 달고 측정한 $i$번째 포트의 반사계수를 나타내며, $i \neq j$일 경우의 $S_{ij}$는 다른 포트들이 모두 정합된 상태에서 $i$번째 포트에만 입력을 넣고 $j$번째 포트로 전달되어 나오는 출력의 비율을 측정한 전달계수이다.

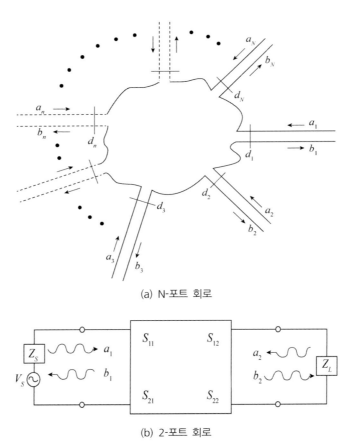

(a) N-포트 회로

(b) 2-포트 회로

| 그림 6.5 | 산란 파라미터

식 (6.36)을 다시 쓰면 다음과 같다.

$$b_1 = S_{11}a_1 + S_{12}a_2 + S_{13}a_3 + \cdots + S_{1n}a_n$$
$$b_2 = S_{21}a_1 + S_{22}a_2 + S_{23}a_3 + \cdots + S_{2n}a_n$$
$$\cdots\cdots\cdots\cdots\cdots\cdots\cdots\cdots\cdots\cdots\cdots\cdots$$
$$b_n = S_{n1}a_1 + S_{n2}a_2 + S_{n3}a_3 + \cdots + S_{nn}a_n \qquad (6.37)$$

이 식을 행렬식으로 나타내면 다음과 같이 쓸 수 있다.

$$\begin{bmatrix} b_1 \\ b_2 \\ \vdots \\ b_n \end{bmatrix} = \begin{bmatrix} S_{11} & S_{12} & \cdots & S_{1N} \\ S_{21} & S_{22} & \cdots & S_{2N} \\ & & \vdots & \\ S_{N1} & S_{N2} & \cdots & S_{NN} \end{bmatrix} \begin{bmatrix} a_1 \\ a_2 \\ \vdots \\ a_n \end{bmatrix} \qquad (6.38a)$$

$$[b] = [S][a] \qquad\qquad (6.38b)$$

여기에서 $n$차 제곱행렬(Square Matrix)인 [S]를 산란행렬(Scattering Matrix)이라고 하며, [S]행렬의 계수들인 $S_{11}$, $S_{12}$, $\cdots$, $S_{nn}$ 모두를 산란 파라미터($S$-parameter)라 한다.

또한 그림 6.5(b)에 보인 2-포트 회로에서의 $S$파라미터는 다음 식에 의하여 정의된다.

$$b_1 = S_{11}\,a_1 + S_{12}\,a_2$$
$$b_2 = S_{12}\,a_1 + S_{22}\,a_2 \qquad\qquad (6.39)$$

위와 같은 $S$파라미터는 아래와 같이 데시벨로 나타냄이 편리한 경우가 많다.

$$|S_{11}|_{dB} = \text{Input Return Loss(입력 반사계수)} = 20\log|S_{11}| \qquad (6.40a)$$

$$|S_{22}|_{dB} = \text{Ouput Return Loss(출력 반사계수)} = 20\log|S_{22}| \qquad (6.40b)$$

$$|S_{21}|_{dB} = \text{Forward Gain(순방향 이득)} = 20\log|S_{21}| \qquad (6.40c)$$

$$|S_{12}|_{dB} = \text{Reverse Gain(역방향 이득)} = 20\log|S_{12}| \qquad (6.40d)$$

## 6.7   $Z$와 $S$파라미터 사이의 변환

$Z$ 또는 $Y$파라미터를 $S$파라미터로 변환 또는 역변환을 하기 위해서는 N-포트 회로의 모든 임피던스가 같다는 가정을 필요로 하며, 또한 그 유도과정은 임의의 특성 임피던스에 대하여 적용되므로, 편의상 특성 임피던스를 '1'로 규준화시켜도 무방하고, 따라서 모든 포트의 특성 임피던스를 $Z_{on} = 1$로 가정한다. 입사파와 반사파 각각은 전압/전류 관계가 오로지 특성 임피던스에 의하여 $V_n^+ = Z_{on}I_n^+$, $V_n^- = -Z_{on}I_n^-$ 와 같이 주어지므로 식 (6.25a, b)로부터 $n$번째 포트의 총 전압 및 전류는 다음과 같이 쓸 수 있다.

$$V_n = V_n^+ + V_n^- \tag{6.41a}$$

$$I_n = I_n^+ + I_n^- = V_n^+ - V_n^- \tag{6.41b}$$

식 (6.22c)에 따라 위의 식을 행렬식으로 나타내면 다음과 같다.

$$[V] = [Z][I] = [Z]\{[V^+] - [V^-]\} = [V^+] + [V^-] \tag{6.42}$$

위의 식에서 입사파 전압벡터와 반사파 전압벡터에 대하여 정리하면

$$[V^+] + [V^-] = [Z][V^+] - [Z][V^-] \tag{6.43a}$$

$$\{[Z] + [U]\}[V^-] = \{[Z] - [U]\}[V^+] \tag{6.43b}$$

여기에서 [U]는 단위행렬(Unit Matrix 또는 Identity Matrix)로서 다음과 같이 정의된다.

$$[U] = \begin{bmatrix} 1 & 0 & \cdots & 0 \\ 0 & 1 & \cdots & 0 \\ & & \vdots & \\ 0 & 0 & \cdots & 1 \end{bmatrix} \tag{6.44}$$

이제 식 (6.43b)를 (6.30b)와 비교하면 다음과 같이 S행렬과 Z행렬 사이의 관계식을 얻을 수 있다.

$$[S] = \frac{[Z] - [U]}{[Z] + [U]} \tag{6.45}$$

1-포트 회로의 경우 위의 식은 다음과 같이 쓸 수 있으며,

$$S_{11} = \frac{z_{11} - 1}{z_{11} + 1} \tag{6.46}$$

이 결과는 규준화 임피던스 $z_{11}$을 부하 임피던스로 하여 바라보는 입력 반사계수의 식과 일치함을 알 수 있다.

또한 식 (6.45)로부터 [Z]를 구하면 다음과 같다.

$$[S][Z] + [S][U] = [Z] - [U]$$

$$([U] - [S])[Z] = [U] + [S]$$

$$[Z] = \frac{[U] + [S]}{[U] - [S]} \tag{6.47}$$

위의 식을 2-포트 회로에 대하여 모든 포트가 임의의 일정 특성 임피던스 $Z_o$를 갖는 것으로 가정하고 개별적인 파라미터로 정리하면 다음과 같이 쓸 수 있다.

$$\begin{bmatrix} Z_{11} & Z_{12} \\ Z_{21} & Z_{22} \end{bmatrix} = Z_o \begin{bmatrix} 1 + S_{11} & S_{12} \\ S_{21} & 1 + S_{22} \end{bmatrix} \begin{bmatrix} 1 - S_{11} & -S_{12} \\ -S_{21} & 1 - S_{22} \end{bmatrix}^{-1}$$

$$= \frac{Z_o \begin{bmatrix} 1 + S_{11} & S_{12} \\ S_{21} & 1 + S_{22} \end{bmatrix} \begin{bmatrix} 1 - S_{22} & S_{12} \\ S_{21} & 1 - S_{11} \end{bmatrix}}{(1 - S_{11})(1 - S_{22}) - S_{21}S_{12}} \tag{6.48}$$

따라서 각 $Z$ 파라미터들은 $S$ 파라미터에 의하여 다음과 같이 나타내어질 수 있다.

$$Z_{11} = Z_o \frac{(1 + S_{11})(1 - S_{22}) + S_{12} S_{21}}{(1 - S_{11})(1 - S_{22}) - S_{12} S_{21}} \tag{6.49a}$$

$$Z_{12} = Z_o \frac{2 S_{12}}{(1 - S_{11})(1 - S_{22}) - S_{12} S_{21}} \tag{6.49b}$$

$$Z_{21} = Z_o \frac{2 S_{21}}{(1 - S_{11})(1 - S_{22}) - S_{12} S_{21}} \tag{6.49c}$$

$$Z_{22} = Z_o \frac{(1 - S_{11})(1 + S_{22}) + S_{12} S_{21}}{(1 - S_{11})(1 - S_{22}) - S_{12} S_{21}} \tag{6.49d}$$

마찬가지 방법으로 다른 파라미터들로의 변환이나 그 역변환도 가능하며, 그 결과를 부록에 나타내었다.

## 6.8 가역성 무손실회로의 $S$파라미터 특성

전술한 바와 같이 가역성이 있는 회로의 $[Z]$ 및 $[Y]$행렬은 대칭이고, 무손실회로의 $Z$ 및

$Y$ 파라미터들은 순허수임을 증명하였던 것과 마찬가지로, [S]행렬 역시 가역성 회로에 대해서는 대칭적인 행렬이 되는 것과 무손실회로에 대해서는 귀일성(unitary) 행렬이 됨을 증명해 보기로 하자.

이제 N-포트 회로의 [S]행렬인 식 (6.45)의 전치행렬(Transpose Matrix)을 구하면 다음과 같다.

$$[\,S\,]^t = \frac{([Z] - [U])^t}{([Z] + [U])^t} = \frac{[Z]^t - [U]^t}{[Z]^t + [U]^t} \tag{6.50a}$$

그런데 단위행렬 [U]와 임피던스 행렬 [Z]는 모두 대칭행렬이므로 $[U]^t = [U]$ 및 $[Z]^t = [Z]$ 이다. 따라서 다음과 같이 [S]행렬 역시 대칭임을 알 수 있다.

$$[\,S\,] = [\,S\,]^t \tag{6.50b}$$

그리고 N-포트 회로에 입력되는 입사파 전력의 합은 다음과 같다.

$$P_{in} = \frac{1}{2} \sum_{n=1}^{N} |V_n^+|^2 \tag{6.51}$$

이를 행렬식으로 나타내면 다음과 같이 쓸 수 있다.

$$P_{in} = \frac{1}{2} [V^+]^t [V^+]^* \tag{6.52}$$

또한 N-포트 회로로부터 나오는 반사파 전력의 합은 다음과 같다.

$$P_{ref} = \frac{1}{2} \sum_{n=1}^{N} |V_n^-|^2 \tag{6.53}$$

이를 행렬식으로 나타내면 다음과 같이 쓸 수 있다.

$$P_{ref} = \frac{1}{2} [V^-]^t [V^-]^* \tag{6.54}$$

이제 만일 N-포트 회로가 무손실 특성을 갖는다고 하면 회로에 입사되는 전력과 반사되는 전력은 그 크기가 같아야 하므로, 다음과 같이 나타내어질 수 있다.

$$P_{in} = P_{ref} \tag{6.55}$$

$$[V^+]^t [V^+]^* = [V^-]^t [V^-]^* \tag{6.56}$$

그런데 반사파 전압벡터는 [S]행렬과 입사파 전압벡터로 다음과 같이 나타내어지므로,

$$[V^-] = [S][V^+] \tag{6.57}$$

이 식을 식 (6.56)에 대입하면 다음과 같다.

$$[V^+]^t [V^+]^* = \{[S][V^+]\}^t \{[S][V^+]\}^* \tag{6.58}$$

위의 식을 정리하여 다음을 얻는다.

$$[V^+]^t [V^+]^* = [V^+]^t [S]^t [S]^* [V^+]^* \tag{6.59}$$

이 식으로부터 $[V^+]$가 '0'이 아니라는 조건하에 다음을 얻을 수 있다.

$$[S]^t [S]^* = [U] \text{ 또는 } [S]^* = \{[S]^t\}^{-1} \tag{6.60}$$

위의 식 (6.60)의 조건을 만족하는 행렬을 귀일성 행렬(Unitary Matrix)이라 하며, 그 행렬식을 합산 형태로 써보면 모든 $i$ 및 $j$값에 대해서 다음과 같이 쓸 수 있다.

$$\sum_{k=1}^{N} S_{ki} S_{kj}^* = \delta_{ij} \tag{6.61}$$

여기에서 $\delta_{ij}$는 크로네커 델타(Kronecker Delta) 함수로서, 만일 $i = j$이면 $\delta_{ij} = 1$, $i \neq j$이면 $\delta_{ij} = 0$이며, 따라서 식 (6.61)은 다음과 같이 쓸 수 있으며, 이는 단위행렬임을 의미한다.

$$i = j \text{에 대해서 } \sum_{k=1}^{N} S_{ki} S_{ki}^* = 1 \tag{6.62a}$$

$$i \neq j \text{에 대해서 } \sum_{k=1}^{N} S_{ki} S_{ki}^* = 0 \tag{6.62b}$$

위와 같이 S행렬을 그 전치행렬과 곱한 결과가 단위행렬이 되는 성질을 귀일성(Unitary) 행렬이라 하며, 지금까지의 추론들을 고려하여 $S$파라미터에 대한 성질을 요약해보면 다음과 같이 쓸 수 있다.

### 1) 대칭성(Symmetry)

회로가 선형수동회로 이루어져 있으면 가역조건이 만족되므로 [S]행렬은 대칭행렬이 되고, 따라서 $[S]^t = [S]$이 된다.

### 2) 단위성(Unity Property)

행렬 [S]의 임의의 행(行, Row) 또는 열(列, Column)에 대하여 그 자신과의 스칼라적(積)은 식 (6.62a)에 따라 그 값이 항상 '1'이 된다.

### 3) 직교성(Zero Property)

행렬 [S]의 임의의 서로 다른 두 행(行, Row) 또는 두 열(列, Column) 사이의 스칼라적(積)은 식 (6.62b)에 따라 그 값이 항상 '0'이 된다.

### 4) 기준면의 이동에 따른 위상변화

임의의 기준면(Reference Plane)이 이동할 때, 즉 원래의 $k$번째 Branch의 길이를 연장하거나 단축시키는 경우에 만일 그 연장된 길이가 전기적으로 $+\beta_k l_k$만큼의 위상변화에 해당된다면, 첨자에 $k$를 포함하고 있는 모든 $S_{ij}$에 각각 인자 $e^{-j\beta_k l_k}$이 곱해져야 한다.

## 6.9 초고주파회로 해석방법

초고주파회로는 설령 그것이 복잡한 구조를 가지고 있다 하더라도 대부분 간단한 2-포트 회로나 2-포트 회로들의 직렬 연결로 대치할 수가 있고, 3-포트 이상의 회로로는 전력분배기

(Power-Splitter)나 서큘레이터(Circulator), 하이브리드(Hybrid), 방향성 결합기(Directional Coupler) 등이 있으나 그 종류가 많지 않으며, 그러한 초고주파회로를 해석하는 방법은 다음과 같이 분류할 수 있다.

(1) 직접해석법(Direct Analytical Method)
(2) 행렬법(Matrix Method)
　① 전달 행렬법(Transfer Matrix Method)
　② 산란 파라미터법(Generalized Scattering Parameter Method)
　③ 전달 산란 파라미터법(Transfer Scattering Parameter Method)

직접해석법은 일단 개발되면 변수를 변화시켜가면서 요구조건이 만족될 때까지 반복적으로 해석할 수 있도록 프로그램될 수 있지만, 회로의 해석을 위해서 반드시 해당 변수로 나타내어지는 해석함수(Analytical Expression)가 필요하고, 특히 분포정수회로의 경우에는 그 모호한 특성 때문에 어려움이 있다.

## 6.9.1 $ABCD$ 파라미터

$ABCD$ 파라미터 또는 $ABCD$ 행렬은 다른 $Z$, $Y$ 또는 $H$ 파라미터와 마찬가지로 2-포트 회로를 그림 6.6(a)와 같이 'Black Box'로 간주하고 각 단자의 전압, 전류만을 정의하여 편리하게 사용될 수 있는 것으로서, 그 특징은 여러 단의 2-포트 회로를 직렬접속(Cascade) 시 해석을 용이하게 하기 위하여 출력전류의 방향을 다른 파라미터와는 반대방향으로 정의하면서 입출력 전압/전류 관계가 다음과 같이 정의되는 파라미터를 $ABCD$ 파라미터라 한다.

$$\begin{bmatrix} V_1 \\ I_1 \end{bmatrix} = \begin{bmatrix} A & B \\ C & D \end{bmatrix} \begin{bmatrix} V_2 \\ I_2 \end{bmatrix} \tag{6.63}$$

임의의 2-포트 회로는 식 (6.63)과 같은 행렬식에 의해 완전히 기술될 수 있는데, 이 $ABCD$ 행렬은 두 단(Stage) 이상의 2-포트 회로를 직렬접속하여 사용하는 경우에 아주 유용하게 되므로 일명 체인행렬(Chain Matrix)이라고도 하며, 이를 이용한 회로 해석방법을 전달행렬법이라 한다.

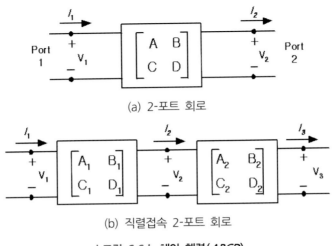

(a) 2-포트 회로

(b) 직렬접속 2-포트 회로

| 그림 6.6 | 체인 행렬($ABCD$)

그림 6.6(b)와 같이 두 개의 2-포트 회로가 직렬접속된 경우의 $ABCD$ 행렬식은 각각의 행렬식을 곱해서 얻을 수 있으며, 다음과 같이 주어진다.

$$\begin{bmatrix} V_1 \\ I_1 \end{bmatrix} = \begin{bmatrix} A_1 & B_1 \\ C_1 & D_1 \end{bmatrix} \begin{bmatrix} V_2 \\ I_2 \end{bmatrix}$$

$$\begin{bmatrix} V_2 \\ I_2 \end{bmatrix} = \begin{bmatrix} A_2 & B_2 \\ C_2 & D_2 \end{bmatrix} \begin{bmatrix} V_3 \\ I_3 \end{bmatrix}$$

$$\begin{bmatrix} V_1 \\ I_1 \end{bmatrix} = \begin{bmatrix} A_1 & B_1 \\ C_1 & D_1 \end{bmatrix} \begin{bmatrix} A_2 & B_2 \\ C_2 & D_2 \end{bmatrix} \begin{bmatrix} V_3 \\ I_3 \end{bmatrix} \tag{6.64}$$

## 6.9.2 전달 산란 파라미터

$S$ 파라미터에 전달행렬법의 개념을 결합시킨 것을 전달 산란 파라미터법이라 하며, 식 (6.39)의 배열을 다르게 함으로써 다음 식을 얻는다.

$$a_1 = T_{11} b_2 + T_{12} a_2$$
$$b_1 = T_{21} b_2 + T_{22} a_2 \tag{6.65a}$$

$$\begin{bmatrix} a_1 \\ b_1 \end{bmatrix} = \begin{bmatrix} T_{11} & T_{12} \\ T_{21} & T_{22} \end{bmatrix} \begin{bmatrix} b_2 \\ a_2 \end{bmatrix} \qquad (6.65b)$$

식 (6.39)와 식 (6.65a)를 비교하면 이 $T$ 파라미터와 $S$ 파라미터 사이에 다음과 같은 관계가 있음을 알 수 있다.

$$T_{11} = \frac{1}{S_{21}}, \qquad T_{12} = -\frac{S_{22}}{S_{21}}$$

$$T_{21} = \frac{S_{12}}{S_{21}}, \qquad T_{22} = \frac{S_{12}S_{21} - S_{11}S_{22}}{S_{21}} \qquad (6.66)$$

## 6.10 신호선도(Signal Flow Chart)

마이크로파 회로의 경우에도 지진학이나 원격 측정에서 최초로 도입되어 시스템 및 제어이론에서 많이 사용되는 신호선도를 이용하면 회로 전반적인 상호간의 연결을 해석함에 있어 매우 쉽게 목적을 달성할 수가 있다. 전자파의 전달 역시 의도된 방향으로의 경로(또는 변)와 그 경로들을 연결하는 절점과 관련이 있기 때문에, 복잡한 회로더라도 반사계수 및 전달계수에 의해 간단한 입출력 관계로 나타내어질 수가 있다.

그러한 신호선도는 절점(Node 또는 Vertex)과 경로(Path 또는 Branch, Edge 등)로 구성되는데, 절점은 신호를 나타내므로 산란 파라미터의 경우에는 $a_1$, $b_1$, $a_2$, $b_2$ 등을 말한다.

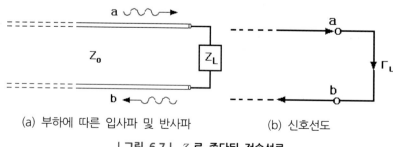

(a) 부하에 따른 입사파 및 반사파          (b) 신호선도

| 그림 6.7 | $Z_L$로 종단된 전송선로

그에 비하여 경로는 두 개의 절점을 연결하는 선분에 화살표를 붙인 것으로, 각 경로에는 무게(Weight)라고 할 수 있는 상수 또는 변수가 대응되며, 마이크로파 회로의 경우에는 반사계수 $\Gamma$ 나 전달계수 $T$ 등을 의미한다.

신호는 변에 따라 화살표 방향으로 전달되며, 이때 전달되는 신호의 양은 출발하는 절점의 신호와 변의 무게의 곱이 된다.

일례로 그림 6.7(a)의 부하 임피던스 $Z_L$로 종단된 전송선로는 신호선도로 그림 6.7(b)와 같이 나타내어지며, 절점 $a$와 $b$는 반사계수 $\Gamma_L$을 통해 연결되어 있다.

따라서 그림 6.7(b)의 신호선도에서 반사계수 $\Gamma_L$은 입사파와 반사파의 비 $b/a$로 정의되므로, 절점 $b$는 절점 $a$에 $\Gamma_L$을 곱함으로써 구해질 수 있다.

이제 약간 더 복잡한 경우로 그림 6.8(a)와 같이 전송선로에 신호원과 부하가 모두 연결된 상태를 등가적인 신호선도로 나타내어보자. 그림에서 $V_s{'}$은 부하가 특성 임피던스 $Z_o$로 정합이 되어 선로상에 반사파가 존재하지 않는 경우에 신호원 전압 $V_s$에 의해 $b'$점에 나타나는 전압의 기여분이며, 그 경우 $b'$점에서의 선로 입력 임피던스는 $Z_o$가 된다.

실질적인 $b'$점의 전압은 $V_s{'}$과 반사파에 의하여 기여되는 전압성분의 합이다.

그림 6.8(a)를 신호선도로 나타내면 그림 6.8(b)와 같고 이 신호선도는 그림 6.7에 비하여

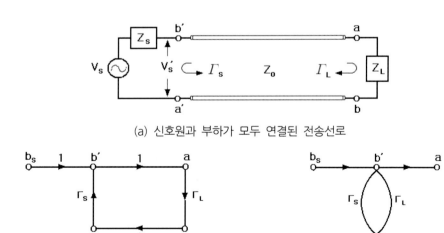

(a) 신호원과 부하가 모두 연결된 전송선로

(b) 신호선도                    (c) 단순화된 신호선도

| 그림 6.8 | 신호 전송시스템의 신호선도

절점 $a'$ 및 $b'$이 추가되어 신호원 쪽의 신호 흐름을 나타내고 있으며, 그림 6.8(c)는 그림 6.8(b)를 단순화시킨 것이다.

그림 6.8(b)의 $b_s$는 신호원으로부터의 전압 $V_s'$에 의한 입력을 나타내는 것으로서 다음과 같이 정의된다.

$$V_s' = \frac{Z_o}{Z_s + Z_o} V_s \tag{6.67a}$$

$$b_s = \frac{V_s'}{\sqrt{Z_o}} = \frac{\sqrt{Z_o}}{Z_s + Z_o} V_s \tag{6.67b}$$

또한 $\Gamma_s$는 부하 쪽으로부터 오는 반사파신호가 신호원 임피던스 $Z_s$에 의하여 다시 반사되는 신호원 반사계수(Source Reflection Coefficient)로서 다음과 같이 정의된다.

$$\Gamma_s = \frac{Z_s - Z_o}{Z_s + Z_o} \tag{6.68}$$

그림 6.8(b)로부터 선로에 입력되는 총 입사파 크기인 $b'$은 $b_s$와 $a' \Gamma_s$의 합으로 나타내어짐을 알 수 있으며, 다음과 같이 쓸 수 있다.

$$b' = b_s + a' \Gamma_s \tag{6.69}$$

그런데 그림 6.8(b) 및 (c)로부터 $a'$은 $\Gamma_L b'$임을 알 수 있고, 이를 위의 식에 대입하면 다음과 같은 결과를 얻을 수 있다.

$$b' = b_s + \Gamma_L \Gamma_s b' = \frac{b_s}{1 - \Gamma_L \Gamma_s} \tag{6.70}$$

위의 식은 그림 6.9에 나타내어진 궤환 루프(Feedback 또는 Self Loop)를 의미하며, 가장 기본적인 신호선도 구성요소들을 그림 6.10에 나타내었다.

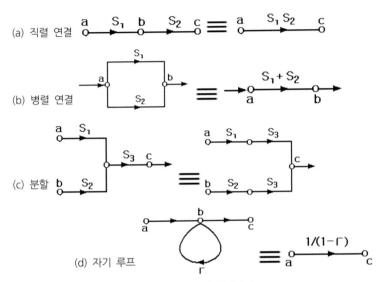

| 그림 6.9 | 궤환 루프와 등가적인 단일 경로

| 그림 6.10 | 신호선도의 구성요소

## 2-단자쌍 회로의 신호선도 해석

그림 6.11(a)에 보여진 바와 같이 신호원과 부하가 모두 연결된 2-단자쌍 회로에 있어, 입력 반사계수 $\Gamma_{\text{in}}$을 나타내는 입력신호와 출력신호의 비 $b_1/a_1$과 신호원 출력과 입력의 비 $a_1/b_s$을 구해보자.

그림 6.10에서 보인 신호선도의 기본요소 단순화 원칙에 따라 단계별로 그림 6.11(b)의 신호선도를 단순화시키는 과정을 그림 6.12에 나타내었으며, 다음과 같다.

1) 맨 오른쪽 $b_2$와 $a_2$ 사이의 루프를 분리하여 자기루프(Self Loop) $S_{22}\Gamma_L$을 만든다.

2) $a_1$과 $b_2$ 사이의 자기루프를 분해하여 무게 $S_{21}/(1 - S_{22}\Gamma_L)$를 곱한다.

3) 직렬 연결된 다른 무게 $\Gamma_L$과 결합(곱)시킨다.

4) $a_1$과 $b_1$ 사이의 병렬 연결된 두 경로를 합하면 입력반사계수 $\Gamma_{\text{in}}$이 된다.

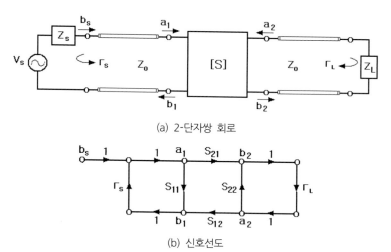

(a) 2-단자쌍 회로

(b) 신호선도

| 그림 6.11 | 신호원과 부하가 모두 연결된 2-단자쌍 회로

$$\Gamma_{\text{in}} = \frac{b_1}{a_1} = S_{11} + \frac{S_{12}S_{21}\Gamma_L}{1 - S_{22}\Gamma_L} \tag{6.71}$$

5) 궤환 경로를 분리하여 $b_s$와 $a_1$ 사이의 자기루프를 만들면 다음의 곱셈 인자가 된다.

$$\left( S_{11} + \frac{S_{12}\,S_{21}}{1 - S_{22}\,\Gamma_L} \right) \Gamma_s$$

6) 최종적으로 $a_1$에서의 자기루프를 분해하면 다음의 결과를 얻는다.

$$a_1 = \frac{1}{1 - \left( S_{11} + \dfrac{S_{12}\,S_{21}\Gamma_L}{1 - S_{22}\,\Gamma_L} \right) \Gamma_s} b_s \tag{6.72}$$

위의 식을 정리하여 다음의 식을 얻을 수 있다.

$$\frac{a_1}{b_s} = \frac{1 - S_{22}\,\Gamma_L}{(1 - S_{22}\,\Gamma_L) - S_{11}(1 - S_{22}\,\Gamma_L)\Gamma_s - S_{12}\,S_{21}\,\Gamma_s}$$

$$= \frac{1 - S_{22}\,\Gamma_L}{1 - (S_{11}\,\Gamma_s + S_{22}\,\Gamma_L + S_{12}\,S_{21}\,\Gamma_s) + S_{11}S_{22}\,\Gamma_s\,\Gamma_L} \tag{6.73}$$

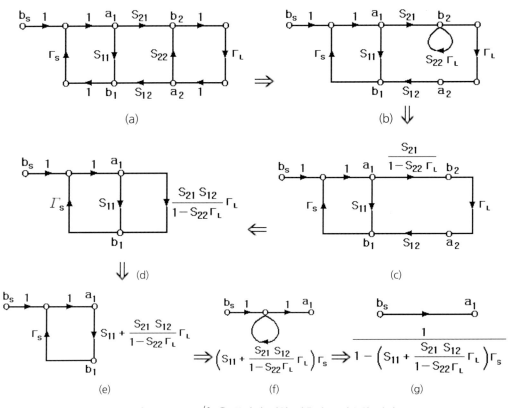

| 그림 6.12 | $a_1/b_s$을 구하기 위한 신호선도 단순화 과정

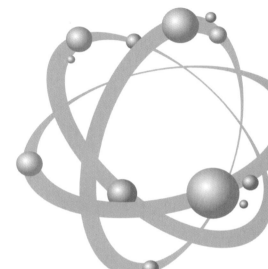

# 07 마이크로파 진공관소자

## 7.1 서론

동작주파수가 증가함에 따라 $\omega L$과 $\omega C$ 값은 정비례하여 커지는 데 반해 회로 내에서 요구되는 커패시턴스나 인덕턴스의 값이 줄어들게 되는데, 그러다 보면 어느 정도 높은 주파수에서는 진공관이나 인입선에 분포하는 기생 리액턴스와 거의 맞먹게 되고, 결국 500 MHz 이상의 주파수 영역에서는 그와 같은 기생 리액턴스가 회로의 특성을 완전히 지배하게 된다.

따라서 아주 높은 주파수에서는 임의의 재래식 커패시터나 코일은 어떤 형태든지 그의 사용이 비실제적이라 할 수 있으며, 그와 같은 집중정수회로소자 대신에 여러 조각의 전송선로가 사용된다.

또한 저주파의 경우 일찍이 19세기 말 또는 20세기 초에 3, 4, 5 극진공관들이 개발되어 전자파의 발진, 증폭 또는 변복조를 할 수 있었으나, 마이크로파의 경우에는 극간의 전자주행시간이 문제가 되어 소기의 목적을 달성하기 어려웠다.

즉, 음극(Cathode)과 양극(Anode) 사이를 전자가 통과하는 시간이 신호의 반주기와 비슷해지면, 그 소자는 효율이 떨어져서 전혀 쓸모가 없게 되어버린다.

이와 같은 난점을 해결하기 위하여 문제의 핵심인 전자의 주행시간을 역으로 이용하여, 마이크로파에 의해 공간변조(Space Modulation)된 전자빔들이 주행하는 동안 변조의 심도가 더욱 깊어져서 다음에 만나는 공동공진기(Cavity Resonator)에 큰 RF 신호를 전달할 수 있도록 함으로써, 높은 효율의 증폭기 또는 발진기를 구현할 수 있었다.

결국 저주파의 경우와 마이크로파 이상의 주파수대역에 있어서의 전자파 증폭 및 발진원리는 완전히 그 근거가 다르며, 이는 다음 장에서 취급하게 될 반도체 소자의 경우에도 마찬가지다.

마이크로파용 튜브(Tube)소자(여기에서는 진공관소자로 칭함)는 동작원리별로 크게 평행빔튜브(Linear-Beam Tube; 일명 O-Type)와 직교장 튜브(Cross-Field Tube; 일명 M-Type) 두 가지로 나눌 수 있으며, 그들 각각에 속하는 제반 소자들을 그림 7.1에 보였다.

평행빔 튜브의 출현은 1935년의 Heil의 발진기와 1939년 Varian 형제의 클라이스트론 앰프와 더불어 시작되었는데, 이 연구는 1939년 Hahn과 Ramo의 공간전하파(Space-Charge-Wave) 이론에 의해 진척되었으며, 1944년 R. Kompfner에 의한 나선형 진행파관(Helix-type Traveling-

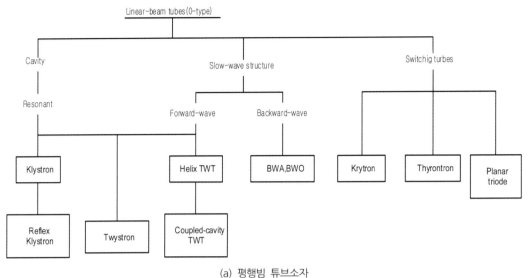

(a) 평행빔 튜브소자

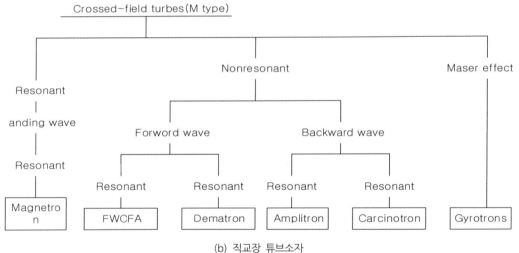

(b) 직교장 튜브소자

| 그림 7.1 | 마이크로파 진공관소자의 분류

Wave Tube)의 발명으로 연결되었다.

평행빔 튜브와 직교장 튜브의 근본적인 차이는 인가되는 직류전계와 직류자계의 방향에 있는데, 전자에서는 전계와 자계가 평행하게 인가되어 전계는 전자를 가속하기 위해 사용되고 자계는 단순히 전자빔을 집속할 목적으로만 사용이 되는 반면에, 후자에서는 그 이름에 함축

되어 있듯이 전계와 자계가 서로 수직인 방향으로 인가되어 전자빔과 RF 에너지를 교환함에 있어 자계가 능동적인 역할을 하게 된다.

평행빔 튜브를 O-type으로 부르는 이유는 마이크로파 진공관소자의 원조라는 의미의 Original 에서 근거를 찾을 수도 있고, TPO(Tube a Propagation des Ondes)라는 프랑스어로부터 비롯되었다고 할 수 있다. 직교장 튜브를 M-Type으로 부르는 근거도 TPOM(Tube a Propagation des Ondes a Champ Magnetiques)에서 찾을 수 있다.

대표적인 평행빔 튜브로는 클라이스트론과 진행파관(TWTA; Traveling-Wave Tube Amplifier)을 들 수가 있는데, 클라이스트론은 발진과 증폭에 모두 사용될 수 있지만 TWTA는 주로 증폭에 적합하다고 할 수 있다.

이들은 현재 10 GHz에서 100 kV의 빔전압을 인가하여 30 MW에 이르는 피크 출력과 700 kW의 평균출력을 낼 수 있으며, 튜브 전력효율 15~60%의 수준에서 약 30~70 dB 사이의 전력이득을 가질 수 있다. 이들의 주파수대역폭은 클라이스트론이 1~8%이고 TWT가 10~15% 정도이다.

직교장 튜브로서는 단연 마그네트론을 손꼽을 수 있는데, 이 소자는 오랫동안 70 GHz까지의 넓은 주파수 범위에 걸쳐서 가장 효율 좋은 고전력원으로 군림해왔다. 다른 그 어떤 마이크로파 소자도 같은 크기와 무게 그리고 인가전압으로 마그네트론과 같은 정도의 기능을 수행할 수 없었다.

오늘날의 마그네트론은 10 GHz에서 50 kV의 직류전압을 인가하여 50 MW의 피크 전력이나 800 kW의 평균전력을 전달할 수 있으며, 전력효율은 무려 40~70%에 이른다.

전통적인 마그네트론 구조를 아주 소형으로 설계하여 개발된 것이 있는데 이것을 비콘 마그네트론이라 하며, 1 kg 미만의 무게를 가지고 출력이 무려 3.5 kW에 달할 뿐 아니라 주파수 천이(Frequency Shift)가 작고 온도변화나 진동 등의 악조건하에서도 장기간 동작하기 때문에, 레이더나 미사일, 인공위성 또는 도플러 시스템 등의 아주 콤팩트한 저 전압용 펄스 전력원으로 적합하다.

실험실 또는 항공기용으로 제작되는 X-밴드 CW(Continuous Wave) 마그네트론은 보통 100~300 W의 출력을 갖는다.

# 7.2 　클라이스트론

　　클라이스트론(Klystron)은 통상 그림 7.2와 같은 구조를 갖고 있는데 전자총으로부터 나온 전자들은 양극 그리드(Anode Grid) 전압에 의하여 가속 및 집속되며, 그를 통과한 전자빔은 일정한 속도로 첫째 캐비티에 도달하여 그 캐비티 내에 공진되어 존재하는 교류전자계에 의하여 가속 또는 감속됨으로써 전자빔의 주행속도가 공간적으로 변조된다.

　　그러한 작용의 결과로 인하여 전자빔이 진행해감에 따라 점차적으로 밀도변조(전류변조)로 전환되어 전자다발(Electron Bunch)을 형성하게 되고, 그 다발의 농도가 가장 높은 지점에 2의 캐비티를 두면 주행속도가 공간변조(Velocity Modulation)된 전자빔은 교류에너지를 둘째 캐비티 주고 다발의 농도가 엷어지면서 컬렉터에 의해 수집된다.

　　이 과정에서 전자빔은 운동에너지에 의해 두 캐비티 사이를 주행하는 동안 그 자신의 공간변조심도가 깊게 되고(전자다발의 농도가 높아짐) 그 전자빔과 출력 쪽 캐비티 사이의 RF 결합에 의해 전자다발이 감속되므로, 결국 전자빔의 운동에너지가 마이크로파 에너지로 변환된 셈이 된다.

　　이와 같은 원리로 동작되는 클라이스트론은 제 3 및 제 4의 캐비티를 갖도록 할 수도 있으나, 특수한 경우를 제외하고는 그림 7.2의 2캐비티 클라이스트론이 주로 사용된다.

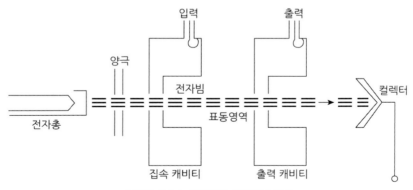

| 그림 7.2 | 2캐비티 클라이스트론

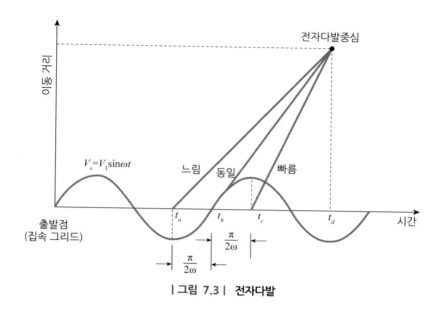

| 그림 7.3 | 전자다발

### 리플렉스 클라이스트론

리플렉스 클라이스트론(Reflex Klystron)은 단 한 개의 캐비티를 입출력 공통으로 사용하며, 따라서 결론적으로 궤환이 이루어지기 때문에 이 클라이스트론은 오로지 오실레이터로만 이용된다.

리플렉스 클라이스트론의 기본구조는 그림 7.4에 나타낸 바와 같이 기본적으로 전자총, 캐비티 공진기, 리펠러, 출력결합의 4부분으로 이루어져 있다.

리펠러는 음전위상태로서 다발을 이룬 전자빔을 캐비티 공진기로 되돌려 보냄으로써 발진을 유지시키기 위한 궤환경로를 만들어 주게 되며, 그 경우에 캐비티 공진기와 리펠러 사이의 전압차가 $V_r$이고 거리가 $d$라면 전자빔이 받는 감속 가속도는 다음과 같다.

$$a = \frac{\text{force}}{\text{mass}} = \frac{e}{m}\left(\frac{V_r}{d}\right) \tag{7.1}$$

만일 RF 신호를 고려하지 않는다면 캐비티 공진기에서 출발하는 전자의 속도를 $V_0$라 할 때 출발시점부터 $t$시간 후의 속도는 다음과 같다.

$$V = V_0 - at = V_0 - \frac{e}{m}\frac{V_r}{d}t \tag{7.2}$$

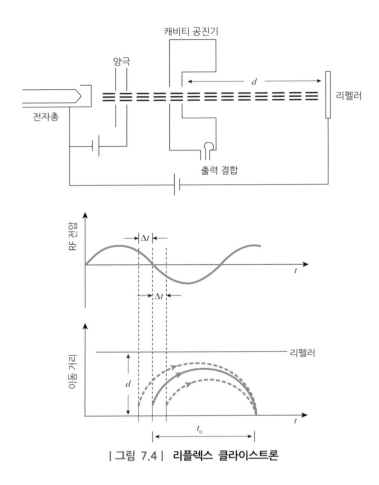

| 그림 7.4 | **리플렉스 클라이스트론**

그에 상응하는 전자의 변위 x는 위 식을 시간 t에 관하여 적분함으로써 다음과 같이 쓸 수 있다.

$$X = V_0 t - \frac{e}{m} \frac{V_r}{d} \frac{t^2}{2} \tag{7.3}$$

식 (7.3)을 0으로 하는 시간은 출발시간 t = 0과 다시 되돌아온 시간 t = t₀이므로 t₀는 다음과 같이 쓸 수 있다.

$$t_0 = \frac{2md V_0}{e V_r} \tag{7.4}$$

여기에서 $t_0$가 초기속도 $V_0$에 바로 비례하고 리펠러 전압 $V_r$에 역비례하므로 그들을 조절함으로써, 발진주파수를 변화시킬 수가 있음을 알 수 있다.

## 7.3 마그네트론

1921년에 Hull이 마그네트론(Magnetron)을 발명한 후에도 이 소자는 1940년대까지 실용화되지 못하고 실험실에서만 관심 있는 연구 대상이었는데, 제2차 대전 동안 레이더를 위한 고전력의 마이크로파 발진기에 대한 긴급한 필요성에 의해 현재와 같은 마그네트론으로 발전되었다.

모든 마그네트론은 음극과 양극 사이에 DC 전계에 수직으로 DC 자계가 인가되어 있으며, 음극으로부터 방출되어 전계에 의해 양극으로 끌리는 전자는 자계의 영향을 받아 곡선경로로 움직인다.

음극의 방출전자는 전계에 의해 가속되어 속도가 증가하게 되고 속도가 커짐에 따라 경로가 자계에 의해 더 많이 휘게 되는데, 이때 만일 DC 자계가 아주 강하다면 전자는 양극에 도달하지 못하고 음극 쪽으로 되돌아가므로 양극 전류는 차단된다.

인가직류자계가 적당한 경우에 만일 RF 신호가 양극 회로에 인가된다면 전자의 진행방향과 역행하는 RF 전계를 지나가는 전자는 감속되고, 감속되는 만큼의 운동에너지를 양극 캐비티 내의 RF 신호에 주어 버린다. 결과적으로 속도가 떨어진 이들 전자는 진행하면서 동위상의 RF 전계와 직류전계에 의해 다시 가속이 되고, 다시 역위상의 RF 전계를 만나면 에너지를 전달하는 과정을 반복하다 충분히 감속된 전자들은 결국 양극으로 떨어진다.

이와 같은 동작원리 때문에 직교장 튜브 소자들은 상대적으로 평행빔 튜브에 비해 효율이 높게 된다.

음극으로 되돌아간 전자들은 귀환 시 충돌에 의해 열을 발생시키고, 결국 소자의 동작효율을 감소시킨다.

마그네트론은 다음과 같은 세 가지 형태로 분류할 수 있다.

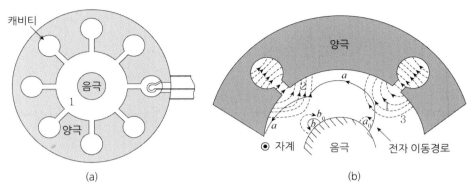

| 그림 7.5 | 마그네트론

1) 분할양극 마그네트론
2) 사이클로트론 주파수 마그네트론
3) 진행파 마그네트론

이 중에 분할양극 마그네트론은 2양극 조각 사이의 부성저항을 이용하며 주로 마이크로파 주파수 이하의 대역에서 동작하고, 사이클로트론 주파수 마그네트론은 마이크로파 대역에서 동작하지만 출력이 아주 작고(3 GHz에서 약 1 W) 효율이 10% 미만으로 낮아서 거의 사용되지 않는다.

따라서 통상적으로 마그네트론이라 하면 진행파 전자계와 상호작용하는 진행파 마그네트론을 의미하며, 그 구조와 동작원리를 그림 7.5에 보였다.

양극 캐비티들 사이의 간격과 사용주파수에 따라 캐비티들 사이의 위상관계를 다양한 모드로 동작시킬 수 있으나, 보통 사용되는 것은 인접 캐비티가 서로 역위상으로 동작하는 π-모드라 할 수 있다.

## 7.4　진행파관

지금까지 진행파관(TWT : Traveling-Wave Tube) 또는 그와 유사한 소자들이 여러 가지로 다양하게 개발되어 왔지만 현재 가장 많이 사용되는 것은 나선형 진행파관과 결합 캐비티 진행파관이며, 이들의 기본회로와 동작원리는 1944년에 Kompfner가 개발한 나선형(Helix) TWT와 별로 달라진 것이 없다.

TWT는 동작원리가 클라이스트론과 상당히 유사하며 다만 공진이 되어야 하는 캐비티 대신 헬리컬 코일을 이용하여 반복적으로 속도의 공간변조를 시행함으로써 효율이 매우 높고 대역폭이 넓은 편이다. 헬리컬 코일은 RF 신호의 지연선(Delay Line) 역할을 하기 때문에 지연선을 따라 진행하는 RF 신호의 진행방향 위상속도를 전자빔의 위상속도와 같은 수준으로 만들 수가 있다. 두 위상속도가 거의 같은 상태에서만 전자빔과 RF 전자계가 에너지를 교환할 수 있으며, 통상적으로 전자빔의 위상속도가 RF 신호 위상속도의 1.05배에서 최대의 효율을 얻을 수 있다.

RF 신호 증폭을 위한 광대역용으로는 대부분 나선형 TWT가 사용되어 3 GHz 이상의 주파수대역에서 대역폭이 약 0.8 GHz, 효율 20~40%, 전력이득 약 60 dB, 평균출력 10 kW 이내의 범위에서 동작되는 반면, 레이더의 출력단과 같은 펄스출력이나 1 kW에서 수백 kW의 고출력용으로는 결합 캐비티 TWT가 주로 사용되며, 메가와트(MW) 단위의 펄스출력에도 적합하다.

이와 같은 TWT는 클라이스트론과 다음과 같은 몇 가지 점에서 차이가 있다.

1) TWT에서는 전자빔과 RF 신호의 상호작용이 회로길이 전체에 걸쳐서 연속적이지만, 클라이스트론 내에서는 상호작용이 캐비티의 슬릿에서만 발생한다.
2) TWT 내에서의 전자파는 진행파(전달파)지만 클라이스트론의 경우에는 캐비티 내에서 공진되는 정재파(Standing Wave)이다.
3) 결합 캐비티 TWT의 경우에 캐비티들이 서로 결합되어 동위상으로 동작하지만, 클라이스트론 내에서는 각 캐비티들의 위상이 독립적이다.

상기의 나선형 TWT와 결합 캐비티 TWT의 구조를 그림 7.6과 그림 7.7에 보였다.

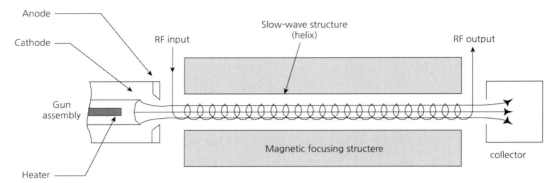

| 그림 7.6 | 나선형 진행파관

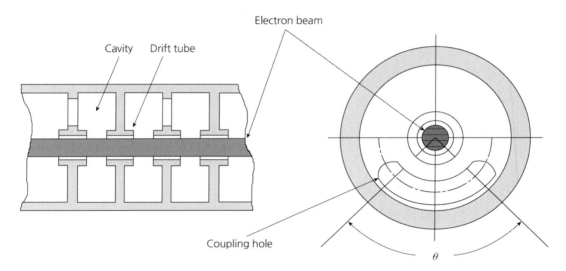

| 그림 7.7 | 결합 캐비티 진행파관

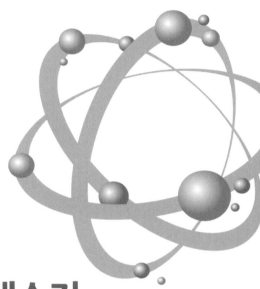

# 08 초고주파 반도체소자

## 8.1 서론

마이크로파 반도체소자는 다른 마이크로파 소자들에 비해 가장 빠르게 발전해왔는데, 이는 관련 산업과 항상 연계되어 합목적으로 균형 있게 발전되어 왔다고 할 수 있다.

반도체소자는 그것이 저주파용이나 마이크로파용의 구분 없이 항상 핵심 사안은 그들이 대부분 접합을 가지고 있고, 그 접합의 동작특성에 관한 이해가 무엇보다도 먼저라는 것이다.

따라서 이 장에서는 두 가지 서로 다른 접합인 PN 접합과 쇼트키 접합을 먼저 언급하고, 접합이 없는 반도체의 벌크(bulk) 현상을 이용한 Gunn 다이오드를 소개한 다음, 그에 연결하여 PIN 다이오드, 터널 다이오드, 그리고 IMPATT 및 TRAPATT 다이오드를 다룰 것이며, 3단자쌍 소자들인 BJT, FET, HEMT 등과 차세대 마이크로파 회로인 MMIC에 대해서도 간략하게 기술함으로써 마이크로파 반도체소자 전반에 걸친 배경을 이해하는 데 도움을 주고자 한다.

## 8.2 마이크로파 다이오드

### 8.2.1 PN 접합

PN 접합의 기원은 1942년에 미국의 Karl Lark-Horovitz 박사가 정류기를 위해 사용한 게르마늄(germanium)과 관련된 연구에 있다고 할 수 있으며, 이는 1948년에 트랜지스터를 개발한 벨 연구소의 브래튼(W. H. Brattain)과 바딘(John Bardeen)으로 연결되었고, 이때의 트랜지스터는 점접합(point-contact) 소자로서 마이크로파 다이오드와 BJT는 아직까지도 부분적으로 사용되고 있기도 하다.

PN 접합은 P형 물질과 N형 물질이 물리적으로 접촉되어 있는 부분을 일컬으며, P형 반도체는 진성반도체에 3가 원소에 해당하는 억셉터(acceptor)를 가하면(doping), 공유결합을 형성하기 위하여 다른 원자의 가전대에 있는 전자를 끌어당김으로써 전자의 빈자리(void)를 만들어 주게 되는데, 그것이 바로 홀(hole)이다. 따라서 홀은 양의 전기를 띠면서 인접한 원자의 가전자를 다시 끌어당기게 되고, 그러한 과정을 반복함으로써 결과적으로 이동할 수 있는 양의 캐리어(carrier)가 된다.

마찬가지로 N형 반도체를 위해서는 진성반도체에 5가 원소에 해당하는 도너(donor)를 가하게 되는데, 이 도너 원자가 공유결합을 형성하면서 하나가 남게 되는 도너의 가전자가 쉽게 떨어져 나와서, 이동이 가능하고 음의 전기를 띠는 자유전하가 된다.

원래 진성반도체 내에는 가전대에 속박되어 있던 일부 전자가 온도 $T$로부터 에너지를 받아 전도대로 올라와서 자유전자가 되는데, 그와 같이 전자 한 개가 이온화되면 그 빈자리는 홀이 되어 자유롭게 이동할 수 있게 되므로, 필수적으로 같은 수($n_i$)의 전자 홀쌍이 상존하게 된다.

이러한 진성반도체를 P형 또는 N형으로 만들고자 한다면, 전자 홀쌍의 수($n_i$)보다 훨씬 많은 수의 억셉터 또는 도너를 도핑하여야 하며, 그 경우에 서로 반대극성의 캐리어 수는 기하학적으로 감소하게 되는데, 그 이유는 주어진 온도값에 대해 홀의 농도 p와 전자의 농도 n의 곱은 항상 $n_i^2$과 같고 일정해야 하므로 어느 한쪽을 크게 하면 다른 쪽은 작아질 수밖에 없기 때문이다.

만일 도핑 농도(concentration)에 비하여 진성반도체 내 전자 홀쌍의 농도를 무시한다면, P형에서의 홀 농도는 억셉터의 농도와 거의 같고, 마찬가지로 N형에서의 전자 농도는 도너의 농도와 거의 같으며, 그들 불순물 원자들은 다른 전자를 끌어당기거나 잃게 될 확률이 거의 0에 가깝기 때문에 공간전하의 구실을 하게 되고, 따라서 P형 내에는 음의 공간전하의 농도가 홀의 농도와 거의 같고, N형 내의 양의 공간전하의 농도가 자유전자의 농도와 거의 같다.

만일 이러한 상태에 있는 두 물질, 즉 P형과 N형을 물리적으로 접촉시켜 단결정 구조로 연결되도록 한 접합을 만들어주면, 자유전하들은 농도가 낮은 쪽으로 확산되어 나가게 되므로, P형 내의 홀들은 N형 쪽으로 확산되어 가고 N형 내의 전자들은 P형 쪽으로 진행하게 된다. 그들 캐리어들은 서로 반대극성을 갖고 있어 모두 이동하는 도중에 재결합을 하게 되므로, 경계면 근처에는 캐리어 농도가 지극히 낮게 되어 이동할 수 없는 불순물원자들, 즉 공간전하들만 남게 되며, 그들 공간전하들은 자유전하들과 반대극성을 띠고 있기 때문에 안쪽에 있는 캐리어들이 경계면 쪽으로 확산되어 가지 못하도록 뒤에서 끌어당기는 역할을 하게 된다. 결과적으로 경계면 및 그 근처에는 자유전하가 전혀 없는 층이 형성되고, 그 안에 존재하는 P형

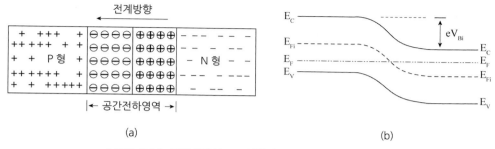

| 그림 8.1 | 평형상태의 PN 접합과 에너지 레벨 다이어그램

내의 음의 공간전하와 N형 내의 양의 공간전하는 강한 전계를 형성하여 캐리어들이 더 이상 확산되지 못하도록 하는 역할을 하게 되므로, 그 영역을 일명 공핍층(depletion region)이나 공간전하층(space charge region) 또는 천이층(transition region)이라고도 부르며, PN 접합과 그에 따른 에너지 레벨 분포를 그림 8.1에 보였다.

따라서 공핍층 내에는 공간전하에 의해 발생되는 강한 전계가 원천적으로 존재하게 되고, 이를 built-in voltage라 하는데, P형 또는 N형 반도체 내에 있는 캐리어들이 확산에 의하여 반대방향으로 흐르려고 하는 힘과 built-in voltage에 의한 전계가 저지하는 힘이 균형을 이루는 상태에서 멈추게 되며, 그러한 상태를 평형상태라고 한다.

만일 외부적으로 전압을 인가하면 이 평형상태가 깨지게 되어 전류가 흐르는데, 외부 바이어스 전압을 built-in voltage가 상쇄되는 방향으로 인가한 경우에는 이를 순바이어스(forward-bias)라 하며, 그때 흐르는 전류는 인가전압의 증가에 따라 전류가 지수함수적으로 증가하게 된다. 만일 그 내부전계가 더욱 크게 되는 방향으로 전압을 인가하면 작고 일정한 누설전류 이외에는 흐르지 않는데, 그러한 외부 바이어스를 역바이어스(reverse-bias)라 하며, 전압을 더욱 높여서 전계가 한계값 이상으로 커지면 항복(breakdown)현상이 발생하게 되어 완전히 단락(short)되는 효과를 나타내게 된다.

이와 같은 전류전압특성은 진공관의 2극관과 매우 유사한 것으로서, 그러한 특징에 의해 항복전압 이하의 범위 내에서는 PN 접합이 한쪽 방향으로만 전류를 흘려주는 다이오드가 되는 것이다. PN 접합이 다이오드로서 갖는 순수한 기능은 오로지 한쪽 방향으로만 전류를 흘리는 기능, 즉 한쪽 방향 저항은 0, 반대방향 저항은 ∞인 것으로서, 그러한 특성이 교류를 반파 정류하여 맥류를 만드는 것이다.

고주파를 검출해내기 위해서는 아날로그 미터 바늘을 움직이거나 디지털 지시기의 A/D 변환을 위한 입력전압이 직류여야 하므로, 고주파전압 또는 전력을 그에 비례하는 직류전압으로 변환시키는 일이 관건이고, 따라서 아주 높은 주파수에서도 정류 또는 검파작용을 나타낼 수 있는 다이오드를 확보해야 한다. 그런데 PN 접합에서는 정현파의 순바이어스 반주기 동안에 공핍층 내에 유입된 캐리어들과 P형 내에 유입된 전자나 N형 내에 유입된 홀들, 즉 소수캐리어들이 완전히 재결합되지 못하고 축적되어 있는 상태에서 역바이어스로 바뀌면, 전자들은 다시 N형 쪽으로 이끌리고 홀들은 P형 쪽으로 이끌리게 되어 큰 전류가 흐르므로, 결국 역방향으로의 차단특성을 얻을 수가 없게 되는 것이다.

따라서 비교적 낮은 주파수에서는 역바이어스로 바뀌기 전에 소수캐리어들이 모두 재결합해 없어지기 때문에 문제가 없지만, 주파수가 높이 증가하면 소수캐리어의 축적효과로 인하여 다이오드 특성이 저하되어 최대사용주파수가 비교적 낮게 제한되므로, PN 접합 다이오드는 대체로 마이크로파 대역에서 사용되기 어렵다.

## 8.2.2 쇼트키 다이오드

1874년 브라운(Ferdinand Braun)은 금속과 방형광(galena)(황화납-lead sulphide) 조각으로 구성된 검파기를 만들었다. 이런 장치들은 1900년대 초 간단한 라디오 수신장치에 폭넓게 이용되었다. 그러한 검파기는 레이더 수신기의 RF 주파수를 중간주파수로 떨어뜨리기 위한 믹서에 주로 활용되었는데(일반적으로 수십 MHz), 곧 방형광을 폴리크리스털린 실리콘(polycrystalline silicon)으로 대체하여 사용하였다. 1940~1960년 사이에는 레이더에서의 수신 잡음지수가 문제시되면서 믹서가 만들어졌고, 더 나은 믹서 개발을 통해 레이더 시스템이 괄목할만하게 발전하게 되었다.

쇼트키 다이오드에 관한 현대적 연구는 1938년과 1939년에 발표된 독일의 쇼트키(Schottky)와 영국의 모트(Mott) 모형에 기초를 두고 있는데, 이 모형에서 그들은 정류효과 및 다이오드의 전압전류에 관한 지수법칙 그리고 역바이어스 시의 용량이 전압과 더불어 감소하는 점 등을 설명함으로써, 표피효과 이외에는 이론적으로 거의 완벽한 금속-반도체 모형을 만들었다고 할 수 있다. 그와 같은 쇼트키 모형은 금속을 반도체와 접촉시켰을 때 전위장벽(electrostatic barrier)이 형성되는 작용을 설명해주고 있으며, 그 이론에 따르면 금속과 반도체 사이에 다음과 같이 두 종류의 접촉(contact)이 가능하다.

1) 저항성 접촉(Ohmic contact)
2) 정류성 접촉(Rectifying contact)

저항성 접촉(Ohmic contact)이란 임의의 두 물질을 접촉하였을 경우에 양방향(가역적)으로 같은 전압/전류 관계를 갖는 접촉을 말하는데, 일반적으로 금속과 반도체를 접합시킬 때 금속과 반도체의 에너지 레벨이 달라서 한쪽으로는 전류가 흐르지만 반대방향으로는 전류가 흐르지 못하기 때문에, 임의의 반도체소자를 사용하기 위해 인입선을 납땜하는 경우 납땜하는 위치에 생성되는 새로운 비가역성 접합으로 인하여 소자의 특성을 전혀 관측할 수 없게 된다.

그러한 현상을 그림 8.2의 에너지 다이어그램을 통하여 이해해보자.

일반적으로 N형 반도체에 금속을 접합시키면 금속은 P형 역할을 하고, P형 반도체에 금속을 입히면 금속은 N형 역할을 하는데, 여기에서는 N형에 금속을 입힌 경우를 예로 들기로 한다.

금속과 반도체 각각의 에너지 다이어그램은 그림 8.2(a)와 같이 나타내지는데, $q\phi_M$과 $q\phi_S$는 각각 금속과 반도체의 일함수(Work Function)이고 $\phi_M$과 $\phi_S$는 그에 대응되는 전위차이며, $q\chi$는 전자친화력(Electron Affinity)으로서 이는 중성원자가 전자 하나를 얻으면서 이온화될 때 변화하는 원자의 에너지이고 $\chi$는 그에 대응되는 전위차이다. 만일 그러한 금속과 반도체를 가까이 하여 접합시키면 그림 8.2(b)와 같은 에너지 상태가 되며, 금속에 양전압을 인가하고 반도체에 음전압을 인가하면 반도체 내의 전자가 금속 쪽으로 이동하여 전류가 흐르게 되지만, 반대로 금속에 음전압을, 반도체에 양전압을 인가하면 금속 내의 전자가 에너지 장벽에 막혀 반도체 쪽으로 넘어가지 못한다.

그와 같이 금속-반도체 접합은 대부분 다이오드 특성을 나타내기 때문에 저항성 접촉의 기능을 하지 못하며, 그러한 다이오드 특성을 제거하기 위해 불순물의 농도를 매우 높게 한 N$^+$층을 그림 8.2(c)와 같이 반도체 표면에 만들어 준 다음, 그 위에 금속을 접착시켜 그림 8.2(d)와 같은 금속-반도체 접촉을 만든다. 그림 8.2(c)와 같이 N형 반도체표면에 N$^+$층을 형성하면 N$^+$층 내의 전자들이 확산에 의하여 N형 쪽으로 빠져나간 만큼의 불순물 공간전하가 남게 되며, 그에 의해 전자에 대한 N$^+$층의 에너지 레벨이 낮아지고, 이는 그 위에 만들어진 금속

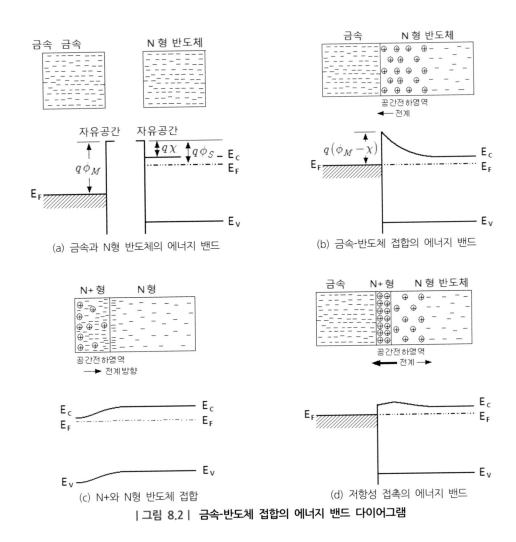

(a) 금속과 N형 반도체의 에너지 밴드

(b) 금속-반도체 접합의 에너지 밴드

(c) N+와 N형 반도체 접합

(d) 저항성 접촉의 에너지 밴드

| 그림 8.2 | 금속-반도체 접합의 에너지 밴드 다이어그램

과 반도체 사이의 전위 장벽을 낮추어주는 역할을 한다. 그렇게 낮추어진 그림 8.2(d)의 에너지 장벽은 금속에 음전압을, 반도체에 양전압을 인가한 경우에도 금속 내의 전자들이 쉽게 넘어갈 수가 있다. 금속에 양전압을, 반도체에 음전압을 인가한 경우에는 반도체 내의 전자들이 금속으로 매우 쉽게 이동할 수 있기 때문에, 그림 8.2(d)와 같은 금속-반도체 접촉은 양방향으로 자유롭게 전류가 흐를 수 있는 저항성접촉 역할을 함을 알 수 있다.

그에 비해 단순한 금속과 반도체의 접합은 모두 정류성 접촉(rectifying contact)이 되며 이들은 한결같이 PN 접합과 동일한 다이오드 특성을 갖는다. 이와 같이 제작된 다이오드를 쇼트키 다이오드라 하는데, PN 접합 다이오드들과는 달리 쇼트키 다이오드 내의 캐리어는 오로지 전자 한 가지만 있어 소수캐리어의 축적이 없기 때문에 고속 스위칭이 가능하여 흔히 초고주파의 정류기 또는 검출기(detector)로 사용된다. 정류성 접촉(Rectifying contact)을 위해 사용되는 재질로는 Al, Au, W(고온 고전력용), TiW(고온 고전력용) 등이 있으며 이들 금속박막재료가 갖추어야 될 화학적, 금속학적, 물리학적, 전기적 특성을 나열하면 다음과 같다.

1) 적당한 전위 장벽
2) 반도체 표면과의 강한 접착력이 있을 것
3) 반도체보다 큰 에칭률(etching rate)을 가질 것
4) 납땜(bonding)이 쉬워야 함
5) 온도변화에 따른 신장내력(tensile stress)이 작을 것
6) 반도체의 도핑 시에 확산이 안 되어야 함
7) 산화와 부식에 대한 저항성이 커야 함
8) Electromigration에 의해 저항성 접촉으로의 전이가 없어야 함
   (Ag, Cr, Ni, Pt, Ta, Ti 등의 얇은 층을 삽입함)

그러한 쇼트키 갈륨비소 다이오드(Schottky gallium arsenide diode)는 다수캐리어만으로 동작하므로, 소수캐리어의 축적이 없을 뿐만 아니라 잡음지수도 낮아서 믹서 다이오드(mixer diode)로 사용하기에도 적합하지만, 오늘날에는 양질의 값싼 저잡음 증폭기가 가용하기 때문에 믹서 자신에 의해 만들어지는 잡음은 중요성이 적게 되었다.

특히 최신의 쇼트키 다이오드는 무릎전압(threshold voltage)이 매우 낮은 제품이 개발되어 대부분의 마이크로파 검파다이오드(detector diode)나 믹서 다이오드에는 예외 없이 쇼트키 다이오드를 사용하게 되었으며, 이러한 쇼트키 다이오드의 구조를 그림 8.3(a)에 보였다.

푸아송(poisson) 방정식의 해를 구함으로써 얻어지는 쇼트키 접합의 공핍층 폭과 단위면적당의 커패시턴스는 다음과 같이 정의되며, 다이오드 접합의 저항과 용량을 각각 $R_d$, $C_d$라 하고 리드선의 직렬저항 및 인덕턴스를 $R_s$, $L_s$, 그리고 패키지 용량을 $C_p$라 하면 쇼트키 다이오드의 등가회로는 그림 8.3(b)와 같이 나타낼 수 있다.

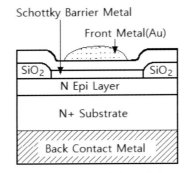

(a) 실리콘 쇼트키 다이오드의 구조

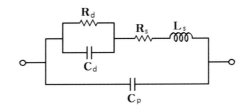

(b) 쇼트키 다이오드의 등가회로

| 그림 8.3 | 쇼트키 다이오드의 구조와 등가회로

$$W = \sqrt{\frac{2\epsilon_s}{N_d q}(V_{Bi} - V)} \quad [\text{m}] \tag{8.1}$$

$$C = \sqrt{\frac{\epsilon_s N_d q}{2(V_{Bi} - V)}} \quad [\text{F/m}^2] \tag{8.2}$$

여기서 $V$는 공급된 전압이 역방향으로 바이어스되었을 경우에는 음의 값을 가지며, $\epsilon_s$는 반도체의 유전상수로서 실리콘은 $\epsilon_s = 11.8 \times 10^{-9}/36\pi \ [\text{F/m}]$, 갈륨비소는 $\epsilon_s = 13.2 \times 10^{-9}/36\pi \ [\text{F/m}]$이다.

## 8.2.3 검파다이오드

마이크로파 검파기(detector)는 접합부 저항의 비직선성을 이용하여 마이크로파를 반파 정류함으로써 미약한 신호를 검출할 수 있도록 고안된 소자로서 대부분 다음과 같은 다이오드를 이용한다.

1) 쇼트키 다이오드(Schottky-Barrier Diode)(대신호용 및 zero bias 용)
2) 점접촉형 다이오드(Point Contact Diode)
3) 역방향 다이오드(Backward Diode)

일반적으로 접합용량은 다이오드의 정류특성을 저하시키며 직렬저항은 다이오드의 비선형 저항특성을 약화시키는 경향이 있는데, 쇼트키 접합은 PN 접합에 비해 직렬저항과 접합용량이 작아서 더 좋은 특성을 갖는다. 특히 예전의 쇼트키 다이오드는 매우 높은 무릎전압을 갖고 있었기 때문에, 대부분 대신호레벨의 검출에 사용되고 소신호를 검출하기 위해서는 무릎전압점(non-linear point)까지 직류바이어스 전류를 흘려주어야 했지만, 이제는 무릎전압이 낮은 쇼트키 다이오드가 개발되어 그와 같은 바이어스의 필요성이 없어졌다.

쇼트키 다이오드가 사용되기 이전에는 점접촉형 다이오드가 가장 인기 있었던 마이크로파 검파다이오드였는데, 일명 'cat's whisker diode'라 불렸으며, 1980년대 초까지 고성능의 검파기 및 믹서에 널리 이용되었으나, 점차로 정밀한 사진석판기법을 이용한 고품질의 에피택시(epitaxy)에 의하여 만들어진 초소형의 쇼트키 다이오드로 대부분 대체되었고, 이제는 측정장치(test mixer, test detector)처럼 성능보다는 간편한 장착이 중요하게 되는 경우에만 간혹 사용되는 정도이다.

점접촉형 다이오드는 직렬저항을 줄이기 위하여 고농도로 도핑된 실리콘 결정 위에 에피택시얼층 없이 바로 고양이 수염 같이 생긴 금속침 끝을 접촉시켜 만들며, 그 금속침은 강도 때문에 텅스텐을 사용하고 전기화학적인 방법으로 에칭하여 날카롭게 만들어진다.

실리콘 결정의 표면이 공기에 노출되기 때문에 예외 없이 산화물층이 형성되기도 하고 다른 오염물질이 묻기도 하여 I-V 특성이 좋지 않게 나오게 되므로, 이를 개선시키기 위하여 커브 트레이서(curve tracer)를 보면서 망치로 금속침을 때려 표면 안으로 밀어 넣어야 하는데, 이러한 작업을 일컬어 튜닝(tunning)이라 한다. 따라서 점접촉형 다이오드는 수공이 많이 필요하게 되고, 결국 가격 면에서 쇼트키 다이오드에 비해 비교적 비싸다.

접합용량과 직렬저항의 문제점을 해결하기 위한 또 다른 방법으로 역방향 다이오드를 사용할 수 있는데, 이는 터널다이오드(tunnel diode)의 순방향 피크점을 적당한 도핑 과정과 제작기술에 의하여 제거함으로써 순방향으로 차단특성을 얻고 역방향으로 신호검출이 가능하도

| 표 8.1 |  마이크로파 검파다이오드의 특성

| 검파다이오드의 종류 | 점접촉형 | 쇼트키 | 역방향 |
|---|---|---|---|
| 동작주파수 범위(GHz) | 1~100 | 1~40 | 1~18 |
| 개방전압감도(mV/mW) | 400 | 1000 | 700 |
| 최대 동작전력(mW) | 100 | 100~150 | 30~50 |
| VSWR(최대) | >2 | 2.2 | 3 |
| 온도특성 - 54~100℃(dB) | ±1.5 | ±1 | ±0.5 |
| 충격 및 진동 | 감도에 영향 줌 | 영향 없음 | 기계적으로 약함 |

록 한 소자이며, 다른 다이오드들에 비해 I-V 곡선이 원점 근처에서 가장 급격한 변화율을 갖기 때문에 소신호의 검출에 있어 우수한 특성을 갖는다.

일반적으로 검파다이오드의 차단주파수 $f_c$는 접합용량 $C_j$의 리액턴스가 기생직렬저항 $R_s$ 와 같아지게 되는 주파수로 정의하므로 다음과 같이 쓸 수 있다.

$$\omega_c C_j R_s = 1, \quad 즉 \ f_c = \frac{1}{2\pi R_s C_j} \tag{8.3}$$

검파다이오드의 감도(sensitivity)는 다이오드 자체의 파라미터들과 그 주변 회로의 임피던스 매칭 상태에 따라 달라지며 $1/f$ 잡음과도 관계가 있다. 다이오드의 주변 마이크로파 회로에 대한 매칭은 다이오드를 흐르는 바이어스 전류를 변화시킴으로써 가능하며 보통 그 전류 크기가 $10 \sim 100 \, \mu A$ 정도이다. 표 8.1에 마이크로파 검파다이오드의 전형적인 특성을 보였다.

## 8.2.4 믹서 다이오드

믹서는 수신된 RF(Radio Frequency) 신호를 IF(Intermediate Frequency)로 바꾸거나 반대로 IF를 RF로 변환시켜주는 부품으로서, 송수신기의 성능을 향상시키려면 가능한 한 높은 주파수까지 변환손실(Conversion Loss)이 작고, 허상신호(Image Signals) 같은 불요 고조파(Spurious)가 작아야 한다.

그러한 믹서의 핵심소자로 가장 많이 사용되는 믹서 다이오드(Mixer Diode)는 접합용량을 줄이기 위하여 접합의 단면적이 최소화되어야 하고 이상적인 I-V 커브를 가져야 하며, 초소형으로서 생산단가가 저렴하고 견고하여야 한다.

오늘날의 다이오드 기술은 충분히 발달되어 무려 1,000 GHz까지도 사용될 수 있는 믹서 제작이 가능하며, 이제까지 개발되어온 믹서 다이오드로 점접촉형 다이오드와 쇼트키 다이오드 등을 들 수 있다.

쇼트키 다이오드는 소수캐리어 효과가 없기 때문에 극도로 빠른 스위칭 소자라고 할 수 있고 그러한 특성은 믹서 다이오드로서도 이상적으로 사용될 수 있다.

현재 고품질의 실리콘 쇼트키 다이오드가 아주 싼 가격으로 공급되고 있으며, 또한 아주 작은 변환손실과 잡음지수를 필요로 하는 경우에 응용될 수 있는 갈륨비소 쇼트키 다이오드 조차도 비교적 적당한 비용으로 구할 수 있기 때문에, 이십여 년 전까지는 점접촉형 다이오드가 믹서에 거의 같은 수준으로 사용되었으나, 최근에는 예외 없이 쇼트키 다이오드가 사용됨으로써 점접촉형 다이오드를 완전히 불필요한 존재로 만들어버렸다.

최근의 쇼트키 다이오드는 양극에 직접 본딩하지 않고 금 리본을 진공증착이나 Ion Implantation 또는 Molecular-Beam Epitaxy를 이용하여 형성시킴으로써, 칩형 또는 빔 리드형으로 만들어진다.

이는 높은 주파수까지 사용하기 위하여 접합면적을 줄임으로써 접합용량을 줄이고자 하는 노력의 일환으로서, 진공증착에 의한 쇼트키 다이오드에서는 적절한 연결이 이루어지기 위해서 양극(Anode)의 직경이 최소한 $10 \sim 15 \, \mu m$ 정도가 되어야 하므로, 접합용량이 $0.08 \sim 0.10 \, pF$ 정도로 되고 그 외에도 양극 리본(Anode Ribbon)과 음극 리본(Cathode Ribbon) 사이 및 양극 리본과 반도체 사이의 기생용량도 그 정도의 값을 갖기 때문에, 진공증착에 의해 만들어진 쇼트키 다이오드는 값은 싸지만 50 GHz 이상의 주파수에 사용되기 어렵게 된다.

그에 비하여 Ion Implantation 및 Molecular-Beam Epitaxy를 이용한 쇼트키 다이오드는 양극의 직경을 $2 \, \mu m$까지도 줄일 수 있기 때문에 접합용량이 약 $0.05 \, pF$, 기생용량이 $0.02 \, pF$로서, 대략 100 GHz까지 사용할 수 있으며, 산화물층의 두께를 $2 \sim 3 \, \mu m$ 정도로 두껍게 하고 극도로 미세한 구멍을 뚫은 다음 그 위에 금속을 프린트하여 접합용량을 $0.01 \, pF$, 기생용량 $0.02 \, pF$, 직렬저항 $6 \, \Omega$으로 제작함으로써 2,650 GHz의 차단주파수를 갖는 다이오드를 실현시켰다.

저잡음 특성을 갖는 믹서를 얻기 위하여 냉각을 하는 경우에, 쇼트키 다이오드는 냉각함에 따라 이상계수(Ideality Factor) $n$ 값이 점점 커져서 30°K 이하에서는 냉각효과가 거의 없어져버리는데, 그 이유 중 하나는 도핑 농도가 높고 온도가 낮으면 터널링이 감소하여 전류가 감소하고, 결국 변환손실이 커지기 때문이며, 또 다른 이유는 접합용량이 튜닝이나 바이어스 조건, 그리고 국부발진기(LO) 레벨에 따라 변하면서 최소의 변환손실을 얻는 조건이 최소잡음온도조건과 어긋나도록 하기 때문이다. 따라서 아주 낮은 변환손실을 갖는 믹서라 하더라도 높은 잡음온도를 가질 수가 있다.

변환손실의 증가원인 중 또 하나의 중요한 인자는 접합용량이 국부발진기 입력크기에 따라 변하므로, 국부발진기 전력의 일부가 고조파로 변환되어 전력손실을 야기시키는 것이라 할 수 있다. 그와 같이 전압에 따라 시간적으로 변하는 접합용량 때문에 다이오드의 입력 임피던스가 변하여 임피던스의 정합이 어렵게 되는 점도 간과할 수 없고, 그러한 효과를 보상하기 위해서는 국부발진기 전력을 올려야 한다. 결국 높은 국부발진기 정격을 필요로 하고 이는 100 GHz 이상의 대역에서 매우 치명적이라 할 수 있다.

상기의 단점들을 보완하기 위하여 변형된 쇼트키 다이오드를 "Mott Diode"라고도 하는데, 그 구조는 1,000 ~ 2,500 Å인 쇼트키 다이오드의 에피택시얼층을 수백 Å으로 줄이고, 도핑 농도도 약 10분의 1 정도로 감소시킨 것으로, 그와 같은 구조의 다이오드는 온도에 거의 무관한 이상계수를 가지며, 공핍층도 거의 일정하게 된다.

또한 쇼트키 다이오드를 위하여 dot-matrix를 사용하면 직렬저항과 접합용량을 대폭 줄일 수 있고 기생효과가 거의 없어서, 저잡음 특성을 필요로 하는 믹서 다이오드(특히 밀리미터파용)로 아주 적합하다.

Dot-matrix 다이오드는 넓은 에피택시얼층 위에 형성된 두꺼운 산화막에 직경이 1.5 $\mu$m 정도인 수천 개의 작은 구멍을 Matrix 형태로 뚫은 다음, 가느다란 Whisker를 가지고 임의의 한 구멍에 접촉시킨 것으로서 점접촉형 다이오드나 쇼트키 다이오드 모두에 응용할 수 있다. 이 다이오드는 만들기가 어렵고 사용하기도 어렵지만 접합용량이 0.005 pF 정도이기 때문에 통상적인 차단주파수가 1,500 ~ 2,300 GHz이고 1,000 GHz까지도 사용이 가능하며, 차단주파수가 3,500 ~ 4,000 GHz 정도인 다이오드도 언급되고 있다.

## 8.2.5 PIN 다이오드

PIN 다이오드는 그림 8.4에 보인 바와 같이 $P^+$ 또는 $N^+$로 한쪽 또는 양쪽이 강하게 도핑된 PN 접합 사이에 진성(Intrinsic) 영역이나 또는 아주 적게 도핑된 영역을 두어 공핍층의 길이

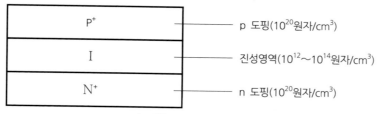

| 그림 8.4 | PIN 다이오드 구조

를 길게 함으로써 접합용량과 그 변화를 작게 하고 역방향 항복(Breakdown)전압을 높게 한 소자로서, 순방향 바이어스 전압을 변화시킴에 의해 공핍층 내에 캐리어의 주입을 조절함으로써 다이오드의 저항을 임의로 가변시킬 수 있다.

또한 순바이어스 시의 접합용량은 아주 작고 거의 일정하며, 역바이어스 시에도 공핍층의 폭이 인가전압에 따라 변하지 않기 때문에 접합용량도 변하지 않는다.

따라서 이 소자의 다이오드 특성은 고주파, 고전력의 정류에 아주 유용하며, 순방향 특성으로 우수한 선형성과 왜곡(Distortion)이 아주 낮은 전류 제어형 가변저항이 얻어지므로 AM 변조나 감쇠기 또는 스위치 및 위상기(Phase Shifter) 등으로 광범위하게 사용된다.

PIN 다이오드 내부 PN 접합 사이의 진성영역을 I영역이라 하고, 진성영역 대신 사용되는 P 또는 N형으로 낮게 도핑된 영역을 각각 $\pi$형 및 $v$형이라 하며, 바이어스되지 않은 상태에서 이들은 모두 약 $1000 \, \Omega \cdot cm$의 저항률을 갖는다.

## 8.2.6 Gunn 다이오드

2단자 반도체소자는 2단자쌍 반도체소자에 비해 더 높은 주파수에서 더 큰 CW 및 피크 전력을 낼 수 있기 때문에, 과거 수십 년 동안 마이크로파 주파수에서의 사용이 꾸준히 증가되어 왔다.

이들 2단자 소자의 공통적인 특징은 부성저항(Negative Resistance)으로 동작한다는 것이며, 이와 같은 2단자 부성저항소자가 높은 주파수에서 유리할 것이라는 점은 일찍이 트랜지스터를 발명한 쇼트키에 의하여 1954년에 지적이 되었다.

그 후 1961년에 Ridley와 Watkins는 반도체 내의 가볍고 높은 이동도를 갖는 캐리어가 전계에 의해 무겁고 낮은 이동도로 천이할 수 있는 Subband에 의해 쉽게 부성저항을 만들 수 있음을 기술하였으며, 그에 적합한 물질로 Ge-Si 합금과 Ⅲ-Ⅴ족 화합물반도체가 적합함을 제안하였다.

그들의 이론은 1962년 Hilsum에 의해 한 단계 더 발전되어 이론적으로 체계화되었고 TEA (Transferred Electron Amplifier)와 TEO(Transferred Electron Oscillator)라는 용어가 최초로 사용되었다. 그는 GaAs 막대가 전계 3200 V/cm, 온도 373°K에서 TEA로 동작할 것이라는 것을 예측하고 그의 이론을 실험적으로 증명하려 하였지만, 그 당시의 기술수준으로는 질 좋은 GaAs를 확보할 수 없었기 때문에 그의 시도는 실패로 끝났다.

그러던 도중 1963년에 IBM의 J. B. Gunn이 얇은 N형 GaAs와 N형 InP 원반을 가지고 반도체의 잡음특성을 연구하다가 우연히 인가전압이 어느 한계값을 넘으면 그를 통과하는 전류가 주기적으로 진동함을 발견하였으나, 그는 이 현상을 앞에서 연구된 이론과 연결시키기는 커녕 아주 대수롭지 않게 무시하고 간단히 보고하였다.

그 이후 소위 Gunn 효과는 1964년에 Kroemer에 의하여 RWH(Ridley-Watkins- Hilsum) 이론인 그림 8.5와 같은 Two Valley Model과 완전히 일치함이 밝혀졌으며, 몇 년 후에 Gunn 다이오드 및 InP 다이오드, LSA(Limited Space-Charge-Accumulation) 다이오드가 성공적으로 개발되었고, 이들은 증폭 또는 발진현상이 접합특성으로부터 나오는 것이 아니라, 균일한 반도체의 부성저항특성에 기인하는 연유로 벌크(Bulk) 소자 또는 TED(Transferred Electron Device)라 한다.

Two Valley Model 이론에 따르면, 순도가 높은 GaAs 단결정 막대의 내부전계를 증가시켜감

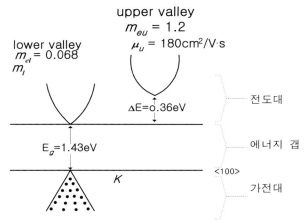

| 그림 8.5 | N형 GaAs에 대한 Two Valley Model

| 표 8.2 | GaAs 내의 Two Valley Model에 대한 데이터

| Valley | Effective mass $M_e$ | Mobility $\mu$ | Separation $\Delta E$ |
|---|---|---|---|
| Lower | $m_{el}=0.068$ | $\mu_{el}=8000(cm^2/V \cdot s)$ | 0.36 eV |
| Upper | $m_{eu}=1.2$ | $\mu_{eu}=180(cm^2/V \cdot s)$ | 0.36 eV |

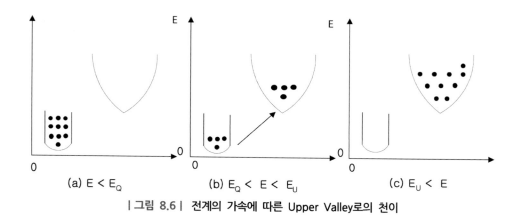

(a) $E < E_Q$  (b) $E_Q < E < E_U$  (c) $E_U < E$

| 그림 8.6 | 전계의 가속에 따른 Upper Valley로의 천이

에 따라 전도대의 Lower Valley에 있던 전자들이 Upper Valley로 천이하면서 무거워지기 때문에, 표 8.2에 주어진 바와 같이 초기의 8,000 cm²/Volt·sec이던 전자이동도가 180 cm²/Volt·sec로 떨어져서 이동속도가 매우 낮아지며, 그림 8.6에서 보는 바와 같이 전계가 임계값 Eu 이상이 되면 모든 전자들이 Upper Valley로 천이하게 된다.

그림 8.7과 같은 GaAs 단결정 막대 내에는 통상적으로 작은 결정의 결함들이 부분적으로 존재하는데, 만일 그 막대에 전압을 인가하여 증가시켜 가면 결정결함 부분에서의 전계가 가장 강하게 나타나므로, 내부전계를 상승시키면 결정결함 근처의 전자들이 먼저 Upper Valley로 천이하게 되고, 결과적으로 그 부분의 저항이 증가하여 전압강하가 커지며 전계의 세기가 더욱 강해져서 더 많은 전자들이 Upper Valley로 천이하게 된다. 이와 같은 과정이 반복하여 일어나면, 뒤에서 빠르게 따라오던 전자들이 합류하여 높은 밀도의 전자군을 형성하게 되고, 그 전자군이 느린 속도로 양극 쪽으로 진행하여 흡수되면 처음 과정부터 다시 시작하게 되기 때문에, 전자군의 진행시간으로 발진주파수대역을 결정할 수 있다. 그와 같은 원리에 의하여 동작되는 Gunn 다이오드를 원하는 주파수의 캐비티 공진기에 장착하여 정확한 주파수를 발진할 수 있도록 한다.

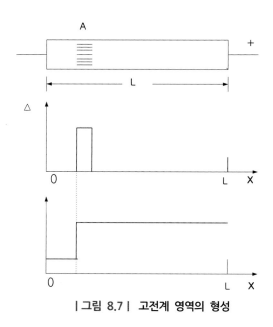

| 그림 8.7 | 고전계 영역의 형성

그러한 Gunn 다이오드는 동작주파수범위가 1~100 GHz에 걸쳐 있어 광대역으로 동작될 수 있으며, 그중 낮은 주파수대역에서는 10 W 이상의 출력을 낼 수 있으나 주파수 증가에 따라 정격출력이 급격하게 감소한다. 그러한 출력과 주파수대역은 IMPATT 다이오드에 비하면 비교적 떨어진다고 할 수 있으나, 잡음특성이 좋고 사용이 간편하여 많이 사용된다.

## 8.2.7 InP 다이오드

TED는 GaAs로 이루어진 Gunn 다이오드가 개발된 이후 InP를 이용하려는 시도가 뒤따르게 되어 계속 폭넓게 연구되었으며, InP 다이오드는 동작방법이 Gunn 다이오드와 유사하지만 재질의 특성상 다소간의 차이가 있다.

그림 8.8과 같이 InP는 전도대 내에 Lower Valley, Middle Valley, Upper Valley 등 3개의 에너지 Valley를 갖고 있는데, 그 중 Lower Valley와 Upper Valley는 강하게 결합되어 있으나 그들과 Middle Valley의 결합은 약해서 전자들을 가속하는 경우 결국은 Middle Valley로 천이하여 쉽사리 복귀되지 않으며, peak-to-peak 에너지 차이가 커서 천이과정이 GaAs보다 빠르게 진행된다.

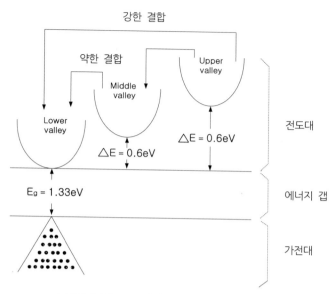

| 그림 8.8 | InP 다이오드의 Three Valley Model

## 8.2.8 애벌랜치 주행시간(Avalanche Transit-Time) 다이오드

애벌랜치 주행시간 소자의 기원은 1958년에 W. T. Read에 의해 발표된 이론논문에 두고 있으며, 그 논문에서 Read는 N$^+$-P-I-P$^+$ 다이오드의 부성저항특성에 관하여 기술하였다. 이는 1965년에 Lee와 그 동료들에 의해 실험적으로 입증되었으며 실제적으로 그와 같은 부성저항은 단순한 P-I-N 또는 PN 접합으로도 얻을 수 있었다.

건(Gunn) 오실레이터가 단순한 벌크 현상을 이용하는 데 비하여 애벌랜치 다이오드 발진기는 공핍층 내의 고전계에 의한 충돌 전리(Impact Ionization)와 캐리어의 표동을 이용하고 있으며, 동작 원리 면에서 두 가지의 서로 다른 모드가 관찰되었다.

그림 8.9에 애벌랜치 주행시간 소자의 대표적인 경우인 리드(Read) 다이오드의 구조와 전계 그리고 도핑 농도분포를 도시하였다. 그림 8.9(b)에서 전계의 세기는 $x = 0$ 근처에서 가장 강하므로, 역방향으로 직류 바이어스 전압을 점점 증가시켜 임계 전계값 이상이 되면 항복(Breakdown)이 일어나 수없이 많은 캐리어들이 생성되고, 이들 중 전자들은 $\nu$형의 표동영역(Drift Region)을 지나 N$^+$층에 흡수된다.

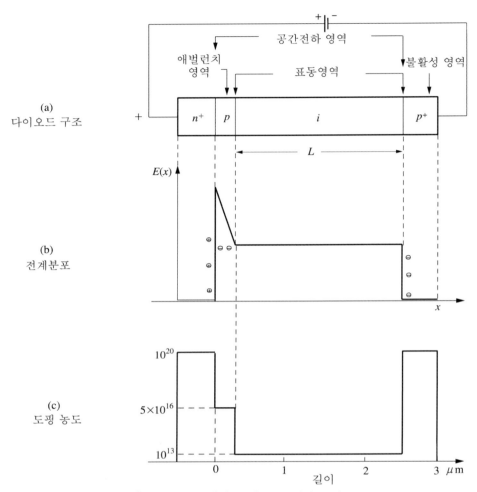

| 그림 8.9 | Read 다이오드의 구조, 전계, 도핑 농도

이러한 과정이 반복적으로 일어나는 경우에 전체적인 위상지연은, 전자들의 주행시간에 의한 위상지연과 항복이 일어나서 전자들이 표동영역으로 주입되는 시간에 의한 주입위상지연(Injection Phase Delay)의 합으로 결정되며, 만일 표동영역으로 주입되는 전류의 위상지연이 $\Phi = \pi$이면, 최대의 부성저항은 표동영역의 주행각 $\theta = \pi$ 근처에서 얻을 수 있는데, 이것이 바로 IMPATT(Imapct Ionization Avalanche Transit-Time) 다이오드의 동작모드이다. 이를 다시 말하면 역바이어스 시의 임팩트 애벌랜치 항복(Impact Avalanche Breakdown)에 의하여 주입전류가 형성되기까지 약 180°의 위상지연이 발생하고 표동영역을 주행하기 위하여 추가로

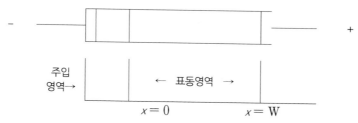

**| 그림 8.10 |** $x = 0$에서 주입되고 표동영역에서 포화속도로 진행하는 이상적인 다이오드

180°의 위상지연이 됨으로써 부성저항을 얻게 된다는 것이다. 그와 같은 IMPATT 다이오드의 변환효율은 실리콘으로도 100 GHz 까지에 걸쳐 5~10%를 얻을 수 있다.

또한 만일 $\Phi=\pi/2$이면, 최대의 부성저항은 $\theta=3\pi/2$ 근처에서 얻을 수 있으며, 그러한 동작 모드로 동작되는 소자를 BARITT(arrier Injected Transit-Time) 다이오드라 한다. BARITT 다이오드는 15 dB의 낮은 잡음지수를 가지고 있으나 비교적 대역폭이 좁고 출력이 작다.

애벌랜치 주행시간 소자의 또 다른 동작모드는 애벌랜치 항복이 $x = 0$에서 시작하여 전체 표동영역에 걸쳐 순차적으로 항복이 일어나도록 하는 것이다. 그 경우에 항복영역이 전파되는 속도는 캐리어의 포화속도보다 훨씬 빨라서 실리콘의 경우에 통상 약 $6 \times 10^7$ cm/s 정도의 속도를 갖는다. 따라서 일단 항복이 일어나면 순식간에 거의 다이오드 전체 영역이 엄청난 수의 전자 홀쌍으로 가득 차게 된다.

이와 같은 모드로 동작되는 소자를 TRAPATT(Trapped Plazma Avalanche Triggered Transit-Time) 다이오드라 하는데, TRAPATT 다이오드는 고전력, 고효율의 특징을 갖고 있어 직렬로 다섯 개를 연결하여 1.1 GHz에서 1.2 kW의 펄스출력을 낸 기록이 있으며, 통상적인 소자의 변환효율은 20~60%이고 0.6 GHz에서 최대로 75%까지 얻을 수 있지만, 동작방법이 몹시 까다로워서 소자와 회로를 섬세하게 조절해야 할 필요성이 있을 뿐만 아니라, 내부 잡음이 크고 밀리미터파 이하의 비교적 낮은 주파수에서 동작하는 단점들이 있다.

## 8.3 마이크로파 트랜지스터

1948년 벨 연구소에서 쇼클리(William Shockley)와 그의 동료들에 의한 트랜지스터의 발명은 전자기술에 있어 가히 혁명적이었다. 그 이후 대부분의 진공관을 반도체소자로 대체할 수 있었으며, 반도체기술의 고도화와 함께 엄청난 발전을 하였다.

초기의 트랜지스터는 낮은 UHF 대역까지밖에 사용하지 못하였으나, 곧 GHz의 주파수대역까지 도달하게 되었으며, 그러한 마이크로파 전력트랜지스터(Microwave Power Transistor)의 기술은 과거 30년 동안 꾸준히 발전해 왔다. 마이크로파 트랜지스터(Microwave Bipolar Transistor)의 현대화는 반도체 재료로 실리콘을 광범위하게 사용함으로써 가능하게 되었다고 할 수 있으며, 기본적인 동작원리는 저주파 소자와 같지만 크기나 공정제어, 패키징(Packaging) 그리고 방열처리 등에 있어 엄격한 과정과 고도의 기술을 필요로 한다.

트랜지스터의 주파수 응답은 소자 내 캐리어(Carrier)의 주행시간과 소자 내에 축적되어 있는 전하의 변화율에 의해 제한되므로, 높은 주파수에서 동작될 수 있도록 하기 위해서는 트랜지스터의 베이스 폭과 제반 기생용량을 줄이기 위한 소자 치수의 엄격한 제어가 필요하다.

그림 8.11과 같은 트랜지스터 내에서 평균속도 $v$로 이동하는 캐리어가 이미터-컬렉터 사이의 구간을 경유하는 데 소요되는 주행시간 $\tau_{EC}$는 다음과 같은 네 가지 지연시간의 합으로 나타낼 수 있다.

$$\tau_{EC} = \tau_{EB} + \tau_{B} + \tau_{X} + \tau_{BC} \tag{8.4}$$

여기서, $\tau_{EB}$ = 이미터-베이스 접합용량 충전시간

$\quad\tau_{B}$ = 베이스 주행시간

$\quad\tau_{X}$ = 베이스-컬렉터 공핍층 주행시간

$\quad\tau_{BC}$ = 컬렉터-베이스 접합용량 충전시간

그런데 일반적으로 $\tau_{B}, \tau_{X} \gg \tau_{E}, \tau_{C}$ 이므로

$$\tau_{EC} \fallingdotseq \tau_{B} + \tau_{X} \tag{8.5}$$

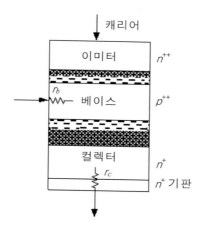

**| 그림 8.11 |** **실리콘 마이크로파 트랜지스터 구조**

위와 같은 주행시간에 의하여 트랜지스터의 중요한 성능지수 두 가지를 다음과 같이 정의할 수 있다.

$$차단주파수 = F_t = \frac{1}{2\pi\tau_{EC}} \tag{8.6}$$

$$최대\ 발진주파수 = F_{\max} = \left[\frac{F_t}{8\pi R_{BB} \cdot C_{CB}}\right]^{1/2} \tag{8.7}$$

여기서, $C_{CB}$ = 컬렉터-베이스 접합용량

$R_{BB}$ = 베이스 저항

이들 두 가지 성능지수 $F_t$와 $F_{\max}$는 고주파 전류이득이나 전력과 불가분의 관계를 갖고 있으므로, 최소의 $\tau_{EC}$ 및 $R_{BB}$, $C_{CB}$값을 동시에 얻도록 설계되어야 하지만, 이들은 서로 완전히 독립적이지 않기 때문에 어느 정도의 절충이 필요하다.

최근 들어 앞에서 언급된 마이크로파 BJT는 이종접합(Hetero-Junction)을 이용한 소자들로 발전되어 왔는데, 이를 HBT(Hetero-junction Bipolar Transistor)라 하며, InGaP/ GaAs 접합이나 AlGaAs/GaAs, 또는 InGaAs/GaAs 접합 등을 이용하여 SHBT(Single HBT) 및 DHBT(Double HBT)를 구현한 것이다. 그러한 HBT는 대체로 선형성이나 위상잡음 면에서 우수하고 전력효율 등이 뛰어난 것으로 알려져 있다.

또한 AlGaAs/InGaAs/GaAs를 이용한 PHEMT(Pseudomorphic HEMT)는 잡음특성 및 전력효율이 우수하여 저잡음 증폭기(LNA)나 고전력 증폭기(HPA)에 모두 사용될 수 있으며, 이중이종구조의 PHEMT는 송수신기에 범용 증폭기(Gain Block) 및 고주파 스위치로 사용될 수 있고, 특히 MMIC에 유용하게 사용된다.

그 외에도 SiGe 합금소자에 관한 연구개발도 이루어져 있고, 최근에는 SiC(Silicon Carbide)를 이용한 쇼트키 다이오드나 MESFET가 역방향의 누설전류가 작고 전력효율이 좋을 뿐 아니라 고압 및 고전력용으로 적합함이 밝혀져 L 및 S 밴드용으로 1,200 V, 30 A의 정격을 갖는 소자들이 선보이고 있다.

## 8.4  마이크로파 전계효과 트랜지스터

쇼클리는 1948년에 트랜지스터를 발명한 후 1952년에 새로운 형태의 트랜지스터인 전계효과 트랜지스터(FET)를 제안하였는데, 이 FET는 한 가지 캐리어만으로 동작되기 때문에 Unipolar Transistor라고도 하며, 전류에 의하여 구동되고 다수캐리어와 소수캐리어를 동시에 갖는 트랜지스터(BJT)에 비하여 진공관과 마찬가지로는 채널전류가 전압에 의하여 구동되는 소자이다.

BJT에 비하여 FET가 갖는 장점을 들면 다음과 같다.

1) BJT보다 효율이 높다.
2) 동작주파수가 K 밴드까지 가능하다.
3) 잡음지수가 낮다.
4) 입력저항이 높다.

1960년대 초부터 1970년대 말까지 그리고 지금까지도 실리콘을 이용한 MOSFET의 발달은 가히 상상을 초월하는 수준으로서 SSI, MSI, LSI, VLSI, ULSI 등으로 발전하였으나, 일찍이 높은 이동도로 인하여 고주파 부분에 유력시되어 왔던 갈륨비소(GaAs)를 이용한 FET는 1980

년대 초까지도 실질적인 면에서 별로 관심의 대상이 되지 못하였다.

그 이유를 간단히 말하면 첫째로 적당한 갈륨비소의 산화물질이 없다는 점이고, 둘째는 에피택시얼층을 성장시키기 위한 절연성 기판(Substrate)이 만들어지기 어려웠으며, 마지막으로 전기적인 특성이 명확하게 규명되지 못하였다는 점으로 압축할 수 있다.

그러나 점차적으로 고속의 하드웨어가 요구됨에 따라 갈륨비소에 집중적인 투자가 이루어짐으로써 Submicron Gate의 MESFET가 개발되었고, 고속의 디지털 분야에서도 이제는 GHz 수준의 마스터 클록을 사용하는 CPU의 개발이 현실화되었다.

고저항의 갈륨비소 개발은 1950년대부터 거의 20여 년 동안 수많은 연구 프로젝트의 테마가 되어 왔으나, 그 효시는 1960년에 지극히 순도가 높은 갈륨비소를 얻기 위하여 연구 중이던 앨런(Allen)에 의해 우연히 만들어졌다. 그 후 3, 4년에 걸친 여러 연구팀들의 노력 끝에 일부러 갈륨비소에 산소나 크로뮴을 용융상태에서 첨가함으로써 소위 반절연성 기판(Semi-Insulating Substrate)을 만들어낼 수 있었고, 곧이어 이를 결정학적, 열적, 전기적으로 안정하도록 하기 위한 연구가 뒤따랐다.

갈륨비소로 이루어진 FET는 UHF부터 밀리미터파 대역에 걸쳐 광범위하게 사용되는데, 그러한 GaAs FET는 1960년대 말에 처음으로 만들어진 다음 1970 ~ 1971년에는 이미 초기의 실리콘 BJT의 이용가능 주파수 한계를 넘어섰으며, 그 이후로도 GaAs FET의 성능은 전력 및 저잡음 특성이 꾸준히 개선되었고, 1970년대 말에는 AlGaAs 층을 추가하여 새로운 GaAs FET 종류인 이종구조 전계효과 트랜지스터(HFET)로의 길을 열었다.

마이크로파 FET에 갈륨비소를 사용하는 이유는 실리콘에 비하여 전자의 속도가 두 배 이상 빨라서 더 높은 주파수 특성을 얻을 수 있기 때문이며, 갈륨비소를 BJT에도 사용할 수 있지만, 실리콘 바이폴라 트랜지스터가 가격 면에서 유리하다.

GaAs FET는 금속-반도체 접합을 이용하기 때문에 GaAs MESFET이라고도 한다. 그 주파수 특성이 지속적으로 향상되어 이제는 100 GHz까지 사용할 수 있는 소자가 연구실 수준에서 선보이고 있으며, 그의 고유한 저잡음 특성으로 인하여 수신기에는 압도적으로 사용되어 왔고, 4 GHz 이하의 전력부분에서도 대부분 GaAs FET가 BJT를 대체하기에 이르렀다. 최근에 상품화된 GaAs FET의 최대 출력은 S 밴드용 48 W, X 밴드용 42 W, Ku 밴드용 40 W, Ka 밴드용 0.4 W, 94 GHz에서 0.05 W 등으로서, 그 성능이 나날이 향상되고 있다.

그림 8.12에 보인 바와 같은 GaAs MESFET는 반절연성 기판(SI substrate) 위에 성장된 N형

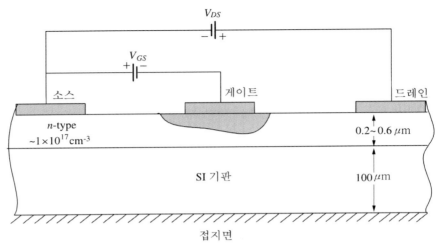

| 그림 8.12 | GaAs MESFET의 단면도

에피택시얼층에 선택적인 확산(diffusion) 또는 이온주입(ion implatation) 등의 방법을 통하여 소스(source)와 게이트(gate) 그리고 드레인(drain)을 형성시키고 증착에 의하여 전극(metalization)을 구성하며, 소스와 드레인 사이에 있는 게이트는 에피택시얼층 표면에 쇼트키 접합이 만들어지도록 하고, 양(+)의 전압이 드레인에 연결되어 전자는 소스에서 드레인으로 흐른다.

그림 8.12에서 소스-게이트 전압을 0으로 한 경우에 에피택시얼층을 통하여 흐르는 채널전류는 최대가 되고, 이 전류를 포화 드레인-소스 전류(IDSS)라고 하며, 게이트에 음(−)의 전압이 인가되면 게이트 아래의 쇼트키 접합은 역바이어스되어 공핍층의 두께가 두꺼워지고, 이 영역은 절연체의 역할을 하므로 전류가 흐를 수 있는 채널의 폭이 좁아져서 채널전류가 감소하며, 게이트 전압이 충분히 낮아지면 절연성을 띤 공핍층이 전체 에피택시얼 층에 확산되어 전류의 흐름이 완전히 차단된다.

낮은 주파수의 경우에는 역바이어스된 게이트의 입력 임피던스가 지극히 높아서 전류이득이 매우 높지만, 마이크로파 주파수에 대해서는 접합용량으로 인한 리액턴스 때문에 FET의 전류이득은 더 이상 그렇게 큰 값을 나타내지 않는다.

마이크로파용 GaAs FET도 내부용량 및 저항, 외부 인덕턴스의 영향으로 인해 성능이 저하되지만, 무엇보다도 주파수 특성은 BJT와 마찬가지로 캐리어의 주행시간에 의하여 제한을 받으며, 그러한 영향을 모두 포함하는 $S$ 파라미터를 측정함으로써 FET를 평가할 수 있다.

캐리어의 주행시간은 게이트의 길이에 의해 결정되는데, 보통 게이트의 길이는 $0.5\,\mu$ 내외

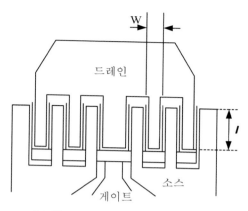

| 그림 8.13 | 고전력용 GaAs FET 구조

이고, 소스-드레인 간격은 게이트 길이의 2~3배 정도이며, 약 1 mW의 출력정격을 갖는 GaAs FET의 게이트 폭은 대략 25~50 $\mu$로서, 아주 큰 전력레벨을 위해서는 그림 8.13과 같이 다중 소스, 게이트, 드레인을 병렬로 배열하여 만들어지고 있다.

## 8.5  HEMT(High Electron Mobility Transistor)

실리콘의 경우에는 도핑이 되지 않았을 때(Intrinsic) 낮은 전계에서 1,500 cm$^2$/Volt·sec의 전자이동도를 가지며, 전계가 약 10 kV/cm에 가까워짐에 따라 이동도가 급격히 떨어져서 전자의 속도는 $10^5$ m/sec의 포화속도에 접근하는 데 비하여, 진성인 갈륨비소의 경우에는 저전계하에서의 이동도가 주어진 온도 $T$에 대해 8,000 × (300/T)$^{2.3}$ cm$^2$/Volt·sec의 값을 갖지만, 전계가 임계값(Threshold Field)인 3.3 kV/cm 이상으로 증가하면 전자들이 Upper Valley로 천이하기 시작하므로 최대 전자속도는 $T=300°K$에서 약 $2.1×10^5$ m/sec로 제한된다. 또한 만일 전계가 50 kV/cm로 증가하면 약 $0.83×10^5$ m/sec의 전자속도를 갖게 되어 실리콘에 비하여 오히려 표동속도(Drift Velocity)가 작아지며, 갈륨비소가 도핑되면 불순물 이온과의 산란이 증가하여 도핑 농도에 따라 전자의 이동도는 약 2,500~3,500 cm$^2$/Volt·sec 정도로 떨어진다.

따라서 GaAs FET의 채널이 "ON" 되었을 경우에는 큰 값의 전자이동도를 나타내지만, 채

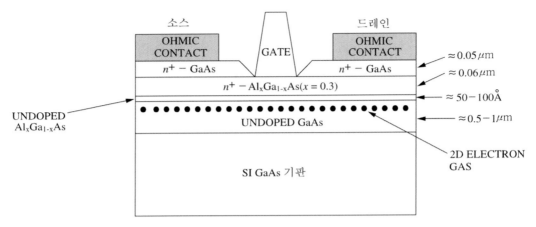

| 그림 8.14 | HEMT 구조

널이 차단되었을 경우에는 통상적으로 게이트 아래의 공핍층에 약 12 kV/cm의 전계가 걸리게되므로, 실리콘에 비하여 약 두 배 정도의 전자이동도를 갖게 되는 것으로 알려져 있다.

그러한 이동도의 문제를 해결하고자 고안된 소자로 HEMT(High Electron Mobility Transistor)가 있으며, 그 구조는 그림 8.14에 보인 바와 같이 GaAs FET과 유사하다.

GaAs의 에너지밴드 갭은 1.43 eV이고 AlAs의 에너지밴드 갭은 약 2.17 eV인데, 만일 GaAs 에피택시얼층을 기판 위에 MBE(Molecular Beam Epitaxy)나 OMVPE(Organo-Metalic Vapor-Phase Epitaxy) 또는 MOCVD(Metal-Organic Chemical Vapor Deposition) 등의 방법으로 성장시키고 나서, 다시 그 위에 갈륨(Ga)과 격자상수가 거의 같은 알루미늄(Al)을 첨가시키면서 성장시키면, 첨가시키는 비율 $x$ 값에 따라 $Al_xGa_{1-x}As$가 만들어지며, 그의 에너지밴드 갭은 그림 8.15와 같이 1.43 eV와 2.17 eV 사이의 값을 가지게 된다.

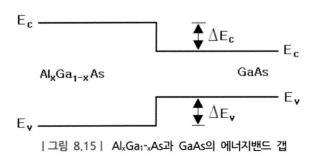

| 그림 8.15 | $Al_xGa_{1-x}As$과 GaAs의 에너지밴드 갭

그러한 에너지밴드 갭의 증가분 중 일부는 전도대의 $\Delta E_c$ 상승으로 이루어져 있고, 일부는 가전대가 $\Delta E_v$만큼 하강하도록 하는데, 전도대의 경우에 $x$의 증가에 따라 Lower Valley가 상승하는 속도가 Upper Valley의 상승속도보다 빨라서 $x$값이 0.45가 되면 Lower Valley와 Upper Valley의 높이가 같아지며, $x$값이 더 커지면 Lower Valley와 Upper Valley의 입장이 서로 바뀌어 버린다.

통상적인 HEMT에서의 $\Delta E_c$값은 0.2~0.3 eV 정도로 하고 있는데, 이제 그림 8.15에서와 같이 $Al_xGa_{1-x}As$을 성장시키면서 실리콘 같은 불순물을 투입함으로써 N형으로 만들었다고 하면, 불순물원자로부터 떨어져 나온 자유전자들은 에너지레벨이 더 낮은 GaAs로 이동하면서 산란하여 갖고 있던 에너지를 잃어버리게 되므로, 다시 N형의 $Al_xGa_{1-x}As$층으로 돌아갈 수 없게 된다.

그렇게 형성된 GaAs 내의 과잉전자들은 $Al_xGa_{1-x}As$층에 남아 있는 이온화된 불순물원자에 이끌려 GaAs층과 $Al_xGa_{1-x}As$층 사이의 GaAs 쪽 경계면에 모여서 두께가 약 100Å인 얇은 전자가스층을 형성하며, 그것은 종이 같이 2차원적인 형상을 하고 있는 연유로 2-DEG (Two-Dimensional RElectron Gas)라고도 하는데, 이를 양자역학적인 입장에서 보면 전자가스층은 1차원적인 전위장벽에 갇혀 있는 입장이므로, 개개의 전자들은 그 전위장벽 내의 에너지준위 하나씩을 차지한다고 할 수 있다. 또한 2-DEG가 위치해 있는 GaAs층은 진성이므로 불순물 이온과의 산란이 없어서 전자의 이동도가 높고 산란잡음이 작으며, 특히 냉각을 하는 경우에는 이동도가 $T^{2.3}$에 반비례하므로 매우 높은 이동도(77°K에서 $2 \sim 7 \times 10^4$ cm$^2$/Volt·sec)를 갖도록 할 수 있어, 최대 동작주파수가 30 GHz인 GaAs FET에 비해서 HEMT는 100 GHz 이상의 주파수대역에서도 동작할 수 있다.

## 8.6 MMIC

일반적인 마이크로파 회로는 다양한 능동소자와 도파관 등을 사용하므로 크기가 크고 무거우며 기계적인 가공작업이 많이 필요한 데 비하여, MIC(Microwave Integrated Circuit)는 한 개의 유전체 기판 위에 마이크로스트립 선로를 프린트하고 땜납이나 도전성 에폭시를 이용하여 하이브리드 회로를 구성하므로, 소형 경량일뿐 아니라 제작단가가 저렴하고 신뢰도도 높은 장점이 있다.

이와 같은 장점들을 극대화시키고자 하는 노력의 산물이 바로 MMIC로서, 이는 능동 및 수동소자를 포함하는 마이크로파 회로를 한 개의 반도체 기판 또는 유전체 기판상에 집적해 놓은 것을 말하며, 그러한 MMIC의 개발을 위해서는 여러 가지의 반도체기술과 회로기술들이 사용된다. 엄밀한 의미에서는 30 GHz 이상의 주파수대역에 대해서는 MMWIC(Monolithic Millimeter-Wave Integrated Circuits) 또는 M$^3$IC라고 부르기도 하지만, 통상적으로 포괄적인 의미에서 모두 MMIC이라 한다.

MMIC는 다른 IC에 비하여 훨씬 덜 복잡한 것처럼 보이지만, 고주파동작을 해야 하기 때문에 설계의 자동화가 잘 되어 있는 VLSI의 설계와는 차이가 많이 나며, 고주파특성이 좋고 손실이 적은 갈륨비소를 이용한다.

요즈음 대부분의 MMIC는 GaAs를 이용하고 있는데, 그 설계의 기초가 되는 고저항의 반도체 기판을 위한 GaAs ingot는 잘 알려진 LEC(Liquid Encapsulated Czochralski) Method에 의하여 얻을 수 있으며, Horizontal Bridgman Method는 마이크로파용 고저항 기판 제작에는 사용하지 않는다.

1967년에 1 GHz용의 게이트 길이 4 $\mu m$인 GaAs FET가 개발되고, 1971년에는 10 GHz용 게이트 길이 1 $\mu m$인 소자가 만들어졌는데, 이와 동시에 마이크로스트립 회로 내에 반도체소자들을 집적하고자 하는 노력이 병행되었다.

초기의 MMIC는 마이크로스트립 선로에 마이크로파 다이오드를 결합시킨 간단한 형태로서, 최초의 MMIC라 한다면 1968년에 Texas Instrument에서 만들어진 94 GHz 쇼트키 다이오드 믹서와 30 GHz Gunn 오실레이터, 주파수 체배기 등이라고 할 수 있으며, MESFET를 사용한 것은 1979년의 5 GHz 수신기가 최초라 할 수 있다.

그 이후 전 세계적으로 GaAs IC에 관한 논문들이 수없이 많이 발표되어 MMIC에 Spiral Inductor와 직렬 및 병렬 궤환 기술이 채용되었고, 회로 내에 상존하는 기생효과도 잘 제어할 수 있게 되었다. 또한 전력증폭기의 방열과 임피던스 정합문제를 해결하기 위한 Cluster Matching 기술이 소개되었고, 광대역증폭기를 위해서는 진행파증폭기(Traveling-Wave Amplifier) 개념이 도입되었는데, 이 진행파증폭기의 전력제한특성은 1984년에 용량결합방식에 의하여 해결되었으며, HEMT의 출현으로 MMIC는 또 한번 장족의 발전을 할 수 있게 되었다.

최근에는 밀리미터파 대역에서의 HEMT 기술 및 진행파증폭기 기술이 잘 개발되어 있고, 회로 크기를 작게 하기 위한 능동 위상배열 안테나(Active Phased-Array Antenna), 능동필터 (Active Filter), CPW(Coplanar Waveguide), 슬롯 선로(Slot-Line), 다중층회로(Multi-Layer Circuit) 등이 MMIC 설계에 있어 큰 관심의 대상이 되고 있다.

이와 같이 1980년대는 MMIC의 성장기이고 1990년대는 소자들의 급격한 발전과 함께 산업 화된 시기라 할 수 있으며, 그의 설계는 회로 크기를 작게 하기 위해 주로 CAD Tool들을 사 용한다.

## 8.6.1 MMIC의 장단점

MMIC의 장점으로는 첫째 가격을 들 수 있는데, 만일 3인치 웨이퍼에 크기가 $1 \times 1 \text{ mm}^2$ 인 MMIC를 제작한다면, 수율(Yield)이 약 80%로서 동작이 가능한 샘플 수는 약 3,600개이므 로 1995년도 가격으로 계산하면 낱개당의 가격은 1.1$ 정도가 된다. 그러나 MMIC의 크기가 커질수록 수율이 떨어져서 단가가 급격하게 상승하므로, $10 \times 10 \text{ mm}^2$의 크기를 갖는 MMIC는 단가가 440$에 이른다. 따라서 만일 트랜지스터 수가 작고 면적을 많이 차지하는 수동소자가 많은 회로는 단가를 낮추기가 어려우므로, 가능한 한 집적도를 높이기 위한 노력이 필요하지 만, 제한된 면적의 기판에 여러 회로를 짜 넣어 납땜하여야 하는 하이브리드 MIC에 비하면 차원이 다르다고 할 수 있다.

또한 하이브리드 회로는 기판이나 캐리어에 소자를 붙이고 납땜을 하여야 하므로 온도변화 나 충격 및 진동에 의해 영향을 받을 수 있는 데 비하여, MMIC는 그러한 부분이 없어서 신뢰 도가 뛰어나며, 그 외에도 재생산성(Reproducibility)이 높고 소형경량인 장점들을 가지고 있다.

그러나 MMIC의 설계를 위한 CAD tool과 생산을 위한 주조(foundry) 시설의 비용이 매우 비싸서 초기 투자비가 많이 필요하며, 성능 면에서도 MMIC는 주로 양산을 목표로 하기 때문 에 최근에 가용한 제반 성능들을 모두 갖추게 하기가 어려운 단점들이 있다. 그와 같은 성능 문제는 LNA(low noise amplifier)와 HPA(high power amplifier)에 있어서는 매우 심각하게 대 두될 수 있으며, Gunn 다이오드 대신 HEMT를 써서 밀리미터파 발진기를 만들거나 PIN 다이 오드 스위치 대신 성능이 떨어지는 FET 스위치를 사용해야 하는 것 등이 실례라 할 수 있다.

## 8.6.2 MMIC의 재료

MMIC에 사용되는 기본적인 재료는 기판과 도체, 유전체 박막, 저항 박막 등으로 구분할 수 있으며, 구체적인 재질은 표 8.3과 같다.

### 기판 재료

MMIC 기판의 재질을 선택할 때는 원하는 회로의 전력소비, 회로의 기능, 회로의 형태를 고려해야 하며, 이상적인 기판의 재질로서 갖추어야 할 조건은 다음과 같다.

1) 높은 유전율을 갖고 있을 것(9 이상)
2) 유전손실이 적을 것
3) 동작주파수대역과 온도 범위 내에서 유전율이 변화가 없을 것
4) 두께가 일정하고 순도가 높을 것
5) 표면의 거칠기(roughness)가 작을 것
6) 높은 열전도율을 가질 것

### 금속 재료

MMIC에 사용되는 이상적인 금속은 높은 전도성과 낮은 온도계수를 가져야 하고, 에칭과 납땜이 잘 되어야 하며, 기판에 쉽게 증착되거나 도금이 될 수 있어야 한다.

금속은 도체패턴이나 접지판으로 사용되는데, 도체의 두께는 손실을 적게 하기 위해서 전류밀도의 98% 이상을 포함할 수 있어야 하므로, 적어도 표피두께(skin depth)의 3∼5배 정도여야 한다.

대체로 전도성이 좋은 도체는 증착력이 나쁜 반면 전도성이 낮은 도체는 증착성이 좋은데,

| 표 8.3 | MMIC에 사용되는 기본적인 재료

| 기판 재료 | 알루미나, 녹주석(beryllia), 페라이트(ferrite), 가닛(garnet), GaAs, 유리, 금홍석(rutile), 사파이어(sapphire) |
|---|---|
| 금속 재료 | 알루미늄, 구리, 금, 은 |
| 유전체막 | $Al_2O_3$, $SiO$, $SiO_2$, $Si_3N_4$, $Ta_2O_5$ |
| 저항성막 | Cr, Cr-SiO, NiCr, Ta, Ti |

알루미늄은 비교적 도전율과 증착성 모두 좋으며, 기판과 도전율이 좋은 도체 사이에 도전율이 낮은 매우 얇은 도체를 삽입함으로써 증착성을 높일 수 있다. 이러한 목적으로 사용되고 있는 몇 가지 형태의 조합으로 Cr-Au, Cr-Cu, Ta-Au 등이 있다.

## 유전체 박막 재료

유전체 박막은 MMIC 회로의 차폐막(blocker)이나 커패시터 그리고 결합선로(coupled-line)에 사용되는데, 그 특성은 재생성이 좋고 내압이 높아야 하며, 처리과정에서 핀홀(pin hole)이 나타나지 않아야 하고 RF 유전 손실이 적어야 한다.

높은 $Q$를 갖는 $SiO_2$ 박막은 열분해 침전성장방식이나 스퍼터링(sputtering)에 의해 만들어지며, 적당한 처리과정을 통해 100 이상의 $Q$를 갖는 $SiO_2$ 커패시터를 제작할 수도 있다. 그러한 $SiO_2$ 박막으로 제작된 커패시터는 $mil^2$당 0.02~0.05 pF 정도의 커패시턴스를 갖는데, 별로 안정하지가 못하므로 바이패스 커패시터와 같이 별로 중요하지 않은 응용 분야에만 사용된다.

전력용 MIC에서는 200 V 이상의 파괴전압을 갖는 커패시터를 요구하는 경우가 있는데, 그러한 커패시터는 핀홀이나 단락의 가능성이 적은 0.5~1.0 $\mu m$ 두께의 막을 사용함으로써 만들 수 있다.

## 저항성 재료

MMIC에서 저항성 재료는 바이어스 회로나 종단(termination) 또는 감쇠기에 사용되며, 마이크로파 대역에서 요구되는 좋은 저항의 특성은 저주파에서의 특성과 비슷하므로 다음과 같은 특성을 가져야 한다.

1) 안정성이 좋을 것
2) 저항의 온도계수가 낮을 것
3) 적당한 전력 소모 능력이 있을 것
4) 표면저항의 범위가 10~1000 Ω/square일 것

저항성막으로 가장 널리 사용되고 있는 재료는 증발 건조된 니크롬이나 질화 탄탈리움(tantalium nitride)으로서, 정확한 온도계수는 막 형성조건에 따라 얻어질 수 있다.

후막저항은 칩 소자를 연결하는 데 사용되는데, 후막 두께는 1~500 $\mu m$ 정도이다. 여기에

서 후막(thick film)이라는 용어는 막의 두께에 의하여 분류되는 것이 아니고, 후막 제작기술인 실크-스크린(silk-screen) 과정에 의하여 프린트되었음을 의미한다.

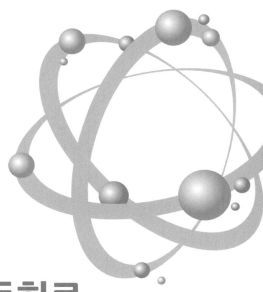

# 09 마이크로파 수동회로

마이크로파 수동회로는 선형적 동작을 요구하는 회로들과 비선형 회로로 구분할 수 있으며, 선형 회로(Linear Circuit)들은 입력의 일부를 두 출력 이상으로 분할하거나 두 개 이상의 입력을 합하는 기능을 하는 전력분배기/합성기(Power Divider/Combiner), 방향성 결합기(Directional Coupler), 마이크로파 하이브리드(Hybrid), 듀플렉서(Duplexer), 멀티플렉서(Multiplexer) 등이 있고, 그 외에도 서큘레이터(Circulator), 아이솔레이터(Isolator), 감쇠기(Attenuator), 마이크로파 스위치, 위상기(Phase Shifter), 필터 등이 선형 수동회로에 속한다. 비선형 수동회로로는 믹서(Mixer), 마이크로파 검파기(Detector), 변복조기(Modulator/ Demodulator) 등을 들 수 있다.

## 9.1 3-포트 회로

3-포트 회로는 전력분배기 또는 합성기 역할을 하며, 가장 간단한 형태는 그림 9.1에 나타낸 바와 같은 T 접합이라고 할 수 있다. 임의의 3-포트 회로의 산란행렬은 다음과 같이 주어진다.

$$[S] = \begin{bmatrix} S_{11} & S_{12} & S_{13} \\ S_{21} & S_{22} & S_{23} \\ S_{31} & S_{32} & S_{33} \end{bmatrix} \tag{9.1}$$

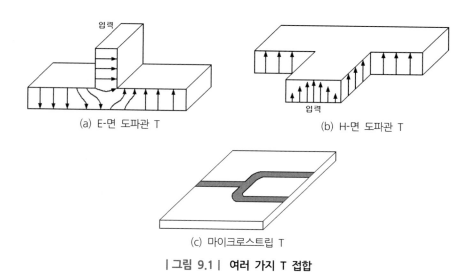

(a) E-면 도파관 T  (b) H-면 도파관 T

(c) 마이크로스트립 T

| 그림 9.1 | 여러 가지 T 접합

만일 3-포트 회로가 수동회로이고 비등방성 물질을 포함하고 있지 않다면, 회로는 가역적이고 그 산란행렬 [S]는 대칭($S_{ij} = S_{ji}$)이어야 한다.

이제 통상적으로 신호 경로상에서 회로에 의한 손실이 없도록 하기 위하여, 회로는 무손실 특성을 갖으면서 모든 단자쌍이 정합되는 것을 원하게 되지만, 가역적인 3-포트 무손실회로의 모든 포트들을 정합시키는 일은 불가능함을 증명하고자 한다.

만일 3-포트 회로의 모든 포트가 정합되었다고 가정하면, $S_{ii} = 0$이고, 대칭($S_{ij} = S_{ji}$)이므로 산란 행렬은 다음과 같이 나타내어진다.

$$[S] = \begin{bmatrix} 0 & S_{12} & S_{13} \\ S_{12} & 0 & S_{23} \\ S_{23} & S_{13} & 0 \end{bmatrix} \tag{9.2}$$

위의 식으로부터 가역성이 있는 무손실회로의 S행렬에 관한 특성인 귀일성(Unitary) 특성을 나타내는 식 (6.64a)와 식 (6.64b)에 따라 여러 조건식들을 얻을 수 있는데, 먼저 세 열(Column)에 각각 단위성을 적용시키면 다음과 같다.

$$|S_{12}|^2 + |S_{13}|^2 = 1 \tag{9.3a}$$

$$|S_{12}|^2 + |S_{23}|^2 = 1 \tag{9.3b}$$

$$|S_{13}| + |S_{23}|^2 = 1 \tag{9.3c}$$

이번에는 3열들 중 임의의 2열을 스칼라적하여 직교성을 적용하면 다음을 얻는다.

$$S_{13}^* S_{23} = 0 \tag{9.3d}$$

$$S_{23}^* S_{12} = 0 \tag{9.3e}$$

$$S_{12}^* S_{13} = 0 \tag{9.3f}$$

위의 식 (9.3d, e, f)를 만족하려면 $S_{13}$, $S_{12}$, $S_{23}$ 중 최소한 2개는 '0'이어야 하고, 그 조건은 식 (9.3a, b, c) 중 한 개의 식을 만족하지 못하므로, 결국 앞에서의 3-포트 모두가 정합되었다는 가정이 잘못되었음을 의미하며, 결론적으로 3-포트 회로는 모든 포트가 정합될 수 없다고 할 수 있다.

그런데 만일 3-포트 회로가 비가역적으로서 $S_{ij} \neq S_{ji}$라 하면, 회로의 모든 포트가 정합될 수도 있으며, 그러한 회로를 서큘레이터(Circulator)라 하고, 주로 페라이트 같은 비가역성 재료를 사용하여 만든다.

그와 같이 비가역적인 3-포트 회로의 $S$파라미터는 우선 다음과 같이 쓸 수 있다.

$$[S] = \begin{bmatrix} 0 & S_{12} & S_{13} \\ S_{21} & 0 & S_{23} \\ S_{31} & S_{32} & 0 \end{bmatrix} \tag{9.4}$$

앞에서와 마찬가지로 위의 S행렬에도 귀일성을 적용하면 여러 조건식들을 얻을 수 있다. 먼저 1, 2, 3행(Row)에 단위성을 적용하면 다음을 얻는다.

$$|S_{12}|^2 + |S_{13}|^2 = 1 \tag{9.5a}$$

$$|S_{21}|^2 + |S_{23}|^2 = 1 \tag{9.5b}$$

$$|S_{31}|^2 + |S_{32}|^2 = 1 \tag{9.5c}$$

이번에는 1-2, 1-3, 2-3열(Column)들에 직교성을 적용하면 다음과 같다.

$$S_{31}^* S_{32} = 0 \tag{9.5d}$$

$$S_{21}^* S_{23} = 0 \tag{9.5e}$$

$$S_{12}^* S_{13} = 0 \tag{9.5f}$$

위의 6개의 식들을 만족시키는 방법은 다음과 같이 두 가지를 들 수 있다.

(1) $S_{12} = S_{23} = S_{31} = 0$, $|S_{21}| = |S_{32}| = |S_{13}| = 1$ $\qquad$ (9.6a)

(2) $S_{21} = S_{32} = S_{13} = 0$, $|S_{12}| = |S_{23}| = |S_{31}| = 1$ $\qquad$ (9.6b)

위의 결과를 보면 두 경우 모두 $i \neq j$에 대해서 $S_{ij} \neq S_{ji}$이므로 비가역적임을 알 수 있으며, 그들 두 가지 해에 대한 서큘레이터를 그림 9.2에 각각의 S행렬과 함께 나타내었다.

식 (9.6a)는 포트 1에서 2로, 포트 2에서 3으로, 포트 3에서 1로 돌아가는 그림 9.2(a)의 서큘레이터를 나타내고, 식 (9.6b)는 그와 반대방향으로 회전하는 그림 9.2(b)의 서큘레이터

(a)

$$[S] = \begin{bmatrix} 0 & 0 & 1 \\ 1 & 0 & 0 \\ 0 & 1 & 0 \end{bmatrix}$$

(b)

$$[S] = \begin{bmatrix} 0 & 1 & 0 \\ 0 & 0 & 1 \\ 1 & 0 & 0 \end{bmatrix}$$

| 그림 9.2 | 두 종류의 서큘레이터와 S행렬

를 나타낸다.

그런데 만일 3-포트 회로에 손실이 있는 저항성 재료를 사용한다면 각각의 3포트 모두 동시에 정합이 가능하며, 그런 경우에 해당하는 것이 바로 저항성 분배기(Resistive Divider)로서, 그와 같이 손실이 있는 3-포트 회로는 두 출력단 사이에 우수한 차폐(Isolation) 특성($S_{23} = S_{32} = 0$)을 갖는다.

## 9.2  4-포트 회로

모든 포트가 정합된 가역성의 4-포트 회로는 다음과 같은 S행렬을 갖는다.

$$[S] = \begin{bmatrix} 0 & S_{12} & S_{13} & S_{14} \\ S_{12} & 0 & S_{23} & S_{24} \\ S_{13} & S_{23} & 0 & S_{34} \\ S_{14} & S_{24} & S_{34} & 0 \end{bmatrix} \tag{9.7}$$

만일 회로의 손실이 없다면 위의 식 역시 식 (6.64a, b)로 정의되는 귀일성 특성을 갖게 되므로, 1행과 2행을 스칼라적하고, 3행과 4행을 스칼라적하여 다음 식들을 얻는다.

$$S_{13}^* S_{23} + S_{14}^* S_{24} = 0 \tag{9.8a}$$

$$S_{14}^* S_{13} + S_{24}^* S_{23} = 0 \qquad (9.8b)$$

위의 식 (9.8a)에 $S_{24}^*$를 곱하고, 식 (9.8b)에 $S_{13}^*$를 곱하여 그들을 빼면 다음과 같다.

$$S_{14}^* \left( |S_{13}|^2 - |S_{24}|^2 \right) = 0 \qquad (9.9)$$

마찬가지로 1행과 3행을 곱하고, 2행과 4행을 곱하여 다음 식들을 얻는다.

$$S_{12}^* S_{23} + S_{14}^* S_{34} = 0 \qquad (9.10a)$$

$$S_{14}^* S_{12} + S_{34}^* S_{23} = 0 \qquad (9.10b)$$

위의 식 (9.10a)에 $S_{12}$를 곱하고, 식 (9.8b)에 $S_{34}$를 곱하여 그들을 빼면 다음과 같다.

$$S_{23}^* \left( |S_{12}|^2 - |S_{34}|^2 \right) = 0 \qquad (9.11)$$

식 (9.9)와 식 (9.11)이 만족될 수 있는 한 가지 방법은 $S_{14} = S_{23} = 0$이 되도록 하는 것이며, 이것이 바로 그림 9.3에 나타내진 방향성 결합기에 해당한다.

이제 식 (6.62a)로 정의되는 S행렬의 단위특성을 적용하여 각 행들의 자체 스칼라적(절댓값 제곱의 합)을 구하면 다음의 식들을 얻는다.

$$|S_{12}|^2 + |S_{13}|^2 = 1 \qquad (9.12a)$$

$$|S_{12}|^2 + |S_{24}|^2 = 1 \qquad (9.12b)$$

$$|S_{13}|^2 + |S_{34}|^2 = 1 \qquad (9.12c)$$

$$|S_{24}|^2 + |S_{34}|^2 = 1 \qquad (9.12d)$$

식 (9.12a)와 식 (9.12b)가 같기 위해서는 $|S_{13}| = |S_{24}|$이어야 하고, 그 식들이 다시 (9.12c)

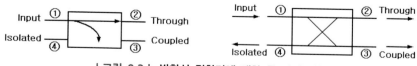

**| 그림 9.3 |** 방향성 결합기에 대한 두 가지 심볼

및 식 (9.12d)와 같아지기 위해서는 $|S_{12}| = |S_{34}|$이어야 한다.

이제 4-포트 회로들의 기준면(Reference Plane)을 조절하여 각 포트의 위상을 아래 식과 같이 조절한다고 하자.

$$S_{12} = S_{34} = \alpha, \ S_{13} = \beta e^{-j\theta}, \ S_{24} = \beta e^{-j\phi} \tag{9.13}$$

여기에서 $\alpha$와 $\beta$는 1보다 작은 임의의 실수이고, $\theta$와 $\phi$는 임의로 선택할 수 있는 위상이다. 만일 식 (9.7)에서 2번째와 3번째 행의 스칼라적을 구하면 다음과 같다.

$$S_{12}^* S_{13} + S_{24}^* S_{34} = 0 \tag{9.14}$$

위의 식에 식 (9.13)을 대입하면 다음을 얻는다.

$$\alpha \beta e^{-j\theta} + \alpha \beta e^{j\phi} = 0, \qquad \alpha \beta e^{-j\theta} = -\alpha \beta e^{j\phi}$$

$$e^{-j\theta} = -e^{j\phi}, \qquad e^{j(\theta + \phi)} = -1$$

따라서 $\theta + \phi$는 아래와 같이 $\pi$의 홀수 배가 되어야 한다.

$$\theta + \phi = \pi \pm 2n\pi \tag{9.15}$$

여기에서 $n$은 별 의미가 없으므로 생략하면, 실제적으로 구현가능한 방법으로 아래와 같은 두 경우가 있다.

1) 대칭적인 커플러 : $\theta = \phi = \dfrac{\pi}{2}$

$$[S] = \begin{bmatrix} 0 & \alpha & -j\beta & 0 \\ \alpha & 0 & 0 & -j\beta \\ -j\beta & 0 & 0 & \alpha \\ 0 & -j\beta & \alpha & 0 \end{bmatrix} \tag{9.16}$$

2) 비대칭인 커플러 : $\theta = 0, \ \phi = \pi$

$$[S] = \begin{bmatrix} 0 & \alpha & \beta & 0 \\ \alpha & 0 & 0 & -\beta \\ \beta & 0 & 0 & \alpha \\ 0 & -\beta & \alpha & 0 \end{bmatrix} \tag{9.17}$$

위의 두 커플러는 기준면을 다르게 취한 차이밖에 없고, 식 (9.12a)에 식 (9.13)을 대입하면 다음을 얻는다.

$$\alpha^2 + \beta^2 = 1 \tag{9.18}$$

그와 같이 $\alpha$와 $\beta$는 서로 종속적이므로, 커플러의 자유도는 '1'이라고 할 수 있다.

식 (9.9)와 식 (9.11)을 만족시키는 다른 방법으로 $|S_{13}| = |S_{24}|$, $|S_{12}| = |S_{34}|$인 경우를 생각할 수 있다. 만일 회로의 기준면을 $S_{13} = S_{24} = \alpha$ 및 $S_{12} = S_{34} = j\beta$가 되도록 취한다면, 이는 식 (9.15)를 만족하며, 이를 식 (9.8a)와 식 (9.10a)에 대입하면 다음과 같다.

$$\alpha(S_{23} + S_{14}^{*}) = 0 \tag{9.19a}$$
$$j\beta(S_{14}^{*} - S_{23}) = 0 \tag{9.19b}$$

위의 식들을 만족시키는 해의 하나는 $S_{14} = S_{23} = 0$으로서, 이는 앞에서 언급된 방향성 결합기의 경우와 동일한 것이고, 또 다른 해로는 $\alpha = \beta = 0$으로서 이는 $S_{12} = S_{13} = S_{24} = S_{34} = 0$을 의미하기 때문에 오로지 $S_{14}$ 및 $S_{23}$만 '0'이 아니며 결국 포트 1-4 및 포트 2-3이 서로 연결된 독립적인 두 개의 선로인 경우라고 할 수 있어서 원하는 해가 아니다.

결론적으로 모든 가역성의 손실이 없는 4-포트 회로는 항상 방향성 결합기가 된다고 할 수 있다.

## 9.2.1 방향성 결합기

그림 9.3에 방향성 결합기(Directional Coupler)에 관하여 공통적으로 사용되는 두 가지의 심볼과 각 포트들의 정의를 나타내었다. 포트 1에 공급되는 전력은 포트 3에 결합계수 $|S_{13}|^2 = \beta^2$의 비율로 결합되어 전달되고, 나머지 전력은 모두 ($|S_{12}|^2 = \alpha^2 = 1 - \beta^2$)의 비율로 포트 2에 전달된다. 이상적인 방향성 결합기라면 포트 4(차폐포트)로는 아무 전력도 전달되지

않는다.

그와 같은 방향성 결합기의 포트 1에 유입되는 전력을 $P_1$이라 하고 $P_2$, $P_3$, $P_4$를 각각 포트 2, 3, 4로 유출되는 전력이라 할 때, 일반적인 방향성 결합기의 특성은 다음과 같은 크기들에 의해 정의된다.

$$\text{결합계수(Coupling Factor)} = C = 10 \log \frac{P_1}{P_3} = -20 \log\beta \text{ dB} \tag{9.20a}$$

$$\text{방향성계수(Directivity)} = D = 10 \log \frac{P_3}{P_4} = 20 \log \frac{\beta}{|S_{14}|} \text{ dB} \tag{9.20b}$$

$$\text{차폐계수(Isolation)} = I = 10 \log \frac{P_1}{P_4} = -20 \log |S_{14}| \text{ dB} \tag{9.20c}$$

위의 파라미터들의 정의에 따라 그들 사이에는 다음과 같은 관계에 있음을 알 수 있다.

$$I = D + C \tag{9.21}$$

그와 같은 방향성 결합기는 결합계수를 충분히 작게 함으로써, 주 선로(主 線路)인 포트 1과 포트 2 사이를 통과하는 전자파의 전송특성에 영향을 주지 않고도 전송특성을 측정할 수 있기 때문에, 제반 초고주파 측정에 있어 매우 유용한 소자라 할 수 있다.

## 1) 도파관 2홀 방향성 결합기

도파관으로 만들어진 2홀 방향성 결합기(Two-Hole Directional Coupler)를 그림 9.4에 나타내었으며, $\lambda_g$를 관내파장이라 할 때, 두 홀 사이의 간격은 임의의 양의 정수 $n$에 대해 다음의 값을 가질 수 있다.

$$L = (2n+1)\frac{\lambda_g}{4} \tag{9.22}$$

포트 1로 들어간 전자파 에너지의 일부는 첫째 홀을 통과한 다음, 포트 3과 포트 4로 반씩 나뉘어 전달되는데, 포트 3으로 진행하는 파는 둘째 홀을 통과한 입력과 동위상으로 합해지며, 포트 4로 향한 전자파는 둘째 홀로부터 유입된 파와 크기가 같고 역위상으로 합해지므로

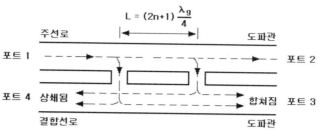

|그림 9.4| 2홀 방향성 결합기

상쇄되어 포트 4로의 출력은 '0'이 된다.

## 2) 결합선로 방향성 결합기

만일 두 개의 차폐되지 않은 전송선로(스트립라인 또는 마이크로스트립)가 가까이 있게 되면, 그들 사이의 전자기적인 결합으로 인하여 신호전력의 교환이 이루어지는데, 그러한 결합선로(Coupled Line)의 구조는 그림 9.5(a)와 같은 Edge-Coupled형과 그림 9.5(b)와 같은 Broadside-Coupled형이 있고 그들은 모두 두 개의 중심선과 한 개 이상의 접지선이 있는 3-선(3-wire) 구조이다.

만일 선로상의 전송모드를 TEM으로 간주하면 그와 같은 3-선 구조 결합선로의 전기적인

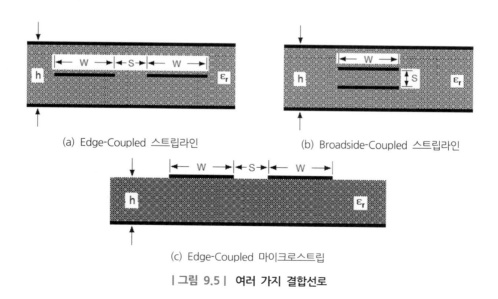

(a) Edge-Coupled 스트립라인

(b) Broadside-Coupled 스트립라인

(c) Edge-Coupled 마이크로스트립

|그림 9.5| 여러 가지 결합선로

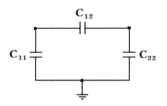

| 그림 9.6 | **3-선 결합선로의 선간 용량**

모든 특성은 그림 9.6과 같이 선간의 유효 정전용량과 선을 따라 전파하는 전자파의 속도에 의하여 완전히 결정될 수 있다.

그림 9.6에서 $C_{12}$는 두 스트립 도체 사이의 용량을 나타내며, $C_{11}$과 $C_{22}$는 각 스트립 도체와 접지 사이의 용량을 나타낸다. 만일 두 스트립 도체의 크기와 접지 사이의 간격이 동일하다면 $C_{11} = C_{22}$이다.

이제 그러한 3-선 결합선로의 동작을 해석하기 위하여 그림 9.7(a), (b)와 같이 우수모드인 경우와 기수모드인 경우로 나누어 생각해보자.

우수모드의 경우에는 그림 9.7(a)와 같이 두 스트립에 흐르는 전류가 크기와 위상이 같고 같은 방향으로 흐르게 되고, 기수모드의 경우에는 두 스트립의 전류가 그림 9.7(b)에서와 같이 서로 크기는 같지만 위상이 정반대로서 반대방향으로 흐르게 되며, 그에 따르는 전계분포는 그림과 같다.

우수모드에 대해서는 전계가 두 스트립 도체의 중심점에 대하여 대칭이기 때문에, 그 사이의 용량을 통하여 흐르는 신호전류는 하나도 없게 되며, 따라서 실질적으로 두 도체는 완전히 격리되어 $C_{12}$가 개방된 것으로 생각할 수 있고, 결국 그 등가회로는 그림 9.7(a)의 오른쪽 그림과 같이 된다.

그와 같이 전위가 동일하여 전류가 흐르지 않는 면을 자계 벽(Magnetic Wall)이라 한다.

그러므로 두 스트립 도체의 크기와 위치가 동일하다는 전제하에 두 도체들과 접지 사이의 단위길이당 용량은 각각 동일하게 다음과 같이 주어진다.

$$C_e = C_{11} = C_{22} \tag{9.23}$$

따라서 우수모드에 대한 특성 임피던스는 전자파가 선로를 따라 전파되는 위상속도를 $v_p$라 할 때 다음과 같이 주어진다.

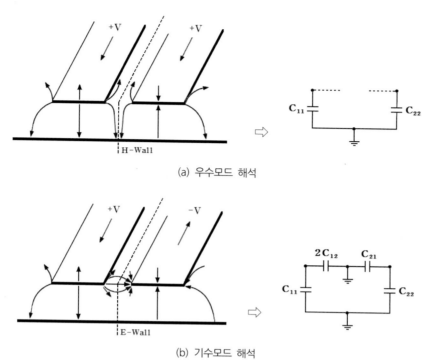

(a) 우수모드 해석

(b) 기수모드 해석

| 그림 9.7 | 결합선로의 우수모드와 기수모드

$$Z_{oe} = \sqrt{\frac{L}{C_e}} = \frac{\sqrt{LC_e}}{C_e} = \frac{1}{v_p\,C_e} \tag{9.24}$$

기수모드에 대해서는 그림 9.7(b)에서 보는 바와 같이 선로 사이 중심점에서 전위가 '0'으로서 전계 벽(Electric Wall)이 되므로, 그 점을 접지로 간주할 수 있고, 따라서 두 스트립 선로 사이의 용량은 $C_{12}$의 2배인 용량이 전계 벽을 중심으로 직렬로 연결된 것으로 간주될 수 있으며, 그 합은 원래의 $C_{12}$와 같다. 그와 같은 이유로 기수모드의 등가회로는 그림 9.7(b)의 오른쪽과 같이 생각할 수 있으며, 각각의 스트립 도체와 접지 사이의 용량은 다음과 같이 쓸 수 있다.

$$C_o = C_{11} + 2\,C_{12} = C_{22} + 2\,C_{12} \tag{9.25}$$

그에 상응하는 기수모드의 특성 임피던스는 다음과 같다.

$$Z_{oo} = \sqrt{\frac{L}{C_o}} = \frac{\sqrt{LC_o}}{C_o} = \frac{1}{v_p\,C_o} \tag{9.26}$$

만일 결합선로의 양단이 모두 $Z_o$로 종단된 경우에 임의의 포트에서의 입력 임피던스가 $Z_o$에 정합되기 위해서는 다음과 같은 조건을 만족하여야 한다.

$$Z_o = \sqrt{Z_{oe} Z_{oo}} \tag{9.27}$$

또한 두 스트립 선로 사이의 결합계수 $C$는 우수모드와 기수모드 임피던스에 의하여 다음과 같이 주어진다.

$$C = \frac{Z_{oe} - Z_{oo}}{Z_{oe} + Z_{oo}} \tag{9.28}$$

위의 식 (9.27)과 식 (9.28)로부터 다음과 같이 쓸 수 있다.

$$Z_{oe} = Z_o \sqrt{\frac{1+C}{1-C}} \tag{9.29a}$$

$$Z_{oo} = Z_o \sqrt{\frac{1-C}{1+C}} \tag{9.29b}$$

그와 같은 우수모드 및 기수모드 용량들과 그 관련 특성 임피던스를 구하는 일은 5장에서 기술된 마이크로스트립의 Quasi-TEM 기법과 동일한 수치해석 방법이나 Conformal Mapping 등의 방법으로 구해질 수 있으며, 임의의 크기와 위상을 갖는 전자파에 대해서는 우수모드와 기수모드를 적당한 비율로 중첩시킴으로써 얻을 수 있다.

위의 과정은 모두 TEM 모드임을 가정하고 있기 때문에 마이크로스트립과 같이 매질이 균일하지 못한 경우에는 우수모드의 경우에 기수모드보다 공기 중의 전계분포가 작으므로 유효 유전율이 기수모드보다 크고, 따라서 위상속도가 더 느리며, 결국 정확한 결합계수를 얻어낼 수가 없다.

## 9.2.2 하이브리드 커플러

하이브리드 커플러는 방향성 결합기의 특수한 경우로서 결합계수가 3 dB인 경우를 말하며, 이는 $\alpha = \beta = 1/\sqrt{2}$ 이 됨에 해당하고 결국 입력이 차폐 포트를 제외한 두 출력으로 반씩 나뉘어 나감을 의미한다.

임의의 한 포트로 들어오는 입력이 나머지 세 포트 중 두 포트로 반씩 갈라져 나가면서 나머지 한 포트는 차폐되어 아무 출력도 나가지 않도록 설계된 4포트 회로구조를 마이크로파 하이브리드(Hybrid)라 하며, 통상적으로 마이크로파 하이브리드에서의 두 출력 사이의 위상은 90° 또는 180°만큼 위상이 차이가 나는데, 그 특성에 따라서 90° 하이브리드(Quadrature Hybrid) 또는 180° 하이브리드라 한다.

만일 $\theta = \phi = \pi/2$이면 $S_{12} = \alpha = 1/\sqrt{2}$, $S_{13} = \beta\, e^{j\pi/2} = j/\sqrt{2}$ 가 되어, 두 출력(포트 2 및 포트 3) 사이에 $\pi/2$의 위상차가 나게 되므로 90° 하이브리드가 되며, 그 S행렬은 다음과 같다.

$$[S] = \sqrt{\frac{1}{2}} \begin{bmatrix} 0 & 1 & j & 0 \\ 1 & 0 & 0 & j \\ j & 0 & 0 & 1 \\ 0 & j & 1 & 0 \end{bmatrix} \tag{9.30a}$$

또한 만일 $\theta = 0$, $\phi = \pi$인 비대칭 커플러의 경우에는 $S_{12} = \alpha = 1/\sqrt{2}$, $S_{13} = \beta\, e^{j\pi} = -1/\sqrt{2}$이 되어, 두 출력 사이에 $\pi$만큼 위상차가 나게 되므로 Rat Race 하이브리드나 매직 T 같이 180° 하이브리드가 되며, 그 S행렬은 다음과 같다.

$$[S] = \sqrt{\frac{1}{2}} \begin{bmatrix} 0 & 1 & 1 & 0 \\ 1 & 0 & 0 & -1 \\ 1 & 0 & 0 & 1 \\ 0 & -1 & 1 & 0 \end{bmatrix} \tag{9.30b}$$

## 9.2.3 매직 Tee

매직 T는 하이브리드 T의 별명으로서 그림 9.8에 나타낸 바와 같이 $E$면 T와 $H$면 T의 조합체이며, 다음과 같은 특성을 갖는 이유로 매우 유용하게 사용될 수 있다.

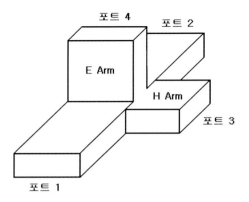

| 그림 9.8 | 매직 T의 구조

1) 진폭이 같고 동위상인 두 파가 포트 1과 2로 입력되는 경우에, 포트 4에서는 상쇄되어 '0'이 되고 포트 3에서는 합해진다.

2) 다른 포트를 모두 정합시키고 포트 3으로 입사파를 공급하면, 그 입력은 포트 1과 포트 2에 똑같이 나뉘어 진행하게 되며 포트 4에는 아무것도 전달되지 않는다.

3) 만일 입사파가 포트 4로 공급되면, 그 입력은 포트 1과 포트 2로 전달되며 크기는 같고 위상이 반대가 된다. 포트 3에 전달되는 양은 없다. 즉, $S_{43} = S_{34} = 0$이다.

4) 포트 1(또는 포트 2)로 입력이 공급될 경우에 포트 2(또는 포트 1)로 전달되는 양이 전혀 없다. 즉, $S_{12} = S_{21} = 0$이다.

일반적으로 그와 같은 매직 Tee는 믹서나 듀플렉서, 그리고 반사계수 및 임피던스 등의 제반 측정을 위해 다양하게 사용될 수 있다.

## 9.2.4 하이브리드 링

하이브리드 링(Hybrid Ring)은 그림 9.9와 같이 도파관 또는 마이크로스트립으로 적절한 길이의 환상선(環狀線, Annular Line)을 직렬 및 병렬로 연결하여 만들어진 4포트 회로를 말하는데, 일명 Rat Race라 하며 그 특성은 하이브리드 Tee와 유사하다.

포트 1로 유입된 입력은 양방향으로 똑같이 나뉘어 진행하고 그들은 각기 다른 위상천이를 겪으면서 포트 4에는 서로 180°의 위상차를 가지고 도달하므로 상쇄되어 출력이 없으며, 포트

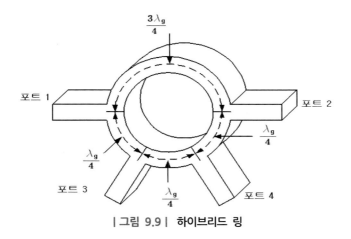

| 그림 9.9 | 하이브리드 링

2와 포트 3에서는 같은 위상이 되므로 출력이 나타나게 된다. 단 그와 같은 위상관계는 특정 주파수에 대해서만 성립되며, 또한 실제적인 상황에서는 약간의 누설 결합현상으로 인하여 완전히 상쇄되지는 않는다.

## 9.3 전력분배기/합성기

입력신호를 여러 개의 출력으로 나눔에 있어 동일한 크기와 동일위상을 유지시키는 문제는 RF 엔지니어들에게는 항상 주어지는 것이며, 특히 위상배열 안테나(Phased Array Antenna)를 취급하는 분야에서는 더욱 낯이 익은 것이라 할 수 있다.

그와 같은 기능을 위하여 개발된 회로를 전력분배기(Power Divider 또는 Power Splitter)라 하며, 이는 그 특성이 가역적인 수동회로라서 전력합성기(Power Combiner)로 사용될 수도 있고 다만 전력정격만 별도로 고려가 된다.

또한 밀리미터파 시스템에서는 마이크로파 시스템에서보다 더 작은 안테나가 사용될 수 있고 더 넓은 대역폭을 가지며 또한 해상도가 훨씬 뛰어나기 때문에, 그러한 이점으로 인하여 밀리미터파 레이더와 밀리미터파 통신시스템이 요구되고 있고, 이는 결국 소형의 소자를 사용하는 큰 출력의 송신기를 필요로 하게 하였다.

그리고 광통신시스템과 비교해볼 때, 밀리미터파 시스템은 안개나 구름, 먼지 등을 쉽게 통과하여 멀리 도달할 수 있는 장점을 갖고 있다.

비록 반도체소자를 이용한 송신기 및 증폭기가 출력정격이나 효율 면에서 진행파관(TWT)을 능가할 가능성은 없지만, 신뢰도라든가 작은 크기 또는 무게, 그리고 저전압 전원 등의 측면에서 아직도 수십 또는 수백 배 개선의 여지가 남아 있는 것이다.

그러나 한 개의 반도체소자의 출력은 그 작은 크기 때문에 야기되는 기본적인 방열에 관한 문제와 임피던스 매칭의 어려움에 의해 제한되므로, 제반 시스템의 요구를 충족시키자면 여러 개의 소자 출력을 결합시켜 높은 출력 레벨까지 끌어올려야 되며, 결국 전력합성기 역시 중요한 회로로 부각된다고 할 수 있다.

그와 같은 전력분배기/합성기(이하 전력분배기라 함)는 대부분 광대역 특성을 가질 것이 요구되며, 각 출력단자들 사이에는 높은 차단특성(Isolation)을 가져야 하고 각 입출력단자들은 반사손실이 작을 것이 요구된다.

지금까지 마이크로파 대역 및 밀리미터파 대역에 대해 여러 가지 전력분배기가 시도되어 왔으며, 그림 9.10에 보인 바와 같이 크게 네 가지로 분류할 수 있다.

이들은 칩 레벨 전력분배기, 회로 레벨 전력분배기/합성기, 공간결합 전력분배기와 이들을 결합시킨 것들로서, 그 중 회로 레벨 전력분배기는 다시 크게 공진형 전력분배기와 비공진형 전력분배기로 나눌 수 있으며, 공진형 전력분배기에는 구형 및 원형 도파관 캐비티 결합방식 등이 있고 비공진형으로는 하이브리드 결합 전력분배기, Conical Waveguide 전력분배기, Radial Line 전력분배기, Wilkinson 전력분배기 등이 포함된다.

1970년대까지는 공진 캐비티 전력분배기가 마이크로파 또는 220 GHz까지의 밀리미터파에 있어 협대역용으로서는 가장 성공적인 것으로 인정되었고 광대역용으로는 비공진형 전력분배기들이 사용되어 왔으며, 그 이후로는 주로 평면형 구조를 갖는 하이브리드 결합 전력분배기들이 가장 많이 사용되어 왔다.

하이브리드 결합 전력분배기의 장점은 간단한 설계기법과 넓은 대역폭, 그리고 포트들 사이의 높은 차폐특성을 들 수 있는 반면, 커플러의 삽입손실(Insertion Loss)이 주파수에 비례하여 증가하는 현상과 균형 잡히기 어려운 위상문제로 인하여 최고 동작주파수에 제한을 받으며, 또한 출력수가 2-way로 제한되어 다수의 전력을 분배 또는 합성하고자 할 경우 여러 단을 직렬로 연결해야 하기 때문에 다른 회로에 비해 크기가 크고, 그래서 전달손실도 크게 되는

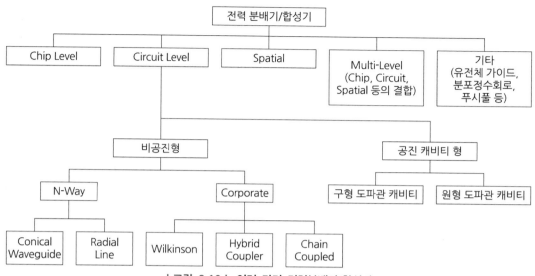

| 그림 9.10 | 여러 가지 전력분배기/합성기

등의 단점도 있다.

반면에 N-way 비공진형 전력분배기로는 Wilkinson, Conical Waveguide, Rucker 회로 등을 들 수 있는데, 이들은 모두 다른 종류들에 비해 가장 넓은 대역 특성을 갖는다. 이들은 경우에 따라 고조파 모드의 발생가능성이 있고 포트들 사이의 차폐특성에 문제가 있으며, 이를 개선시키기 위해 포트들 사이나 접지 사이에 저항 물질을 사용한다.

이상에서 언급한 전력분배기의 대부분은 공진형 전력분배기뿐만 아니라 비공진형 N-way 전력분배기까지도 거의 다 3차원적인 구조를 갖는다고 할 수 있다.

표면실장(SMT: Surface Mounting Technology)에 응용될 수 있는 전력분배기는 대부분 2-way 비공진형 전력분배기에서만 찾을 수 있는데, 그러한 전력분배기로는 Lange 커플러, Branchline, 링 커플러, 그리고 Wilkinson 전력분배기 등을 들 수 있다. 그들 중 Wilkinson 전력분배기만 3포트 회로이고, 나머지는 모두 4포트 회로 구조를 가지고 있으며, Wilkinson 전력분배기의 경우에는 종종 평면형 구조의 N-way 회로가 개발되어 사용되기도 한다.

## 9.3.1 무손실 3포트 분배기

1. 만일 단순한 3포트 접합(Junction)을 이용하여 전력을 분배하고자 한다면 그림 9.11과 같

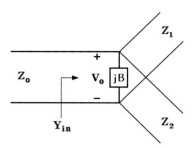

| 그림 9.11 | 무손실 3포트 접합

은 구조로 될 것이며, 접합점의 불연속으로 인하여 기생 전자파(Fringing Field)와 고조파 모드가 존재하므로, 이와 같이 에너지가 축적되는 효과를 그림과 같이 등가적으로 병렬 서셉턴스 $jB$로 나타낼 수 있다.

2. 그러한 분배기는 3포트가 모두 동시에 정합될 수 없다는 것을 이미 아는 사실이지만, 하여간 입력단이 주 선로에 정합이 되기 위해서는 다음 식을 만족하여야 한다.

$$Y_{\text{in}} = jB + \frac{1}{Z_1} + \frac{1}{Z_2} = \frac{1}{Z_o} \tag{9.31}$$

만일 다른 튜닝 소자를 이용하여 $jB$를 상쇄시켜버리면 위의 식은 다음과 같이 쓸 수 있다.

$$\frac{1}{Z_1} + \frac{1}{Z_2} = \frac{1}{Z_0} \tag{9.32}$$

이제 만일 전력을 양쪽으로 똑같이 분배하고자 한다면 $Z_o = 50 \ \Omega$을 사용하는 경우에 $Z_1 = Z_2 = 100 \ \Omega$으로 함으로써 $-3 \ \text{dB}$ 분배기를 만들 수 있다. 그러나 그와 같은 전력분배기는 두 출력포트 간에 차폐특성을 얻을 수가 없고 각 출력포트에서 접합을 바라다 본 임피던스도 50 Ω이 아니다.

단 50 Ω에 정합시키는 일은 직렬 $\lambda/4$ 트랜스포머를 사용하여 쉽게 가능하다.

## 9.3.2 저항성 3포트 분배기

만일 앞에서와 같은 3포트 분배기에 저항성 소자를 사용하면 각 포트 간 차폐특성은 얻을

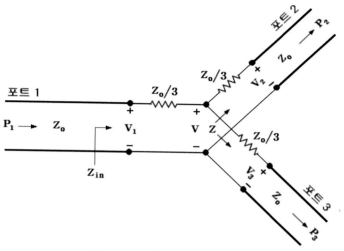

| 그림 9.12 | 저항성 3포트 전력분배기

수 없지만 3포트가 모두 정합될 수는 있으며, 그러한 등분할(−3 dB) 분배기 회로를 그림 9.12에 나타내었다. 만일 저항값과 출력포트 임피던스를 다르게 하면 임의의 비율로 분배되는 회로를 얻을 수도 있다.

### 9.3.3 윌킨슨(Wilkinson) 전력분배기

윌킨슨 전력분배기는 출력단자들 사이에 저항성 소자를 사용하는 3포트 회로임에도 불구하고 모든 포트들이 정합될 수 있으면서 출력단 사이에 높은 차폐특성을 갖도록 할 수 있는 회로로서, 출력단들이 잘 정합되어 있으면 무손실 특성을 갖는다. 저항성 소자에서 소모되는 전력은 오로지 출력단에서 반사되는 성분만으로 국한된다.

초기에 윌킨슨에 의하여 고안된 전력분배기는 그림 9.13과 같이 3차원적인 구조를 갖고 있었으나, 평면형 회로의 개발과 함께 그림 9.14에서 보는 바와 같은 2-way 분배기들이 많이 사용되어 왔으며, 최근에는 다양하게 변형된 회로들이 개발되었고, 심지어는 진행파 개념을 사용한 평면형 N-way 분배기들까지도 개발되어 있다.

또한 UHF 및 마이크로파에 대해 가장 성공적인 전력분배기를 꼽는다면 그것은 단연코 윌킨슨 전력분배라 할 수 있는데, 이는 대역폭이 거의 언제나 20% 이상으로 아주 넓고 포트

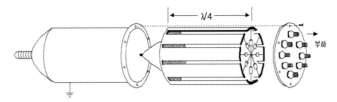

| 그림 9.13 | 초기 Wilkinson 전력분배기의 구조

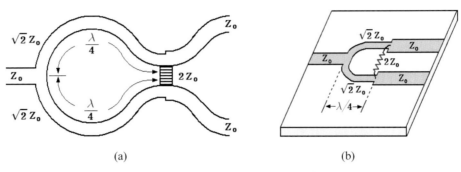

| 그림 9.14 | 2-way Wilkinson 전력분배기 실례

간의 높은 차폐특성과 우수한 입출력 임피던스 정합 특성을 갖기 때문이다. 유일한 단점은 출력단자의 정합상태에 따라 입력 임피던스가 민감하게 반응하는 것이라 볼 수 있다.

또한 윌킨슨 전력분배기는 차폐포트가 없어서 다른 전력분배기들에 필요한 50 Ω의 종단용 비아 홀(Via Hole)이나 병렬 스터브 같은 것들이 필요 없으므로 표면실장에 가장 적합하다.

이제 그러한 윌킨슨 전력분배기의 동작원리를 이해하기 위하여 분배기상의 전압파를 우수(Even)모드파와 기수(Odd)모드파로 분해하여 해석할 것이며, 이를 위해서 그림 9.15(a)와 같이 분배기의 전송선로 등가회로를 그리고, 그의 대칭구조 등가회로를 그림 9.15(b)와 같이 다시 그려본다.

만일 그림 9.15(b)에서와 같이 각 출력단에 신호원 $V_{g2}$ 및 $V_{g3}$를 달아서 그 전달 특성을 조사함에 있어 우수모드에서는 $V_{g2} = V_{g3} = 2V_o$라 하고 기수모드에서는 $V_{g2} = 2V_o$, $V_{g3} = -2V_o$라 하면, 실질적으로는 그 합인 $V_{g2} = 4V_o$이고 $V_{g3} = 0$임을 의미한다. 이는 임의의 출력포트로 들어오는 임의 크기의 출력을 그와 같이 우수모드 성분과 기수모드 성분으로 분해하여 해석할 수 있다는 의미도 된다.

이와 같이 우수모드와 기수모드를 분리하는 이유는 회로가 위아래 대칭으로 동일한 2개의

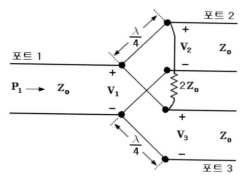

(a) 전송선로 등가회로

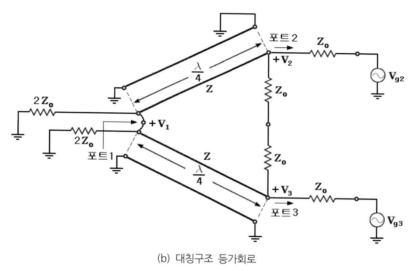

(b) 대칭구조 등가회로

| 그림 9.15 | 2-way Wilkinson 전력분배기의 등가회로

경로를 갖고 있기 때문이며, 두 모드를 최종적으로 합하여 계산할 것이므로, 그림 9.15(b)에서 포트 1에 정합된 임피던스 $Z_o$ 역시 두 개의 경로를 만들어주기 위하여 병렬 연결된 두 개의 $2Z_o$로 나누어 놓았으며, 출력단 사이의 저항 $2Z_o$도 두 개의 직렬 연결된 $Z_o$로 분리하였다.

우수모드에서는 그림 9.15(b)의 위아래 회로 사이에 아무런 전류가 흐를 수 없으므로 당연히 그 중간점들은 개방(Open)된 것으로 간주가 되고, 기수모드에서는 중간점 전압이 '0'이 되므로 그 점들이 접지(Short)된 것으로 간주될 수 있다. 따라서 우수모드와 기수모드 각각에 대하여 회로를 두 개로 나누어 별도로 해석하여도 전혀 하자가 없게 되며, 그렇게 나누어진

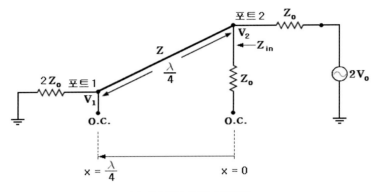

(a) 우수모드 분할 등가회로

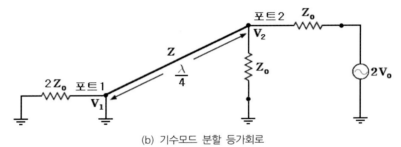

(b) 기수모드 분할 등가회로

| 그림 9.16 | Wilkinson 회로의 분할(접지선 생략)

반쪽 회로들을 각각의 모드에 대하여 그림 9.16(a) 및 (b)에 나타내었다.

우수모드의 경우에 그림 9.16(a)의 포트 2에서 포트 1 쪽을 바라다 본 입력 임피던스 $Z_{\text{in}}^e$ 은 부하 임피던스가 $2Z_o$ 이고 선로의 길이가 $\lambda/4$ 이므로 다음과 같다.

$$Z_{\text{in}}^e = \frac{Z^2}{2Z_o} \tag{9.33}$$

따라서 만일 $Z = \sqrt{2}\,Z_o$ 이면 $Z_{\text{in}}^e = Z_o$ 가 되어 포트 2의 신호원 임피던스에 정합됨을 알 수 있으며, 그 경우에 포트 2에 달려 있는 저항 $Z_o$ 는 반대편이 개방되어 있어서 전혀 영향을 주지 않기 때문에 포트 2의 전압은 $V_2^e = V_o$ 이다.

일반적인 전압에 관한 선로방정식과 선로상의 반사계수를 써보면 다음과 같다.

$$V(x) = V^+ e^{-j\beta x} + V^- e^{j\beta x} \tag{9.34}$$

$$\Gamma(x) = \frac{V^- e^{j\beta x}}{V^+ e^{-j\beta x}} \tag{9.35}$$

위의 식 (9.34)에 $x = 0$을 대입하면 포트 2의 전압 $V_2^e$가 되고, 그 값은 $V_o$이어야 하며, 그 점에서의 반사계수 $\Gamma_2$에 의하여 아래와 같이 나타내어질 수 있다.

$$V_2^e = V(0) = V^+ + V^- = V^+(1 + \Gamma_2) = V_o \tag{9.36a}$$

$$\Gamma_2 = \Gamma(0) = \frac{V^-}{V^+} \tag{9.36b}$$

위의 식 (9.36a)로부터 $V^+$를 구하면 다음과 같다.

$$V^+ = \frac{V_o}{1 + \Gamma_2} \tag{9.37}$$

이제 포트 1에서의 반사계수 $\Gamma_1$은 식 (9.35)에 $x = \lambda/4$를 대입함으로써 다음과 같이 얻을 수 있다.

$$\Gamma_1 = \Gamma(\lambda/4) = \frac{V^- e^{j\pi/2}}{V^+ e^{-j\pi/2}} = -\frac{V^-}{V^+} = -\Gamma_2 \tag{9.38}$$

또한 그 반사계수 $\Gamma_1$값은 그림 9.16(a)의 $\lambda/4$ 선로에서 부하 임피던스에 해당하는 포트 1에 연결된 $2Z_o$를 바라다 본 반사계수와 같아야 하며 다음과 같이 쓸 수 있다.

$$\Gamma_1 = \frac{2Z_o - \sqrt{2}\,Z_o}{2Z_o + \sqrt{2}\,Z_o} = \frac{2 - \sqrt{2}}{2 + \sqrt{2}} \tag{9.39}$$

그리고 포트 1의 전압 $V_1^e$은 식 (9.34)에 $x = \lambda/4$를 대입함으로써 다음과 같이 얻을 수 있다.

$$V_1^e = V(\lambda/4) = V^+ e^{-j\pi/2} + V^- e^{j\pi/2} = -jV^+(1 - \Gamma_2) \tag{9.40}$$

위의 식의 $V^+$에 식 (9.37)을 대입하고, 식 (9.38)의 조건 $\Gamma_2 = -\Gamma_1$을 대입하면 다음과 같이 쓸 수 있다.

$$V_1^e = -j \frac{V_o}{1+\Gamma_2}(1-\Gamma_2) = j \frac{\Gamma_2 - 1}{\Gamma_2 + 1} V_o = j \frac{\Gamma_1 + 1}{\Gamma_1 - 1} V_o \qquad (9.41)$$

최종적으로 상기 식에 식 (9.39)를 대입하여 다음의 결과를 얻는다.

$$V_1^e = j \frac{\dfrac{2-\sqrt{2}}{2+\sqrt{2}}+1}{\dfrac{2-\sqrt{2}}{2+\sqrt{2}}-1} V_o = j \frac{2-\sqrt{2}+2+\sqrt{2}}{2-\sqrt{2}-2-\sqrt{2}} V_o = -j\sqrt{2}\,V_o \qquad (9.42)$$

기수모드의 경우에는 $V_{g2} = -V_{g3} = 2V_o$로서 $V_{g2} = -V_{g3}$이며, 따라서 회로의 상하 중간 점들의 전압은 모두 '0'이 되고, 그림 9.16(b)와 같이 포트 1의 임피던스가 '0'이므로 이로부터 $\lambda/4$만큼 떨어진 포트 2에서 포트 1을 바라본 임피던스는 $\infty$로 개방상태가 된다. 결국 포트 2에는 오로지 병렬저항 $Z_o$만 연결된 상태로서, 이는 기수모드가 신호원 임피던스와 정합되는 것을 의미한다. 그 경우에 포트 2의 전압은 $V_2^o = V_o$이고 포트 3의 전압은 $V_3^o = 0$이며, 기수 모드의 모든 전력은 병렬저항 $Z_o$에서 소모되면서 포트 1로 전달되는 양은 전혀 없게 된다.

마지막으로 윌킨슨 전력분배기의 출력포트들을 모두 정합하여 종단시켰을 경우 포트 1에서 바라보는 입력 임피던스를 구하기 위하여 그림 9.17(a)의 회로를 생각해보자.

그림에서처럼 포트 1에 신호원을 연결하고 입력 측에서 보았을 때, 분배기 회로의 상하는 대칭으로서 앞에서 기술한 우수모드와 유사하므로, 출력포트 사이에 병렬로 연결된 저항 $2Z_o$를 통하여 흐르는 전류는 전혀 없으며, 따라서 신호 흐름에 아무 역할도 하지 못하는 병렬저항을 그림 9.17(b)와 같이 제거하여도 해석에 전혀 차이가 없게 된다.

특성 임피던스가 $\sqrt{2}\,Z_o$인 $\lambda/4$ 선로의 출력포트가 $Z_o$로 종단된 경우의 입력 임피던스는 $(\sqrt{2}\,Z_o)^2/Z_o = 2Z_o$이므로, 그러한 선로 두 개가 병렬로 연결되어 있는 그림 9.17(b) 경우의 입력 임피던스는 그 절반인 $Z_o$가 됨에 의해 포트 1이 정합된 상태이고, 최종적으로 윌킨슨 분배기의 3포트 모두 동시에 정합될 수 있음을 알 수 있다.

결국 윌킨슨 전력분배기의 $S$파라미터에 대하여 다음과 같은 결론을 얻을 수 있다.

1) 모든 포트의 정합: $S_{11} = 0$, $S_{22} = 0$, $S_{33} = 0$

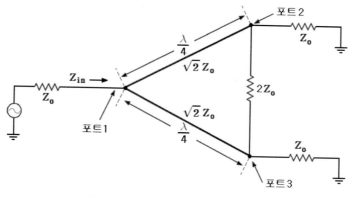

(a) 정합 종단된 Wilkinson 분배기

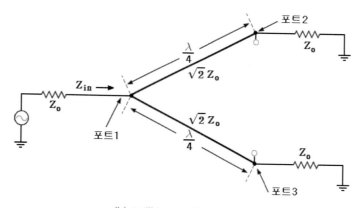

(b) Wilkinson 회로의 분할

| 그림 9.17 | Wilkinson 분배기의 입력반사계수 해석

2) 수동회로의 가역성: $S_{12} = S_{21} = \dfrac{V_1^e + V_1^o}{V_2^e + V_2^o} = \dfrac{-jV_o\sqrt{2} + 0}{V_o + V_o} = -j\dfrac{1}{\sqrt{2}}$

3) 포트 2와 포트 3의 대칭성: $S_{13} = S_{31} = -j\dfrac{1}{\sqrt{2}}$

4) 분할된 회로 상하 중간점의 개방 또는 단락: $S_{23} = S_{32} = 0$

그와 같은 2-way 윌킨슨 전력분배기를 여러 번 이용하면 $2^N$-way 전력분배기(Corporate Structured Power Divider)를 쉽게 만들 수 있으며 그림 9.18과 같다.

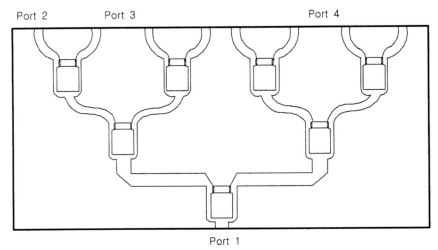

**| 그림 9.18 |** Corporate 구조의 Wilkinson 전력분배기

## 9.3.4 브랜치라인(Branchline) 커플러

브랜치라인 커플러는 두 출력 사이에 90°의 위상차를 갖는 3 dB 방향성 결합기이며, 그 구조가 그림 9.19와 같은 Quadrature(90°) 하이브리드라고 할 수 있다.

그러한 브랜치라인의 입력은 두 출력포트로 반씩 똑같이 나가고, 각 가지마다 90°의 위상천이가 있음을 감안하여 각 $S$파라미터는 다음과 같이 쓸 수 있다.

$$S_{11} = S_{22} = S_{33} = S_{44} = 0, \ \ S_{14} = S_{23} = 0$$

$$S_{12} = S_{34} = \frac{1}{\sqrt{2}} e^{-j\pi/2} = -j\frac{1}{\sqrt{2}}, \ \ S_{13} = S_{24} = \frac{1}{\sqrt{2}} e^{-j\pi} = -\frac{1}{\sqrt{2}} \tag{9.43}$$

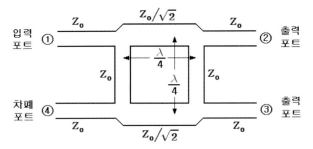

**| 그림 9.19 |** 브랜치라인 커플러 구조

따라서 회로의 가역성에 따른 대칭성을 고려한 $S$행렬은 다음과 같다.

$$[S] = -\frac{1}{\sqrt{2}}\begin{bmatrix} 0 & j & 1 & 0 \\ j & 0 & 0 & 1 \\ 1 & 0 & 0 & j \\ 0 & 1 & j & 0 \end{bmatrix}\tag{9.44}$$

## 9.3.5 랭지(Lange) 커플러

앞 절에서 기술되었던 Edge-Coupled 결합선로 커플러에서는 결합계수를 크게 하기 위하여 선간 간격을 줄임에 한계가 있기 때문에 −3 dB 또는 −6 dB의 결합계수를 실현하는 일이 매우 어렵고, 이를 가능하게 하기 위한 한 가지 방법이 여러 개의 선을 병렬로 연결하여 결합 전자계의 양을 많도록 하는 것으로서, 구체적인 실례가 바로 그림 9.20에 보인 랭지 결합기라 할 수 있다.

이와 같은 랭지 결합기에서는 쉽게 3 dB의 결합률을 얻을 수 있고 대역폭 역시 중심주파수의 2배 이상까지도 가능하며, 두 출력 사이에 90°의 위상차가 있기 때문에 Quadrature 하이브리드라고 할 수 있다.

일반적으로 랭지 결합기는 다른 Quadrature 하이브리드에 비하여 크기가 훨씬 작은 편으로서 집적도가 높지만, 그 대신 선간 간격 및 선폭이 지나치게 좁아서 패턴을 에칭하는 과정이나 그 위에 금 선(Gold Wire)을 본딩기에 의하여 납땜하는 과정이 쉽지 않은 편이다.

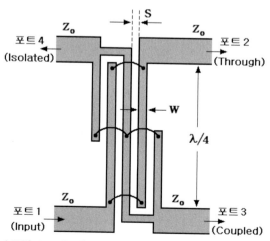

| 그림 9.20 | 랭지 결합기의 마이크로스트립 레이아웃

## 9.4 마이크로파 스위치

일반적으로 스위치의 성능은 삽입손실(Insertion Loss)과 차단특성(Isolation)으로 평가되는데 이들은 각각 ON 또는 OFF 상태에서의 스위치 입력과 출력전력의 비로 나타내어지고, 보통 dB 단위를 사용한다.

그 중에서도 마이크로파 스위치(Microwave Switches)는 저주파 스위치와는 달리 ON 및 OFF 상태에 따른 임피던스의 정합이 이루어져야 하며, 특히 ON 시에 정합되지 않으면 반사전력으로 인하여 삽입손실이 증가하게 된다.

최근 들어 MIC(Microwave Integrated Circuit)를 위한 스위치로는 PIN 다이오드와 GaAs MESFET가 주로 이용되고 있으며, 이들은 종전의 서큘레이터를 이용한 스위치나 Electro-Mechanical Switch에 비하여 전력소모, 무게, 크기, 신뢰도, 가격 등의 면에서 월등하다고 할 수 있다.

이들 소자는 회로배치에 따라 직렬형, 병렬형, 직·병렬형으로 구분할 수 있는데, 직렬형은 비교적 넓은 대역폭을 가지나 최소삽입손실이 소자의 특성에 의해 크게 좌우되며, 병렬형은 차단특성이 우수한 반면 대역폭이 제한을 받고, 직·병렬형은 특성은 좋지만 제작하기가 다소 어렵고 전력소모가 큰 단점이 있다.

PIN 다이오드는 역바이어스 시에 아주 높은 저항($10\,k\Omega$ 이상)을 갖고 순바이어스에서는 아주 낮은 저항($1\,\Omega$ 미만)을 갖게 되며, 이 값들은 사용하는 전송선로의 임피던스보다 아주 크거나 아주 작기 때문에 바이어스 조건에 따라 개방회로나 단락회로소자로 간주될 수 있고 결국 스위치로서의 기능을 만족한다.

그림 9.21에 임의의 스위칭 소자를 이용한 SPST(Single-Pole Single-Throw) 스위치를 보였으며, 그림 9.22에는 두 개의 PIN 다이오드를 사용한 직렬형 및 병렬형 SPDT(Single-Pole Double-Throw) 스위치를 나타내었고 그림 9.23에는 SPDT 스위치의 삽입손실 및 차단특성을 보였다.

## 삽입손실과 차단특성의 계산

직렬형인 그림 9.21(a)에서 이상적인 스위치의 경우와 실제 스위치의 경우에 부하에 걸리는 전압을 각각 $V_L$ 및 $V_{LD}$라 하면, 정의에 의하여 삽입손실 $IL$은 다음과 같이 나타내어진다.

$$IL = \left| \frac{V_L}{V_{LD}} \right|^2 \tag{9.45}$$

또한 그림에서 $Z = R + jX$를 SD(Switching Device)의 임피던스라 하면 $V_{LD}$를 다음과 같이 쓸 수 있다.

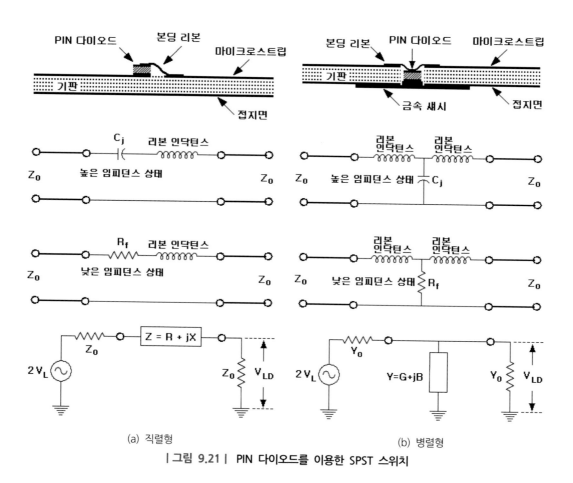

(a) 직렬형  (b) 병렬형

| 그림 9.21 | PIN 다이오드를 이용한 SPST 스위치

$$V_{LD} = \frac{2\,V_L}{2Z_0 + Z}Z_0 = \frac{2\,V_L}{2 + Z/Z_0} \tag{9.46}$$

이를 식 (9.45)에 대입하면 다음과 같이 삽입손실 $IL$을 구할 수 있다.

$$IL = \left|\frac{2 + Z/Z_0}{2}\right|^2 = 1 + \frac{R}{Z_0} + \frac{1}{4}\left(\frac{R}{Z_0}\right)^2 + \frac{1}{4}\left(\frac{X}{Z_0}\right)^2 \tag{9.47}$$

병렬형의 경우에는 그림 9.21(b)에서 부하에 걸리는 전압 $V_{LD}$를 다음과 같이 쓸 수 있다.

$$V_{LD} = \frac{\dfrac{1}{Y_0 + Y}}{\dfrac{1}{Y_0 + Y} + \dfrac{1}{Y_0}}2\,V_L = \frac{2\,V_L Y_0}{2Y_0 + Y} \tag{9.48}$$

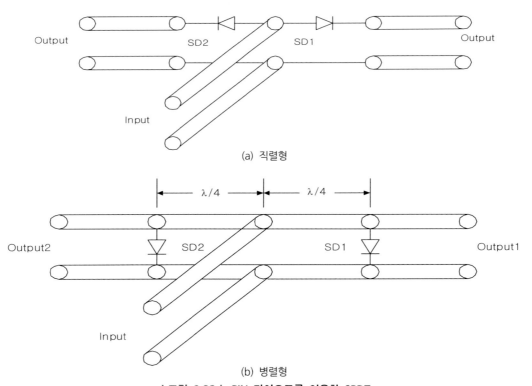

(a) 직렬형

(b) 병렬형

| 그림 9.22 | PIN 다이오드를 이용한 SPDT

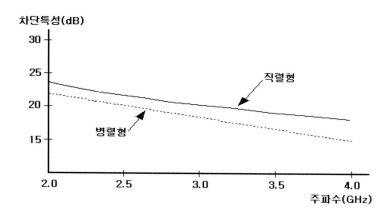

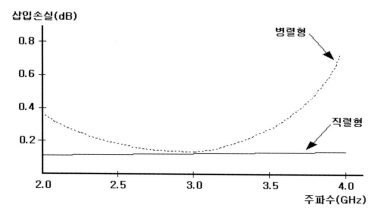

| 그림 9.23 | PIN 다이오드를 이용한 SPDT 스위치의 삽입손실 및 차단특성

이를 식 (9.45)에 대입하면 병렬형에 관한 삽입손실 $IL$을 다음과 같이 구할 수 있다.

$$IL = \left| \frac{2Y_0 + Y}{2Y_0} \right|^2 = \left| 1 + \frac{G + jB}{2Y_0} \right|^2 = 1 + \frac{G}{Y_0} + \frac{1}{4}\left(\frac{G}{Y_0}\right)^2 + \frac{1}{4}\left(\frac{B}{Y_0}\right)^2 \tag{9.49}$$

그런데 차단특성 역시 삽입손실과 마찬가지로 식 (9.45)와 같이 스위치 입출력의 비로 나타내어지므로, 직렬형의 경우에는 SD가 OFF되었을 때의 $R$과 $X$값을 식 (9.47)에 대입하고, 병렬형의 경우에는 SD가 ON되었을 때의 $G$와 $B$값을 식 (9.49)에 대입함으로써 각각의 차단특성을 구할 수 있다.

GaAs FET를 스위치에 사용함에 있어서는 능동모드와 수동모드의 두 가지로 동작될 수 있는

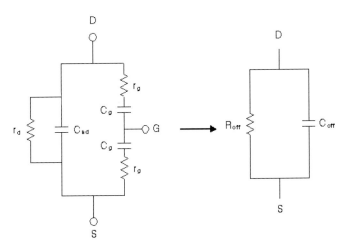

| 그림 9.24 | GaAs FET의 역바이어스 시 등가회로

데, 능동모드의 경우에는 증폭기와 마찬가지로 RF 신호가 게이트로 입력되고 바이어스 전압을 조절함으로써 개폐기능을 만족시키며, 수동모드의 경우에는 RF 입출력을 소스와 드레인에 연결하고 그 사이의 임피던스를 게이트 전압에 의하여 조절하게 된다.

GaAs FET이 ON되었을 때의 채널저항은 $1 \times 1000 \ \mu\text{m}^2$ 게이트인 X-Band MESFET의 경우, 10 GHz에서 약 2.5 Ω의 값을 가지며, OFF 시에는 그림 9.24에 보인 바와 같은 등가회로로 볼 수 있고 거기에서의 $R_{\text{OFF}}$ 및 $C_{\text{OFF}}$의 값은 같은 GaAs FET에 대해 약 2 kΩ 및 0.2 pF 정도이다.

그림 9.25에는 2개의 GaAs FET을 이용한 SPDT 스위치와 그의 Insertion Loss 및 차단특성을 보였다.

대개의 경우 3개 또는 5개 이상의 스위칭 소자를 이용하면 Performance를 개선시킬 수 있으며, 그림 9.26에 3개의 직렬 다이오드와 3개의 병렬 다이오드를 사용한 SP3T의 구조를 그려 놓았다.

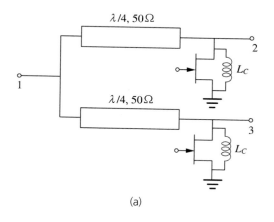

(a)

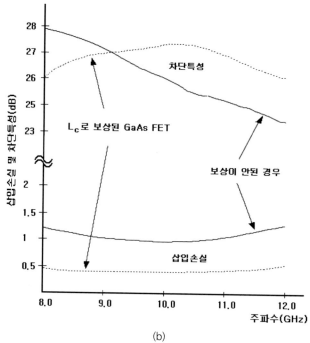

(b)

| 그림 9.25 | 2개의 GaAs FET을 이용한 SPDT 스위치 성능

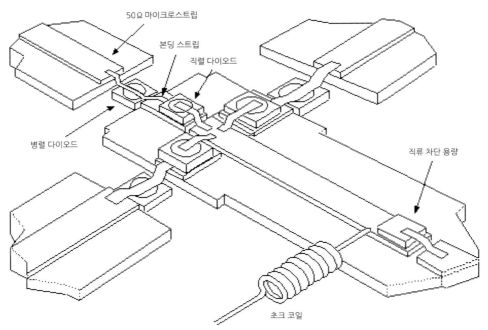

50Ω 마이크로스트립

본딩 스트립

직렬 다이오드

병렬 다이오드

직류 차단 용량

초크 코일

| 그림 9.26 | 6개의 PIN 다이오드를 사용한 SP3T 스위치 구조

## 9.5 위상변위기

위상변위기(Phase Shifter)는 입출력신호 사이의 위상차이를 제어신호(AC 또는 DC Bias)에 의하여 조절할 수 있는 2단자쌍 회로로서, 보통 다이오드나 GaAs FET 또는 자화된 페라이트를 이용하고 있으며, 위상변위기의 크기가 180°, 90°, 45°, 22.5° 등으로 불연속적으로 변화하는 경우를 디지털 위상변위기라 하고 연속적인 제어신호의 변화에 따라 연속적으로 변하는 경우를 아날로그 위상변위기라 한다.

아날로그 위상변위기는 마이크로파 브릿지나 측정기 등에 사용되고 있으며, 디지털 위상변위기는 위상배열 안테나(Phased Array Antenna) 등 응용범위가 매우 넓어서 다양한 종류가 개발되어 있고 크게 두 가지로 대별할 수 있다.

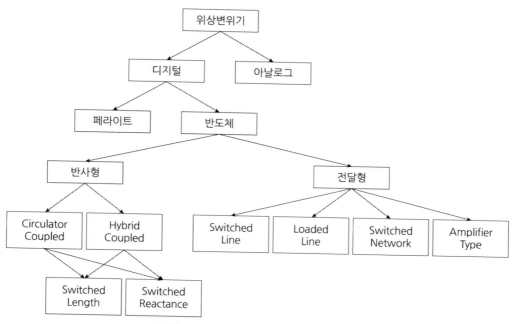

| 그림 9.27 | 마이크로파 위상변위기의 분류

그 한 가지는 Ferrimagnetic 재료의 특성을 이용한 페라이트 위상변위기로서 이는 1957년부터 20~30년 동안 꾸준히 개발되어 왔으며, 다른 한 가지는 1960년대 중반부터 이용되어온 반도체소자들로서 이들은 페라이트 위상변위기에 비해 소형 경량이고 빠른 스위칭 속도 및 작은 구동전력특성을 갖기 때문에, 최근에는 주로 PIN 다이오드 또는 GaAs FET가 사용되고 있다.

이와 같이 전자적으로 제어되는 위상변위기가 출현하기 전에는 기계식을 사용하고 있었으며, 현재까지 개발되어 있는 위상변위기의 종류를 그림 9.27에 분류해 놓았다.

### Switched-Line(Network) 위상변위기

Switched-Line 위상변위기는 두 개의 SPDT 스위치를 사용하여 신호가 전달되는 두 개의 경로 $l_1$, $l_2$를 스위칭해줌으로써 아래와 같은 위상변위 $\Delta\phi$를 얻게 되며, 이는 주파수 $f$에 정비례하므로 스위칭이 가능한 시간지연 회로로서도 사용될 수 있다.

$$\Delta\phi = \beta(l_2 - l_1) = \frac{2\pi f}{v_p}(l_2 - l_1) \tag{9.50}$$

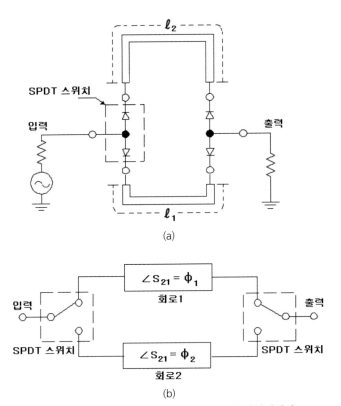

(a)

(b)

| 그림 9.28 | Switched-Line(Network) 위상변위기

$$\tau_d = \frac{l_2 - l_1}{v_p} \tag{9.51}$$

Switched-Line 위상변위기에서의 공통적인 문제점 중의 하나는 차단경로(OFF Path)에 의한 공진현상이라 볼 수 있다. 예를 들어 주파수 1.5 GHz에서 45°의 위상변위기를 갖도록 $l_1$, $l_2$를 각각 160°, 205°로 하고 순바이어스 저항이 $R_f = 1\,\Omega$, 역바이어스 용량 $C_j = 0.2\,\text{pF}$인 PIN 다이오드 SPDT 스위치를 사용하는 경우를 생각해보자. 중심주파수에서는 동작이 잘 되지만 사용주파수가 1.25 GHz로 변하면 차단경로 $l_2$는 171°로 되고 그 양끝에 달려 있는 $C_j$ 등에 의한 유효길이가 가해져서 거의 전체 경로길이가 180°로 되어 공진하게 되며, 이는 높은 삽입손실과 급격한 위상변화 등의 효과를 주게 된다. 이를 삽입손실공진이라 하며 이는 $l_1$, $l_2$를 적당히 조절하거나 또는 차단경로에 정합부하를 달아줌으로써 제거할 수 있다.

그와 같은 Switched-Line 위상변위기는 Switched-Network 위상변위기의 특수한 경우에 해당하는 것으로서, 전자에 비해 $\phi_1$, $\phi_2$를 주파수에 따라 적절히 변하도록 설계할 수가 있고 대역폭이 넓으며 위상변위기의 원하는 주파수응답을 얻을 수도 있다. 그를 위해 가장 통상적으로 사용되는 회로로는 $T$ 회로 또는 $\pi$ 회로가 있으며, 다음과 같이 저역통과 필터(LPF) 구조와 고역통과 필터(HPF) 구조를 선택할 수 있다.

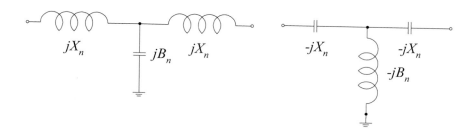

## Loaded-Line 위상변위기

45°와 22.5°의 Phase Bit을 위해서는 주로 Loaded-Line 위상변위기가 사용되는데, 구조는 그림 9.29와 같이 선로상 임의 점에 병렬로 작은 리액턴스 소자를 연결함으로써 그 점을 통과하는 전자파의 위상이 바뀌도록 한 것이다.

전달되는 파가 받는 위상변위 $\Delta\phi$는 소자의 규준화 서셉턴스에 의해 결정되며, $b = B/Y_0$라 할 때 $b$에 의하여 야기된 반사계수는 다음과 같다.

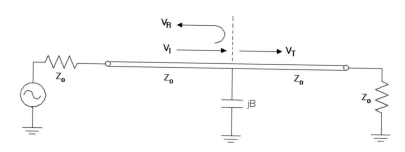

| 그림 9.29 | Loaded-Line 위상변위기

$$\Gamma = \frac{Z_L - Z_0}{Z_L + Z_0} = \frac{Y_0 - Y_L}{Y_0 + Y_L} = \frac{1 - y_L}{1 + y_L}$$

$$\Gamma = \frac{1 - (1 + jb)}{1 + (1 + jb)} = \frac{-jb}{2 + jb} \tag{9.52}$$

그림 9.29와 같이 입사파 $V_i$와 반사파 $V_r$의 합성파가 전달되므로 전달 전압파는 $V_T = V_i + V_r$이고 전달계수 $T$는 다음과 같이 써진다.

$$T = \frac{V_T}{V_i} = \frac{V_i + V_r}{V_i} = 1 + \Gamma = \frac{2}{2 + jb} \tag{9.53}$$

$$V_T = TV_i = V_i \frac{2}{2 + jb} = V_i \left(\frac{4}{4 + b^2}\right)^{1/2} \times e\left(-j\tan^{-1}\left(\frac{b}{2}\right)\right) \tag{9.54}$$

따라서 $V_i$와 $V_T$ 사이에 개입된 위상차이는 다음과 같이 쓸 수 있다.

$$\Delta\phi = \tan^{-1}\left(\frac{b}{2}\right) \tag{9.55}$$

그런데 반사파 $V_r$에 의한 위상변위기의 삽입손실은 심각할 정도는 아니지만 별로 바람직스러운 것이 아니기 때문에, 이를 제거하기 위한 방법으로 동일한 두 개의 리액턴스 소자를 $\lambda/4$만큼 이격시켜 병렬 연결함으로써 두 지점에서의 반사파가 상쇄되도록 하고 있다.

### 반사형 위상변위기

반사형 위상변위기의 원리는 그림 9.30(a)와 같이 가변 리액턴스 소자를 달고 ON/OFF하면 그림 9.30(b)와 같이 리액턴스 변화에 의해 반사파의 위상을 조절할 수도 있고, 그림 9.30(c)와 같이 $\Delta\phi/2$에 해당하는 단락 스터브를 연결하여 완전 반사되는 위치를 스위칭함으로써 위상을 조절할 수도 있다.

이와 같은 반사형 위상변위기는 대부분 2단자쌍 회로구조를 필요로 하기 때문에 그림 9.31과 같이 서큘레이터나 90° 하이브리드를 사용하며, 90° 하이브리드의 경우에는 두 개의 동일한 위상천이회로를 필요로 하기 때문에 요구되는 소자의 수가 두 배가 된다.

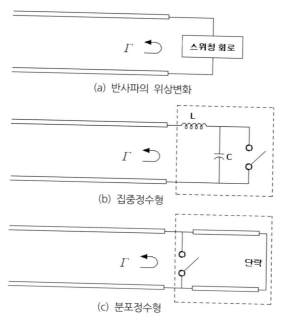

(a) 반사파의 위상변화

(b) 집중정수형

(c) 분포정수형

| 그림 9.30 | 1포트 반사형 위상변위기

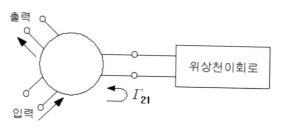

(a) 서큘레이터 결합

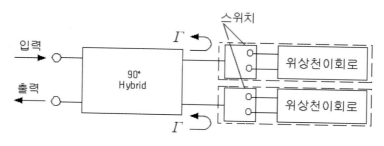

(b) 하이브리드 결합

| 그림 9.31 | 2포트 반사형 위상변위기

**증폭기형 위상변위기**

지금까지 기술한 위상변위기들은 모두 PIN 다이오드 또는 GaAs MESFET를 Passive 모드로 사용한 것들인 반면에, GaAs FET를 능동모드로 사용해도 여러 가지 멋진 위상변위기를 설계할 수 있다.

이와 같은 능동 위상변위기는 자체의 전력이득을 갖기 때문에 삽입손실이 문제시되지 않으며, 가용한 능동 위상변위기를 분류하면 다음과 같이 세 가지로 나눌 수 있다.

(1) 동조 이중 게이트 MESFET 위상변위기
(2) SPDT 증폭기를 이용한 능동 위상변위기
(3) 벡터 변조 회로를 이용한 능동 위상변위기

동조 이중 게이트 MESFET 위상변위기의 경우, 소스로부터 가까운 첫째 게이트를 제어 게이트로 하고 둘째 게이트에 신호를 입력시키게 되며, 위상의 조절은 외부의 동조 임피던스와 변화하는 소자 내부 파라미터 사이의 상호작용에 기인하는 것으로 알려져 있을 뿐, 상세한 해석은 아직까지도 이루어지지 않았다.

다만 그림 9.32와 같은 회로에 의해 실험적으로 X 밴드에서 3 dB의 전력이득을 가지면서 70°까지의 연속적인 위상변화가 가능함이 보고 되어 있으며, 대역폭이 다소 좁은 단점이 있다.

SPDT 스위치와 증폭기를 이용한 위상변위기는 그림 9.33과 같이 신호가 두 개의 동일한 증폭기 입력 사이를 스위칭시키며, 한쪽 증폭기 출력에 $\Delta\phi$에 해당하는 길이의 선로를 추가하여

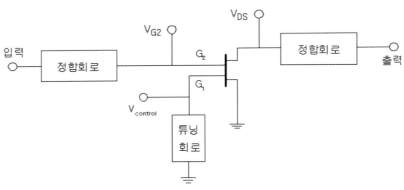

| 그림 9.32 | 동조 이중 게이트 MESFET 위상변위기

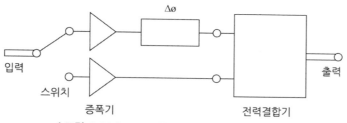

| 그림 9.33 |  **SPDT 증폭기를 이용한 위상변위기**

윌킨슨 분배기와 같은 동위상형(In-Phase Type)의 전력결합기 입력에 두 출력을 연결한다.

벡터변조기는 그림 9.34와 같이 서로 다른 위상천이를 갖는 증폭기들 중 인접한 두 개의 증폭률을 변화시켜 그 출력을 벡터 합성함으로써 임의의 크기와 위상을 갖는 만드는 회로이며, 융통성이 크기 때문에 MMIC(Monolithic Microwave IC)에 적합하다.

그의 일종으로 이중 게이트 소자를 이용한 회로를 그림 9.35에 보였다.

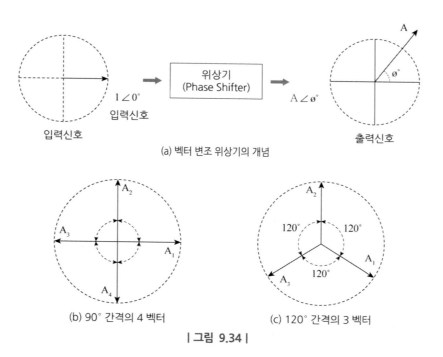

(a) 벡터 변조 위상기의 개념

(b) 90° 간격의 4 벡터          (c) 120° 간격의 3 벡터

| 그림 9.34 |

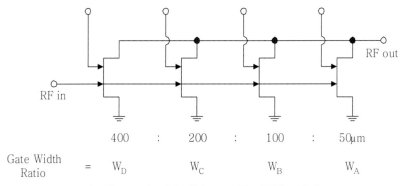

| 그림 9.35 | 이중 게이트 FET를 이용한 위상기

---

9.6 ## 마이크로파 리미터

   마이크로파 주파수에서의 리미터(Limiter)는 중요한 제어회로 중 하나로서, 낮은 입력이 들어올 때는 전혀 감쇠를 주지 않지만 임의의 무릎전압 이상의 큰 입력신호에 대해서는 감쇠를 크게 하여 출력을 일정하게 유지시키는 역할을 한다.

   이와 같은 기능의 회로는 레이더의 송신기 출력이 수신기로 직접 전달되거나 바로 인접한 레이더의 출력이 들어와 민감한 입력단을 파손시킴을 방지하기 위한 용도로 가장 많이 사용되고, 또한 스위프 발진기나 위상 검출 시스템에서 발생할 수 있는 진폭변조를 감소시키기 위하여 사용된다.

   리미터의 사용방식을 두 가지로 나누면 단순한 수동 리미터(Passive Limiter)의 경우와 궤환 시스템(Feedback System)을 들 수 있는데, 보편적으로 사용되는 수동 리미터로는 진공관 리미터, 페라이트 리미터, 다이오드 리미터 등이 있으며, 궤환 시스템이란 ALC (Automatic Leveling Control) 루프를 말한다.

   점접촉 다이오드(Point-Contact Diode) 또는 Schottky-Barrier 다이오드로 만들어지는 RF 리미터는 두 개의 다이오드를 서로 역방향으로 연결하여 선로에 병렬 연결함으로써 신호레벨을 다이오드의 무릎전압 이내로 유지시키는 데 비하여, PIN 다이오드로 만들어지는 것은 그림 9.36과 같이 두 개의 다이오드를 선로상에 같은 방향으로 $\lambda/4$만큼 이격시켜 병렬 연결한

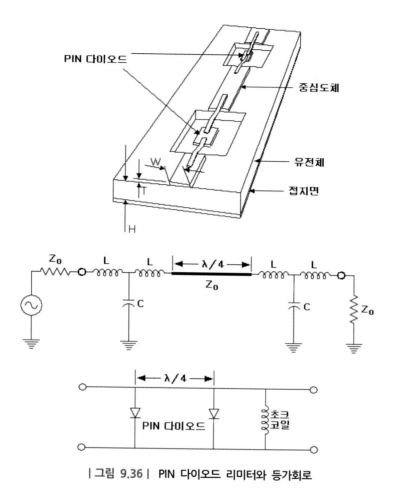

| 그림 9.36 |  PIN 다이오드 리미터와 등가회로

구조를 갖고 있다.

  PIN 다이오드 리미터를 수동모드로 동작시키는 경우 외부적인 바이어스가 없으므로 $I$ 영역으로의 캐리어 주입은 RF 신호에 의하여 자체적으로 이루어지는데, 이는 $+$의 반주기 동안 주입된 캐리어들이 $-$ 반주기 동안에 모두 제거되지 못하는 현상에 의한다. 그러나 이와 같은 PIN 다이오드의 RF 신호에 의한 전도도 변조(Conductivity Modulation)는 DC 바이어스에 비하여 지극히 비효율적인데, 예를 들어 $R_{0n} = 1\,\Omega$을 만들기 위한 DC 전류가 약 50 mA인 경우에 RF 전류는 2.5 Amp(RMS 값) 정도가 요구된다.

  그러한 효과는 PIN 다이오드가 100 W까지의 첨두전력을 다룰 수 있도록 해주고 있다고 볼 수 있으며, RF 신호에 의하여 캐리어 주입이 이루어지는 동안 리미터가 제 기능을 발휘하지 못하기 때문에 레이더에 응용되는 경우 펄스의 앞부분에 과도기에 해당하는 수 나노초의 날카로운 스파이크가 필연적으로 나타난다.

또한 PIN 다이오드가 OFF 시에는 신속하게 공핍층 또는 I 영역 내의 캐리어를 제거함으로써 리미터의 삽입손실을 줄이기 위해 다이오드와 병렬로 RF 초크를 달아주고 있다.

### 9.7　마이크로파 감쇠기

일반적으로 마이크로파 감쇠기(Attenuator)는 고정감쇠기(Fixed Attenuator)와 가변감쇠기(Variable Attenuator)로 분류되는데, 그 중에 일명 Pad라고 하는 고정감쇠기 회로는 무선설비 내에서 신호강도계의 Calibration이나 잡음측정 시에 임의의 기준레벨설정에 사용되며, 또한 전원과 부하 간의 반사를 최소화하기 위한 임피던스 정합을 위해 사용되기도 한다. 단 임피던스 정합회로로 사용될 경우에는 가용전력의 일부가 열로 방출되는 점을 고려하여 설계되어야 한다.

특히 Voltage Controlled Variable Attenuator는 중요한 마이크로파 제어소자 중에 하나로서 AGC(Automatic Gain Control)에 널리 사용되며, 광대역증폭기의 온도변화에 따른 이득변화를 보상함에 있어 필수적이라 할 수 있다.

어떤 종류의 감쇠기이든 간에 전송선로의 등가회로에 해당하는 $T$ 또는 $\pi$회로와 같이 대칭적인 구조를 갖도록 해야 유용하게 사용될 수 있으며, 입출력 사이에 위상변화가 없어 전파상수는 $\gamma = \alpha$, $\beta = 0$으로서 순실수가 되는 조건이 갖추어져야 한다.

감쇠기의 감쇠율은 식 (9.45)의 정의와 같으며 이를 dB로 나타내면

$$IL_{\mathrm{dB}} = 10 \log_{10} \frac{입력전력}{출력전력} \tag{9.56}$$

만일 감쇠기가 대칭구조이고 양단의 임피던스가 정합되었다 하면 다음과 같이 쓸 수도 있다.

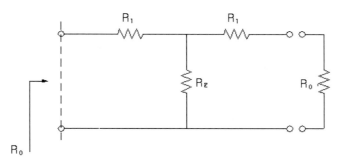

| 그림 9.37 | $T$형 감쇠기 회로

$$IL_{dB} = 20 \log_{10} \frac{입력 전류}{출력 전류} = 20 \log_{10} N \tag{9.57}$$

여기에서 $N$은 입출력전류의 비이므로, 감쇠기 회로를 2.11절 식 (2.54)에 기술된 전송선로 조각의 등가회로로 간주하여 길이가 $\ell$인 그 선로의 특성 임피던스가 $Z_o = R_o$로서 순실수이고 전파상수는 $\gamma = \alpha$, $\beta = 0$인 전송선로라 가정하면 $N = e^{\alpha\ell}$이 된다.

이제 그림 9.37의 $T$ 등가회로의 소자 값들을 나타내는 식 (2.58) 및 식 (2.60)을 인용하면

$$R_1 = R_0 \tanh \frac{\alpha\ell}{2}$$

$$= R_0 \frac{e^{\frac{\alpha\ell}{2}} - e^{-\frac{\alpha\ell}{2}}}{e^{\frac{\alpha\ell}{2}} + e^{-\frac{\alpha\ell}{2}}} = R_0 \frac{e^{\alpha\ell} - 1}{e^{\alpha\ell} + 1}$$

$$= R_0 \frac{N - 1}{N + 1} \tag{9.58}$$

마찬가지로

$$R_2 = \frac{R_0}{\sin h\,(\alpha\ell)} = R_0 \frac{2}{e^{\alpha\ell} - e^{-\alpha\ell}}$$

$$= R_0 \frac{2\,e^{\alpha\ell}}{e^{2\alpha\ell} - 1} = R_0 \frac{2N}{N^2 - 1} \tag{9.59}$$

식 (9.58) 및 식 (9.59)에 의해 유도된 결과는 감쇠기 회로의 소자값을 결정하는 데 사용될 수 있으며, 계산된 소자들의 저항값이 구입가능한 것들이 아닐 경우에는 구입가능한 것 중에서 근삿값의 저항을 사용하여도 비교적 만족할만한 특성을 얻을 수 있다. 만일 더 정확한 설계가 요구된다면 두 개 이상의 저항을 병렬 연결하여 사용할 수도 있고 $\pi$회로로 다시 설계하여 볼 수도 있다.

또한 감쇠기 회로 내의 각 저항에서 소모되는 전력 역시 평가가 되어야 하며, 이는 입사전력이 주어지면 키르히호프의 법칙으로부터 다음과 같이 쉽게 구할 수 있다.

먼저 그림 9.37의 각 저항에 걸리는 전압과 흐르는 전류를 구하기 위해 저항 $R_1$을 입력 측은 $R_{1A}$, 출력 측은 $R_{1B}$로 나타낸 그림 9.38에서 입사전력을 $W$라 하면 입력전압 $V_{in}$은 다음과 같이 주어진다.

$$V_{in} = (R_0 W)^{1/2} \tag{9.60}$$

입력전류는 상기의 $V_{in}$을 식 (2.52)로 나타내지는 입력저항으로 나누어 다음과 같이 구할 수 있다.

$$I_{in} = \frac{V_{in}}{R_{1A} + \dfrac{(R_{1B} + R_0)R_2}{R_0 + R_{1B} + R_2}} \tag{9.61}$$

따라서 전류 $I_{in}$이 흐르는 저항 $R_{1A}$에서 소모되는 전력 $P_{1A}$는 다음과 같다.

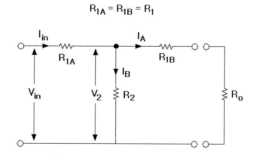

| 그림 9.38 |  $T$형 감쇠기 내의 소모전력

$$P_{1A} = I_{in}^2 \, R_{1A} \tag{9.62}$$

또한 저항 $R_2$에 걸리는 전압 $V_2$와 거기에서 소모되는 전력 $P_2$는 다음과 같이 구해진다.

$$V_2 = V_{in} - I_{in} R_{1A} \tag{9.63}$$

$$P_2 = V_2^2 / R_2 \tag{9.64}$$

마지막으로 저항 $R_{1B}$를 흐르는 전류 $I_A$와 그 저항에서 소모되는 전력 $P_{1B}$는 다음과 같다.

$$I_A = \frac{V_2}{R_{1B} + R_0} \tag{9.65}$$

$$P_{1B} = I_A^2 \, R_{1B} \tag{9.66}$$

위의 $T$회로에 관한 해석과 유사한 방법으로 그림 9.39의 $\pi$형 감쇠기 회로의 소자값들을 구한 결과는 다음과 같다.

$$R_1 = R_0 \frac{N+1}{N-1} \tag{9.67}$$

$$R_2 = R_0 \frac{N^2 - 1}{2N} \tag{9.68}$$

이상과 같은 해석을 통하여 마이크로파 감쇠기를 위하여 소요되는 감쇠량에 따라 구해진 회로 소자값들을 표 9.1에 일목요연하게 보였다.

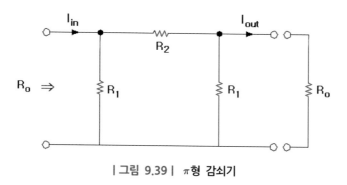

| 그림 9.39 |  $\pi$형 감쇠기

가변감쇠기(Variable Attenuator)의 설계에 있어서는 감쇠율이 변화함에 따라 임피던스의 정합을 유지시키는 일이 특히 중요해지며, 따라서 주어진 감쇠율에 대해 식 (9.58), (9.59), (9.67), (9.68) 등으로 주어지는 저항값을 따라갈 수 있어야 한다.

마이크로파 가변감쇠기(Microwave Variable Attenuator)를 위한 소자로는 보통 PIN 다이오드와 GaAs MESFET가 사용이 된다. 이들은 주로 수동모드로 동작되지만 GaAs FET는 능동모드로도 동작되며, 이를 위한 용도로는 둘째 게이트에 제어입력전압을 가하는 이중 게이트 MESFET이 이상적이다. 특히 PIN 다이오드는 I영역의 저항값이 DC 바이어스 전류에 따라 넓은 범위에 걸쳐 변하기 때문에 많이 사용되고 있으며 GaAs FET는 MMIC에 적합하다고 할 수 있다.

그런데 일반적으로 MESFET는 저항과 용량이 병렬된 것으로 모형링될 수 있으므로 높은 주파수에서는 저항의 가변범위(Dynamic Range)가 제한을 받게 되고, 따라서 사용이 제한될 수밖에 없다.

MESFET으로 만들어진 $T$형 및 $\pi$형 감쇠기와 그 등가회로를 그림 9.40에 나타내었는데, 삽입손실에 있어서는 $\pi$형이 $T$형에 비하여 유리한 입장이고 저항의 가변범위 면에서는 $T$형이 우수하다.

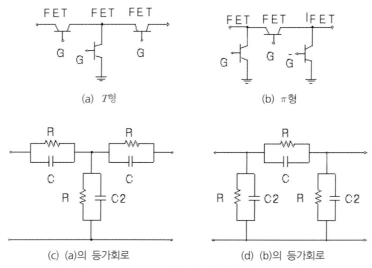

(a) $T$형      (b) $\pi$형

(c) (a)의 등가회로      (d) (b)의 등가회로

| 그림 9.40 |  **MESFET를 이용한 감쇠기 및 등가회로**

| 표 9.1 | 감쇠기 회로를 위한 저항값

| $\pi$회로($R_0 = 50\ \Omega$) | | | $T$회로($R_0 = 50\ \Omega$) | | |
|---|---|---|---|---|---|
| dB Atten. | $R_1$ (Ohms) | $R_2$ (Ohms) | dB Atten. | $R_1$ (Ohms) | $R_2$ (Ohms) |
| 1 | 870.0 | 5.8 | 1 | 2.9 | 433.3 |
| 2 | 436.0 | 11.6 | 2 | 5.7 | 215.2 |
| 3 | 292.0 | 17.6 | 3 | 8.51 | 141.9 |
| 4 | 221.0 | 23.8 | 4 | 11.3 | 104.8 |
| 5 | 178.6 | 30.4 | 5 | 14.0 | 82.2 |
| 6 | 150.5 | 37.3 | 6 | 16.6 | 66.9 |
| 7 | 130.7 | 44.8 | 7 | 19.0 | 55.8 |
| 8 | 116.0 | 52.8 | 8 | 21.5 | 47.3 |
| 9 | 105.0 | 61.6 | 9 | 23.8 | 40.6 |
| 10 | 96.2 | 71.2 | 10 | 26.0 | 35.0 |
| 11 | 89.2 | 81.6 | 11 | 28.0 | 30.6 |
| 12 | 83.5 | 93.2 | 12 | 30.0 | 26.8 |
| 13 | 78.8 | 106.0 | 13 | 31.7 | 23.5 |
| 14 | 74.9 | 120.3 | 14 | 33.3 | 20.8 |
| 15 | 71.6 | 136.1 | 15 | 35.0 | 18.4 |
| 16 | 68.8 | 153.8 | 16 | 36.3 | 16.2 |
| 17 | 66.4 | 173.4 | 17 | 37.6 | 14.4 |
| 18 | 64.4 | 195.4 | 18 | 38.8 | 12.8 |
| 19 | 62.6 | 220.0 | 19 | 40.0 | 11.4 |
| 20 | 61.0 | 247.5 | 20 | 41.0 | 10.0 |
| 21 | 59.7 | 278.2 | 21 | 41.8 | 9.0 |
| 22 | 58.6 | 312.7 | 22 | 42.6 | 8.0 |
| 23 | 57.6 | 351.9 | 23 | 43.4 | 7.1 |
| 24 | 56.7 | 394.6 | 24 | 44.0 | 6.3 |
| 25 | 56.0 | 443.1 | 25 | 44.7 | 5.6 |
| 30 | 53.2 | 789.7 | 30 | 47.0 | 3.2 |
| 35 | 51.8 | 1405.4 | 35 | 48.2 | 1.8 |
| 40 | 51.0 | 2500.0 | 40 | 49.0 | 1.0 |
| 45 | 50.5 | 4446.0 | 45 | 49.4 | 0.56 |
| 50 | 50.3 | 7905.6 | 50 | 49.7 | 0.32 |
| 55 | 50.2 | 14,058.0 | 55 | 49.8 | 0.18 |
| 60 | 50.1 | 25,000.0 | 60 | 49.9 | 0.10 |

# 9.8 마이크로파 믹서(Microwave Mixers)

믹서 발명의 영광은 무선통신 역사상 가장 훌륭한 발명가인 암스트롱(M. E. Armstrong)에게 돌려야 마땅하다. 과거에는 수신된 RF 신호를 직접 기저(Baseband) 신호로 Down-Convert하는 비교적 조잡한 Mixing 과정이 사용되었는데, 그러한 방법은 국부발진기의 안정도 때문에 특성이 매우 좋지 않았고, 암스트롱이 최초로 진공관 믹서를 사용하여 수신신호를 IF(Intermediate Frequency)로 바꿈으로써, 양호한 선택도와 저잡음 특성으로 증폭되어 복조될 수 있도록 하였다.

그러한 수신기를 슈퍼헤테로다인(Superheterodyne) 수신기라 하며, 이와 같이 우수한 품질의 수신기가 없이는 FM(Frequency Modulation)의 복조가 불가능하기 때문에 암스트롱은 FM 발명자로서의 영예도 차지하고 있다.

그 이후의 믹서 역사는 저잡음 수신기(Low Noise Receiver)의 역사라 해도 과언이 아닐 정도로 그들은 밀접한 관계를 갖고 있다.

제2차 세계대전 중 개발된 레이더는 비행기 크기의 물체를 식별하기 위하여 최소한 UHF부터 마이크로파까지의 주파수를 사용하였는데, 레이더 시스템에서 수신기의 감도는 최대 통달 거리를 결정하는 중요한 요소인데도 불구하고, 그 당시에 그러한 주파수대역에 사용할 만큼 훌륭한 저잡음 증폭기(Low Noise Amplifier)가 존재하지 않았기 때문에, 수신기의 맨 앞에 믹서를 달아 하향변환(Down-Convert)해주어야 하였고, 따라서 수신기의 감도는 믹서에 의해 좌우되었으므로 고품질의 믹서 개발에 대한 중요성이 부각되었다.

1940년대의 점접촉형 다이오드는 특성이 아주 좋지 않았으나, 10년도 채 안 되어 패키징까지 고려한 좋은 품질의 믹서 다이오드가 이론적인 연구와 함께 개발되어 1945년에는 낮은 마이크로파 주파수대역에서 변환손실(Conversion Loss)이 20 dB에서 10 dB로 낮아졌으며, 1950년대 초에는 6 dB까지 떨어졌다.

오늘날에는 다이오드 믹서에 대한 이론이 잘 정립되어 있고, 50 GHz 이상의 주파수에서도 4 dB 미만의 변환손실을 갖는 영상 개선 믹서(Image-Enhanced Mixer)가 개발되어 있으며, 100 GHz 이상의 주파수에서도 좋은 특성을 가질 수 있다.

높은 주파수에서 동작하는 좋은 증폭기가 개발되면 믹서의 역할을 대신할 것이고, 최근에는 92 GHz의 HEMT 저잡음 증폭기가 개발되어 있지만, 아직도 1000 GHz 이하의 응용 분야

(플라스마 진단, 천문 관측, 레이더 영상 등)에 많은 관심의 대상이 되고 있다.

## 단일 다이오드 믹서

단일 다이오드 믹서(Single-Diode Mixer)가 밀리미터파 이하의 주파수에서 사용되는 일은 거의 없지만, 이는 평형 믹서(Balanced Mixers)나 멀티 다이오드(Multiple-Diode) 믹서 등 모든 믹서 설계의 기초가 되기 때문에 그 자체로도 상당한 중요성을 갖고 있고, 또한 고성능 밀리미터파 믹서는 모두 그림 9.41(a)와 같은 단일 다이오드 믹서이다.

다이오드 믹서를 설계하는 과정은 기본적으로 다이오드를 RF 및 IF 주파수에서 정합시키는 것이므로, 맨 먼저 다이오드의 입출력 임피던스를 결정해야 하는데, 다이오드는 비선형소자이기 때문에 국부발진기(Local Oscillator)의 전압이 인가되면 접합저항(Junction Resistance)과 접합용량(Junction Capacitance)이 시간에 따라 변하게 되며, 고정될 수밖에 없는 RF 소스 임피던스와 IF 부하 임피던스에 시변하는 다이오드의 입출력 임피던스를 정합시키는 일은 결코 쉽지 않게 보인다.

그런데 접합저항은 국부발진기(Local Oscillator)의 한 주기 동안 거의 단락에서 개방상태까지 변하는 데 비해서, 접합용량은 2 내지 3배 정도밖에 변하지 않고 그것이 정합회로에 미치는 영향이 미약하기 때문에, 다이오드를 대신호로 구동시키지 않는 한, 통상 평균값에 가까운 고정된 유효값을 예상하여 사용하여도 무관하다. 일단 예상된 용량값은 임피던스 정합회로에 흡수시킬 수도 있다.

따라서 임피던스 정합의 문제는 오로지 접합저항에만 국한되는데, 0에서 ∞까지 광범위하게 변하는 값을 단순히 시간 평균한 것은 ∞가 되기 때문에 그를 다이오드의 유효입력저항으

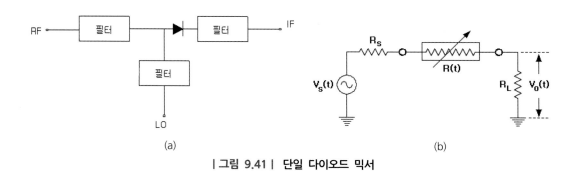

(a)                                          (b)

| 그림 9.41 | 단일 다이오드 믹서

로 간주할 수가 없다.

RF 입력신호를 IF 출력으로 바꾸어주는 믹서의 입출력 임피던스는 일반적으로 국부발진기 입력레벨과 다이오드 파라미터, 그리고 DC 바이어스에 따라 달라지기 때문에, RF 소스 임피던스와 IF 부하 임피던스를 동시에 공액정합시킬 수 있도록 DC 바이어스와 국부발진기 레벨을 조절하여 최적화시켜야 하는데, 이러한 과정은 다소간의 경험을 필요로 하며, 예상값이 잘 선택되는 경우에 믹서는 양호한 성능을 갖게 된다.

일반적으로 좋은 성능의 믹서 다이오드를 무릎전압 근처에서 동작시킬 때, RF 입력저항은 40~100 Ω의 범위에 있고, 접합용량은 0 Volt 인가 시 용량의 약 60% 정도가 되며, IF 출력 임피던스의 실수부는 RF 입력 임피던스 실수부의 약 두 배이면서, 다이오드가 RF 주파수에 잘 정합된 경우에는 IF 출력 임피던스의 허수부는 매우 작은 값이 된다.

이제 문제를 단순화시켜 리액턴스 성분을 무시하고 저항성분만을 고려하면, 그림 9.41(b)에 보인 바와 같이 시간적으로 변하는 저항소자 $R(t)$ 입출력단에 소스 임피던스가 $R_S$인 신호원 $V_S(t)$와 부하저항 $R_L$을 연결하였다고 하였을 때, 출력전압 $V_0(t)$는 다음과 같이 나타낼 수 있다.

$$V_o(t) = V_S(t) K(t) \tag{9.69}$$

$$K(t) = \frac{R_L}{R_s + R_L + R(t)} \tag{9.70}$$

여기에서 만일 $K(t)$가 주기함수이면 다음과 같이 일반적인 형태의 푸리에 급수로 전개될 수 있다.

$$K(t) = \sum_{n=0}^{\infty} (A_n \cos n\omega t + B_n \sin n\omega t) \tag{9.71}$$

믹서의 특성이 상기와 같은 $K(t)$의 시간변화 요인인 저항소자 $R(t)$를 구동하는 신호에 따라 어떻게 달라지는가를 알아보기 위해, 먼저 $R(t)$가 발진주파수 $\omega_L$인 국부발진기에 의해 구동되는 경우에 대해서, 출력전압 $V_o$는 다음과 같이 써질 수 있다.

$$V_o(t) = V_s \sum_{n=0}^{\infty} (A_n \cos n\omega_L t + B_n \sin n\omega_L t) \tag{9.72}$$

위의 식을 해석하기 위해 주파수가 $\omega_R$인 RF 전원전압 $V_S$와 $R_S$, $R_L$을 다음과 같이 나타내고,

$$V_S(t) = A_s \cos \omega_R t \tag{9.73}$$

$$R_S = R_L = 50 \ \Omega \tag{9.74}$$

저항소자 $R(t)$가 0과 $\infty$ 사이를 $\omega_L$의 주파수, 듀티 사이클 50%로 토글(Toggle)한다고 가정하며(이것은 이상적인 다이오드나 스위치의 경우에 해당됨), $K(t)$는 시간 $t$에 대한 우함수 코사인 항만으로 나타낸다고 가정해도 수식의 일반성에 저해되지 않는다.

그런데 일반적으로 반복주파수가 $f_o$인 우함수 펄스 열(Pulse Train) $f(t)$에 대해 다음과 같이 나타낼 수 있다.

$$f(t) = \begin{cases} A, & |t| < \tau/2 \\ 0, & |t| > \tau/2 \end{cases} , \quad T_o = \frac{1}{f_o} \tag{9.75}$$

$$f(t) = \sum_{-\infty}^{\infty} C_n \ e^{j2\pi nf_o t} \tag{9.76}$$

$$
\begin{aligned}
C_n &= \frac{1}{T_o} \int_{-\tau/2}^{\tau/2} f(t) \ e^{-j2\pi nf_o t} \ dt \\
&= \frac{A}{T_o} \frac{1}{-j2\pi nf_o} \left( e^{-j\pi nf_o \tau} - e^{j\pi nf_o \tau} \right) \\
&= \frac{A}{\pi n} \sin \pi nf_o \tau
\end{aligned}
\tag{9.77}
$$

$$
\begin{aligned}
f(t) &= \frac{A}{\pi} \sum_{-\infty}^{\infty} \frac{\sin \pi nf_o \tau}{n} e^{j2\pi nf_o t} \\
&= Af_o\tau + \frac{2A}{\pi} \sum_{n=1}^{\infty} \frac{\sin \pi nf_o \tau}{n} \cos(nw_0 t)
\end{aligned}
\tag{9.78}
$$

여기에서 만일 $T_o = 2\tau$, $A = \frac{1}{2}$이라 하면 다음을 얻는다.

$$f(t) = \frac{1}{4} + \frac{1}{\pi}\left( \cos \omega_0 t - \frac{1}{3}\cos 3\omega_0 t + \frac{1}{5}\cos 5\omega_0 t - \cdots \right) \tag{9.79}$$

위의 식 중 $\omega_o$를 $\omega_L$로 대치한 함수를 $K(t)$라 할 때, $K(t) = \frac{1}{2}$이면 식 (9.45)로부터 저항소자 $R(t) = 0$이어야 하고, 만일 $K(t) = 0$이면 저항소자 $R(t) = \infty$가 되며, $V_o(t)$는 식 (9.69), (9.73), (9.79)에 따라 다음과 같이 쓸 수 있다.

$$V_o(t) = A_s \cos \omega_R t \left\{ \frac{1}{4} + \frac{1}{\pi}\left( \cos \omega_o t - \frac{1}{3}\cos 3\omega_0 t + \frac{1}{5}\cos 5\omega_0 t - \cdots \right) \right\} \tag{9.80}$$

위 식에 삼각함수 합차의 공식을 이용하면 믹서의 출력에 원하는 주파수와 홀수 $n$에 대한 Intermodulation Products 그리고 입출력 차단특성에 관한 정보를 얻을 수 있고, 그것은 Single-Ended 믹서의 측정값과 잘 일치한다.

이제 만일 RF 입력에 다음과 같은 Two-Tone 신호가 입력되었다고 하고,

$$V_S(t) = A_{S1} \cos \omega_{R1} t + A_{S2} \cos \omega_{R2} t \tag{9.81}$$

이를 식 (9.80)에서 $A_S \cos \omega_R t$ 대신 사용하면, 그 다이오드의 출력신호 $V_o(t)$에는 $\cos(\omega_L t \pm n\omega_{R1} t \pm m\omega_{R2} t)$ 형태를 갖는 어떠한 항도 나타나지 않는 것을 알 수 있다. 결국 입력 RF 신호인 $\omega_{R1}$ 및 $\omega_{R2}$나 그들의 고조파성분들 사이의 Cross Product항이 출력에 전혀 발생되지 않으므로, 무한대의 Two-Tone Intercept Point를 갖는다고 할 수 있다.

이러한 현상은 시간적으로 변하는 저항소자 $R(t)$가 전적으로 국부발진기에 의하여 제어되고 입력 RF 신호와는 아무 상관도 없기 때문이며, 유한 스펙트럼을 갖는 일반적인 RF 입력의 경우에도 성립하게 되고, 그러한 회로를 입력신호에 대하여 선형적이라고 한다.

이제 비이상적인 경우를 조사하기 위하여 시변소자 $R(t)$가 입력 RF 신호에 의하여 영향을 받는다고 가정하면, 입력신호와 국부발진기 출력을 모두 주기적인 펄스함수로 보아 푸리에 급수로 전개할 수 있고, 따라서 등가적으로 $K(t)$는 다음과 같이 이중 푸리에 급수(Double Fourier Series)로 나타낼 수 있다.

$$K(t) = \sum_{n=0}^{\infty} \sum_{m=0}^{\infty} (A_{mn} \cos m\omega_L t \cos n\omega_R t + B_{mn} \sin m\omega_L t \sin n\omega_R t) \tag{9.82}$$

간단히 생각하기 위하여 $K(t)$가 우함수라 하면 출력전압은 다음과 같이 쓸 수 있다. 그 안에는 모든 Single-Tone Intermodulation Product 항들이 발생될 수 있음을 알 수 있다.

$$V_o(t) = V_S \sum_{n=0}^{\infty} \sum_{m=0}^{\infty} A_{mn} \cos m\omega_L t \cos n\omega_R t$$

$$= A_S \cos \omega_r t \sum_{n=0}^{\infty} \sum_{m=0}^{\infty} A_{mn} \cos m\omega_L t \cos n\omega_R t \tag{9.83}$$

이러한 결과를 Two-Tone 입력신호에 대하여 반복해보면, $K(t)$는 삼중 푸리에 급수로 전개 되어야 하고, 그러한 $K(t)$와 Two-Tone 신호의 곱으로 나타내어지는 출력전압에는 생각해볼 수 있는 모든 Intermod 항들이 나타나게 된다.

결론적으로 다이오드를 대변하는 $R(t)$가 입력 RF 신호에 의하여 영향을 받으면 믹서 다이오 드의 출력에 입력신호의 고조파 성분이 많이 포함되게 되므로, 국부발진기 출력을 충분히 크게 함으로써 고조파 왜곡을 피할 수 있음을 알 수 있으며, 그를 위한 국부발진기의 출력은 통상 +7 dBm 이상이어야 하고, 장기간의 동작을 필요로 하는 경우에는 열화(aging)에 따른 발진기 출력의 감소를 감안하여 약 +12 dBm 이상으로 설계하는 것이 좋다.

## 단일 평형 믹서

단일 평형(Single-Balanced) 믹서는 그림 9.42에 보인 바와 같은 구조를 가지고 있으며, 그의 중요한 특징은 LO와 RF 단자 사이의 회로가 평형상태에 있어서 그들 사이에 차단특성이 있 다는 것으로서, 그러한 사항은 그림 9.42와 등가적인 그림 9.43의 루프 전류를 살펴봄으로써 이해될 수 있다. 그림 9.43에서 $R_{IF}$는 IF단의 부하저항이고 $R_{RF}$는 RF 신호원의 내부저항 이다.

변압기의 2차 측이 그림과 같은 극성이 되도록 LO 신호가 인가되었다고 가정하면, LO 전 류 $i_{LO1}$, $i_{LO2}$와 RF 전류 $i_{RF1}$, $i_{RF2}$는 각각 화살표 방향으로 흐르게 되고, $R_{IF}$와 $R_{RF}$를 통 과하는 총 전류는 그들의 합으로 이루어지므로, 만일 LO 전류인 $i_{LO1}$과 $i_{LO2}$의 크기와 위상 이 정확하게 일치한다면 IF 부하저항 $R_{IF}$와 RF 전원저항 $R_{RF}$를 흐르는 LO 전류는 완전히 상쇄되며, 결국 IF와 RF단에는 LO 전력이 전혀 나타나지 못하게 된다.

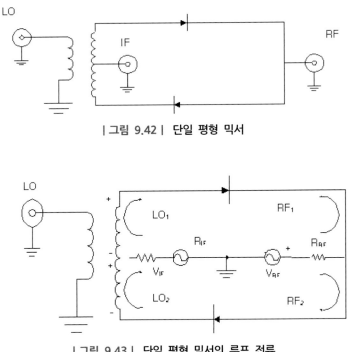

| 그림 9.42 | 단일 평형 믹서

| 그림 9.43 | 단일 평형 믹서의 루프 전류

따라서 단일 평형 믹서에서는 LO 단자가 IF 및 RF 단자 모두에 대해 이론적으로 완전히 차단특성되어 있다고 할 수 있다.

이제 RF 신호에 관하여 해석해보면, RF 전류 $i_{RF1}$과 $i_{RF2}$는 $R_{IF}$에서 합해져서 RF 단자와 IF 단자 사이에는 차단특성이 없는 반면에, 출력이 큰 LO 신호에 의해 두 다이오드가 ON이 된 상태에서 변압기의 2차 권선의 윗부분과 아랫부분에 서로 정반대방향으로 흘러서 상쇄되기 때문에 RF와 LO 단자 사이에서 차단특성을 얻을 수 있다.

위의 설명은 모든 전류들이 크기와 위상 면에서 평형을 이루고 있다는 전제하에 가능한 것으로서, 실제적으로는 여러 가지 요인에 의해 이상적인 평형이 깨어질 수 있는데, 예를 들어 변압기 2차 권선의 불평형, 두 개 다이오드의 임피던스가 서로 다른 것 등을 들 수 있으며, 100 MHz 이상의 주파수에서는 선간 기생용량, 변압기 권선용량, 부품의 물리적인 위치에 의해서도 영향을 받기 때문에, 동작주파수가 올라갈수록 평형 정도가 떨어지고, 결국 차단특성이 감소한다.

## 이중 평형 믹서

이중 평형 믹서(DBM: Double-Balanced Mixer) 구조는 그림 9.44와 같은데, 통상 왜곡이 작고 간섭신호들 사이에 높은 차단특성을 갖고 있기 때문에, 최근에는 제반 통신 시스템과 마이크로파 중계, 스펙트럼 분석기, ECM 장비 등에 매우 다양하게 사용되고 있다.

그림 9.44에서 만일 4개의 다이오드 $D_1$, $D_2$, $D_3$, $D_4$의 특성이 모두 동일하고, 또한 LO 및 RF 변압기의 2차 권선 상하가 각각 대칭이라고 가정하면, LO 신호를 인가하였을 경우에 + 반주기 동안 A점과 LO 변압기 중심 탭의 전압이 같게 되고, 나머지 반주기 동안에는 B점과 LO 변압기 중심 탭의 전압이 같게 되며, 그들 모두 접지와 같기 때문에 LO 신호는 RF 및 IF 단자 어디에도 나타나지 않게 되어 그들 사이에 차단특성이 얻어진다.

이제 RF 입력에 대하여 살펴보자. 다이오드 $D_1$, $D_2$, $D_3$, $D_4$의 특성이 동일하므로, RF Transformer의 2차 권선 좌우가 대칭이라고 가정하면, 점 C, D 및 변압기 중심 탭의 전압이 모두 접지와 같게 되어 RF 신호는 LO와 IF 쪽에 전혀 나타나지 않기 때문에, 이중 평형 믹서는 LO, RF, IF 모두 서로 간에 차단특성되어 있다고 할 수 있다.

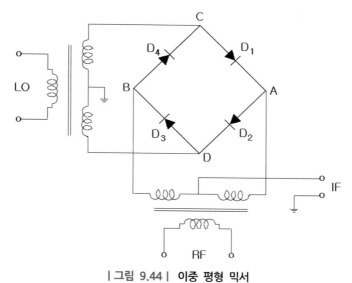

| 그림 9.44 | 이중 평형 믹서

## 영상 차단 믹서

입력 RF 신호주파수를 $\omega_{\mathrm{RF}}$ 라 하고, 국부발진주파수를 $\omega_{\mathrm{LO}}$, 중간주파수를 $\omega_{\mathrm{IF}} = \omega_{\mathrm{RF}} - \omega_{\mathrm{LO}}$ 라 할 때, 고정된 $\omega_{\mathrm{LO}}$에 대해서도 같은 $\omega_{\mathrm{IF}}$를 만들 수 있는, $\omega_{\mathrm{RF}} = \omega_{\mathrm{LO}} + \omega_{\mathrm{IF}}$ 와는 다른 RF 입력주파수 $\omega_{\mathrm{RF}}^o = \omega_{\mathrm{LO}} - \omega_{\mathrm{IF}}$가 항상 존재하며 그 불요 주파수를 영상신호(Image Signal)라 한다. 그러한 영상신호는 통신상에 인접채널과의 간섭 등 여러 가지 장애를 유발할 수 있기 때문에 그의 영향을 최소화하는 것이 관건이라 할 수 있으며, 그러한 취지에서 고안된 믹서가 그림 9.45에 나타내어진 바와 같은 영상 차단 믹서이다.

원래의 요구되는 실제 RF 신호주파수(Real Signal) $\omega_{\mathrm{RF}}$와 영상주파수 $\omega_{\mathrm{RF}}^*$는 국부발진기의 주파수 $\omega_{\mathrm{LO}}$의 양쪽에 같은 간격으로 있기 때문에, RF 신호들을 $\omega_{\mathrm{IF}}$에 의해 변조된 $\omega_{\mathrm{LO}}$의 양측파대인 USB($\omega_{\mathrm{LO}} + \omega_{\mathrm{IF}}$) 및 LSB($\omega_{\mathrm{LO}} - \omega_{\mathrm{IF}}$)로 간주할 수 있으며, 실제 주파수는 그 중에 어느 것으로든지 선택될 수가 있다.

이제 그림 9.45의 영상 차단 믹서에 대해 그 동작원리를 알아보기 위하여 회로의 입력 RF 신호가 실제 주파수와 영상주파수가 합해진 것으로 간주를 하면 입력전압 $v_{\mathrm{RF}}$는 다음과 같이 쓸 수 있다.

$$v_{\mathrm{RF}} = v_U \cos(\omega_{\mathrm{LO}} + \omega_{\mathrm{IF}})t + v_L \cos(\omega_{\mathrm{LO}} - \omega_{\mathrm{IF}})t \tag{9.84}$$

상기 입력은 90° 하이브리드를 통과함으로써 믹서 $A$에 비하여 믹서 $B$에는 90°만큼 지연된 신호가 각각 다음과 같이 입력된다.

$$v_{\mathrm{RF}}^A = \frac{v_U}{\sqrt{2}} \cos(\omega_{\mathrm{LO}} + \omega_{\mathrm{IF}})t + \frac{v_L}{\sqrt{2}} \cos(\omega_{\mathrm{LO}} - \omega_{\mathrm{IF}})t \tag{9.85a}$$

$$v_{\mathrm{RF}}^B = \frac{v_U}{\sqrt{2}} \cos[(\omega_{\mathrm{LO}} + \omega_{\mathrm{IF}})t - 90°] + \frac{v_L}{\sqrt{2}} \cos[(\omega_{\mathrm{LO}} - \omega_{\mathrm{IF}})t - 90°] \tag{9.85b}$$

믹서의 IF 출력은 식 (9.80)에서 나타난 바와 같이 상기 RF 입력과 국부발진기 출력 $\cos \omega_{\mathrm{LO}} t$의 많은 고조파들과의 곱 항들을 포함하고 있는데, 그중에 IF 주파수를 만들 수 있는 항은 식 (9.85a) 및 식 (9.85b)와 $\cos \omega_{\mathrm{LO}} t$ 기본파의 곱 항으로서 다음과 같이 쓸 수 있다.

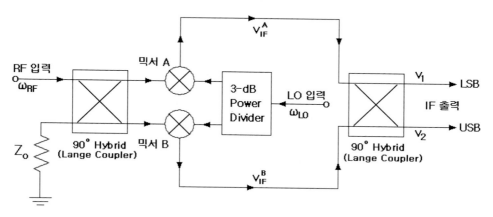

| 그림 9.45 | 영상 차단 믹서

$$\cos(\omega_{\mathrm{LO}} \pm \omega_{\mathrm{IF}})t \; \cdot \; \cos \omega_{\mathrm{LO}}\,t = \frac{1}{2}[\cos(2\omega_{\mathrm{LO}} \pm \omega_{\mathrm{IF}})t \pm \cos \omega_{\mathrm{IF}}\,t]$$

$$\cos[(\omega_{\mathrm{LO}} \pm \omega_{\mathrm{IF}})t - 90°] \cdot \cos \omega_{\mathrm{LO}}\,t$$

$$= \frac{1}{2}\{\cos[2\omega_{\mathrm{LO}} \pm \omega_{\mathrm{IF}})t - 90°] \pm \cos(\omega_{\mathrm{IF}}\,t \mp 90°)\}$$

위 식들에서 두 배 주파수 항은 나중에 LPF 또는 BPF 등의 필터로 차단될 수 있으므로, 믹서 $A$와 $B$에 있어 최종적으로 유용한 IF 출력전압 $v_{IF}^{A}$ 및 $v_{IF}^{B}$는 각각 다음과 같이 쓸 수 있다.

$$v_{\mathrm{IF}}^{A} = k v_U \cos \omega_{\mathrm{IF}}\,t - k v_L \cos \omega_{\mathrm{IF}}\,t \tag{9.86a}$$

$$v_{\mathrm{IF}}^{B} = k v_U \cos(\omega_{\mathrm{IF}}\,t - 90°) - k v_L \cos(\omega_{\mathrm{IF}}\,t + 90°) \tag{9.86b}$$

위의 두 신호를 둘째 90° 하이브리드(Lange Coupler)에서 합하면 IF 신호들의 위상을 임의로 취하여도 무방하므로, 두 개의 출력 $v_1$, $v_2$는 다음과 같이 나타낼 수 있다.

$$v_1 = \frac{k}{\sqrt{2}}[v_U \cos \omega_{\mathrm{IF}}\,t - v_L \cos \omega_{\mathrm{IF}}\,t + v_U \cos(\omega_{\mathrm{IF}}\,t - 180°) - v_L \cos \omega_{\mathrm{IF}}\,t]$$

$$= -\sqrt{2}\,k v_L \cos \omega_{\mathrm{IF}}\,t \tag{9.87a}$$

$$v_2 = \frac{k}{\sqrt{2}}[v_U \cos(\omega_{IF}t - 90°) - v_L \cos(\omega_{IF}t - 90°)$$

$$+ v_U \cos(\omega_{IF}t - 90°) - kv_L \cos(\omega_{IF}t + 90°) = \sqrt{2}\,kv_U \sin\omega_{IF}t \quad (9.87b)$$

결국 상기 식들로부터 $v_1$은 LSB 성분이고, $v_2$는 USB 성분만으로 이루어져 있게 되었고, 따라서 원하는 실제 신호(Real Signal)로부터 원하지 않은 영상 신호를 분리해낼 수 있음을 알 수 있으며, 통상적인 영상 차단 믹서의 영상 차단 특성비는 약 20 dB 이상이다.

## 9.9  페라이트 소자

페라이트는 Fe, Mn, Mg, Cd, Ni, Zn, Cr, Co 등의 금속산화물들을 혼합하여 소결한 재료로서 그들의 조성비에 따라 특성이 다르게 나타나는데, 대체로 저항률은 금속의 $10^{14}$ 배 정도이고 비유전율은 10 또는 그 이상이므로 세라믹 재료와 비슷하지만, 비투자율이 보통 수천 정도이면서 흥미 있는 자계특성을 갖기 때문에 유용하게 사용되는 물질이라 할 수 있다.

페라이트의 가장 중요한 특성은 물질 내에서의 전파특성이 비가역적인 것으로서, 이는 선형 편파된 전자파의 $E$-Field가 인가된 직류자계의 세기에 따라 어느 정도 회전하기 때문이며, 이와 같은 현상은 광학에서의 패러데이 회전(Faraday Rotation)으로 알려진, 상자성 액체를 통과하는 빛의 편파면의 회전현상과 유사하다.

마이크로파 시스템에서는 이와 같은 현상을 광범위하게 사용하고 있는데, 대표적인 비가역 페라이트 소자로는 아이솔레이터(Isolator)와 서큘레이터(Circulator)가 있다.

그와 같은 아이솔레이터와 서큘레이터의 동작원리를 이해하려면 자화된 페라이트 매질 내부를 통과하는 전자파의 전달특성을 완전히 이해하여야 하고 그 이론은 매우 복잡하므로, 본 교재에서는 정량적인 해석을 생략하고 외부적으로 나타나는 개략적인 성질에 관해서만 언급하기로 한다.

**마이크로파 아이솔레이터**

마이크로파 아이솔레이터(Microwave Isolator)는 2단자쌍의 비가역적인 소자로서, 전자파가 전달되는 경로상에서 앞에 있는 회로와 뒤에 따라오는 회로들을 격리시켜서 반사에 의한 영향을 제거함으로써 발진의 가능성이나 주파수 변동 가능성 등을 없애고자 사용되며, 만일 이상적인 소자라면 그림 9.46에서와 같이 한 방향으로는 전자파가 전혀 감쇠됨이 없이 전달되지만, 반대방향으로는 완전히 격리된 상태로 전자파가 전달되지 못하도록 하여야 하므로 저주파의 다이오드 역할과 유사하다고 할 수 있다.

그와 같이 일명 Uniline이라고도 하는 아이솔레이터는 회로 사이의 상호작용을 차폐하기 때문에, RF 신호원의 출력 측에 부착하는 경우에는 부하변동에 의한 RF 신호원의 주파수 변화 현상(Frequency Pulling)을 방지할 수 있으며, 그와 같은 상태에서 신호원은 항상 임피던스가 정합되어 있는 것과 등가적이라 할 수 있고, 따라서 클라이스트론이나 마그네트론 등의 주파수 안정도를 향상시키는 데 유용하다고 할 수 있다.

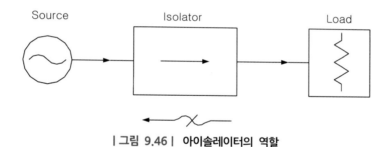

| 그림 9.46 | 아이솔레이터의 역할

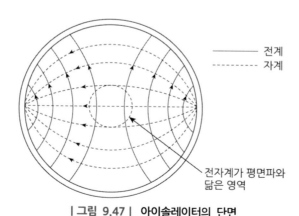

| 그림 9.47 | 아이솔레이터의 단면

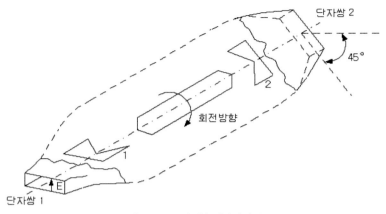

| 그림 9.48 |  아이솔레이터의 구조

페라이트 아이솔레이터의 기본구조는 그림 9.47과 같이 원형 도파관의 중심부에 페라이트 막대를 축방향으로 두고 정자계를 인가하면 도파관을 통과하는 전자계는 전계와 자계가 수직으로서 자유공간의 경우와 같아서 자계방향에 따라 좌우로 자유롭게 회전할 수가 있게 되며, 원형 도파관의 벽면은 전자계에 대하여 특수한 기준점이 없으므로, 해당 전파모드에 대하여 전자계의 연속성이 유지될 수 있는 방식으로 도파관 내 전자계 전체가 회전하게 된다.

### 페라이트 서큘레이터

페라이트 서큘레이터(Ferrite Circulator)는 3포트 페라이트 서큘레이터를 사용하면 같은 선로 상에 있는 입사파와 반사파를 분리해낼 수가 있기 때문에 마이크로파 시스템에서 여러 가지로 응용되는데, 예를 들어 그림 9.49에서 보인 바와 같이 반사 증폭기(Reflection Amplifier)나 한 개의 안테나로 송수신을 하는 경우에 송신신호와 수신신호를 분리하는 데에 응용될 수 있다.

마이크로파 서큘레이터는 여러 가지 종류가 있지만 통상 3단자쌍과 4단자쌍만이 사용이 되며, 가장 많이 사용되는 것은 그림 9.50과 같은 마이크로스트립 형과 도파관 형의 3단자쌍 서큘레이터이다.

4단자쌍 서큘레이터는 매직 T와 180° 위상변위기를 가지고도 그림 9.51과 같이 구현할 수 있으며, 또한 앞에서의 아이솔레이터에서 이용되었던 패러데이 회전에 의해 전계가 45° 회전 하도록 조절되어 자화된 페라이트 막대를 이용하여 만들 수가 있다. 즉, 그림 9.50(a)와 같이 아이솔레이터에서 저항성 Vein을 제거하고 입출력 쪽 측면에 두 개의 단자를 추가한 구조

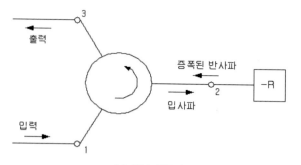

(a) 반사 증폭기

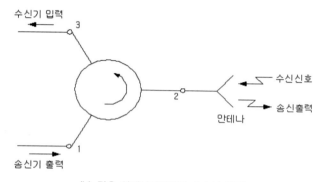

(b) 같은 안테나로부터의 송수신 분리

**| 그림 9.49 |  3단자쌍 서큘레이터의 응용 실례**

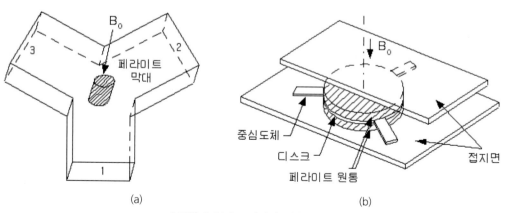

(a)                              (b)

**| 그림 9.50 |  3단자쌍 서큘레이터**

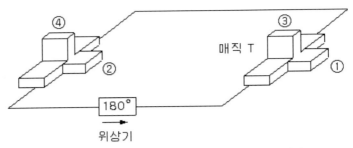

| 그림 9.51 | 매직 T를 이용한 4단자쌍 서큘레이터

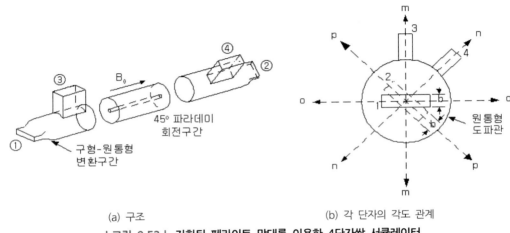

(a) 구조                  (b) 각 단자의 각도 관계

| 그림 9.52 | 자화된 페라이트 막대를 이용한 4단자쌍 서큘레이터

만으로 충분하며, 그 동작원리를 이해하기 위하여 그림 9.52(b)와 같이 축을 중심으로 한 각 단자의 각도관계를 그려보는 것이 좋다.

따라서 그림으로부터 각 단자로 입력된 전자파는 45° 회전하면서 1, 2, 3, 4순으로 다음 번호의 단자로만 전달이 가능하게 되고, 결국 4단자 서큘레이터의 조건을 만족함을 알 수 있다.

그와 같은 4단자쌍 서큘레이터는 4개의 단자 중 임의의 한 개를 단락시킴으로써 쉽게 3단자쌍 서큘레이터로 전환시킬 수도 있다.

### 패러데이 회전을 이용한 스위치 및 변조기

그림 9.52의 패러데이 회전현상을 이용한 4단자쌍 서큘레이터는 쉽게 SPDT(Single-Pole-Double-Throw) 스위치에 응용될 수 있는데, 이는 페라이트 막대를 자화시키는 전자석의 전류

방향을 스위치하여 전계의 회전방향을 바꿈으로써 단자 1의 입력을 단자 2와 단자 4 중 하나로 선택하여 전달할 수가 있기 때문이며, 보통 얻어질 수 있는 스위칭 시간은 0.01~0.1초이고 차단특성은 약 35 dB 정도이다.

그와 같은 구조는 가변전력분배기(Variable Power Divider)로서도 사용될 수 있는데, 자계를 인가하지 않은 상태에서는 3 dB Power Divider가 되고, 자계의 크기와 극성을 변화시키면 입력전력을 임의로 두 출력단자에 전달할 수가 있다.

또한 만일 전자석에 신호전류를 인가하면 마이크로파 변조기로서도 이용될 수가 있는데, 히스테리시스 손실이 적은 페라이트의 경우 변조주파수는 약 100 kHz까지 가능하며, 주파수가 더 높아지면 페라이트를 냉각할 필요가 있다.

# 9.10 평면형 회로 소자

## 칩 부품(Chip Devices)

고주파 또는 초고주파 회로 설계에 있어 능동소자의 선택이 중요한 것과 마찬가지로 용량이나 인덕터와 같은 수동소자를 적절히 선택하는 것 역시 필수적인데도 불구하고, 종종 그와 같은 사실이 간과되는 경우가 많다.

용량(Capacitor)은 결합(Coupling)이나 튜닝 또는 정합 등의 용도에 주로 사용되고 있으며, 주파수와 전력레벨이 높아질수록 그의 선택은 어려워진다.

용량의 고주파특성은 사용된 유전체의 유전손실에 기인되는 손실 탄젠트에 의하여 나타낼 수 있는데, 손실이 클수록 손실 탄젠트가 커지고 병렬 등가 컨덕턴스가 커지며 발열량이 커진다. 따라서 질이 나쁜 용량을 중전력 또는 고전력에 사용하는 경우에는 과도하게 가열되어 파괴됨으로써 회로고장의 원인이 되며, 소신호 증폭기에 사용되는 경우에도 임피던스의 부정합이나 회로 사이의 결합을 유발하게 된다.

경우에 따라 콘덴서의 선택에 의해 수 dB의 신호 손실을 초래할 수가 있고, 그 외에도 콘덴서는 인입선에 의한 기생 인덕턴스와 함께 특정 주파수에서 공진을 하게 되기 때문에 그 주파수를 피해야 하며, 가장 좋은 특성은 공진주파수보다 낮은 주파수에서 동작시키는 것이다.

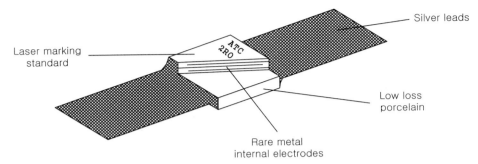

| 그림 9.53 | 저손실 다층 콘덴서

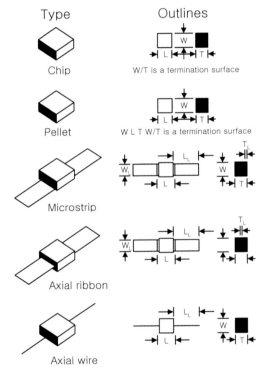

| 그림 9.54 | 칩 용량

설령 칩 콘덴서라 하더라도 그의 유한한 물리적인 길이 때문에 L 성분을 포함하고 있고 용량이 클수록 공진주파수는 낮기 때문에 초고주파 회로에는 보통 아주 작은 크기의 칩 콘덴서가 사용된다.

이와 같이 콘덴서의 등가회로는 LC 병렬 공진회로이므로 만일 주파수가 공진주파수 이상으로 올라가면 이 소자는 유도성을 갖게 되어 I 코일로서 활용될 수도 있는데, 실제적으로 이를 응용한 것으로 저가의 High-$Q$ 인덕터가 있으며, 이 코일은 부수적으로 직류차단특성까지도 갖는다.

상용으로 공급되는 마이크로파용 집중소자 콘덴서로는 그림 9.53과 같은 ATC(American Technical Ceramics)의 Multilayer Porcelain Capacitor나 세라믹 커패시터가 고급품으로 정평이 나 있고, Voltronics, Dielectric Laboratory Inc. 등에서도 트리머 콘덴서나 DC 차단용 콘덴서 등의 특수한 것들이 생산되고 있다.

### 마이크로스트립 부품(Microstrip Devices)

폭이 아주 좁은 전송선로는 모두 큰 분포 인덕턴스를 갖고, 넓은 마이크로스트립은 큰 값의 분포용량을 갖게 된다.

다음 식은 구리로 프린트된 마이크로스트립의 인덕턴스 값의 근삿값을 나타낸다.

$$L[H] = 5.08 \times 10^{-2} l \; \{\ln \frac{l}{w+t} + 0.224 \frac{w+t}{l} + 1.19\}$$

이와 같이 선로가 갖는 분포 인덕턴스를 이용한 평면형 코일은 그림 9.55와 같이 좀 더 실용적인 구조로 만들어질 수 있다. 그러나 큰 값의 용량이나 인덕턴스가 요망될 경우에는 집중 정수부품들을 사용하여야 한다.

또한 집중정수소자를 이용한 LC 공진회로 및 필터는 그림 9.56과 같다.

| 그림 9.55 | 마이크로스트립 인덕터

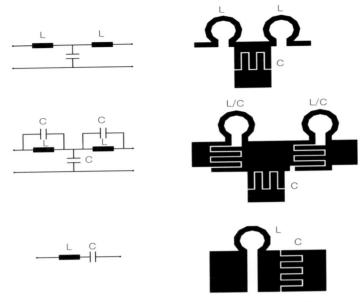

| 그림 9.56 | 마이크로스트립 집중정수 LC의 실례

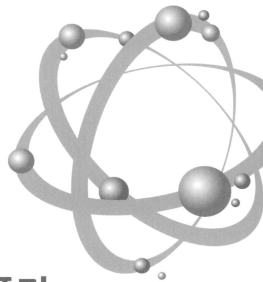

# 10 마이크로파 증폭기

# 10.1 서론

반도체소자를 이용한 마이크로파 증폭기 설계의 기본개념은 대체로 저주파 증폭기의 경우와 크게 다르지 않지만, 주파수가 높아지면서 제반 파라미터들의 중요도에 변화가 생겨 접근방법이나 용어 등에 다소 차이가 있다고 할 수 있다.

가장 큰 차이로는 고주파 또는 마이크로파 증폭기에는 입출력단에 주로 L과 C로 이루어진 임피던스 정합회로가 필수적으로 사용되는 것이다. 이는 변압기 결합 증폭기와 성격이 유사한 것으로 볼 수 있다.

용도 면에서 분류해보면, 일반적인 고주파 회로시스템의 입력단에는 전압증폭기에 해당하는 고이득 증폭기(High Gain Amplifier)를 사용해야 하고 출력단에는 이득이나 잡음특성은 다소 희생시키더라도 큰 출력으로 동작할 수 있는 고전력 증폭기(High Power Amplifier)를 필요로 한다.

일반적으로 주파수가 증가할수록 좋은 잡음특성을 얻기가 더 어렵기 때문에 마이크로파 회로시스템에는 지극히 잡음지수가 낮은 고이득의 저잡음 증폭기(LNA : Low Noise Amplifier)를 입력단에 사용하는 것이 상례인데, 그와 같이 입력단 증폭기의 잡음특성이 좋아야 하고 증폭률도 커야 하는 이유는, 뒤에 위치하는 회로가 전체 시스템의 잡음특성에 기여하는 비율이 그 앞에 오는 회로들의 증폭률에 반비례하기 때문이다.

마이크로파 증폭기를 동작상태별로 구분하면, 대부분 왜곡(Distortion)이 적은 A급으로 설계되어지고 있고, 효율이 높은 B급이나 C급은 비선형 동작을 하기 때문에 임피던스 정합이 매우 어려워서 레이더 출력단과 같이 고효율을 요구하는 경우에 일부 사용되고 있으며, 휴대전화와 같이 특별하게 높은 효율이 요구되는 경우에는 F급이 인기가 있고, 오디오 앰프의 경우에는 고효율을 위해 PWM으로 동작하는 S급이 최근 잘 사용된다.

마이크로파 증폭을 위한 반도체 능동소자로는 Gunn 다이오드, IMPATT 다이오드, TRAPATT 다이오드, BARITT 다이오드, TUNETT 다이오드 등의 1단자쌍(2-Terminals) 소자가 있어 반사형 증폭기(Reflection Amplifier)나 발진에 사용되고 있으며, 2단자쌍(3-Terminals) 소자로 실리콘 바이폴라 트랜지스터와 GaAs FET 등이 있다.

이 외에도 이종접합(Hetero Junction)에 형성되는 얇은 전자 가스(Electron Gas)층을 이용하여 산란(Scattering)효과를 제거함으로써, 잡음특성이 지극히 우수하도록 고안된 HEMT(High Electron Mobility Transistor)가 여러 회사에서 상품화되어 저잡음 증폭기에 사용이 되고 있다.

이와 같이 마이크로파 SSPA(Solid-State Power Amplifier)의 설계기술은 1970년대 중반 이후 약 3 GHz까지 사용될 수 있는 실리콘 바이폴라 트랜지스터 및 그보다 훨씬 더 높은 주파수 대역에서 동작할 수 있는 GaAs FET 개발과 함께 급격하게 성장해왔으며, 앞으로도 더 우수한 GaAs FET의 지속적인 개발을 통하여 전력레벨, 동작주파수 및 대역폭 또는 신뢰도 등에 있어 많은 발전이 기대된다.

## 10.2 증폭기 특성

증폭기는 아날로그 회로에서 가장 복잡하고 중요한 부분이라고 할 수 있으며, 그의 여러 가지 성능지수는 설계 목표에 따라 그 중요성이 달라질 수 있으나, 통상적으로 중요하게 인식되는 마이크로파 증폭기의 특성은 다음과 같다.

1) 동작주파수와 대역폭
2) 출력전력 및 전력효율(Power Efficiency)
3) 전력이득(Power Gain) 및 이득 평탄도(Gain Flatness)
4) 동작전압 및 소모전류
5) 입출력 반사계수(VSWR)
6) 잡음지수(Noise Figure) 또는 NPR(Noise Power Ratio)
7) 고조파 왜곡(Inter-Modulation Distortion) 또는 C/I Ratio
8) 고조파(Harmonics)
9) 기생 방출(Spurious)
10) 군 지연(Group Delay) 및 군 지연 리플(Group Delay Ripple)
11) AM/PM 변환(AM-to-PM Conversion)
12) 열화(Aging)현상 또는 온도에 따른 이득특성 변화

13) 크기 및 무게

14) 가격

상기 항목 중에 동작주파수와 대역폭은 제한된 주파수 자원 환경에서 무선통신 종사자들이 항상 갖게 되는 문제점이라 할 수 있고, 출력전력 및 효율은 주어진 상황에 따라(예를 들어 이동 및 위성통신) 매우 심각할 수도 있는 파라미터들이다.

또한 잡음지수와 고조파 왜곡은 뒤에서 정의될 내용들이며, 고조파는 증폭기의 비선형성으로 인하여 발생하는 입력신호의 배수 주파수 성분들을 의미하고, 기생 방출은 입력신호와 무관한 기생발진 등에 의한 불요 주파수 성분들을 말한다.

군 지연은 신호가 증폭기를 통과하면서 군속도에 따라 발생하는 지연시간을 나타내고, 군 지연 리플은 증폭기 주파수 특성 중 분산(Dispersion)으로 인한 지연시간의 차이에 의하여 나타나며, AM/PM 변환은 증폭기의 출력이 과도해지면서 비선형특성을 가질 경우에 불필요한 크기(Amplitude)의 변화가 위상의 변화로 전이되는 현상을 말한다.

뿐만 아니라 사용시간 경과에 따른 열화(Aging)현상이나 온도변화에 따른 이득의 변화는 자동이득제어(AGC : Automatic Gain Control)의 필요성을 느끼게 하고, 크기나 무게도 심각하게 고려해야 할 경우가 많은 파라미터라 할 수 있지만, 제일 중요한 것은 가격이라 할 수 있다.

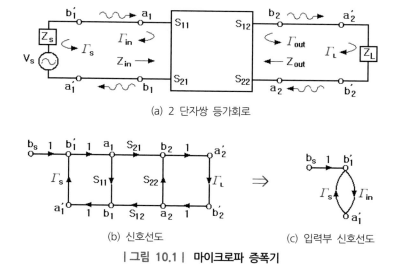

(a) 2 단자쌍 등가회로

(b) 신호선도　　　　　(c) 입력부 신호선도

| 그림 10.1 | 마이크로파 증폭기

## RF 신호원

그림 10.1(a)의 입력부는 6장의 그림 6.8(a)와 등가적인 것으로 간주할 수 있으므로, 식 (6.67a, b) 및 식 (6.70)을 참고로 하면, $\Gamma_L$ 대신 $\Gamma_{in}$을 사용하여 그림 10.1(b)에 따라 신호원의 가용 출력 신호 $b_s$를 다음과 같이 쓸 수 있다.

$$b_1{}' = b_s + a_1{}' \, \Gamma_s = \frac{b_s}{1 - \Gamma_{in}\,\Gamma_s} \tag{10.1a}$$

$$b_s = \frac{\sqrt{Z_0}}{Z_s + Z_0} V_s = b_1{}' \, (1 - \Gamma_{in}\,\Gamma_s) \tag{10.1b}$$

따라서 신호원으로부터 증폭기 쪽으로 진행하는 입력인 $b_1{}'$의 전력은 다음과 같이 나타낼 수 있다.

$$P_{inc} = \frac{|b_1{}'|^2}{2} = \frac{1}{2}\,\frac{|b_s|^2}{|1 - \Gamma_{in}\,\Gamma_s|^2} \tag{10.2}$$

그러한 입력이 증폭기에 도착했을 때, 실제로 증폭기로 입력되는 크기는 입사파와 반사파의 결합으로 이루어지며, 실제로 입력되는 전력 $P_{in}$은 다음과 같다.

$$P_{in} = P_{inc}\,(1 - |\Gamma_{in}|^2) = \frac{1}{2}\,\frac{|b_s|^2}{|1 - \Gamma_{in}\Gamma_s|^2}(1 - |\Gamma_{in}|^2) \tag{10.3}$$

따라서 신호원으로부터 증폭기로 전달되는 전력이 최대가 되기 위해서는 공액정합 조건인 $Z_{in} = Z_s^*$ 또는 반사계수로 $\Gamma_{in} = \Gamma_s^*$이어야 하고, 그 경우에 가용전력 $P_{avs}$는 다음과 같다.

$$P_{avs} = \mathrm{P}_{in}\,\big|_{\,\Gamma_{in}\,=\,\Gamma_S^*} = \frac{1}{2}\,\frac{|b_s|^2}{1 - |\Gamma_s|^2} \tag{10.4a}$$

마찬가지로 출력부에 대하여 부하에 실제로 전달되는 전력 $P_L$은 다음과 같이 쓸 수 있다.

$$P_L = \frac{1}{2}\,|b_2|^2\,(1 - |\Gamma_L|^2) \tag{10.4b}$$

**전력이득**

증폭기의 전력이득은 전원으로부터의 가용한 전력 $P_{avs}$에 대한 부하 $Z_L$에 전달된 전력 $P_L$의 비로 다음과 같이 정의될 수 있으며, 이를 총 전력이득(Transducer Power Gain)이라 한다.

$$G_T = \frac{P_L}{P_{avs}} \tag{10.5}$$

이 식에 앞의 식 (10.4a, b)를 대입하면 다음과 같이 나타낼 수 있다.

$$G_T = \frac{|b_2|^2}{|b_s|^2}(1 - |\Gamma_L|^2)\,(1 - |\Gamma_s|^2) \tag{10.6}$$

상기 전력이득을 정의하기 위해서는 $b_2$와 $b_s$를 $S$파라미터로 나타내어야 하며, 따라서 그림 10.2의 단순화된 출력부 신호선도에 따라 $b_2$를 다음과 같이 나타낼 수 있다.

$$b_2 = \frac{S_{21}\,a_1}{1 - S_{22}\,\Gamma_L} \tag{10.7}$$

또한 $b_s$는 식 (6.72)에 의해 다음과 같이 쓸 수 있다.

$$b_s = \left[1 - \left(S_{11} + \frac{S_{12}\,S_{21}\,\Gamma_L}{1 - S_{22}\,\Gamma_L}\right)\Gamma_s\right] a_1 \tag{10.8}$$

따라서 $b_2$와 $b_s$의 비는 다음과 같이 나타낼 수 있다.

$$\frac{b_2}{b_s} = \frac{S_{21}}{(1 - S_{22}\Gamma_L)\left[1 - \left(S_{11} + \dfrac{S_{12}S_{21}\Gamma_L}{1 - S_{22}\Gamma_L}\right)\Gamma_s\right]}$$

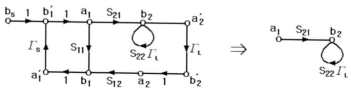

| 그림 10.2 | 증폭기 출력부의 단순화된 신호선도

$$= \frac{S_{21}}{(1 - S_{22}\Gamma_L) - S_{11}\Gamma_s(1 - S_{22}\Gamma_L) - S_{12}S_{21}\Gamma_L\Gamma_s}$$

$$= \frac{S_{21}}{(1 - S_{11}\Gamma_s)(1 - S_{22}\Gamma_L) - S_{12}S_{21}\Gamma_L\Gamma_s} \tag{10.9}$$

이 식을 (10.6)에 대입함으로써 다음을 얻을 수 있다.

$$G_T = \frac{(1 - |\Gamma_s|^2)|S_{21}|^2(1 - |\Gamma_L|^2)}{|(1 - S_{11}\Gamma_s)(1 - S_{22}\Gamma_L) - S_{12}S_{21}\Gamma_L\Gamma_s|^2} \tag{10.10}$$

또한 식 (6.71)에 따라 증폭기의 입력반사계수 $\Gamma_{in}$은 다음과 같으며,

$$\Gamma_{in} = \frac{b_1}{a_1} = S_{11} + \frac{S_{12}S_{21}\Gamma_L}{1 - S_{22}\Gamma_L} \tag{10.11a}$$

그림 10.1(b)에서 $b_2$와 $a_2$의 비로 나타내어지는 출력반사계수 $\Gamma_{out}$은 신호원의 가용출력 $b_s$를 0으로 놓고 다음과 같이 유도될 수 있다.

$$b_2 = S_{21}a_1 + S_{22}a_2$$

$$a_1 = \Gamma_s b_1$$

$$b_1 = S_{11}a_1 + S_{12}a_2 = S_{11}\Gamma_s b_1 + S_{12}a_2 = \frac{S_{12}}{1 - S_{11}\Gamma_s}a_2$$

$$a_1 = \frac{S_{12}\Gamma_s}{1 - S_{11}\Gamma_s}a_2$$

$$b_2 = S_{22}a_2 + \frac{S_{21}S_{12}\Gamma_s}{1 - S_{11}\Gamma_s}a_2$$

$$\Gamma_{out} = \frac{b_2}{a_2} = S_{22} + \frac{S_{21}S_{12}\Gamma_s}{1 - S_{11}\Gamma_s} \tag{10.11b}$$

외부적인 궤환이 없이 식 (10.10)과 같이 정의되는 전력이득을 순방향 전력이득(Forward Power Gain)이라 하며, 이의 최댓값 $G_{Max}$는 입출력이 모두 공액정합된 경우 얻을 수 있다. 즉, $Z_S = Z_{in}^*$, $Z_L = Z_{out}^*$ 이고 무손실선로에서는 $Z_o$가 실수이며, 반사계수와 선로 임피던스

는 $\Gamma = (Z - Z_o)/(Z + Z_o)$와 같은 관계에 있으므로, 공액정합조건은 $\Gamma_s = \Gamma_{in}^*$, $\Gamma_L = \Gamma_{out}^*$과 같이 쓸 수도 있다.

이와 같은 조건이 만족되는 경우의 최대가용전력이득 $G_{max}$는 위의 조건에 따라 식 (10.10)에 공액정합조건을 대입하여 얻을 수 있다.

그러나 일반적으로 증폭기는 적당한 대역폭을 가져야 하므로 최대이득을 갖도록 설계되는 일이 거의 없어서, 위 식은 증폭기보다 오히려 발진기의 설계 시 더 유용하게 되는데, 그 이유는 발진기의 최대발진주파수의 결정은 최대가용이득이 얻어진 후에야 가능하기 때문이다.

다시 말하면, 증폭기의 제작을 위해서는 전력이득을 다소 희생시키더라도 소정의 대역폭 내에서 제반 회로특성의 요구조건을 만족시킬 수 있도록 약간의 부정합을 갖는 임피던스 정합회로를 설계하고 있다는 것이다. 따라서 전력을 공급하는 회로의 가용한 전력 크기와 실제 전달되는 전력 사이에는 차이가 날 수 있고, 결국 그들에 따른 전력이득을 다르게 정의하는 경우도 있다.

그림 10.3에는 입출력단에 임피던스 정합회로를 부가한 2단자쌍 회로를 보였으며, $P_{avs}$는 전원의 가용전력(Available Power), $P_{in}$은 능동회로에 실제 입사되는 전력, $P_{avo}$는 능동회로의 가용출력전력, 그리고 $P_L$은 부하에 전달되는 전력을 나타낸다.

그와 같은 전력의 정의에 따라 통상적으로 사용되고 있는 전력이득의 종류는 다음과 같으며, 입출력 임피던스 정합회로 자체의 최대이득은 1이므로 이들 전력이득의 최댓값은 모두 같다. 여기에서 가용전력이라 함은 임피던스가 정합되어 다음 단에 출력될 수 있는 최대전력을 의미한다.

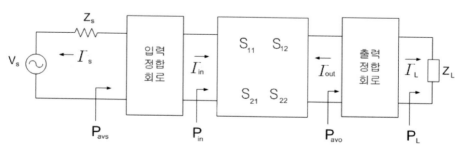

| 그림 10.3 | 임피던스 정합회로를 부가한 2단자쌍 회로

1) Transducer Power Gain $G_T$

$$G_T = \frac{P_L}{P_{avs}}$$ (10.12a)

2) Operating Power Gain $G_P$

$$G_P = \frac{P_L}{P_{in}}$$ (10.12b)

3) Available Power Gain $G_P$

$$G_A = \frac{P_{avo}}{P_{avs}}$$ (10.12c)

## 단방향 모델(Unilateral Model)

일반적으로 BJT나 GaAs FET는 전달이득인 $S_{21}$ 외에도 역방향 궤환에 의한 $S_{12}$ 역시 0이 아니어서 입출력회로가 서로 영향을 미치므로, 이들을 이용한 증폭기에서 임피던스 정합회로의 정확한 설계가 매우 어렵다고 할 수 있으나, GaAs FET의 경우에는 $S_{12}$가 충분히 작아서 거의 무시할 수가 있고, 따라서 순방향 전력이득만 갖는 단방향 모델의 응용이 가능하다.

실제적으로 $S_{12}$가 충분히 작은 GaAs FET의 경우에는 단방향 모형으로 근사시켜 나타내어 회로 설계를 아주 간편하게 할 수 있으며, 그렇게 설계 제작된 회로들은(특히 저전력용의 경우) 대부분 상당히 좋은 특성을 갖는 것이 입증되었으므로, 증폭기 설계에 있어 항상 이 방법이 이용되고 있다.

단방향 모형에서는 $S_{12} = 0$임을 가정하고 있기 때문에 이를 전력이득에 관한 식 (10.10)에 대입하여 얻을 수 있는 전력이득을 단방향 전력이득(Unilateral Power Gain) $G_U$로 다음과 같이 정의한다.

$$G_U = \frac{|S_{21}|^2 (1 - |\Gamma_s|^2)(1 - |\Gamma_L|^2)}{|1 - S_{11}\Gamma_s|^2 |1 - S_{22}\Gamma_L|^2}$$ (10.13)

또한 $|S_{12}| = 0$의 조건을 식 (10.11a, b)에 대입하면 입력 및 출력반사계수는 $\Gamma_{in} = S_{11}$, $\Gamma_{out} = S_{22}$와 같이 쓸 수 있고, 따라서 공액정합조건은 $\Gamma_S = \Gamma_{in}^* = S_{11}^*$, $\Gamma_L = \Gamma_{out}^* = S_{22}^*$으로 주어지며, 이를 대입하여 얻어지는 단방향 전력이득의 최댓값 $G_{U, \max}$는 다음과 같이 나타내어진다.

$$G_{U, \max} = \frac{|S_{21}|^2}{|1 - S_{11}|^2 \, |1 - S_{22}|^2} \tag{10.14}$$

이제 그림 10.3의 2단자쌍 회로로 나타낼 수 있는 고주파 및 초고주파 증폭기에서 전력이득에 대한 입출력 정합회로와 능동소자의 기여도를 개별적으로 알아보기 위하여 식 (10.13)을 다음과 같이 다시 써보자.

$$G_U = \frac{1 - |\Gamma_s|^2}{|1 - S_{11}\Gamma_s|^2} |S_{21}|^2 \frac{1 - |\Gamma_L|^2}{|1 - S_{22}\Gamma_L|^2} \tag{10.15}$$

$$= g_S \cdot g_F \cdot g_L$$

$$g_S = \frac{1 - |\Gamma_S|^2}{|1 - S_{11}\Gamma_S|^2} \quad : \text{입력 정합회로와 결합된 능동소자 입력단의 전력이득}$$

$$g_F = |S_{21}|^2 \qquad\qquad : \text{능동소자의 순방향 전력이득}$$

$$g_L = \frac{1 - |\Gamma_L|^2}{|1 - S_{22}\Gamma_L|^2} \quad : \text{출력 정합회로와 결합된 능동소자 출력단의 전력이득}$$

식 (10.15)의 $G_U$를 데시벨로 나타내면 다음과 같다.

$$G_{U, dB} = 10 \log_{10}[g_S \cdot g_F \cdot g_L] \text{ (dB)} \tag{10.16}$$

$$= G_S + G_F + G_L$$

마찬가지로 식 (10.14)의 $G_{U, \max}$는 다음과 같이 쓸 수 있다.

$$G_{U, \max} = \frac{1}{1 - |S_{11}|^2} |S_{21}|^2 \frac{1}{1 - |S_{22}|^2} \tag{10.17}$$

$$= g_{S, \max} \cdot g_{F, \max} \cdot g_{L, \max}$$

$$= G_{S,\max} + G_{F,\max} + G_{L,\max}$$

$$g_{S,\max} = \frac{1}{1 - |S_{11}|^2} \quad , \qquad g_F = |S_{21}|^2, \qquad g_{L,\max} = \frac{1}{1 - |S_{22}|^2}$$

### 양방향 설계(Bilateral Design)

실제적인 입장에서 $S_{12} = 0$으로 놓는 단방향 모형은, 경우에 따라서는 받아들이기 어려운 설계결과를 얻을 수도 있기 때문에, 소자 자체에서의 궤환(Feedback)을 나타내는 $S_{12} \neq 0$인 양방향 설계가 필요하게 된다.

따라서 양방향 설계에서는 단방향 경우의 $\Gamma_S = S_{11}^*$, $\Gamma_L = S_{22}^*$ 조건 대신 2단자쌍 회로의 입출력 반사계수에 관한 식 (10.11a, b) 모두가 다음과 같이 동시에 공액정합조건을 만족하여야 한다.

$$\Gamma_S^* = S_{11} + \frac{S_{12}S_{21}\Gamma_L}{1 - S_{22}\Gamma_L} = \frac{S_{11} - \Gamma_L \triangle}{1 - S_{22}\Gamma_L} \tag{10.18a}$$

$$\Gamma_L^* = S_{22} + \frac{S_{12}S_{21}\Gamma_s}{1 - S_{11}\Gamma_s} = \frac{S_{22} - \Gamma_s \triangle}{1 - S_{11}\Gamma_s} \tag{10.18b}$$

$$\triangle = S_{11}S_{22} - S_{12}S_{21} \tag{10.18c}$$

상기 식에서 동시성의 의미는 두 식 모두 같은 식에 $\Gamma_S$ 및 $\Gamma_L$을 포함하고 있기 때문에 두 식은 결합되어 있고, 그 정합된 반사계수를 각각 $\Gamma_{MS}$ 및 $\Gamma_{ML}$라 할 때, 이들을 구하기 위해서는 두 식을 연립하여 풀어야 한다는 것이다.

동시적인 공액정합은 소자가 안정한 경우에만 가능하며, 먼저 $\Gamma_{MS}$를 구하기 위해서는 식 (10.18a)에서 $\Gamma_L$을 소거시켜야 하므로, 식 (10.18b)에 공액을 취하여 식 (10.18a)에 대입하여 해를 구하는 과정은 다음과 같다.

$$\Gamma_s^* = \frac{S_{11} - \triangle \left( \dfrac{S_{22} - \triangle \Gamma_S}{1 - S_{11}\Gamma_S} \right)^*}{1 - S_{22} \left( \dfrac{S_{22} - \triangle \Gamma_S}{1 - S_{11}\Gamma_S} \right)^*} = \frac{S_{11}(1 - S_{11}^*\Gamma_S) - \triangle(S_{22} - \triangle \Gamma_S)^*}{1 - S_{11}^*\Gamma_S^* - S_{22}(S_{22} - \triangle \Gamma_S)^*}$$

$$= \frac{S_{11} - |S_{11}|^2 \Gamma_S^* - \triangle S_{22}^* + |\triangle|^2 \Gamma_S^*}{1 - S_{11}^* \Gamma_S^* - |S_{22}|^2 + S_{22} \triangle^* \Gamma_S^*}$$

$$\Gamma_S = \frac{S_{11}^* - |S_{11}|^2 \Gamma_S - \triangle^* S_{22} + |\triangle|^2 \Gamma_S}{1 - S_{11} \Gamma_S - |S_{22}|^2 + S_{22}^* \triangle \Gamma_S} \triangle$$

$$\Gamma_s - S_{11} \Gamma_S^2 - |S_{22}|^2 \Gamma_S + S_{22}^* \triangle \Gamma_S^2 = S_{11}^* - |S_{11}|^2 \Gamma_S - \triangle^* S_{22} + |\triangle|^2 \Gamma_S$$

$$(S_{11} - S_{22}^* \triangle) \Gamma_S^2 - (1 - |S_{22}|^2 - |\triangle|^2 + |S_{11}|^2) \Gamma_S + S_{11}^* - S_{22} \triangle^* = 0$$

$$C_1 \Gamma_S^2 - B_1 \Gamma_S + C_1^* = 0 \qquad\qquad (10.19a)$$

$$C_1 = S_{11} - S_{22}^* \triangle, \qquad B_1 = 1 - |S_{22}|^2 - |\triangle|^2 + |S_{11}|^2 \qquad (10.19b)$$

상기 식 (10.19a)의 두 근 중에 절댓값이 1보다 작은 것만을 취하면 최종적인 해를 다음과 같이 쓸 수 있다.

$$\Gamma_{MS} = \frac{B_1}{2 C_1} - \frac{1}{2} \sqrt{\left(\frac{B_1}{C_1}\right)^2 - 4 \frac{C_1^*}{C_1}} \qquad\qquad (10.20)$$

마찬가지로 정합된 부하반사계수는 똑같은 과정을 거쳐서 다음과 같이 얻어진다.

$$\Gamma_{ML} = \frac{B_2}{2 C_2} - \frac{1}{2} \sqrt{\left(\frac{B_2}{C_2}\right)^2 - 4 \frac{C_2^*}{C_2}} \qquad\qquad (10.21a)$$

$$C_2 = S_{22} - S_{11}^* \triangle, \qquad B_2 = 1 - |S_{11}|^2 - |\triangle|^2 + |S_{22}|^2 \qquad (10.21b)$$

따라서 상기 결과를 이용한 최적의 정합조건은 다음과 같이 다시 쓸 수 있다.

$$\Gamma_{MS}^* = S_{11} + \frac{S_{12} S_{21} \Gamma_{ML}}{1 - S_{22} \Gamma_{ML}} \qquad\qquad (10.22a)$$

$$\Gamma_{ML}^* = S_{22} + \frac{S_{12} S_{21} \Gamma_{MS}}{1 - S_{11} \Gamma_{MS}} \qquad\qquad (10.22b)$$

## 10.3 일정 이득원

식 (10.15)로부터, $g_S$와 $g_L$은 각각 $|\Gamma_S| = 1$, $|\Gamma_L| = 1$일 때 '0'이 되고, $\Gamma_S = S_{11}^*$, $\Gamma_L = S_{22}^*$이면 식 (10.17)의 최댓값 $g_{S,\max}$ 및 $g_{L,\max}$가 되므로, 다른 임의의 정합조건에서는 최솟값인 '0'과 최댓값 사이의 값을 갖게 됨을 짐작할 수 있다.

만일 전력이득이 일정하게 되는 입출력 반사계수의 궤적을 구하고자 한다면, 식 (10.15)의 $g_S$ 또는 $g_L$에 관한 식에 일정한 전력이득값을 대입하고, $\Gamma_S$ 또는 $\Gamma_L$을 실수부 및 허수부로 나누어 전개하면 복소 반사계수 평면상에 그려지는 원의 방정식을 얻을 수 있다.

이와 같이 $0 < g_S < g_{S,\max}$, $0 < g_L < g_{L,\max}$ 범위 내에 있는 임의의 전력이득값에 대하여 얻어지는 원들을 이득 일정원(Constant Gain Circles)이라 하며, 스미스 도표(Smith Chart)상에 이 원들을 그림으로써 편리하게 이용되고 있다.

따라서 입력 정합회로와 능동소자가 결합하여 얻어지는 전력이득인 $g_S$가 일정한 원의 중심좌표와 반경은 다음과 같이 주어지며, $g_{S,\max}$ 및 $g_{L,\max}$에 대응되는 $\Gamma_L$, $\Gamma_S$은 각각 $S_{11}^*$, $S_{22}^*$이므로 스미스 도표상의 한 점으로 나타내어진다.

$$C_C = \frac{g_{NS} S_{11}^*}{1 - |S_{11}|^2 (1 - g_{NS})} \tag{10.23a}$$

$$r_C = \frac{\sqrt{1 - g_{NS}}\,(1 - |S_{11}|^2)}{1 - |S_{11}|^2}(1 - g_{NS}) \tag{10.23b}$$

여기서 $g_{NS}$는 최대전력이득값에 대하여 정규화시킨 값이다.

$$g_{NS} = \frac{g_S}{g_{S,\max}} = g_S(1 - |S_{11}|^2)$$

위 식에서 보면 원의 중심좌표 $C_c$가 항상 최대이득점인 $S_{11}^*$(또는 $S_{22}^*$)에 비례하고 있고, 또한 스미스 도표의 중심좌표는 $\Gamma = 0 + j0$으로 주어지므로, 결국 $C_c$는 좌표중심과 $S_{11}^*$(또는 $S_{22}^*$)을 연결한 선분상에 위치하게 되며, 스미스 도표의 중심으로부터 벡터 $S_{11}^*$을 따라 일정이득원(Constant Gain Circles) 중심까지의 거리는 다음 식으로 주어진다.

$$d_C = \frac{g_{NS}|S_{11}|}{1 - |S_{11}|^2(1 - g_{NS})}$$ (10.24)

마찬가지로 출력 정합회로와 능동소자가 결합하여 얻어지는 전력이득 $g_L$에 관한 일정 이득원에 대해서도 똑같은 과정을 거쳐 해석할 수 있다.

## 10.4 안정도 및 안정도원

상기와 같은 식으로 나타내어지는 임의의 전력이득을 갖는 증폭기를 설계하는 과정의 첫 단계는 증폭기가 발진을 하지 않도록 안정도(Stability)를 조사하는 것이며, 이는 회로의 $S$ 파라미터와 전원 임피던스 및 부하 임피던스에 의하여 결정된다.

일반적으로 발진은 입출력단 중 하나 또는 모두가 부성저항(Negative Resistance)을 가질 경우에만 가능하고, 그러한 상황은 $|\Gamma_{in}|$ 또는 $|\Gamma_{out}|$이 '1'보다 큼을 의미한다. 그렇다고 반대로 부성저항이 곧 발진을 의미하는 것은 아니어서 부성저항을 갖는 경우에도 $|\Gamma_{in}|$ 또는 $|\Gamma_{out}|$이 '1'보다 작으면 안정한 증폭작용이 이루어질 수 있다.

결국 회로가 안정하려면 $|\Gamma_{in}| < 1$, $|\Gamma_{out}| < 1$의 조건이 만족되어야 하고, 그렇게 되도록 하는 전원 및 부하 임피던스의 범위, 즉 전원 및 부하의 반사계수 $\Gamma_S$, $\Gamma_L$의 범위가 일정한 범위로 주어지는 경우를 일컬어 조건부 안정(Conditionally Stable)하다고 하며, 임의의 전원 및 부하 임피던스를 달아도, 즉 크기가 '1'보다 작은 모든 $\Gamma_S$ 및 $\Gamma_L$에 대해서 $|\Gamma_{in}| < 1$, $|\Gamma_{out}| < 1$의 조건이 만족되는 경우를 무조건 안정(Unconditionally Stable)하다고 한다.

식 (10.11a, b)로부터 만일 능동소자의 $S_{12}$가 '0'이면, $|S_{11}| < 1$, $|S_{22}| < 1$이기만 하면 모든 $\Gamma_S$, $\Gamma_L$에 대해 $|\Gamma_{in}| < 1$, $|\Gamma_{out}| < 1$이므로 무조건 안정하며, $|S_{12}| \neq 0$인 경우에는 증폭기가 무조건 안정하기 위해서 다음과 같은 안정도 판별식인 안정도 지수(Stability Factor) $K$값이 '1'보다 커야 한다.

$$K = \frac{1 + |\triangle|^2 - |S_{11}|^2 - |S_{22}|}{2|S_{12}S_{21}|} > 1 \qquad (10.25)$$

위와 같이 안정도 판별을 위한 경계조건은 $|\Gamma_{in}| = |\Gamma_{out}| = 1$이라 할 수 있으므로, 이 조건을 식 (10.11a, b)에 대입하고 $\Gamma_L$ 및 $\Gamma_S$를 각각 실수부와 허수부로 나누어 정리하여 그 결과를 복소평면에 그리면, 신호원 반사계수 $\Gamma_S$와 부하 반사계수 $\Gamma_L$에 대해 각각 원의 방정식을 얻을 수가 있으며, 그 두 원의 반지름과 중심좌표는 다음과 같이 주어진다.

$$R_S = \frac{|S_{12}S_{21}|}{|S_{11}|^2 - |\triangle|^2} \ ; \ \ \Gamma_S \text{ 원의 반지름} \qquad (10.26a)$$

$$C_S = \frac{D_S^*}{|S_{11}|^2 - |\triangle|^2} \ ; \ \ \Gamma_S \text{ 원의 중심} \qquad (10.26b)$$

$$R_L = \frac{|S_{12}S_{21}|}{|S_{22}|^2 - |\triangle|^2} \ ; \ \ \Gamma_L \text{ 원의 반지름} \qquad (10.26c)$$

$$C_L = \frac{D_L^*}{|S_{22}|^2 - |\triangle|^2} \ ; \ \ \Gamma_L \text{ 원의 중심} \qquad (10.26d)$$

여기서 $D_S = S_{11} - \triangle S_{22}^*$

$$D_L = S_{22} - \triangle S_{11}^* \qquad (10.26e)$$

$$\triangle = S_{11}S_{22} - S_{12}S_{21} \qquad (10.26f)$$

---

**예제 10.1** **최대이득을 갖는 증폭기 설계**

주파수 1 GHz에서 Automatic network Analyzer로 측정된 트랜지스터의 $S$파라미터가 다음과 같이 주어졌다.

$$S_{11} = 0.707 \angle -155° = -0.64 - j0.3$$
$$S_{22} = 0.51 \angle -20° = 0.48 - j0.174$$
$$S_{21} = 5.0 \angle 180°$$
$$S_{12} = 0.0$$

이 트랜지스터를 이용하여 1 GHz에서 얻을 수 있는 최대전력이득을 구하고, 전원 및 부하 임피던스를 모두 50 Ω이라 할 때 이를 위한 입출력 임피던스 정합회로를 그림 10.4의 구조로 설계하시오.

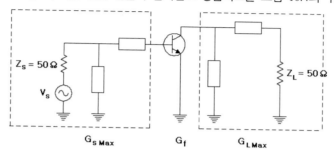

| 그림 10.4 | 예제 10.1에서 요구되는 증폭기 회로

**풀이** $S_{12} = 0$이므로 궤환이 없어서 식 (10.25)에 따라 이 증폭기는 무조건 안정하며, 식 (10.23)에 의해 구해진 일정 이득원을 그리면 그림 10.5와 같다.

또한 식 (10.14)에 따라 최대전력이득 $G_{U,\max}$를 구하면 다음을 얻는다.

$$
\begin{aligned}
G_{U,\max} &= 10 \log \left( \frac{1}{1-|S_{11}|^2} \right) + 10 \log |S_{21}|^2 + 10 \log \left( \frac{1}{1-|S_{22}|^2} \right) \\
&= 10 \log \left( \frac{1}{1-|0.707|^2} \right) + 10 \log |5|^2 + 10 \log \left( \frac{1}{1-|0.51|^2} \right) \\
&= 3 + 14 + 1.33 \ [\text{dB}] \\
&= 18.33 \ [\text{dB}]
\end{aligned}
$$

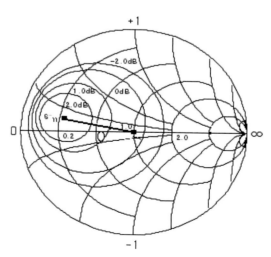

| 그림 10.5 | 일정 이득원

그림 10.5에서 이 최대이득에 대응되는 원은 입출력 모두 반지름이 0이고, 중심이 각각 $S_{11}$*및 $S_{22}$*에 위치하는 한 점으로 나타난다.

임피던스의 변환을 위하여 먼저 스미스 도표의 임피던스도와 어드미턴스도를 겹쳐 놓고, 50 Ω에 해당하는 도표의 원점이 $S_{11}$* 또는 $S_{22}$*점으로 천이할 수 있도록 입력과 출력의 정합회로를 각기 별도로 설계한다.

## (1) 출력 정합회로의 결정

도표의 원점은 병렬 연결된 서셉턴스에 의하여 일정 컨덕턴스 원 주위를 돌게 되고, 그렇게 변화된 임피던스가 다시 직렬 연결된 리액턴스와 합해져서 $S_{22}$*점으로 오려면 두 가지의 방법이 있으나, 그 중에 부하 쪽에 연결되는 직렬 소자가 용량이고 병렬소자가 코일인 경우를 취하면 서셉턴스와 리액턴스의 변화는 모두 음의 값이 되므로, 그림 10.6에 나타난 바와 같이 아래쪽의 경로를 거친다.

스미스 도표상에서 알 수 있는 서셉턴스 및 리액턴스의 변화량은 $\Delta x = -1.4$, $\Delta b = -0.63$이므로, 이와 같은 양의 서셉턴스 또는 리액턴스를 만들기 위한 용량 및 인덕턴스의 값은 식 (3.14)에 의해 다음과 같다.

$$C = \frac{1}{\omega \Delta x Z_0} = \frac{1}{2\pi \times 1 - 4 \times 10^9 \times 50} = 2.27\,\text{pF}$$

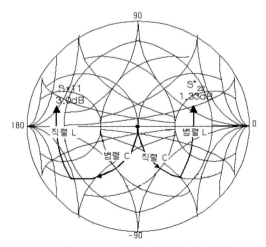

| 그림 10.6 | 입출력 임피던스의 변환

$$L = \frac{Z_o}{\omega \Delta b} = \frac{50}{2\pi \times 10^9 \times 0.63} = 12.64\,\mathrm{nH}$$

## (2) 입력 정합회로의 결정

입력 정합회로는 역 $L$자형의 병렬용량과 직렬 인덕터를 이용하여 그림 10.6과 같이 도표의 원점을 $g = 1$인 일정 컨덕턴스 원을 따라 서셉턴스가 증가하는 방향으로 이동시키고, 다시 임피던스도에서 일정 저항원을 따라 리액턴스가 증가하는 방향으로 변환되어 최종적으로 $S_{11}*$에 이르도록 한다.

스미스 도표상에서 읽은 서셉턴스와 리액턴스의 변화는 $\Delta b$ = 2.20, $\Delta x$ = 0.59로서, 이와 같은 양의 서셉턴스 또는 리액턴스를 만들기 위한 용량 및 인덕턴스의 값은 식 (3.14)에 의해 다음과 같이 된다.

$$C = \frac{\Delta b}{w Z_0} = \frac{2.20}{2\pi \times 10^9 \times 50} = 7.0\,\mathrm{pF}$$

$$L = \frac{\Delta x Z_0}{w} = \frac{0.59 \times 50}{2\pi \times 10^9} = 4.70\,\mathrm{nH}$$

상기와 같이 결정된 입출력 정합회로에 따른 1 GHz 증폭기의 결선도를 그림 10.7에 보였다.

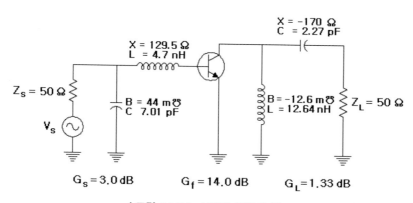

| 그림 10.7 | 설계된 증폭기 회로

## 10.5 저잡음 증폭기(LNA: Low Noise Amplifier)

일반적으로 증폭기는 대역폭 크기에 따라 협대역증폭기(Narrow-Band Amplifier), 중대역증폭기(Mid-Band Amplifier), 광대역증폭기(Wide-Band Amplifier), 초광대역증폭기(Ultra-Wideband Amplifier) 등으로 구분하는데, 협대역증폭기를 제외하고는 최대이득 조건으로 설계함이 불가능하다. 따라서 증폭기 설계에 있어 대역폭이 넓을수록 전력이득을 어느 정도 더 희생시키면서 전 통과대역에 걸쳐 골고루 최소의 반사손실을 갖도록 정합회로가 설계되어야 한다.

또한 동작전력레벨에 따라서도 높은 전압이득 특성을 갖는 저전력증폭기(Low Power Amplifier), 중전력증폭기(Medium Power Amplifier) 그리고 출력단에 사용되는 대전력증폭기(High Power Amplifier) 등으로 증폭기를 구분할 수 있는데, 수신부의 맨 앞에 사용되는 증폭기는 입력신호가 매우 약해서 자칫하면 잡음에 파묻히거나 잡음의 영향을 많이 받아 신호의 질이 사용불가능할 정도로 떨어지기 때문에, 회로 자체적으로 부가되는 잡음이 최소가 되도록 설계된 증폭기를 사용하여야 하며, 그와 같은 일종의 저전력증폭기를 저잡음 증폭기(LNA : Low Noise Amplifier)라 한다.

최근에 마이크로파 저잡음 증폭기를 위한 소자로 HEMT(High Electron Mobility Tr.), 또는 PHEMT가 개발되어 많이 사용이 되고 있고, GaAs FET도 사용되며, 더 좋은 저잡음 증폭기 특성을 얻기 위해서는 소자를 냉각(Cooling)하기도 한다.

### 10.5.1 잡음

잡음이란 통신 시스템에서 신호의 전송 및 처리를 교란하는 원하지 않는 전자파를 말하는데, 통상 이들 잡음을 완전히 제어하는 방법은 없으며, 다만 잡음의 영향을 최소화시킬 따름이다.

잡음의 근원으로 외부잡음(External Noise)과 내부 잡음(Internal Noise)으로 구분할 수가 있는데, 외부잡음으로는 대기 중의 잡음(Atmospheric Noise), 은하계로부터 오는 잡음(Cosmic Noise), 사람에 의해 만들어지는 잡음(Man-made Noise) 등이 있으며, 내부잡음으로는 온도에 따른 열잡음(Thermal Noise), 소자 내에서 전류흐름의 불연속성에 기인하는 산탄잡음(Shot Noise), 원인이 불명확하고 주파수에 반비례하는 Flicker Noise(일명 1/f Noise) 등이 있다.

이 중에 산탄잡음은, 예를 들어 2극관에서 전자가 음극을 떠나 양극까지 도달하는 경우나 PN 접합의 공핍층을 통과하는 전자의 경우에 개별적인 전자의 흐름이 전류가 되기 때문에 각 전자가 만드는 펄스 신호에 의해 합성된 잡음 등을 말하고, 그 산탄잡음을 나타내는 잡음 전류의 제곱평균값은 다음과 같은 기댓값을 가지며, 일반적으로 100 kHz 이하에서는 Flicker Noise가 산탄잡음보다 훨씬 우세하다.

$$E[I_{SN}]^2 = 2\,q\,I\,B_N \tag{10.27}$$

여기서, $q$ : 전자의 전하량[Coulomb]

$\qquad I$ : 바이어스 전류[Amp]

$\qquad B_N$ : 대역폭[Hz]

그런데 회로설계자의 입장에서는 자연발생적(Natural Noise)인 잡음과 인공적인 잡음(Man-made Noise)으로 분류하는 것이 편리하며, 자연발생적인 잡음으로는 열잡음(Thermal Noise)과 대기잡음(Atmospheric Noise) 그리고 은하계로부터 오늘 잡음이 있으나, 통상 열잡음만을 고려해도 충분하다.

열잡음(Thermal Noise)에 관해서는 1928년에 존슨(J.B Johnson)에 의해 처음으로 실험적인 연구가 이루어졌기 때문에 열잡음를 일명 존슨 잡음(Johnson Noise)이라고도 하며, 같은 해에 나이퀴스트(H. Nyquist)에 의해 이론적인 체계가 정립되었다.

절대온도 0°K 이상에서 전자는 항상 랜덤운동(Random Motion)을 하게 되며, 이러한 운동이 바로 열잡음의 원천이 되는데, 절대온도 $T$ °K에서 저항값이 $R$인 도체 내에 발생되는 대역폭 $B_N$ 내의 열잡음 전압의 제곱평균값(Mean-Square Value)은 다음과 같은 기댓값(Expectation)을 갖는다.

$$E[V_{TN}]^2 = 4\,k\,TRB_N \tag{10.28}$$

상기의 산탄잡음과 열잡음은 모두 가우스 분포를 가지고 있으며, 둘 다 백색잡음(White Noise)이다(핑크 잡음은 주파수에 따라 크기가 감소하며 초록 잡음은 주파수에 비례하여 커지는 잡음이다).

## 10.5.2 잡음지수

임의의 선형시스템의 잡음지수(Noise Figure) $F$는 회로에 의한 $S/N$ 비의 열화(Degradation) 정도를 수치화한 것이라 할 수 있는 것으로서, 입력 열잡음($kTB_N$)만을 이상적인 증폭기로 증폭한 출력 크기에 대한 회로 자체 잡음이 부가된 전체 잡음출력(Available Noise Power)의 비로 정의할 수 있으며, 그 관계를 수식으로 표현한 바는 다음과 같다.

$$F = \frac{(S/N)_{\text{in}}}{(S/N)_{\text{out}}} = \frac{S_{\text{in}}/N_{\text{in}}}{S_{\text{out}}/N_{\text{out}}}$$

$$= \frac{N_{\text{out}}}{N_{\text{in}}\dfrac{S_{\text{out}}}{S_{\text{in}}}} = \frac{N_{\text{out}}}{N_{\text{in}}\ G_p} = \frac{N_{\text{out}}}{k\ T\ B_N\ G_p} \tag{10.29}$$

일반적으로 이 잡음지수($NF$)는 다음과 같이 dB로 나타내어 사용된다.

$$F_{(\text{dB})} = 10\log_{10} F \tag{10.30}$$

$S_{\text{in}}$ : 입력신호전력(Available Input Signal Power)

$N_{\text{in}}$ : 입력잡음전력(Available Input Noise Power)

$S_{\text{out}}$ : 출력신호전력(Available Output Signal Power)

$N_{\text{out}}$ : 출력잡음전력(Available Output Noise Power)

$B_N$ : 회로의 대역폭(Noise Bandwidth)

$G_p$ : 가용전력이득(Available Power Gain)

여기에서 Available Power란 부하가 정합되었을 경우에 전달될 수 있는 전력을 말하며, 회로입력에서의 온도를 $T$라 할 때 Output Noise Power $N_0$는 다음과 같이 입력 열잡음 $N_{\text{in}}=kTB_N$이 $G_p$배만큼 증폭된 양과 회로 내에서 부가적으로 개입된 양 $\Delta N$의 합으로 나누어 생각될 수 있다.

$$N_0 = kTB_N G_p + \Delta N \tag{10.31}$$

$$\therefore \quad F = \frac{k\,T\,B_N\,G_p + \Delta N}{k\,T\,B_N\,G} = 1 + \frac{\Delta N}{k\,T\,B_N\,G_p} \tag{10.32}$$

모든 회로는 어떤 상황하에서 어떤 온도로 동작될지 사전에 예측할 수 없으므로, 상기와 같이 잡음을 평가하는 데 있어서 물리적인 개념상에 잡음크기에 대한 기준의 필요성을 느끼게 되어 1961년에 IRE에서 발간된 "IRE Dictionary of Electronic Terms and Symbols"에서 잡음지수에 항상 온도가 포함되어 있음을 착안하여 상온 근처의 온도 중에 $k\,T_0 \fallingdotseq 4 \times 10^{-21}\,\text{watt/cps}$ 되는 $290°\text{K}(= 17°\text{C} = 63°\text{F})$를 기준온도 $T_0$로 선정하였다.

이것은 회로입력의 온도를 매번 정확하게 측정하기가 어렵기 때문에 외부온도의 영향을 회로잡음 내에 포함시키기 위함이다.

$$F = 1 + \frac{\Delta N}{k\,T_0\,B_N\,G_p} \tag{10.33}$$

또한 식 (10.29)로부터

$$N_{\text{out}} = F k\,T_0\,B_N \cdot G_p \tag{10.34}$$

이므로, 만일 회로를 잡음이 전혀 없는 이상적인 회로로 가정하면, $N_{\text{out}}$는 등가적인 입력잡음전력 $F k T_0 B_N$이 $G_p$배만큼 증폭된 양으로 간주될 수 있다. 따라서 회로 자체에서 발생된 잡음이 입력으로 치환된 크기는, 상기 식의 $N_{\text{out}}$와 원래의 실제적인 잡음입력 $k T_0 B_N$과의 차이로서 다음과 같이 나타낼 수 있다.

$$(F-1)\,k\,T_0\,B_N \tag{10.35}$$

## 10.5.3 잡음온도

임의의 회로에 대한 잡음특성은 대부분 잡음지수(Noise Figure)로 정의되지만, 경우에 따라서는 잡음지수 대신 회로가 만드는 부가잡음을 순수한 열잡음으로 간주하고 동일한 열잡음이 발생되기 위한 온도를 정의하여 회로의 잡음특성을 정의하기도 하는데, 이를 (유효)잡음온도

(Effective Noise Temperature)라 하며 잡음지수와는 다음과 같은 관계를 갖는다.

만일 회로의 부가잡음(Additive Noise) $\Delta N$을 가상적으로 다음과 같이 놓으면

$$\Delta N = k \ T_e \ B_N \ G_P \tag{10.36}$$

여기서, $T_e$ = 유효잡음 온도

잡음지수 $F$는 다음과 같이 쓸 수 있다.

$$F = 1 + \frac{k T_e B_N G_p}{k T_0 B_N G_p} = 1 + \frac{T_e}{T_0} \tag{10.37}$$

따라서 잡음온도에 관하여 다음을 얻는다.

$$T_e = T_0 (F - 1) \tag{10.38}$$

## 10.5.4 최소 검출가능 신호레벨

$T_0 = 290\,°\mathrm{K}$인 상온에서 $k\,T_0 = 4 \times 10^{-21}\,\mathrm{W/cps}$이고 이를 **dBm**으로 나타내면 다음과 같다.

$$k T_{(\mathrm{dBm})} = 10 \log [4 \times 10^{-21}/10^{-3}] \fallingdotseq -174\,(\mathrm{dBm/cps}) \tag{10.39}$$

만일 회로의 대역폭을 $B = 1\,\mathrm{MHz}$라 하면 총 입력잡음 전력은 다음과 같이 쓸 수 있다.

$$k T B (\mathrm{dBm}) \fallingdotseq -174(\mathrm{dBm}) + 60(\mathrm{dB})$$
$$= -114\,(\mathrm{dBm}) \tag{10.40}$$

회로의 전력이득을 $G_p$라 할 때 상기의 잡음입력에 대한 출력잡음은 다음과 같다.

$$N_0 = k\,T B\,G_p\,F \tag{10.41}$$

이것을 입력 쪽으로 환산한 등가적인 잡음입력은 $KTBF$이고, 만일 입력신호전력(Input Signal Power)의 최솟값이 이 잡음입력보다 $X$배가 되어야 Detectable하다고 가정하면 결국 최

소 검출가능 신호전력(Minimum Detectable Input Signal Power) $P_{i,\min}$은 다음과 같이 나타낼 수 있다.

$$P_{i,\min} = k\,T\,B\,F\,X \tag{10.42}$$

$$P_{i,\min} = -174(\text{dBm}) + 10\log B + F(\text{dB}) + 10\log X \tag{10.43}$$

상기 결과를 보면 같은 $X$ 값에 대해서도 만일 잡음지수가 크면, 최소로 검출가능한 입력신호전력이 커질 수밖에 없음을 알 수 있으며, 따라서 송신기의 출력전력을 높여야 하는 상황이 발생되는데, 일반적으로 그보다는 수신기 증폭회로의 입력단 잡음지수를 낮추는 것이 훨씬 경제적이다.

상기 입력신호전력에 대한 증폭기의 출력 $P_{0,\min}$는 다음과 같다.

$$P_{0,\min} = -174(\text{dBm}) + 10\log B + F(\text{dB}) + X(\text{dB}) + G_p(\text{dB}) \tag{10.44}$$

여기에서 $X$는 통상 2배, 즉 3(dB)가 일반적인 값이다.

## 10.5.5 종속접속된 회로의 잡음지수 및 잡음온도

잡음대역폭(Noise Bandwidth)이 $B_N$이고 잡음지수(Noise Figure)와 전력이득(Power Gain)이 각각 $F_1$, $F_2$, $G_1$, $G_2$로 정의되는 두 개의 2단자쌍 회로는 개별적으로 아래와 같은 식을 만족한다.

$$F_1 = \frac{N_{01}}{k\,T_0\,B_N\,G_1}, \qquad N_{01} = k\,T_0\,B_N\,G_1\,F_1$$

$$F_2 = \frac{N_{02}}{k\,T_0\,B_N\,G_2}, \qquad N_{02} = k\,T_0\,B_N\,G_2\,F_2 \tag{10.45}$$

이들 2단자쌍 회로가 종속(직렬) 연결되었다고 가정할 때, 총 전력이득은 $G_1 G_2$이므로 최종 잡음전력 $N_0$와 전체 잡음지수 $F_0$는 다음과 같이 쓸 수 있다.

$$F_0 = \frac{N_0}{k\,T_0\,B_N\,G_1\,G_2}, \qquad N_0 = F_0\,G_1\,G_2\,k\,T_0\,B_N \tag{10.46}$$

여기에서 최종출력 $N_0$는 첫째 회로의 잡음출력 $N_{01}$이 $G_2$배만큼 증폭된 양에다가 둘째 회로에서 추가된 잡음 $\Delta N_2$가 더해진 것으로 간주될 수 있으므로 다음과 같이 쓸 수 있다.

$$N_0 = k T_0 B_N F_1 G_1 G_2 + \Delta N_2 \tag{10.47}$$

여기에서 둘째 회로에서 추가된 잡음 $\Delta N_2$는 식 (10.35)에 의해 $(F_2 - 1)\, k\, T_0\, B_N\, G_2$로 쓸 수 있고, 따라서 식 (10.47)은 다음과 같이 된다.

$$N_0 = k\, T_0\, B_N\, F_1\, G_1\, G_2 + (F_2 - 1)\, k\, T_0\, B_N\, G_2 \tag{10.48}$$

위 식의 양변을 $k\, T_0\, B_N\, G_2$ 및 $G_1$로 나누면 아래와 같은 전체 잡음지수 $F_0$를 얻을 수 있다.

$$\frac{N_0}{k\, T_0\, B_N\, G_2} = F_1\, G_1 + (F_2 - 1)$$

$$\frac{N_0}{k\, T_0\, B_N\, G_1\, G_2} = F_1 + \frac{F_2 - 1}{G_1} \equiv F_0 \tag{10.49}$$

또한 종속접속된 두 개의 2단자쌍 회로에 대한 잡음온도를 알아보기 위해 각각의 회로에 대한 잡음지수를 식 (10.30)에 의하여 나타내면 다음과 같다.

$$F_1 = 1 + \frac{T_1}{T_0}, \qquad F_2 = 1 + \frac{T_2}{T_0}$$

이들을 식 (10.49) 및 식 (10.38)에 대입하면

$$F_0 = F_1 + \frac{F_2 - 1}{G_1} = 1 + \frac{T_1}{T_0} + \frac{T_2}{T_0 G_1}$$

$$T_e = (F_0 - 1)\, T_0 = T_1 + \frac{T_2}{G_1} \tag{10.50}$$

상기와 같은 과정을 3단 이상의 증폭기에 대하여 똑같이 적용할 수 있으며, 따라서 3단의 경우에는 다음과 같이 쓸 수 있다.

$$N_0 = k\,T_0\,B_N\,F_1\,G_1\,G_2\,G_3 + (F_2 - 1)\,k\,T_0\,B_N\,G_2\,G_3 + (F_3 - 1)\,kK\,T_0\,B_N\,G_3$$

$$F_0 = \frac{N_0}{k\,T_0\,B_N\,G_1\,G_2\,G_3} = F_1 + \frac{F_2 - 1}{G_1} + \frac{F_3 - 1}{G_1\,G_2} \tag{10.51}$$

$$F_0 = 1 + \frac{T_1}{T_0} + \frac{T_2}{T_0\,G_1} + \frac{T_3}{T_0\,G_1\,G_2}$$

$$T_e = (F_0 - 1)\,T_0 = T_1 + \frac{T_2}{G_1} + \frac{T_3}{G_1\,G_2} \tag{10.52}$$

식 (10.51) 및 식 (10.52)를 보면 뒤에 오는 항은 앞단의 이득으로 나누어지게 되어 있기 때문에, 뒤에 붙는 회로일수록 전체 잡음지수 또는 잡음온도에 미치는 영향이 작게 되고, 따라서 맨 앞에 오는 첫째 단의 잡음특성이 회로 전체의 잡음지수를 좌우하게 된다.

## 10.5.6 잡음전압과 잡음저항

입력이 전혀 없는 경우에도 회로의 출력은 작은 출력전압을 갖게 되는데, 이를 잡음(Noise)이라 한다. 이는 주로 열잡음(Johnson Noise)에 기인하며, 이 잡음과 같이 중심 주파수에 무관하고 Power가 오로지 대역폭 $f_H - f_L = B_N$에만 의존하는 잡음을 백색잡음(White Noise)이라 한다.

1928년 Johnson과 Nyquist에 의하여 온도가 $T\,°\mathrm{K}$일 때 실제 입력으로 작용하는 잡음전력의 크기는 임의의 특정 주파수에 대해 $kT$로 나타남이 밝혀졌다.

따라서 대역폭이 $B_N$인 회로에 작용하는 가용잡음전력(Available Noise Power) $P_N$은 다음과 같이 주어진다.

$$P_N = k\,TB_N \tag{10.53}$$

만일 이 입력잡음전력을 등가적으로 같은 크기의 잡음이 발생되는 저항으로 대치시키고, 다시 이 저항을 그림 10.8과 같이 잡음이 없는 순수한 저항 $R_N$과 전압원 $V_N$으로 분해하여 생각할 수 있으며, 이 $R_N$을 잡음저항(Noise Resistor), $V_N$을 잡음전압(Noise Voltage)이라 한다. 이와 같이 나타낸 등가회로가 출력으로 내보낼 수 있는 최대가용전력을 $V_N$과 $R_N$으로 나타내면 임피던스 매칭조건으로부터 다음을 얻는다.

$$P_{\max} = \frac{(V_N / 2)^2}{R_N} = \frac{V_N^2}{4 R_N} \tag{10.54}$$

이 최대가용전력은 바로 가용잡음전력 $P_N = k T B_N$과 같아야 하므로 잡음전압의 실효값 $V_N$은 다음과 같다.

$$V_N^2 = 4 k T B R_N \tag{10.55}$$

$$V_N = \sqrt{4 k T B R_N} \tag{10.56}$$

1960년 1월 IEEE proceeding에 H. A. Haur가 발표한 문헌에 의하면 2단자쌍 증폭기의 잡음 지수는 다음과 같이 최소잡음지수, 신호원 어드미턴스 $Y_S = g_S + j b_S$, 규준화 잡음저항 $r_N = R_N / Z_o$, 그리고 최적의 신호원 어드미턴스(Optimum Source Admittance) $Y_o$ 등에 의해 나타냄을 증명하였다.

$$F = F_{\min} + \frac{r_N}{g_S} | Y_S - Y_o |^2 \tag{10.57}$$

이제 $\Gamma_S$를 소스 반사계수(Source Reflection Coefficient), $\Gamma_o$를 최적 소스 반사계수(Optimum Source Reflection Coefficient)라 하고, 이들 반사계수와 어드미턴스들과의 관계를 써보면 다음과 같다.

$$Y_S = \frac{1 - \Gamma_S}{1 + \Gamma_S} = g_S + j b_S \tag{10.58}$$

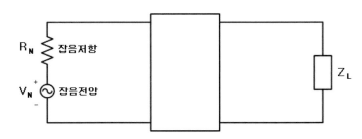

| 그림 10.8 | 입력잡음 전력의 등가회로

$$Y_o = \frac{1 - \Gamma_o}{1 + \Gamma_o} = g_o + jb_o \tag{10.59}$$

$$g_S = \frac{1}{2}(Y_S + Y_S^*) = \frac{1}{2}\left(\frac{1 - \Gamma_S}{1 + \Gamma_S} + \frac{1 - \Gamma_S^*}{1 + \Gamma_S^*}\right)$$

$$= \frac{1}{2}\left(\frac{1 + \Gamma_S^* - \Gamma_S - |\Gamma_S|^2 + 1 - \Gamma_S^* + \Gamma_S - |\Gamma_S|^2}{(1 + \Gamma_S)(1 + \Gamma_S^*)}\right)$$

$$= \frac{1 - |\Gamma_S|^2}{|1 + \Gamma_S|^2} \tag{10.60}$$

위의 세 식을 식 (10.57)에 대입하면 다음과 같이 쓸 수 있다.

$$F = F_{\min} + \frac{r_N}{g_S}\left|\frac{1 - \Gamma_S}{1 + \Gamma_S} - \frac{1 - \Gamma_o}{1 + \Gamma_o}\right|^2$$

$$= F_{\min} + \frac{r_N}{g_S}\left|\frac{(1 - \Gamma_S)(1 + \Gamma_o) - (1 - \Gamma_o)(1 + \Gamma_S)}{(1 + \Gamma_S)(1 + \Gamma_o)}\right|^2$$

$$= F_{\min} + \frac{r_N}{g_S}\frac{|2\Gamma_o - 2\Gamma_S|^2}{|1 + \Gamma_S|^2 \cdot |1 + \Gamma_o|^2}$$

$$= F_{\min} + \frac{4r_N}{\dfrac{1 - |\Gamma_S|^2}{1 + |\Gamma_S|^2}} \cdot \frac{|\Gamma_S - \Gamma_o|^2}{|1 + \Gamma_S|^2 \cdot |1 + \Gamma_o|^2}$$

$$= F_{\min} + 4r_N\frac{|\Gamma_S - \Gamma_o|^2}{(1 - |\Gamma_S|^2)|1 + \Gamma_o|^2} \tag{10.61}$$

잡음지수는 식 (10.61)과 같이 최소잡음지수 $F_{\min}$, 규준화 잡음저항 $r_N$, 최적 소스 반사계수 $\Gamma_o$ 값에 따라 $\Gamma_S$의 함수로 나타내지는데, 이들 $F_{\min}$, $r_N$, $\Gamma_o$값은 대부분의 기존 제품들에 대해서는 생산업체에서 제공해주게 되지만, 만일 이들 데이터가 없는 경우에는 실험적으로 다음과 같이 측정에 의하여 결정한다.

먼저 $\Gamma_S$를 변화시켜보아 잡음지수 계기상의 최소 잡음지수를 읽어 $F_{\min}$과 $\Gamma_S = \Gamma_o$를 결정하며, 이때의 $\Gamma_S$ 값은 회로분석기에 의하여 정확한 값을 측정한다.

마지막으로 $\Gamma_S = 0$이 되도록 조정하면 식 (10.61)은 다음과 같이 쓸 수 있다.

$$F = F_{\min} + \frac{4 \, r_N \mid \Gamma_o \mid^2}{\mid 1 + \Gamma_o \mid^2} \tag{10.62}$$

따라서 2단자쌍 회로의 규준화 잡음저항(Eqivalent Normalized Noise Resistance) $r_N$은 다음과 같이 구할 수 있다.

$$r_N = (F - F_{\min}) \, \frac{\mid 1 + \Gamma_o \mid^2}{4 \mid \Gamma_o \mid^2} \tag{10.63}$$

## 10.6 마이크로파 SSPA

마이크로파 SSPA(Solid-State Power Amplifier)의 설계기술은 1970년대 중반 이후 약 3 GHz까지 사용될 수 있는 바이폴라 실리콘 트랜지스터와 그보다 훨씬 더 높은 주파수대역에서 동작할 수 있는 GaAs FET의 개발과 함께 급격하게 성장해왔으며, 이와 같은 추세는 앞으로도 전력레벨, 대역폭 및 신뢰도 면에 있어 계속될 전망이다.

마그네트론이나 클라이스트론을 한 개씩 사용하는 진공관 증폭기와는 달리 SSPA의 출력단인 HPA(High Power Amplifier)의 경우에는 많은 수의 GaAs FETs을 사용하기 때문에 그들이 모두 한꺼번에 고장나지 않는 한 증폭기의 신뢰도는 더 높다고 할 수 있다.

경우에 따라서는 많은 소자들의 경비가 단일 진공관 소자보다 높을 수도 있으나 이와 같은 문제는 반도체소자들이 점차 낮은 가격으로 공급되고 있기 때문에 해결될 수 있다고 본다.

SSPA의 또 다른 특징은 진공관소자들이 고전압, 저전류를 사용하는 데 반하여 저전압, 고전류를 사용하는 것인데, 예를 들어 40 kV, 1 Amp를 사용하는 클라이스트론은 같은 전력효율을 가정할 때 40V, 1,000 Amp의 반도체소자로 대치시킬 수 있다.

그와 같은 경우 수많은 소자들의 전력분배를 적절히 하는 문제가 심각하게 대두될 수 있으며, 특히 복합적인 Clutter들 사이에서 목표물을 찾아내는 최신식 레이더의 경우와 같이 높은 위상 및 크기 안정도가 요구되는 경우에는 특별한 설계방법이 필요하게 된다. 뿐만 아니라 전원전압의 변동은 출력 펄스의 크기와 위상에 영향을 주게 되므로 MTI(Moving Target Indicator) 회로나 다른 위상 관련 신호처리 회로에 막대한 지장을 초래하게 되는 점을 전원 설계 시에 유의하여야 한다.

하여간 많은 GaAs FETs를 이용하는 HPA의 설계에 있어 주요 관심사는 전반적인 신뢰도와 전력효율 그리고 요구되는 피크 출력 또는 평균 출력을 얻기 위한 설계비용 등이라고 할 수 있다.

전반적으로 볼 때 다음과 같은 부품의 변화가 오늘날의 증폭기 설계에 있어 중요한 역할을 하였다고 할 수 있다.

1) 다이(Die) 설계, 패키지 설계, 전력 합성 기술의 혁신에 의한 출력의 증가
2) 기생 파라미터를 이용한 패키지 내부 임피던스 매칭회로의 하이드리브 어셈블리에 의한 대역폭의 증가
3) 도체가공과 I상호 연결에 모두 알루미늄 대신 금을 사용함으로써 향상된 신뢰도

2단자쌍 소자를 이용한 마이크로파 증폭기의 설계는 입출력단의 무손실 임피던스 정합회로 설계로 귀착되며 저주파의 경우에는 궤환을 통하여 트랜지스터 자체의 S파라미터를 바꾸어 줄 수 있지만, 마이크로파의 경우에는 위상조정이 용이하지 못하여 기술적으로 실현시키기가 매우 어려워서 In-Package 튜닝이나 On-Chip Matching 등의 기술이 자주 사용된다.

일반적으로 BJT 또는 GaAs FET는 단방향 특성을 갖지 않으므로 입출력 정합회로는 서로 독립적이지 못하고 그 경우에 대한 정확한 설계문제는 아직도 해결되어 있지 않은 상태이므로, 근사적으로 단방향 모형을 가정하여 설계하고 있으며, 이는 저전력의 경우, 특히 GaAs FET의 경우에는 매우 훌륭한 결과를 얻을 수 있다.

입출력 특성이 선형적인 저전력의 경우에는 S파라미터를 통해 설계된 증폭기를 해석하고, 또 컴퓨터를 이용한 반복적인 최적화 과정에 의하여 수정설계가 가능하지만 비선형 특성을 갖는 고전력의 경우에는 그와 같이 제작회사가 공급하는 S파라미터를 가용하지 않고, 임피던스 부정합과 Power Compression 등의 효과 때문에 직접 신호원 임피던스와 부하 임피던스를 구하여 설계함이 필수적이다.

S파라미터들 중에 $S_{11}$, $S_{12}$는 $S_{21}$, $S_{22}$에 비하여 높은 전력수준에서조차도 별로 영향을 받지

않는데, 이는 고출력특성이 소신호의 경우에서 부하선을 변화시킴으로써 얻어질 수 있는 것이기 때문이며, 입력특성 중 약간의 변동조차도 $S_{12}$가 0이 아니고 그로 인하여 출력 임피던스의 변화가 입력 쪽에 궤환되어 나타나는 것이 대부분이므로, 소신호증폭기에 대하여 결정된 입력 임피던스를 1차 근사에 의해 대신호증폭기에 사용할 수 있다.

비선형성을 띠게 되는 고출력 조건하에서의 출력 임피던스의 결정방법으로는 여러 가지가 사용되는데, 그 중에 가장 선호되는 방법이 Load Pull Method이며 이는 GaAs FET를 가변 튜너에 의해 해당 주파수에 대하여 원하는 전력이득을 갖도록 조정한 다음, 반사계수에 의하여 출력을 계산하거나 그 튜너를 떼내어 Slotted-Line이나 회로분석기에 의하여 임피던스를 측정하는 방법이다.

이 방법에서는 각각의 주파수에 대하여 아주 좁은 대역폭으로 개별적으로 다 측정을 하여야 하고 또한 측정에 있어 어떠한 기생 효과조차도 허용이 안 되므로 매우 지루한 방법이라 할 수 있지만, 그럼에도 불구하고 이 방법에 의하여 매우 신뢰할 수 있는 결과를 얻을 수 있다.

그와 같이 입출력 임피던스를 측정한 후에 그들을 모두 등가회로로 변환시켜야 하는데 그 등가회로는 4개 이하의 소자로 구성되는 간단한 것이 적합하며, 해당 동작주파수대역에 대하여 그 파라미터들의 값을 결정하기 위해서는 컴퓨터의 최적화 프로그램을 이용하는 것이 좋다.

그 결과를 가지고 임피던스 정합회로를 설계하기 전에 $S$파라미터를 사용하여 동작주파수 범위에서의 안정도를 조사하고, 또한 바이어스회로를 통하는 저주파발진을 방지하기 위한 저주파 안정도를 계산하여야 한다.

사용될 능동소자가 주파수에 무관한 전력이득을 갖고 순 저항 성분의 입출력 임피던스를 갖는 경우에 관한 연구는 이미 광범위하게 이루어져 있고 Chebychev, Elliptic, Maximally Flat 등의 반사특성을 주게 되는 소자값들에 대한 데이터가 거의 완벽하리만큼 발표되었다. 그러나 능동소자의 임피던스가 리액턴스 성분을 포함하는 경우나 트랜지스터의 전력이득이 주파수의 함수로 주어지는 경우에 대해서는 컴퓨터가 가장 효율적으로서 점차 모든 초고주파 회로설계가 CAD로 표준화되어 가고 있다.

최근에는 회로이론에 대해 완전히 문외한인 사람들이 이용할 수 있는 상용 소프트웨어가 많이 개발되어 있어, 만일 대신호에 대한 입출력 임피던스를 등가회로로 적절히 나타내기만 하면 누구나 HPA의 임피던스 정합회로를 설계할 수 있다.

HPA의 설계에 있어서는 전력이득을 희생시켜서라도 입력회로는 저잡음특성을 얻도록 설계되며 출력회로는 고전력을 낼 수 있도록 설계된다. 물론 최대전력이득이 요구되는 경우에는 모든 동작주파수에서 발진이 없도록 안정도를 유지시켜가면서 최대이득을 갖도록 최적화된다.

1 Octave 이상의 동작주파수대역을 갖는 광대역증폭기의 경우, 입출력 정합조건과 이득 평탄도(Gain Flatness)가 동시에 만족될 수가 없으며, 이를 실현시키기 위해서는 정합회로에 저항을 사용하든가 아니면 증폭기를 평형구조(Balanced Structure)로 구성하여야 한다.

평형증폭기는 최근에 가장 보편적으로 사용되는 구조로서 단일종단증폭기에 비해 가용출력이 3 dB 크며 안정도가 높고 각 단 간에 상호영향이 작은 장점들도 있으나, 대역폭이 랭지 결합기에 의하여 제한되며 결합기 손실이 약 0.3 dB 정도 추가된다는 등의 단점도 있다. 이에 사용되는 전력분배기/합성기로는 증폭기의 임피던스 정합이 문제가 되는 경우에는 3 dB 하이브리드인 랭지 결합기가 주로 사용되고 90° 브랜치라인 결합기와 윌킨슨 전력분배기에 90° 위상변위기를 달아서 사용하기도 하지만, 임피던스 정합이 잘 되어 있으면서 광대역특성이 요구되는 경우에는 동위상형인 윌킨슨 전력분배기가 주로 사용된다.

그 외에 임피던스 부정합을 전반적으로 개선시킬 수 있는 방법으로 아이솔레이터가 사용되는데, 이는 비교적 가격이 높고 덩치가 커서 신뢰도가 문제되는 경우에 주로 사용되고 있다.

제한된 트랜지스터의 정격 내에서 큰 출력의 HPA를 설계하고자 하는 경우에 통상 이용하는 구조가 CSA(Corporate Structure Amplifier)이며, 이는 입력신호를 전력분배기에 의해 나누어 점차적으로 증폭한 후에 전력합성기로 출력을 합할 수 있도록 한 구조로서, 영상 레이더나 위상 배열 안테나 등에 특히 유용하게 사용할 수 있다. 그 중에 설계를 간단히 하기 위하여 모든 단을 동일한 소자를 사용하여 동일하게 설계하는 UCSA(Uniform CSA)가 있지만 아직은 수율 문제 때문에 별로 사용하지 않으며 대부분이 각 단의 소자를 단계별로 다르게 하여 설계하고 있다.

HPA의 주요 부분을 세 가지로 나누면 GaAs FET를 이용한 증폭기 부분과 증폭기에 RF 입력을 전달하는 전력분배기, 증폭기의 출력을 합하는 전력합성기 등을 들 수 있으나 입력의 전력분배기는 삽입손실과 전력수준이 별로 문제시되지 않는 점 외에는 전력합성기와 똑같은 조건으로 설계된다.

## 1-dB 이득 하락점(1-dB Gain Compression Point)

일반적으로 BJT나 FET 등 능동소자의 전력정격을 정의하는 방법으로 1-dB 이득 하락점 $G_{1dB}$

를 사용하는데, 이는 그림 10.9에 보인 바와 같이 소신호 전력이득 $G_0$에 비해 1 dB만큼 이득이 떨어지는 전력이득을 의미하며, 다음과 같이 쓸 수 있다.

$$G_{1\text{dB}}(\text{dB}) = G_0(\text{dB}) - 1 \qquad (10.64)$$

그런데 전력이득의 정의는 다음과 같으므로

$$G_p = P_{\text{out}}/P_{\text{in}}$$
$$P_{\text{out}}(\text{dBm}) = G_p(\text{dB}) + P_{\text{in}}(\text{dBm}) \qquad (10.65)$$

이 식은 $P_{\text{out}}(\text{dBm})$이 1-dB Gain Compression Point의 값 $P_{1\text{dB}}(\text{dBm})$으로 되는 경우에 대해 다음과 같이 쓸 수 있다.

$$P_{1\text{dB}}(\text{dBm}) = G_{1\text{dB}}(\text{dBm}) + P_{\text{in}}(\text{dBm}) \qquad (10.66)$$

또는

$$P_{1\text{dB}}(\text{dBm}) = P_{\text{in}}(\text{dBm}) + G_0(\text{dB}) - 1 \qquad (10.67)$$

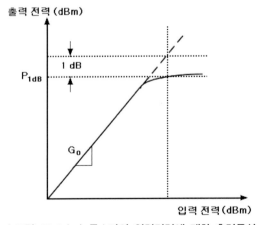

| 그림 10.9 | 능동소자의 입력전력에 대한 출력특성

## 고조파 변조 왜곡(Intermodulation Distortion)

일반적으로 임의의 대역을 갖는 신호 내에는 무수히 많은 주파수성분이 포함되어 있다. 그러한 신호가 선형성(Linearity)이 떨어지는 증폭기에 인가되는 경우에는 그 많은 주파수성분들 사이의 합(合) 또는 차(差) 주파수가 발생된다. 고주파 또는 마이크로파의 경우에는 대역 내의 모든 주파수가 거의 비슷한 값이므로 그들로부터 발생되는 2차 고조파(2nd Order Harmonics)는 모두 아주 낮은 주파수이든지 아니면 신호주파수의 2배 주파수가 되므로 필터에 의하여 쉽게 차단될 수 있다.

그러나 그러한 2차 고조파와 원래의 신호주파수 사이에 발생되는 3차 고조파(3rd Order Harmonics)에는 신호대역 내에 들어오는 성분이 있으므로 그들을 차단할 방법이 없어서 왜곡의 원인이 되며, 또한 SSPA의 경우에는 경제성 때문에 대체로 1-dB 이득 하락점 근처에서 동작시키게 되어 비선형성(Nonlinearity)이 크기 때문에 그들을 최소화시키는 방안이 강구되어야 한다.

그와 같은 3차 고조파를 정량적으로 해석하기 위한 방법으로는 주로 Two Tone Test를 이용하는데, 이는 신호대역 내에 존재하는 두 개의 서로 다른 정현파신호를 증폭기에 인가한 다음, 출력에 나타나는 대역 내 고조파를 측정하는 방법으로서 이 고조파들을 Intermodulation Product 나 Intermod, 또는 간단히 IMD라 한다.

예를 들어 비선형성을 갖는 증폭기에 다음과 같은 두 정현파의 합을 입력시켰다고 하자.

$$v(t) = A_1 \cos 2\pi f_1 t + A_2 \cos 2\pi f_2 t \tag{10.68}$$

이 신호입력에 대한 출력전압은 증폭기의 비선형성으로 인하여 다음과 같이 $v(t)$에 관한 멱급수로 나타내게 된다.

$$v(t) = \alpha_1 v(t) + \alpha_2 v^2(t) + \alpha_3 v^3(t) + \cdots \tag{10.69}$$

이 식에서 4차 이상의 항들을 무시하고 나머지 3항에 $v(t)$를 대입하여 전개하면 다음과 같은 주파수성분이 나타난다. 단 해석을 간단히 하기 위해 $A_1 = A_2 = A$로 가정한다.

$$v(t) = A\alpha_1(\cos\omega_1 t + \cos\omega_2 t) + A^2\alpha_2(\cos\omega_1 t + \cos\omega_2 t)^2 + A^3\alpha_3(\cos\omega_1 t + \cos\omega_2 t)^3$$

$$= A\alpha_1(\cos\omega_1 t + \cos\omega_2 t) + A^2\alpha_2(\cos\omega_1 t + \cos\omega_2 t)^2 +$$
$$A^3\alpha_3(\cos^3\omega_1 t + 3\cos^2\omega_1 t\cos\omega_2 t + 3\cos\omega_1 t\cos^2\omega_2 t + \cos^3\omega_2 t)$$

$$= A\alpha_1(\cos\omega_1 t + \cos\omega_2 t) + A^2\alpha_2(\cos\omega_1 t + \cos\omega_2 t)^2 + A^3\alpha_3[\cos\omega_1 t(1 + \cos2\omega_1 t)$$
$$+ 3(1 + \cos2\omega_1 t)\cos\omega_2 t + 3\cos\omega_1 t(1 + \cos2\omega_2 t) + \cos\omega_2 t(1 + \cos2\omega_2 t)]/2$$

$$= (A\alpha_1 + 2A^3\alpha_3)(\cos\omega_1 t + \cos\omega_2 t) + A^2\alpha_2(\cos\omega_1 t + \cos\omega_2 t)^2 +$$
$$A^3\alpha_3[\cos\omega_1 t\cos2\omega_1 t + 3\cos2\omega_1 t\cos\omega_2 t + 3\cos\omega_1 t\cos2\omega_2 t + \cos\omega_2 t\cos2\omega_2 t]/2$$

$$= A^2\alpha_2 + A^2\alpha_2\cos(\omega_1 - \omega_2)t + (A\alpha_1 + 9A^3\alpha_3/4)(\cos\omega_1 t + \cos\omega_2 t) +$$
$$3A^3\alpha_3[\cos(2\omega_1 - \omega_2 t) + \cos(2\omega_2 - \omega_1 t)]/4 + A^2\alpha_2[\cos2\omega_1 t + \cos2\omega_2 t +$$
$$2\cos(\omega_1 + \omega_2)t]/2 + A^3\alpha_3[\cos3\omega_1 t + \cos3\omega_2 t +$$
$$3\cos(2\omega_1 + \omega_2 t) + 3\cos(2\omega_2 + \omega_1 t)]/4 \tag{10.70}$$

$\mathrm{DC},\ f_1,\ f_2:$ DC 및 Fundamental

$2f_1,\ 2f_2,\ f_1 \pm f_2:$ 2nd order

$3f_1,\ 3f_2,\ 2f_1 \pm f_2,\ 2f_2 \pm f_1:$ 3rd order

여기에서 $f_1$과 $f_2$의 차이가 충분히 작다고 가정하면, 상기의 항들 중에 $2f_1 - f_2$와 $2f_2 - f_1$의 크기가 $f_1$, $f_2$와 거의 같게 되어 해당 대역폭 내에 포함되므로 필터에 의해 제거될 수 없게 된다.

기본 신호출력에 대한 3차 고조파 변조항(3rd Order Intermodulation Product)의 상대적인 크기는 증폭기의 비선형성을 나타내는 식 (10.70)에서의 계수 $\alpha_1$, $\alpha_2$, $\alpha_3$의 비에 따라 달라지며, 이를 정량화한 특성 중에 하나로 종종 3차 고조파 교차점(3rd Order Intercept Point)을 사용한다.

3차 고조파 교차점 $P_1$의 정의는 그림 10.9에 보인 바와 같이 입력신호전력의 크기에 대해 그려진 신호출력이 포화되기 전의 선형적인 특성을 가상적으로 연결한 직선과 3차 고조파 변조항을 나타내는 직선이 만나는 점을 말하는 것으로서, 일반적인 경우에 실험적으로 얻어진 결과에 의하면 다음과 같이 그 점이 통상 1-dB 이득 하락점보다 약 10 dB 위에 위치하게 된다.

$$P_1(\mathrm{dB}) = \mathrm{P}_{1\mathrm{dB}}(\mathrm{dB_m}) + 10\,\mathrm{dB} \tag{10.71}$$

식 (10.70)의 전압신호가 $R\,\Omega$인 부하에 인가되었을 때의 전달전력을 알아보기 위해 $P_0$를 고조파가 포함되지 않은 순수한 기본파 출력이라 할 때, $\omega_1$, $\omega_2$ 모두에 대해 $A$가 첨두값인 점을 감안하면 공통적으로 다음과 같이 써진다.

$$P_0 = \frac{A^2 \alpha_1^2}{2R} \tag{10.72a}$$

$$P_{0\,\text{dbm}} = 10\log \frac{A^2 \alpha_1^2}{2\,R}\,\frac{1}{10^{-3}}\ [\text{dBm}] \tag{10.72b}$$

또한 비선형성이 나타나는 전력레벨에 대해서는 3차 고조파에 의한 성분이 포함되므로 식 (10.70)에 따라 그 때의 출력 $P_1$은 다음과 같이 나타낼 수 있다.

$$P_1 = \frac{(A\,\alpha_1 + 9\,A^3\,\alpha_3/4)^2}{2\,R} \tag{10.73a}$$

$$P_{1\text{dBm}} = 10\log \frac{(A\,\alpha_1 + 9\,A^3\,\alpha_3/4)^2}{2\,R}\,\frac{1}{10^{-3}}\ [\text{dBm}] \tag{10.73b}$$

마지막으로 가장 문제가 되는 3차 고조파 $2\omega_1 - \omega_2$ 또는 $2\omega_2 - \omega_1$ 성분의 출력 $P_{2-1}$은 다음과 같이 쓸 수 있다.

$$P_{2-1} = \frac{(3\,A^3\,\alpha_3/4)^2}{2\,R} \tag{10.74a}$$

$$P_{2-1\text{dBm}} = 10\log \frac{(3\,A^3\,\alpha_3/4)^2}{2\,R}\,\frac{1}{10^{-3}}\ [\text{dBm}] \tag{10.74b}$$

이제 만일 $R = 50\ \Omega$이라 하고 식 (10.72)와 식 (10.74)를 다시 쓰면 다음과 같다.

$$
\begin{aligned}
P_{0\text{dBm}} &= 20\log A\,\alpha_1 + 10 \\
&= 20\log A + 20\log \alpha_1 + 10\,[\text{dBm}] \\
P_{2-1\text{dBm}} &= 20\log 3\,A^3\,\alpha_3/4 + 10 \\
&= 60\log A + 20\log \alpha_3 + 8.77
\end{aligned}
$$

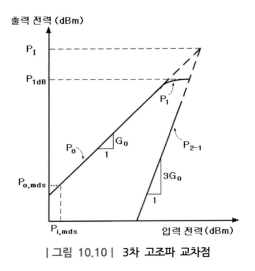

| 그림 10.10 | 3차 고조파 교차점

$$= 3\left(P_{\text{0dBm}} - 20\log\alpha_1 - 10\right) + 20\log\alpha_3 + 8.77$$

$$= 3P_{\text{0dBm}} - 60\log\alpha_1 + 20\log\alpha_3 - 21.23\,[\text{dBm}] \tag{10.75}$$

따라서 3차 고조파 변조항의 크기는 동작전력레벨이 낮을 경우에는 지극히 작지만, 기본신호출력 $P_{\text{0dBm}}$에 비해 세 배의 기울기로 증가하기 때문에 입력구동전력을 증가시킬 경우에 그림 10.10과 같이 가상적인 점에서 만나게 되며, 그를 3차 고조파 교차점 $P_I$이라 한다.

또한 가능한 최소의 신호출력 $P_0$를 최소 검출가능 신호출력 $P_{0,mds}$라 하고, 3차 고조파 변조항 $P_{2-1}$가 $P_{0,mds}$와 같아질 때의 $P_0$와 $P_{0,mds}$ 사이를 증폭기의 Spurious Free Dynamic Range $DR_f$라 하며, 통상적인 증폭기의 $DR_f$ 근삿값은 다음 식에 의해 구할 수 있다.

$$DR_f = \frac{2}{3}\left(P_I - P_{0,mds}\right) \tag{10.76}$$

### 평형증폭기

보통 평형증폭기(Balanced Amplifier)는 SSPA, 광대역증폭기 등의 회로설계에 있어 대역폭이나 출력, 또는 신뢰도를 높이기 위하여 이용되는 구조로서, 랭지 결합기와 같은 90° 하이브리드를 그림 10.11과 같이 두 개의 똑같은 증폭기 전후에 연결해줌으로써 그와 같은 특성을 얻고 있으며, 이는 오늘날 MIC의 설계를 위하여 가장 보편적으로 사용되는 구조라고 할 수 있다.

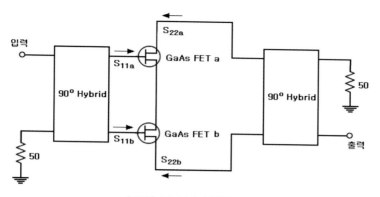

| 그림 10.11 | 평형증폭기

이러한 회로구성에서는 두 증폭기가 동일하게 설계되어 균형을 이루고 있기만 하면, 설령 증폭기의 입력 또는 출력단자에서의 임피던스 정합이 잘못되더라도, 그들에 의한 반사는 다음의 식에서와 같이 서로 상쇄되어 외부적으로는 잘 정합된 회로처럼 동작한다.

$$S_{11} = \frac{1}{2}(S_{11a} - S_{11b})$$

$$S_{22} = \frac{1}{2}(S_{22a} - S_{22b}) \tag{10.77}$$

여기에서 $a$와 $b$는 각각 다른 GaAs FET를 나타내며, 1과 2는 각각 입력과 출력단자를 나타낸다.

만일 두 개의 GaAs FETs가 동일하다면 평형증폭기의 최대로 동작이 가능한 전력레벨은 단일종단증폭기(Single-Ended Amplifier)에 비해 두 배로 증가하지만, 입력이 1/2로 나뉘어 증폭된 다음 다시 합해지기 때문에 전력이득은 단일종단의 경우와 전혀 차이가 없게 된다.

또한 두 개의 GaAs FETs 중에 하나가 제기능을 발휘하지 못하는 경우에는 출력이 6 dB 감쇠되지만 증폭기는 고장 수리 시까지 제기능을 발휘할 수 있으며, 상기와 같은 평형증폭기의 장점을 요약하면 다음과 같다.

1) 입출력 VSWR이 좋다.
2) 안정도가 좋다.
3) 신뢰도가 높다.
4) 튜닝이 쉽다.

5) 가용전력레벨이 3 dB 높다.

6) 대역폭이 넓다.

그러나 실제적으로는 GaAs MESFET의 *S*파라미터들은 수백 개의 칩 중에 한 개씩 추출한 샘플을 측정하여 얻어진 것으로, 통상 칩의 수율은 격자결함이나 제조과정에서 개입된 결함으로 인하여 약 6~10% 가량 떨어지기 때문에 제작회사에서 제공하는 카탈로그의 데이터는 정확하지 못하다. 따라서 재생산성과 회로의 성능을 제고하고 튜닝의 수고를 줄이며 생산가를 줄이기 위해서는 개개의 GaAs FET 칩을 회로 내에 설치하기 전에 소자의 특성화 과정(Device Characterization)을 수행하여야 한다.

### 마이크로 펄스 출력증폭기

일반적으로 CW GaAs FET 증폭기는 A급으로 동작되지만 펄스 출력증폭기의 경우에는 전력효율 때문에 그와 같은 동작 모드는 충분치가 못하게 되고, 특히 듀티 사이클이 작은 경우에는 더더욱 그러하므로 대부분 C급 또는 F급으로 동작시키고 있다. 또한 CW 증폭기의 경우에 동작전류는 RF 입력이 없는 상태에서도 연속적으로 흐르게 되므로 온도상승과 방열처리 문제가 심각하게 대두되는 반면에, 펄스 전력증폭기의 설계에 있어서는 평균전력의 개념은 별개의 것으로 취급될 수도 있다. 채널의 온도가 올라가면 출력이 떨어지게 되므로 최대의 성능과 효율을 얻기 위해서는 게이트 바이어스를 펄스에 맞추어 놓아야 하며 얻어질 수 있는 성능은 펄스의 듀티 사이클에 따라 달라질 수밖에 없다.

따라서 시스템을 포괄적으로 설계하는 입장에서 보았을 때 CW 증폭기와 펄스 출력증폭기의 유일한 차이점은 게이팅 신호(Gating Signal)의 유무에 있다고 할 수 있다. 만일 펄스의 Rising Time과 Falling Time이 200 nsec 이상이면 GaAs FET의 게이트를 On-Off하는 것만으로도 필요한 RF 펄스를 얻기에 충분하지만, 만일 훨씬 더 빠른 Rising과 Falling Time이 요구되는 경우에는 별도의 RF Pulsing 회로가 필요하게 된다. 그 이유는 아주 짧은 펄스폭의 게이팅 신호를 얻기가 쉽지 않고 단순한 게이팅만으로 급격한 Rising 및 Falling Time이 얻어지기 어렵기 때문이다.

결국 RF 펄스가 입력되는 경우의 증폭기는 펄스 모양에 아무런 영향을 미치지 않기 때문에 CW 증폭기로 충분하지만, 보통 불필요한 전력소모를 막기 위하여 별도로 GaAs FET에 게이팅 펄스를 입력시켜 펄스가 없는 경우에는 GaAs FET를 Off시킨다. 그 경우에 게이팅 펄스는 RF 펄스가 도착하기 전에 충분히 정상상태에 올라와 있어야 하므로 약 200 nsec 이상 먼저 입력되어야 한다.

대신호 C급 증폭기의 설계에 있어 완벽한 회로정수를 구하기는 어려우므로 알려져 있는 전원 임피던스와 부하 임피던스에 대한 소자의 특성을 구하고, 그로부터 출력과 이득, 전력효율, 안정도 등의 최소 요구조건을 만족하도록 입출력 정합회로를 설계하게 되며 그 과정을 요약하면 다음과 같다.

1) 소자의 물리적인 파라미터와 DC 특성을 기초로 하여 입출력 임피던스를 모형링한다.
2) 모형링된 입출력 임피던스를 50 Ω으로 변환시키는 임시 정합회로를 설계한다.
3) Multiple-Stub Tuner를 사용하여 증폭기가 최대의 출력과 최소의 반사전력을 갖도록 최적으로 튜닝한다.
4) Load-Pull Method를 이용하여 측정한다.
5) 최종적인 임피던스 정합회로를 설계한다.
6) 제작된 회로를 재튜닝하여 최적화하고 특성을 검토한다.

그러나 정확한 임피던스 정합회로의 설계가 증폭기 설계의 전부는 아니고, 전반적인 스퓨리어스 출력신호 및 정합온도와 그 분포의 측정도 지극히 중요하며 이를 통하여 신뢰도 문제를 해석할 수 있다.

C급 증폭기 설계에서의 기생 발진은 공통적인 문제이며 입출력 회로 사이의 상호작용에 의하여 발생되는 것으로 원인 규명과 대책이 매우 어렵다.

이를 감소시키기 위해서는 CG(게이트 공통)나 CS(소스 공통)에 있어 게이트와 소스의 인입선 인덕턴스를 줄여야 하는데, 이는 그것이 입출력 신호에 공통의 접지경로가 되기 때문이다.

불안정 형태 중에 가장 공통적인 것이 저주파 발진이며, 이는 스펙트럼 분석기를 통하여 확인할 수 있고 캐리어 주파수 측면에 한 셀의 스펙트럼 선으로 나타난다.

모든 RF 소자의 저주파 이득은 아주 높기 때문에 그 주파수대역에서의 궤환경로나 공진회로가 구성됨을 피해야 하고 바이패스시키는 일이 지극히 중요하다. 보통 드레인 전원단자에 RF 초크와 100 pF ~ 10 $\mu$F 정도의 바이패스 커패시터를 사용해야 하며 손실성 페라이트 비드도 사용될 수 있다.

다른 방법으로는 입력회로의 $Q$를 감소시키고 출력회로의 $Q$를 높게 하는 방법을 생각해볼 수도 있다.

또한 능동소자의 고장이 온도로부터 기인되는 경우가 많기 때문에 소자 내에서의 온도를 낮게 유지시키는 것과 골고루 분포시키는 일이 아주 중요하며, 그를 위해 접합온도를 측정하여 유효 열저항을 계산할 수 있는 방법으로 세 가지를 들 수 있는데, 그 중에 가장 보편적으로 쓰이는 방법은 광학 현미경과 연결된 적외선 검출기를 이용하는 적외선 주사 기술(Infrared Scanning Technique)이다.

보통 적외선 주사기(Infrared Scanner)의 해상도는 1 mil ~ 1.6 $\mu$m 정도이며 5 $\mu$sec까지의 열변화가 측정될 수 있다.

소자 표면으로부터 나오는 적외선은 검출기를 통하여 전압으로 변환되고 이 검출된 전압을 기준 곡선과 비교하여 Peak Transient Temperature를 측정한다. 그로부터 Hot-Spot Junction Temperature가 여러 가지 동작조건하에서 어떻게 변하는지를 결정함으로써 최악의 상황을 피할 수 있다.

둘째 방법은 액정 측정기술(Liquid Crystal Measurement Technique)로서 바이어스된 상태의 FET상에 나타나는 Hot-Spot 온도를 측정할 수 있는 좋은 방법이며, 이는 액정 내의 모든 분자가 Melting Point와 Isotropic Temperature 사이에서는 같은 방향으로 정렬되고 Isotropic Temperature 이상에서는 랜덤한 방향성을 갖는 현상을 이용한 것이다. Isotropic Temperature는 그 액정의 고유한 특성으로서 온도편차가 불과 0.5℃ 이내일 뿐 아니라 상온에서 액체상태이며 50 ~ 200℃ 까지의 다양한 Isotropic Temperature를 갖는 여러 가지 액정들이 가용하다.

셋째로는 소자의 온도변화에 따른 전류전압특성을 측정하여 접합온도를 계산하는 방법이 있는데, 이 방법으로는 큰 Multi-Cell Device에 만연하는 Hot-Spot을 찾아낼 수가 없고 접합온도의 평균값 $T_j$만을 알 수 있다. GaAs FET의 드레인과 전원 사이에 MOS 스위치를 넣고 Calibration하는 동안에는 스위치를 끊어서 소스로부터 격리시킨 다음, 소스와 게이트 사이의 쇼트키 Barrier 접합을 순바이어스시키고 여러 가지 온도에서의 전류전압곡선을 얻는다. 게이트의 입력으로는 짧은 펄스를 이용하는데, 이는 Calibration이 끝난 후 측정 시에 게이트 펄스가 들어오는 시간 동안 드레인을 차단시켜 게이트-소스 접합의 순방향 특성을 얻기 위함이다. 이때 보통 게이트 입력으로는 펄스폭이 10 $\mu$sec이고 Pulse Repitition Rate가 50 Hz인 주기펄스가 사용된다.

온도에 따른 접합의 순방향 특성이 얻어지면 GaAs FET는 정상적인 동작점으로 바이어스 되고 게이트와 드레인에는 그림 10.12 같은 바이어스 펄스가 입력되며, 게이트 펄스가 입력되어 접합이 순바이어스되는 짧은 시간 동안에는 드레인이 차단되며 그 동안의 순바이어스 특성에 의해 온도가 계산될 수 있다.

일반적으로 GaAs FET의 접합은 칩 표면에서 1 $\mu$m 이내에 위치하고 그 밑으로 상당히 큰 열용량을 가지고 있으며, 그 때의 Thermal Resistance $\theta_T$에 대응하는 Thermal Time Constant를 갖게 된다. 같은 재료를 사용하는 경우라면 다이의 두께가 두꺼울수록 Thermal Time Constant 와 $\theta_T$는 증가한다.

Thermal Time Constant는 짧은 펄스로 동작되는 경우에는 매우 중요한 파라미터가 되는 것으로서, 접합온도 $T_j$가 열용량 때문에 출력크기에 따라 즉시적으로 반응하지 않고 따라서 정격보다 훨씬 높은 출력상태에서도 접합온도가 낮은 값을 갖게 되므로 소자에 부담을 덜 주게 되는 반면, 펄스폭이 Thermal Time Constant의 2~3배 이상인 경우에는 CW의 경우와 비슷하게 된다.

또한 SSPA를 C급으로 동작시키는 경우에는 당연히 증폭기의 특성이 전원전압의 변동에

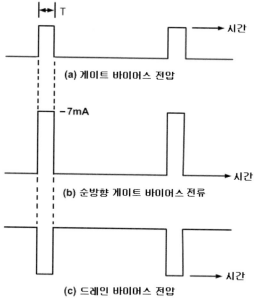

| 그림 10.12 | 접합온도의 측정을 위한 바이어스 조건

민감하게 되어 각 Stage 출력의 크기와 위상이 크게 변한다. 이와 같은 현상은 SSPA 출력단의 Power Combining Network나 Phased Array에서 위상과 크기의 차이에 의한 등가적인 손실을 수반하며, 특히 각 펄스 간의 크기와 위상의 변동은 MTI(Moving Target Indicator)의 성능에 제한을 주게 된다.

전원 설계와 그 전력분배의 방법에 따라서도 SSPA의 신뢰도나 전원의 비용이 큰 영향을 받게 되는데, 예를 들어 한 개의 큰 용량의 전원으로 전 시스템을 공급하는 경우에는 가격이 싼 대신 전원 고장 시에 송신기 전체가 동작불능상태로 되는 데 비하여, 같은 출력을 8개의 전원으로 공급하는 경우에는 한 개의 전원이 고장 나더라도 약 1 dB 정도의 출력감쇠를 받으며 적절한 고장 수리 시까지 송신기는 비교적 문제없이 동작될 수 있다.

대부분의 레이더 시스템에 공통적인 Pulsed Power Amplifier의 전원설계에 있어서는 펄스의 주기 동안 아주 높은 피크 전류를 공급해야 하므로 Energy Storage Capacitor를 사용하는 것이 통상적인 방법이다. 따라서 전원과 정류회로는 인접한 펄스 사이에 다음 펄스를 공급하기 위해 충전을 행하게 되며, Storage Capacitor가 특정한 전압값에 이를 때까지 일정한 충전전류를 흘려주고 일단 충전이 되면 전류값이 0이 된다.

일반적으로 충전전류는 다음 펄스가 도착하는 순간에 요구되는 충전전압값에 이르도록 조절하는 것이 좋은데, 그 이유는 급격한 전류의 변화가 발생하지 않도록 하고자 함이며 급격한 전류변화는 주전원에 급격한 부하변동을 주기 때문이다. 정류기는 펄스와 펄스 사이에서만 전류를 공급하므로 전류변화가 있다고 할 수 있지만 그 효과는 방전되는 펄스 전류에 비하여 아주 작기 때문에 거의 무시할 수 있다.

정류회로로는 Power Tr.을 직렬로 연결한 Series-Pass Type이 많이 사용되는 편이지만 부피와 무게를 고려할 때 Switching Regulator가 좀 더 효율적이라 볼 수 있으며 Switching Regulator를 위해 적절한 펄스와 타이밍을 제공하기 위한 고품질의 IC도 가용하다.

특히 크기와 무게, 그리고 효율이 중요하게 부각되는 항공기나 인공위성에서는 Switching Regulator가 유리하다고 할 수 있지만 설계와 Troubleshooting이 어렵고 가격이 비싼 단점이 있다.

일반적으로 전원의 효율이 높으면 접합의 온도가 낮아서 신뢰도가 큰 것으로 알려져 있지만, 실제적으로는 Switcher가 고장 났을 경우 연속적으로 부품을 파손시키기 때문에 아직까지는 신뢰도 면에서 크게 기대하기 어려움이 입증되었다.

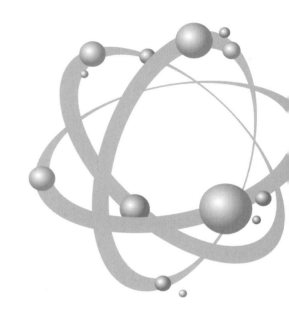

# 11 공진기

## 11.1    공진회로

    공진회로(Resonant Circuits)는 수 Hz에서부터 빛의 주파수까지에 걸쳐 발진기나 동조 증폭기, 필터 그리고 주파수 측정기 등에 있어 지극히 중요한 역할을 하고 있는데, 저주파대역에서부터 VHF/UHF 대역까지는 주로 집중소자(Lumped Elements)를 이용한 공진회로가 사용되지만, 마이크로파 이상의 주파수대역에서는 분포정수를 갖는 공진기들이 사용되므로, 그들을 비교 분석하기 위하여 집중정수소자들은 $R_0$, $L_0$, $C_0$와 같이 나타내고, 분포정수회로에서 단위길이당의 소자값들을 $R$, $L$, $C$로 나타내기로 한다.

    또한 분포정수를 갖는 공진기들은 그 형태에 관계없이 같은 집중정수(Lumped-Parameter)의 등가회로로 간주될 수 있으므로, 먼저 그림 11.1의 직렬 및 병렬 $RLC$ 공진회로에 대해 살펴보자(부록 참조).

    그림 11.1에서 $R_0$는 단순히 인덕터 $L_0$나 용량 $C_0$ 내부에서의 전력손실이나 또는 공진회로 외부에 부착된 부하로 유출되는 전력을 등가적으로 나타낸 것이다.

    이제 그림 11.1(a) 직렬 공진회로의 입력 임피던스는 다음과 같이 나타낼 수 있다.

$$Z_{\mathrm{in}} = R_0 + j\omega L_0 \left( 1 - \frac{1}{\omega^2 L_0 C_0} \right)$$

$$= R_0 + j\omega L_0 \left( 1 - \frac{1}{\omega^2 L_0 C_0} \right) \tag{11.1}$$

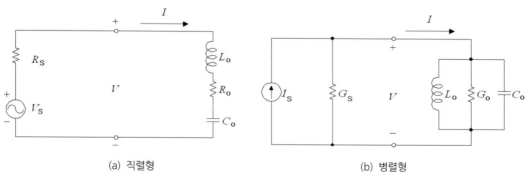

(a) 직렬형          (b) 병렬형

| 그림 11.1 | 집중정수 공진회로

$$\omega_0^2 = \frac{1}{L_0 C_0} \tag{11.2}$$

$$\begin{aligned}
Z_{\text{in}} &= R_0 + j\omega L_0 \left(1 - \frac{\omega_0^2}{\omega^2}\right) \\
&= R_0 + j\omega L_0 \ \frac{\omega^2 - \omega_0^2}{\omega^2} \\
&= R_0 + j\omega L_0 \ \frac{(\omega - \omega_0)(\omega + \omega_0)}{\omega^2} \\
&\fallingdotseq R_0 + j\omega L_0 \ \frac{2\omega\Delta\omega}{\omega^2} \\
&= R_0 + j \ 2 L_0 \ \Delta\omega
\end{aligned} \tag{11.3}$$

여기에서 다음 조건을 사용하였다.

$$\omega - \omega_0 = \Delta\omega, \quad \omega \fallingdotseq \omega_0 \tag{11.4}$$

또한 공진회로 양단의 전압과 유입전류를 각각 $V$, $I$ 라 할 때, 복소입력전력은 다음과 같이 주어진다.

$$\begin{aligned}
\frac{1}{2} V I^* = \frac{1}{2} Z I I^* &= \frac{1}{2} I I^* \left(R_0 + j\omega L_0 - \frac{j}{\omega C_0}\right) \\
&= \frac{1}{2} R_0 I I^* + \frac{j\omega}{2} L_0 I I^* - \frac{j\omega}{2} \frac{I I^*}{\omega^2 C_0}
\end{aligned} \tag{11.5}$$

그런데 일반적으로 페이저 전압 및 전류 $V$, $I$ 로 나타내어지는 코일 $L_0$ 와 용량 $C_0$ 에 축적되는 에너지 $W_m$, $W_e$ 및 저항 $R_0$ 에서 소모되는 전력 $P_\ell$ 은 아래와 같다.

$$\begin{aligned}
W_m &= \frac{1}{4} L_0 I I^* \\
W_e &= \frac{1}{4} C_0 V V^* = \frac{1}{4} C_0 \frac{I}{\omega C_0} \frac{I^*}{\omega C_0} \\
P_\ell &= \frac{1}{2} R_0 I I^*
\end{aligned} \tag{11.6}$$

따라서 식 (11.1)은 다음과 같이 쓸 수 있다.

$$\frac{1}{2} Z I I^* = P_\ell + 2j\omega\,(W_m - W_e) \tag{11.7}$$

결과적으로 $RLC$ 직렬 공진회로의 입력 임피던스 $Z_{in}$은 다음 식으로 주어진다.

$$Z_{in} = \frac{P_\ell + 2j\omega\,(W_m - W_e)}{1/\,2\,I I^*} \tag{11.8}$$

## 11.2  전송선로 공진회로

### 11.2.1 직렬 공진

마이크로파 이상의 주파수대역에 대해서는 집중정수의 $LC$ 공진회로가 단락선로(Short-Circuited Line) 또는 개방선로(Open-Circuited Line) 등의 분포정수 공진기로 대치되어 사용되고 있고, 따라서 공진기 전체에 분포되어 있는 손실요인에 의해 결정되는 $Q$값이나 임피던스가 관심의 대상이 된다.

마이크로스트립의 경우에는 일반적으로 도체손실에 의한 직렬저항 $R$ 외에도 통상 유전체가 사용되기 때문에 유전체손실에 기인하는 병렬컨덕턴스에 의하여 회로의 $Q$값이 현저히 저하된다. 이제 그와 같은 일정길이의 전송선로가 여러 가지 공진주파수에서 등가적으로 어떻게 나타낼 수 있는지 조사해보기로 한다.

**단락선로**

단락선로(Short-Circuited Line)는 그 선로의 길이가 $\frac{1}{2}$파장의 정수배와 같아지는 주파수 근처에서 직렬 공진회로로 간주될 수 있으며, 선로길이가 $\frac{1}{2}$파장인 경우에 제반 등가적 파라미터는 다음과 같이 구해진다.

2장에서 다루어진 바와 같이 단위길이당의 선로정수가 $R$, $L$, $C$이고 길이가 $l$인 단락선로의 입력 임피던스는 식 (2.52)에 의하여 다음과 같이 쓸 수 있다.

$$
\begin{aligned}
Z_{in} &= Z_0 \tanh \gamma l \\
&= Z_0 \tanh (\alpha l + j\beta l) \\
&= Z_0 \frac{\sinh (\alpha l + j\ \beta l)}{\cosh (\alpha l + j\ \beta l)} \\
&= Z_0 \frac{\sinh \alpha l \cdot \cos \beta l + j \cosh \alpha l \cdot \sin \beta l)}{\cosh \alpha l \cdot \cos \beta l + j \sinh \alpha l \cdot \sin \beta l)} \\
&= Z_0 \frac{\tanh \alpha l + j \tan \beta l}{1 + j \tanh \alpha l \cdot \tan \beta l}
\end{aligned}
\tag{11.9}
$$

이제 $l$이 반파장이 되는 주파수, 즉 $l = \dfrac{\lambda_0}{2}$인 주파수를 $f_0$ 또는 $\omega_0$라 하면, $f = f_0 + \Delta f$인 주파수에서의 길이 $l$에 해당하는 위상은 다음과 같다.

$$
\beta l = \omega \frac{l}{v_p} = \frac{\omega \lambda_0}{2 f_0 \lambda_0} = \pi \frac{\omega}{\omega_0} = \pi + \pi \frac{\Delta \omega}{\omega_0}
\tag{11.10}
$$

단 $\omega = \omega_0$에서는 $\beta l = \pi$이다.

그런데 통상적으로 $\alpha l \ll 1$ 및 $\pi \dfrac{\Delta \omega}{\omega_0} \ll 1$이므로

$$
\tan \alpha l \fallingdotseq \alpha l
$$

$$
\tan \beta l \fallingdotseq \tan\left(\pi + \pi \frac{\Delta \omega}{\omega_0}\right) = \tan \pi \frac{\Delta \omega}{\omega_0}
$$

$$
\fallingdotseq \pi \Delta \omega / \omega_0
\tag{11.11}
$$

이들을 식 (11.9)에 대입하면 다음과 같이 쓸 수 있다.

$$
\begin{aligned}
Z_{in} &\fallingdotseq Z_0 \frac{\alpha l + j\pi \Delta \omega / \omega_0}{1 + j \alpha l \pi \Delta \omega / \omega_0} \\
&\fallingdotseq Z_0 \left(\alpha l + j\pi \Delta \omega / \omega_0\right)
\end{aligned}
\tag{11.12}
$$

여기에서 $Z_0 = \sqrt{L/C}$ 이고, 당분간 유전체에 의한 병렬손실을 무시하는 경우에, 식 (2.11), (2.12)에 의하여 $\alpha$ 와 $\beta$ 는 다음과 같다.

$$\alpha = \frac{1}{2} R \sqrt{C/L}$$
$$\beta = \omega_0 \sqrt{LC} \qquad (11.13)$$

따라서

$$Z_0 \alpha l = \frac{1}{2} Rl$$
$$\beta l = \omega_0 \sqrt{LC} \; l = \pi$$
$$\pi / \omega_0 = l \sqrt{LC}$$
$$\therefore \; Z_0 \pi / \omega_0 = lL \qquad (11.14)$$

이들을 식 (11.12)에 대입하면 $Z_{in}$ 은 아래와 같은 식으로 나타낼 수 있다.

$$Z_\in \fallingdotseq \frac{1}{2} Rl + jlL\Delta\omega \qquad (11.15)$$

그러므로 식 (11.3)과 (11.15)를 비교해봄으로써 단락선로는 $l = \lambda_0 / 2$ 인 주파수 근처에서 아래와 같은 저항과 인덕턴스를 갖는 직렬 공진회로로 동작함을 알 수 있다.

$$R_0 = \frac{1}{2} Rl$$
$$L_0 = \frac{1}{2} Ll \qquad (11.16)$$

그런데 단락선로의 총 저항과 인덕턴스는 $Rl$ 및 $Ll$ 인 데 반하여 식 (11.7)에는 $\frac{1}{2}$ 이 포함되어 있는데, 그 이유는 단락선로 전체에 걸친 전류분포가 반파장으로서 유효회로정수가 전체의 반으로 되기 때문이다.

단락선로 $Q$ 는 다음과 같이 정의된다(부록참조).

$$Q_0 = \frac{\omega_0 L_0}{R_0} = \frac{\omega_0 L}{R} = \frac{\beta}{2\alpha} \tag{11.17}$$

**개방선로**

개방선로(Open-Circuited Line)의 경우에는 선로길이가 $\frac{1}{4}$파장의 홀수배에 해당하는 주파수에 대하여 직렬 공진회로와 등가적으로 동작하기 때문에, 최저 공진주파수가 $l = \lambda_0 / 4$로 나타내는 것 이외에는 단락선로와 그 전개과정이 매우 유사하므로 생략하기로 한다.

결과적으로 얻어지는 제반 파라미터들의 관계식은 다음과 같다.

$$l = \lambda_0 / 4 \tag{11.18}$$

$$Z_{in} \fallingdotseq \frac{1}{2} Rl + jlL \, \Delta\omega \tag{11.19}$$

$$R_0 = \frac{1}{2} Rl \tag{11.20}$$

$$L_0 = \frac{1}{2} Ll \tag{11.21}$$

$$\omega_0^2 = (L_0 C_0) \tag{11.22}$$

## 11.2.2 병렬 공진

단락선로는 그 선로의 길이가 $\frac{1}{4}$파장의 홀수배와 같아지는 주파수 근처에서 병렬 공진회로로 동작되며, 개방선로는 선로길이가 $\frac{1}{2}$파장의 정수배에 해당되는 경우에 병렬 공진회로로 동작된다.

그와 같은 병렬 공진회로를 일명 반공진회로(Antiresonance Circuit)라고도 하는데, 그의 해석은 어드미턴스를 기준으로 하는 것이 편리하며, 제반 파라미터의 유도과정은 직렬 공진의 경우와 흡사하므로 생략한다.

**마이크로스트립 공진기**

마이크로스트립 선로를 이용하는 초고주파 회로에서 마이크로스트립 개방선로 조각을 이용하여 만들어진 간단한 공진기를 사용할 수 있다.

그와 같은 마이크로스트립 공진기((Microstrip Resonators)의 몇 가지 실례들을 그림 11.2에 보였는데, 이들은 모두 주 선로와 정전용량을 통하여 결합시킨 것이다.

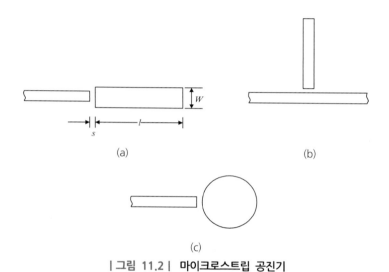

(a)

(b)

(c)

| 그림 11.2 | **마이크로스트립 공진기**

11.4 **공동 공진기**

낮은 마이크로파대역에서 전송선로 공진기의 크기가 지나치게 크거나 수 GHz 이상의 주파수대역에서 비교적 낮은 $Q$값이 문제시되는 경우에는, 공진기를 위해 도체로 일정 공간을 차폐시키고 그 내부에 전자파가 여기(Excite)될 수 있도록 한 공동(cavity) 공진기가 주로 사용되고 있으며, 전자파 에너지는 그 차폐된 캐비티 내에 축적된다.

캐비티 내의 전자파는 작은 동축선로 프로브(Probe)나 루프(Loop)에 의하여 여기되거나 외

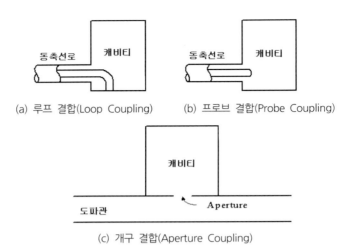

(a) 루프 결합(Loop Coupling)　　　(b) 프로브 결합(Probe Coupling)

(c) 개구 결합(Aperture Coupling)

| 그림 11.3 | 캐비티 결합방법

부회로와 결합될 수도 있고, 작은 개구(Aperture)를 통하여 외부 도파관과 결합될 수도 있으며, 그 방법들은 그림 11.3에 예시한 바와 같다.

　통상 캐비티 벽의 유한한 도전율과 캐비티 내에 사용되는 유전체의 유전손실로 인하여 전력손실이 발생하게 되고, 이들은 등가적인 유효저항으로 간주되며, 일반적으로 직사각형 공동(Rectangular cavity), 원통형 공동(Cylindrical cavity), 동축형 공동(Coaxial cavity) 등이 많이 사용되며, 이 외에도 그림 11.4와 같은 여러 가지 구조의 캐비티들이 사용될 수 있다.

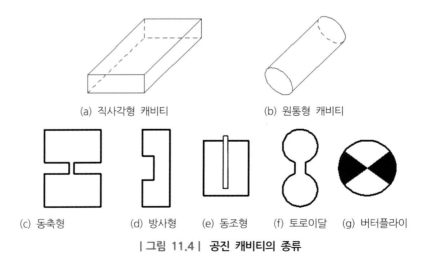

(a) 직사각형 캐비티　　　　　　　(b) 원통형 캐비티

(c) 동축형　　　(d) 방사형　　(e) 동조형　　(f) 토로이달　(g) 버터플라이

| 그림 11.4 | 공진 캐비티의 종류

## 11.5 유전체 공진기

유전체 공진기(Dielectric Resonator)은 저손실과 고유전율(High Permittivity) 특성을 가지며, 온도변화에 대해 안정한 세라믹 재료를 그림 11.5와 같이 디스크, 공 또는 직육면체 형태로 가공한 것으로서, 그 크기나 차폐조건에 따라 여러 가지 모드로 공진시킬 수 있다.

이와 같은 유전체 공진기 내에서는 전자파가 금속 캐비티와 유사한 모드로 공진하지만, 유전체 표면에 인접한 공기 중에도 약간의 전자계가 존재하는 차이가 있으며, 만일 $\epsilon_r$이 충분히 커서 유전체의 크기가 작으면 대부분의 전자계가 공진기 내부에 갇히고 공진기 외부의 전자계조차도 Quasi-Static하게 되어 방사손실이 아주 작아진다.

따라서 저손실의 유전체가 사용되는 경우, 공진기의 $Q$값은 비교적 높은 값을 나타내게 되는데, 통상 얻어지는 유전체 공진기의 무부하 $Q$값은 100~수백 정도가 된다.

또한 그 크기는 속이 빈 금속의 캐비티 공진기에 비해 약 $1\sqrt{\epsilon_r}$만큼 작게 되어 만일 $\epsilon_r$ = 100이면 캐비티 크기를 십분의 일로 줄일 수 있기 때문에 집적도가 높을 뿐 아니라 가격이 저렴하여, MIC 내의 필터나 발진회로 등에 아주 적합하여 광범위하게 사용되어 왔으며, 앞으로도 더욱 그 효용 가치가 높아질 추세이다.

유전체 공진기의 공진주파수는 그 크기와 유전상수에 의하여 결정되는데, 이들 파라미터들은 온도에 따라 변하게 되므로, 가능한 유전율의 온도에 따른 변화가 작고 열팽창계수가 작은 물질을 사용할 필요가 있다.

최근 들어 유전체 공진기에 적합한 수많은 세라믹 화합물들이 개발되어, 이제는 불과 단위 온도변화에 대해 수 PPM(Parts Per Million) 이내의 안정도를 갖는 재료가 가용하게 되었다.

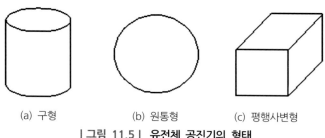

(a) 구형          (b) 원통형          (c) 평행사변형

| 그림 11.5 | 유전체 공진기의 형태

그러한 재질 중의 하나가 바륨 계열(Barium Tetratitanate)로서 비유전율이 40이고 손실 탄젠트가 약 0.0005이며, 따라서 손실 탄젠트의 역수에 해당되는 고유 $Q$는 2,000 정도가 된다.

디스크 형태의 유전체 공진기에서 통상적인 공진모드는 $TE_{01\delta}$ 모드(원통형 캐비티의 $TE_{011}$ 모드와 유사함)로서 자계는 디스크에 수직한 방향이고 전계는 디스크(그림 11.6)의 중심 주위를 그리는 동심원 방향으로 형성되며, 이와 같은 구조는 멀리 떨어진 관측자에게는 자기 다이폴(Magnetic Dipole)과 같이 보인다. 여기에서 $\delta$의 의미는 $z$ 방향으로의 변화가 전혀 없지는 않지만 정재파를 나타낼 만큼 많이 변하지는 않기 때문에 1보다 작다는 뜻이다.

비유전율 $\epsilon_r$이 40 이상인 경우에는 $TE_{011}$ 모드에서 축적되는 전계에너지는 95% 이상, 축적 자계에너지는 60% 이상이 유전체 공진기 내부에 있게 된다.

유전체 공진기에 사용되는 재료들과 제작 실례들을 표 11.1에 보였다.

가장 보편적으로 사용되는 원통형 유전체 공진기는 그림 11.7과 같이 높이 $H$가 반경 $R$과 거의 같은 디스크인데, 공진기와 마이크로스트립 선로 사이의 결합은 그림 11.7의 간격 $S$에 의하여 결정하며, 기판 아래의 접지면(Ground Plane) 내에 발생되는 자기 다이폴이 영상(Image)에 의해 Quadrapole을 형성하기 때문에 공진주파수는 기판 두께에 따라 다소 달라지게 된다.

**| 표 11.1 |  유전체 공진기의 성질**

| Composition | Dielectric Constant | Q @10 GHz | Temperature Coefficient of Frequency | Frequency Range | Manufacturer |
|---|---|---|---|---|---|
| $Ba_2Ti_9O_{20}$ | 40 | 4,000 | +2 | 1~50 GHz | Bell Labs |
| $BaTi_4O_9$ | 39 | 3,500 | +2 | 1~50 GHz | Raytheon |
| | | | | | Trans Tech |
| $(Zn-Sn)TiO_4$ | 38 | 4,000 | −4~−102 | 1~60 GHz | Trans Tech |
| | | | | | Thomson-CSF |
| | | | | | Murata |
| $Ba(Zn_{1/3}Ta_{2/3})O_2$ | 29 | 10,000 | 0~102 | 5~60 GHz | Murata |
| $(Ba,Pb)Nd_2Ti_5O_{14}$ | 90 | 5,000@1 GHz | 0~62 | 0.8~4 GHz | Murata |
| | | | | | Trans Tech |

*조성에 따라 조절될 수 있음

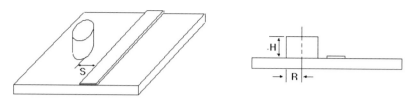

| 그림 11.6 | 마이크로스트립 선로에 결합된 유전체 공진기

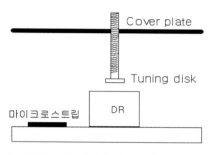

| 그림 11.7 | 유전체 공진기의 튜닝 방법

차폐된 유전체 공진기의 공진주파수는 그림 11.7에 보인 바와 같이 공진기 위쪽에 작은 금속 디스크를 두고 공진기 윗면과의 간격을 조정함으로써 다소 변화시킬 수 있다.

## 11.6 YIG 공진기

YIG(Yttrium Iron Garnet)는 분자식이 $Me_3Fe_5O_{12}$ 또는 $5Fe_2O_3 3Me_2O_3$, $Me_3 Fe_2 (FeO_4)_3$ 등으로 나타내어지는 희토류금속의 혼합물이며, 보통의 페라이트와 같은 페리자성 특성을 가지면서 그보다 손실이 훨씬 작다.

이와 같은 YIG를 단결정으로 작은 구(보통 직경 40 mil) 형태로 하였을 경우에 지극히 손실이 작아서 다음과 같이 주어지는 페리자성체 공진주파수에서 동작하는 공진기(Resonator)로 사용할 수 있다.

$$w_0 = \mu_0 \gamma H_0 \tag{11.23a}$$

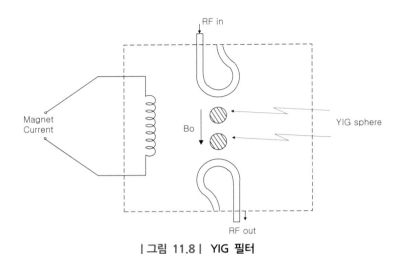

| 그림 11.8 | YIG 필터

$$f_0 = 2.8 \, H_0 \, [\text{MHz}] \tag{11.23b}$$

여기서 $H_0$의 단위는 에르스텟이다($1 \, \text{A/m} = 4\pi \times 10^{-3} \, \text{Oersteds}$).

위 식에서부터 알 수 있듯이 YIG 공진기의 중요한 특징은 공진주파수가 상당히 넓은 대역에 걸쳐 $H_0$에 의해 변화될 수 있다는 것이며, 사용주파수의 하한값은 약 3.5 GHz 정도이고 이것은 포화자화(Saturation magnetization)를 일으킬 수 있는 $H_0$의 최솟값에 의하여 결정되기 때문에 Gd(Gadolium)를 추가 도핑함으로써 다소 낮출 수가 있다.

그와 같은 YIG 공진기를 이용한 필터의 설계도 가능한데, 일례로 그림 11.8은 필터의 차단 특성을 좋게 하기 위하여 두 개의 YIG Sphere를 이용한 것으로, 공진주파수만이 필터를 통과할 수 있으며, 그 이외의 주파수에 대해서는 단락회로처럼 작용하여 대부분의 RF 에너지를 전원 쪽으로 되돌려 보낸다.

따라서 이 YIG를 발진기의 궤환경로에 두면 전기적으로 조절이 가능한 발진기로 사용할 수 있고, 터널 다이오드나 트랜지스터 발진기, Comb Generator 등과 함께 사용하여 고조파가 없는 우수한 마이크로파 신호원을 구현할 수 있다.

따라서 YIG 공진기는 가변 마이크로파 필터와 가변 마이크로파 오실레이터 등에 광범위하게 사용될 수 있다.

도파관형의 YIG 동조필터를 그림 11.9에 보였다.

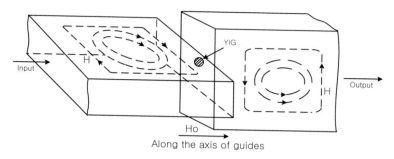

| 그림 11.9 | 도파관형 YIG 필터

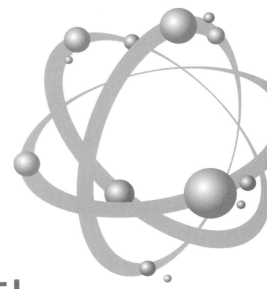

# 12 마이크로파 필터

필터는 대부분의 전자회로에서 필수적으로 사용되는 부품으로서, 신호의 주파수 성분들의 상대적인 크기나 위상 특성을 바꾸어 주기 위하여 사용되며, 특히 모든 통신 시스템은 정보를 포함하고 있는 신호 내에 섞여 있는 간섭이나 잡음 또는 고조파 등과 같이 원치 않는 오염신호를 분리해낼 목적으로 한 개 이상의 필터를 갖고 있으며, 그의 설계는 수신신호의 품질을 좌우하게 된다.

이상적인 필터는 통과대역 내에서는 모든 주파수 성분들이 전혀 감쇠를 받지 않아야 하고 똑같은 속도로 전달되어야 하며, 차단대역에 있는 모든 주파수 성분들은 완전히 제거되어야 하지만, 실제로는 약간의 손실을 동반할 수밖에 없고 통과대역과 차단대역을 날카롭게 자를 수 없어 이상적인 개념과는 차이가 많이 나기 때문에 용인될 수 있는 필터의 특성 범위를 설정하여 설계 및 제작하여 사용할 수밖에 없으며, 따라서 실제적인 필터는 통과대역 내의 모든 주파수 성분들이 동일한 비율로 감쇠되면서 위상변화는 주파수에 정비례하는 선형시스템의 특성에 최대한 가깝게 되도록 설계되어야 한다.

그러한 필터의 설계 및 제작에 있어 사용주파수에 따라 약 1 ~ 2 GHz 이하에서는 집중정수소자가 주로 사용되고 더 높은 주파수대역에서는 분포정수소자가 사용되고 있으며, 사용목적이나 설계방법, 또는 구조나 사용되는 부품 등에 따라 매우 다양한 종류들이 사용되고 있는데, 이들은 통상 다음과 같이 분류될 수 있다.

### 부품 배열 구조에 따른 분류

부품이 배열되는 방법에 따라서 그림 12.1과 같이 T형 또는 π형의 사다리(Ladder)구조와

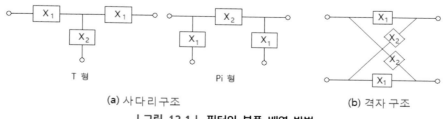

**(a) 사다리 구조**  **(b) 격자 구조**

| 그림 12.1 | 필터의 부품 배열 방법

격자(Lattice)구조 등으로 구분할 수 있다.

## 사용주파수대역에 따른 분류

1) 오디오 필터(AF Filter)
2) 고주파 필터(RF Filter)
3) 마이크로파 필터(M/W Filter)

## 주파수 차단 특성에 따른 분류

1) 저역통과 필터(LPF : Low Pass Filter)
2) 고역통과 필터(HPF : High Pass Filter)
3) 대역통과 필터(BPF : Band Pass Filter)
4) 대역차단 필터(Band Stop Filter)
5) 전 대역통과 필터(All Pass Filter)

상기의 필터들 중 1) ~ 4)항에 대해서는 필터의 크기 특성(Amplitude Response)만이 강조되고 위상 특성(Phase Response)은 아예 명시가 되지 않거나 대충 명시되는 경우가 대부분으로서,

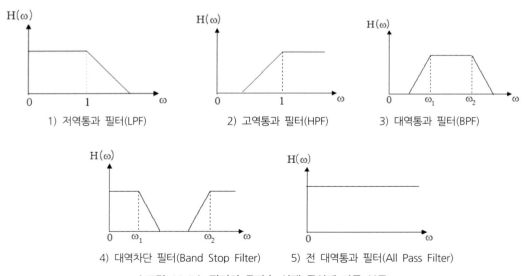

1) 저역통과 필터(LPF)  2) 고역통과 필터(HPF)  3) 대역통과 필터(BPF)

4) 대역차단 필터(Band Stop Filter)  5) 전 대역통과 필터(All Pass Filter)

| 그림 12.2 | 필터의 주파수 선택 특성에 따른 분류

그러한 필터의 설계를 위해서는 크기 특성(이득 또는 삽입손실)을 만족하면서 위상 천이(Phase Shift)가 최소화되도록 최소 위상 필터(Minimum-Phase Filter)를 설계하게 된다.

크기와 위상이 모두 정확히 명시되는 경우에는 최소 위상 필터를 먼저 설계하고, 별도로 요구되는 위상 특성을 만족하는 전 대역통과 필터(Non-minimum Phase All-Pass Filter)를 설계하여 두 필터를 직렬 연결하는 방법이 가장 보편적으로 사용된다. 이와 같은 전 대역통과 필터 회로를 종종 위상 보상기(Phase Equalizer 또는 Delay Equalizer)라고도 한다.

또한 4)항의 대역차단 필터에서 주파수 차단대역이 지극히 좁은 필터를 일명 노취 필터(Notch Filter)라고도 한다.

## 사용 부품에 따른 분류

1) 능동 필터(Active Filter) : RC interstage, LC interstage,

Op-Amp가 Upper Limit 결정(1 GHz)

2) 수동 필터(Passive Filter)

- 집중정수소자 필터 : RC 필터, LC 필터,

Electromechanical 필터(Piezoelectric, Magnetostrictive)

- 분포정수소자 필터 : 마이크로스트립 필터(Microstrip Filter)

Cavity Filter(Helical, Coaxial, Combline)

상기의 모든 필터들의 성능 규격(Performance Specification)은 주로 통과대역 내의 삽입손실과 차단 특성, 그리고 대역 내에서의 군 지연(Group Delay) 등에 의하여 정의되며, 그 외에도 마이크로파 필터의 경우에는 입출력 반사 특성이 중요한 파라미터가 된다.

먼저 전반적인 필터의 이해를 위하여 간단한 RC 필터에 대하여 기술하고, 이어서 마이크로파 필터를 쉽게 설계할 수 있는 방법에 관하여 기술하고자 한다.

## 12.2 · RC 필터

비교적 낮은 주파수에 있어 간단한 주파수 특성을 갖는 이상적인 인덕터(코일)나 커패시터(용량)를 기본요소로 하여 필터를 설계하는 과정은 아주 완벽할 정도로 잘 개발되어 있으나, 실제적으로 1 kHz 이하의 저주파에 대해서는 인덕터의 $Q$값이 매우 작아서 특성 좋은 공진회로를 구현하기가 어려울 뿐 아니라, 코일과 용량의 물리적인 크기가 너무 커지기 때문에 최근의 작은 PCB 및 부품들과 같이 사용되기 어렵다.

그중에도 특히 유도성 소자들이야말로 필터를 포함한 많은 저주파회로의 개발에 큰 장애요소가 되고 있다고 할 수 있다.

따라서 저주파대역에서의 주파수 선택 문제를 해결하기 위한 유일한 방법은 공진회로를 만들지 않고 그림 12.3과 같은 RC 필터를 설계하는 것이며, RC 필터의 장점으로는 다음과 같은 사항을 들 수 있다.

1) 제작과정이 간단함
2) 물리적 크기가 작음
3) 저렴한 가격
4) 외부전계에 의한 영향을 무시할 수 있음
5) 낮은 동작주파수에 적합

그러나 이 RC 필터는 공진 특성이 없기 때문에, Notch Flter의 경우를 제외하고는 수동소자만으로 좋은 선택도(차단 특성)를 얻기 어려운 점과 수백 kHz 이상의 주파수에서는 요구되는 $C$값이 지나치게 작아지고 이는 회로의 기생용량과 거의 같은 수준이 되어 RC 필터의 사용이 어렵게 되는 단점이 있다.

주파수 선택도를 좋게 하기 위한 방안으로 Active RC 필터가 있는데, 이는 능동소자와 그에 따른 전원의 필요성이 가장 큰 변수가 된다고 할 수 있으며, 저주파의 경우에는 필터에서 코일을 제거하는 이점이 매우 크기 때문에 많은 종류의 LC 필터가 Active RC 필터로 대치되고 있다.

Active RC 필터는 일반 트랜지스터 회로에서도 소형 및 경제적이고, IC 회로와 같이 대량

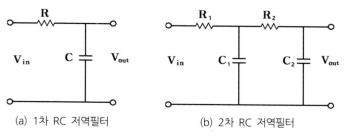

| (a) 1차 RC 저역필터 | (b) 2차 RC 저역필터 |

| 그림 12.3 | RC 저역필터(RC Low Pass Filter)

생산하는 경우에 아주 적합하여 널리 이용되고 있다.

가장 간단한 RC 필터는 그림 12.3(a)와 같이 저항 한 개와 콘덴서 한 개를 직렬 연결하여 만들 수 있으며, 리액티브 소자를 C 하나만 사용하므로 1차 필터(1st-Order Filter 또는 One Pole Filter)라 한다.

그러한 RC LPF에서는 주파수가 변함에 따라 주파수에 반비례하는 리액턴스를 나타내면서 낮은 주파수에서는 매우 큰 값의 용량성(-) 리액턴스를 갖게 되고 높은 주파수에서는 작은 값의 용량성(-) 리액턴스를 갖는 반면, 저항값은 모든 주파수에 대해 일정하기 때문에, 출력 $V_{out}$은 다음 식과 같이 저역통과 특성을 갖게 되며, 이를 로그 스케일로 나타낸 주파수 특성 (Frequency Response 또는 Bode Plot)의 크기 특성과 위상 특성을 그림 12.4에 나타내었다.

$$V_{out} = \frac{1/j\omega C}{R + 1/j\omega C} \, V_{in} = \frac{1}{j\omega RC + 1} \, V_{in} = |V_{out}| \angle \triangle\phi \tag{12.1}$$

$$|V_{out}| = \frac{1}{\sqrt{1 + \omega^2 R^2 C^2}} \, V_{in} \tag{12.2}$$

$$\triangle\phi = -\tan^{-1}\omega RC \tag{12.3}$$

일반적으로 필터의 출력전력이 1/2 되는 주파수, 즉 상기 식 (12.1)에서 그 크기가 $1/\sqrt{2}$ 되는 주파수를 차단주파수 $f_c$로 정의하는데, $1/(1+j)$의 절댓값이 $1/\sqrt{2}$ 이므로 이를 식 (12.1)과 비교해보면 $\omega RC = 1$일 경우에 해당되기 때문에, 차단주파수는 다음 식으로 정의 된다.

$$f_c = \frac{1}{2\pi RC} \tag{12.4}$$

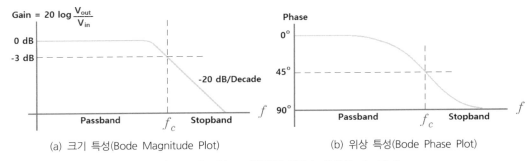

(a) 크기 특성(Bode Magnitude Plot)　　　　　(b) 위상 특성(Bode Phase Plot)

| 그림 12.4 |　1차 RC 필터의 주파수 특성(Bode Plot)

　　식 (12.3)에 의하면 차단주파수에서 $\tan^{-1} 1 = \pi/4$이고 $\omega RC = 1$이므로, 차단주파수 $f_c$에서의 위상지연은 45°가 되며, 그 근처에서의 크기 응답 특성은 그림 12.4(a)에 나타내어진 바와 같이 2배의 주파수 변화에 대해 전력도 2배만큼 변하는, 즉 전압/전류는 그 제곱 배만큼 변하는 $-6\,\mathrm{dB/Octave}$로, 또는 10배의 주파수 변화에 대하여 100배만큼 변하는 $-20\,\mathrm{dB/Decade}$로 근사될 수 있다.

　　만일 또 하나의 1차 RC 필터를 직렬 연결하면 그림 12.3(b)와 같은 2차 RC 필터(2nd-Order RC Filter)가 되는데, 그의 주파수 응답 특성은 그림 12.5와 같으며, 크기 응답의 차단 특성은 1차 RC 필터의 2배(dB 단위로)인 $-40\,\mathrm{dB/Decade}$가 되는 반면, 필터의 삽입손실 또한 2배가 된다.

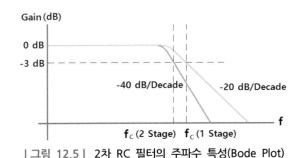

| 그림 12.5 |　2차 RC 필터의 주파수 특성(Bode Plot)

마이크로파 필터 설계

집중정수소자를 사용하는 저주파 필터에 비하여 분포정수회로를 사용하여야 하는 마이크로파 주파수대역에서의 필터 설계는 훨씬 더 어려워서, 아직까지도 완전한 필터이론이나 설계방법이 개발되어 있지 못하다. 바로 마이크로파 회로소자의 복잡한 주파수 특성이 일반적이고도 완벽한 필터 합성방법의 개발을 불가능하게 한다고 할 수 있다.

그럼에도 불구하고 마이크로파 필터 설계를 위한 몇 가지 유용한 기술이 개발되어 있고, 그중에서도 특히 협대역 필터의 경우에는 비교적 수월한데, 그 이유는 대부분의 마이크로파 소자들이 한정된 주파수 범위에서 이상적인 유도성 또는 용량성 리액턴스를 갖기 때문이다. 필터 설계에 있어 공통적으로 사용되는 기술은 영상 파라미터법(Image Parameter Method)과 삽입손실법(Insertion-Loss Method)이 있다.

## 12.3.1 영상 파라미터법(IPM)

영상 파라미터법(Image Parameter Method)의 개념은 그림 12.6과 같은 무손실 2선(2 Wire) 전송선로의 등가회로를 연상하여 쉽게 이해될 수 있는데, 얼핏 보기에도 전송선로는 저역통과 필터의 특성을 나타내게 됨을 알 수 있으며, 만일 전송선로의 길이가 무한하거나 또는 길이가 유한하더라도 부하 임피던스가 $Z_L = Z_o$인 경우에는 선로의 입력 임피던스가 $Z_o$와 같게 된다.

이제 만일 그림의 점선 부분에 해당하는 미소구간 $\triangle z$ 내의 소자값들을 임의로 변경시키거나 소자들의 위치를 바꾼다면, 임의의 저역통과 특성을 나타내는 LPF로 바꾸거나 또는 HPF

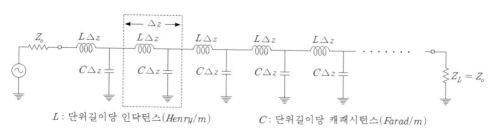

$L$ : 단위길이당 인덕턴스($Henry/m$)    $C$ : 단위길이당 캐패시턴스($Farad/m$)

| 그림 12.6 | 무손실 2선 전송선로의 등가회로

나 BPF의 특성을 나타내도록 변경이 가능할 것이며, 따라서 전송선로가 아닌 등가회로 자체를 제작함으로써 소정의 필터를 구현할 수가 있음을 알 수 있고, 그 등가회로는 단위 회로섹션이 반복적으로 연결된 형태가 될 것이다.

만일 이러한 필터 단위 섹션의 수가 무한하다면, 그 필터를 새로운 무한히 긴 전송선로 또는 주기적 구조(Periodic Structure)처럼 간주하여 그의 특성 임피던스를 정의할 수 있을 것이며, 그 임피던스를 영상 임피던스(Image Impedance)라 하고, 그렇게 설계되는 필터를 영상 파라미터 필터(Image Parameter Filter 또는 Image Filter)라 한다.

설령 그 길이가 유한하더라도 전송선로와 마찬가지로 필터 출력포트를 영상 임피던스로 종단하여 정합시키면 각 단위 섹션 사이 임의 점의 임피던스는 영상 임피던스와 같게 되며, 각 단위 회로섹션을 하나의 2단자쌍(2-Port) 회로로 간주하여 출력을 영상 임피던스로 정합시켰을 경우의 단위 섹션의 입력 임피던스는 영상 임피던스와 같게 된다. 회로가 비대칭인 경우에는 당연히 입력 영상 임피던스와 출력 영상 임피던스가 다르게 된다.

그러한 영상 파라미터 필터는 입력의 첫째 소자와 출력의 마지막 소자를 직렬 또는 병렬로 연결함에 따라 그림 12.7과 같이 점선 내부의 단위 회로섹션을 T형 또는 π형으로 간주하여 설계할 수 있다.

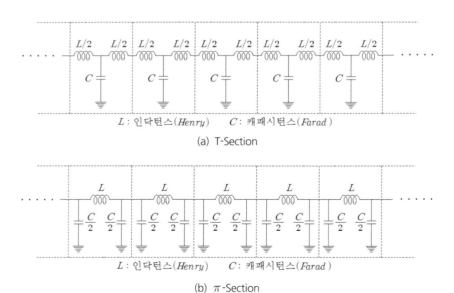

(a) T-Section

(b) π-Section

| 그림 12.7 | 집중정수소자로 구현된 상수-k 저역통과 필터의 단위 섹션

필터의 모든 단위 섹션의 영상 임피던스 값을 k로 균일하게 설계하는 필터를 상수-k (Constant-k) 필터라 하고, 필터의 차단 특성을 개선시키기 위하여 차단주파수 근처에서 직렬 또는 병렬 공진을 일으킬 수 있는 소자를 추가하고 0 ~ 1 사이의 상수 m값에 따라 공진주파수 를 다르게 설정할 수 있도록 한 필터를 m-Derived Filter라 하며, 그들 섹션들을 조합하여 설계 된 필터를 복합 영상 필터(Composite Image Filter)라 한다.

이 영상 파라미터법은 하나의 단위 특성을 갖는 회로망을 다단으로 연결하여 원하는 필터 특성을 얻어내는 해석 중심의 회로 합성 방법이라고 할 수 있으며, 설계 시 요구되는 통과대 역과 차단대역만을 정의하고 세부적인 주파수 특성을 정확히 명시하지 않기 때문에 정확한 예측이 어렵고, 원하는 주파수 특성을 얻기 위해서는 수많은 반복 합성(Cut-and-Try) 과정을 거쳐야 하므로 최근에는 잘 사용되지 않는다.

## 12.3.2 삽입손실법(ILM)

삽입손실법(Insertion-Loss Method)에 의한 필터 설계는 1939년에 Sidney Darlington에 의해 개발되었으며, 이는 합성 중심의 회로 합성 방법으로서, 설계 시부터 물리적으로 실현가능한 주파수 특성을 완전히 명시하고 체계적으로 시작하기 때문에 전자에 비해 훨씬 더 효율적으 로 필터회로를 합성할 수 있어서 압도적으로 선호되고 있다.

LPF, HPF, BPF 등의 모든 필터 설계는 오래전부터 공개되어 있는 저역통과 필터 원형 (Prototype)을 기초로 하여 임피던스와 주파수를 스케일링함으로써 구현할 수 있으며, 그렇게 함으로써 임의의 주파수대역에 걸쳐 임의의 저항성 부하에 대해 필터 합성을 위한 노력이 경 감될 수 있다.

만일 모든 회로소자에 분포하는 작은 손실을 감안한다면 필터의 특성이 영향을 받을 수가 있으나, 필터 설계 시 이들 영향까지 고려하는 것은 합성 과정을 지나치게 복잡하게 하므로 통상 손실의 효과는 무시되며, 특히 마이크로파 주파수에서는 손실을 충분히 작게 유지시킬 수 있기 때문에, 대부분의 경우 완전히 무손실 소자를 가정하여 필터를 설계하여도 만족할만 한 특성을 얻을 수 있다.

## 필터의 삽입손실

스위치나 감쇠기, 필터 등 대부분의 전자회로나 부품은 2단자쌍(2-Port) 회로로 간주될 수 있고, 이들의 전달 특성은 전력이득(Power Gain) 또는 전력전달률(Power Transfer Ratio)로 일컬어지는 같은 식으로 나타내어지고, 차단 특성을 나타내는 삽입손실(Insertion Loss) 또는 전력손실률(Power Loss Ratio) 역시 같은 식에 의하여 정의되면서, 전달 특성과는 서로 역수 관계에 있으며, 회로 자체의 손실을 무시한 삽입손실은 다음과 같이 입력전력과 출력전력, 그리고 반사전력에 의하여 정의된다.

$$P_{LR} = \frac{\text{필터 입력전력}}{\text{부하 전달전력}} = \frac{P_{inc}}{P_{load}} = \frac{P_{inc}}{P_{inc} - P_{ref}} \tag{12.5}$$

여기에서 $P_{inc}$는 신호원으로부터 가용한 전력이고, $P_{load}$는 부하에 전달되는 전력, $P_{ref}$는 필터의 입력단에서 반사되는 전력이며, 이는 항상 '1'보다 크거나 같은 값이 되는데, 이제 이를 dB값으로 나타낸 것을 $P_{inc}(\mathrm{dB})$라 하면 다음과 같다.

$$P_{LR}(\mathrm{dB}) = 10 \log_{10} P_{LR} \ [\mathrm{dB}] \tag{12.6}$$

그런데 반사전력은 입력전력과 반사계수에 의하여 다음과 같이 나타내어진다.

$$P_{ref} = |\Gamma(\omega)|^2 \, P_{inc} \tag{12.7}$$

$$P_{load} = \left\{ 1 - |\Gamma(\omega)|^2 \right\} P_{inc} \tag{12.8}$$

따라서 식 (12.5)는 다음과 같이 나타내어진다.

$$P_{LR} = \frac{P_{inc}}{P_{load}} = \frac{1}{1 - |\Gamma(\omega)|^2} \tag{12.9}$$

상기 식에서 $|\Gamma(\omega)|^2$은 $\pm\omega$에 대하여 대칭이므로 $\omega^2$에 대하여 함숫값이 유일하게 정의될 수 있고, 따라서 $\omega^2$에 관한 다항식으로 나타낼 수 있으며, 이 식의 주파수 특성이 필터의 특성이기 때문에 구현가능성을 우선적으로 고려하여 $|\Gamma(\omega)|^2$을 다음과 같이 다항식들의 비 형태로 나타낸다.

$$|\Gamma(\omega)|^2 = \frac{M(\omega^2)}{M(\omega^2) + N(\omega^2)} \tag{12.10}$$

상기 식을 식 (12.9)에 대입하면 다음과 같다.

$$P_{LR} = \frac{1}{1 - |\Gamma(\omega)|^2} = \frac{1}{1 - \dfrac{M(\omega^2)}{M(\omega^2) + N(\omega^2)}}$$

$$= \frac{M(\omega^2) + N(\omega^2)}{M(\omega^2) + N(\omega^2) - M(\omega^2)} = 1 + \frac{M(\omega^2)}{N(\omega^2)} \tag{12.11}$$

상기 식 (12.11)의 삽입손실에 의해 필터 특성이 결정될 수 있는데, 이상적인 필터는 구현이 불가능하지만, 상기 식에서 $M(\omega^2)$과 $N(\omega^2)$의 선택에 따라 이상적인 필터 특성을 근사적으로 만족시킬 수 있는 다양한 필터를 설계할 수 있다.

## (1) Butterworth 저역통과 필터

식 (12.11)의 삽입손실이 다음과 같이 나타내어지는 것을 이항(Binomial) 특성이나 최대평탄(Maximally Flat) 특성 또는 Butterworth 특성이라고 하며, 가장 평탄한 통과대역 특성을 갖는 저역통과 필터를 정의한다.

$$P_{LR} = 1 + k^2 \left( \frac{\omega}{\omega_c} \right)^{2N} \tag{12.12}$$

여기에서 $N$은 필터의 차수이며, $\omega_c$는 차단주파수로서 $0 \sim \omega_c$ 사이의 주파수대역이 통과대역이 된다. 상기 삽입손실 값은 $\omega = \omega_c$에서 $1 + k^2$임을 알 수 있고, 만일 그 점을 삽입손실이 2가 되는, 즉 전력손실이 1/2이 되는 $-3\,\mathrm{dB}$ 점이라고 한다면 $k = 1$인 경우가 된다.

식 (12.12)가 최대평탄특성을 갖는 것은 $\omega = 0$에서 2N $-$ 1차까지의 모든 미분이 '0'인 사실에 기인된다.

$\omega > \omega_c$에 대해서 식 (12.12)의 우변 둘째 항은 '1'보다 훨씬 크기 때문에 다음과 같이 근사될 수 있다.

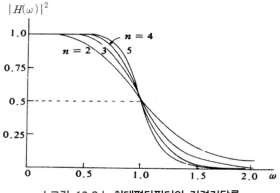

| 그림 12.8 | 최대평탄필터의 전력전달률

$$P_{LR} \simeq k^2 \left( \frac{\omega}{\omega_c} \right)^{2N} \tag{12.13}$$

상기의 근사화된 삽입손실은 $\omega$가 10배 증가함에 따라 약 $10^{2N}$배, 즉 $20N$ dB/Decade의 증가율을 나타내고 있으며, 이는 $\omega_c$ 이상의 주파수가 그러한 비율로 차단됨을 의미한다.

식 (12.12)로 나타내어지는 삽입손실의 역수로 나타내어지는 최대평탄필터(Butterworth Filter)의 전력전달률은 다음과 같고, 이를 그림 12.8에 나타내었다.

$$전력전달률 = \frac{1}{P_{LR}} = |H(\omega)|^2 = \frac{1}{1 + k^2 \left( \dfrac{\omega}{\omega_c} \right)^{2N}} \tag{12.14}$$

여기에서 $H(\omega)$는 최대평탄필터의 전달함수로서 4개의 $S$파라미터 중 $S_{21}$에 해당이 되며, $\omega_c = 1$이고 $k = 1$인 경우에는 다음과 같이 쓸 수 있다.

$$H(\omega) = S_{21} = \frac{1}{\sqrt{1 + \omega^{2N}}} \tag{12.15}$$

상기 전달함수는 다음과 같이 이항급수로 전개될 수 있다.

$$H(\omega) = \left(1 + \omega^{2N}\right)^{-1/2} = 1 - \frac{1}{2}\omega^{2N} + \frac{3}{8}\omega^{4N} - \frac{5}{16}\omega^{6N} - \cdots \tag{12.16}$$

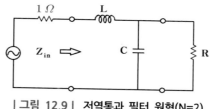

| 그림 12.9 | 저역통과 필터 원형(N=2)

그림 12.9와 같이 소스 임피던스(Source Impedance)가 1 Ohm이고, $\omega_c = 1$, $k = 1$인 경우에 2개의 소자 L 및 C를 사용하여 최대평탄특성을 갖는 LPF를 설계한다.

**풀이** 필터의 차수는 소자의 수이므로 N = 2이고 $\omega_c = 1$, $k = 1$이므로, 식 (12.12)의 삽입손실은 다음과 같이 나타내어질 수 있다.

$$P_{LR} = 1 + \omega^4 \tag{12.17}$$

이제 그림 12.9에서 입력 임피던스 $Z_{in}$을 계산하고, 그로부터 다시 한번 삽입손실에 관한 식을 유도하고, 그 결과를 식 (12.17)과 비교해보자.

$$Z_{in} = j\omega L + \frac{1}{\frac{1}{R} + j\omega C} = j\omega L + \frac{R}{1 + j\omega RC} = j\omega L + \frac{R(1 - j\omega RC)}{1 + \omega^2 R^2 C^2} \tag{12.18}$$

$$= \frac{R}{1 + \omega^2 R^2 C^2} + j\omega\left(L - \frac{R^2 C}{1 + \omega^2 R^2 C^2}\right) \tag{12.19}$$

상기 식으로부터 다음과 같이 쓸 수 있다.

$$Z_{in} + 1 = \frac{R}{1 + \omega^2 R^2 C^2} + 1 + j\omega\left(L - \frac{R^2 C}{1 + \omega^2 R^2 C^2}\right) \tag{12.20}$$

$$|Z_{in} + 1|^2 = \left(\frac{R}{1 + \omega^2 R^2 C^2} + 1\right)^2 + \omega^2\left(L - \frac{R^2 C}{1 + \omega^2 R^2 C^2}\right)^2 \tag{12.21}$$

$$Z_{in} + Z_{in}^* = \frac{2R}{1 + \omega^2 R^2 C^2} \tag{12.22}$$

한편 입력 반사계수와 입력 임피던스는 다음과 같은 관계를 갖는다.

$$\Gamma = \frac{Z_{in} - 1}{Z_{in} + 1} \tag{12.23}$$

따라서 그림 12.9에서의 삽입손실은 다음과 같이 쓸 수 있다.

$$P_{LR} = \frac{1}{1-|\Gamma|^2} = \frac{1}{1 - \left(\dfrac{Z_{in}-1}{Z_{in}+1}\right)\left(\dfrac{Z_{in}-1}{Z_{in}+1}\right)^*}$$

$$= \frac{|Z_{in}+1|^2}{(Z_{in}+1)(Z_{in}+1)^* - (Z_{in}-1)(Z_{in}-1)^*} = \frac{|Z_{in}+1|^2}{2(Z_{in}+Z_{in}^*)}$$

$$= \frac{\left(\dfrac{R}{1+\omega^2 R^2 C^2}+1\right)^2 + \omega^2\left(L - \dfrac{R^2 C}{1+\omega^2 R^2 C^2}\right)^2}{\dfrac{4R}{1+\omega^2 R^2 C^2}}$$

$$= \frac{1+\omega^2 R^2 C^2}{4R}\left[\left(\frac{R}{1+\omega^2 R^2 C^2}+1\right)^2 + \omega^2\left(L - \frac{R^2 C}{1+\omega^2 R^2 C^2}\right)^2\right]$$

$$= \frac{1}{4R(1+\omega^2 R^2 C^2)}\left[(R+1+\omega^2 R^2 C^2)^2 + \omega^2\{L(1+\omega^2 R^2 C^2) - R^2 C\}^2\right]$$

$$= \frac{1}{4R}\left[R^2 + 2R - 2\omega^2 L R^2 C + 1 + \omega^2 L^2 + \omega^2 R^2 C^2 + \omega^4 L^2 R^2 C^2\right]$$

$$= 1 + \frac{1}{4R}\left[(R-1)^2 + \omega^2(L^2 + R^2 C^2 - 2LCR^2) + \omega^4 L^2 R^2 C^2\right] \tag{12.24}$$

상기 식 (12.24)의 삽입손실 값은 식 (12.17)과 같아야 하므로 각 항들을 비교하여 다음과 같이 쓸 수 있다.

$$R = 1 \tag{12.25a}$$

$$L^2 + R^2 C^2 - 2LCR^2 = 0 \tag{12.25b}$$

$$L^2 C^2 R = 4 \tag{12.25c}$$

결국 최종적으로 그림 12.9로 주어진 최대평탄 저역통과 필터 원형을 위한 L, C 값들을 다음과 같이 얻을 수 있으며, 부하저항 $R = 1$로서 소스 임피던스에 정합이 되고 있다.

$$L = C = \sqrt{2} \tag{12.26}$$

상기 예제와 유사한 과정에 의해 모든 차수의 최대평탄 저역통과 필터 원형들을 구할 수가 있는데, 그림 12.10과 같이 병렬소자로 시작하는 경우와 직렬 소자로 시작하는 경우의 사다리 구조 저역통과 필터 원형들에 대하여 구해진 소자값들을 표 12.1에 나타내었다.

**| 표 12.1 |** 최대평탄 저역통과 필터 원형들의 차수에 따른 소자값($g_0 = 1$, $\omega_c = 1$, $N = 1 \sim 10$)

| N | $g_1$ | $g_2$ | $g_3$ | $g_4$ | $g_5$ | $g_6$ | $g_7$ | $g_8$ | $g_9$ | $g_{10}$ | $g_{11}$ |
|---|---|---|---|---|---|---|---|---|---|---|---|
| 1 | 2.0000 | 1.0000 | | | | | | | | | |
| 2 | 1.4142 | 1.4142 | 1.0000 | | | | | | | | |
| 3 | 1.0000 | 2.0000 | 1.0000 | 1.0000 | | | | | | | |
| 4 | 0.7654 | 1.8478 | 1.8478 | 0.7654 | 1.0000 | | | | | | |
| 5 | 0.6180 | 1.6180 | 2.0000 | 1.6180 | 1.6180 | 1.0000 | | | | | |
| 6 | 0.5176 | 1.4142 | 1.9318 | 1.9318 | 1.4142 | 0.5176 | 1.0000 | | | | |
| 7 | 0.4450 | 1.2470 | 1.8019 | 2.0000 | 1.8019 | 1.2470 | 0.4450 | 1.0000 | | | |
| 8 | 0.3902 | 1.1111 | 1.6629 | 1.9615 | 1.9615 | 1.6629 | 1.1111 | 0.3902 | 1.0000 | | |
| 9 | 0.3473 | 1.0000 | 1.5321 | 1.8794 | 2.0000 | 1.8794 | 1.5321 | 1.0000 | 0.3473 | 1.0000 | |
| 10 | 0.3129 | 0.9080 | 1.4142 | 1.7820 | 1.9754 | 1.9754 | 1.7820 | 1.4142 | 0.9080 | 0.3129 | 1.0000 |

그림 12.10의 소자값 $g_n$은 $n = 1 \sim N$에 대해서는 직렬이면 인덕턴스를, 병렬이면 용량값을 나타내고, $g_o$는 저항 또는 컨덕턴스 값을 나타내며, $g_{N+1}$은 $g_N$이 직렬이면 컨덕턴스 값, 병렬이면 저항값을 나타내게 된다.

또한 그림 12.11에는 최대평탄 저역통과 필터의 차수 값에 따른 주파수 차단 특성을 dB 값으로 나타내었다.

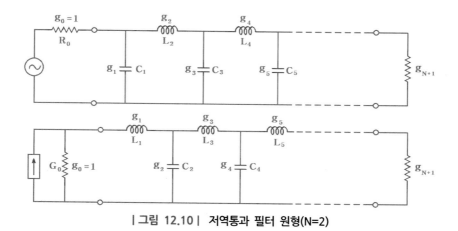

**| 그림 12.10 |** 저역통과 필터 원형(N=2)

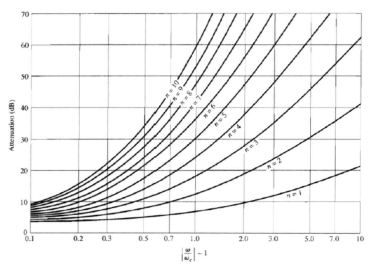

| 그림 12.11 | **최대평탄 저역통과 필터의 차단 특성**
("Microwave Filters, Impedance Matching Networks", G. L. Marthaei, L. Young, E. Jones)

---

**예제 12.2** **최대평탄 LPF 차수 결정**

차단주파수 $f_c$가 2 GHz이고, 3 GHz에서의 감쇠량이 20 dB인 최대평탄 저역통과 필터의 차수(Order = 소자의 수) $N$을 결정하시오.

**풀이** 상기 그림 12.11을 이용하기 위하여 다음을 계산한다.

$$\frac{\omega}{\omega_c} - 1 = \frac{3}{2} - 1 = 0.5$$

그림에서 수평축이 0.5인 경우에 20 dB 이상인 커브는 $N = 6$이므로 최소 6개 이상의 소자를 사용하여야 한다.

$$N \geq 6$$

## (2) 체비셰프(Chebyshev) 저역통과 필터

통과대역 내에 일정 크기의 리플을 허용하는 대신 차단 특성을 강화시킬 수 있는 필터로 체비셰프 저역통과 필터가 많이 사용되는데, 이는 독립변수 $x$가 $\pm 1$ 사이에서 함숫값이 $\pm 1$로 제한되는 체비셰프 다항식(Chebyshev Polynomials)을 이용하는 것으로서, 이 다항식은 원래 다음과 같은 미분방정식의 해에 기인한다.

$$(1-x)^2 \frac{dy^2}{d^2x} - x\frac{dy}{dx} + n^2 y = 0 \qquad (12.27)$$

상기 미분방정식의 일반해는 임의의 상수 $A$, $B$에 대해 다음과 같이 쓸 수 있다.

$$y = A\cos(n\cos^{-1}x) + B\sin(n\cos^{-1}x),\ |x| \le 1 \qquad (12.28a)$$

상기 식 (12.28)을 다항식으로 전개하면 1종(1st Kind) $T_n(x)$와 2종(Second Kind) $U_n(x)$로 다음과 같이 나타낼 수도 있다.

$$y = A\,T_n(x) + B\,U_n(x) \qquad (12.28b)$$

상기 식에서 2종(Second Kind) 해 $U_n(x)$는 $x = \pm 1$ 사이에서 함숫값의 절댓값이 '1'보다 커져서 목적에 적합하지 못하므로 제외시키고, 주로 1종(1st Kind) 해 $T_n(x)$만 사용되며, 차수 $n$에 따른 체비셰프 다항식 $T_n(x)$는 식 (12.29)와 같고, 이들 각각 $x$값에 따른 함숫값의 변화를 그림 12.12에 나타내었다.

$T_0(x) = 1$

$T_1(x) = x$

$T_2(x) = 2x^2 - 1$

$T_3(x) = 4x^3 - 3x$

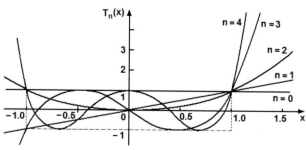

| 그림 12.12 | 변수값 $x$에 따른 체비셰프 다항식의 변화

$$T_4(x) = 8x^4 - 8x^2 + 1$$

$$T_5(x) = 16x^5 - 20x^3 + 5x$$

$$T_6(x) = 32x^6 - 48x^4 + 18x^2 - 1$$

$$T_7(x) = 64x^7 - 112x^5 + 56x^3 - 7x$$

$$T_8(x) = 128x^8 - 256x^6 + 160x^4 - 32x^2 + 1$$

$$T_9(x) = 256x^9 - 576x^7 + 432x^5 - 120x^3 + 9x$$

$$T_{10}(x) = 512x^{10} - 1280x^8 + 1120x^6 - 400x^4 + 50x^2 - 1$$

$$T_{11}(x) = 1024x^{11} - 2816x^9 + 2816x^7 - 1232x^5 + 220x^3 - 11x \tag{12.29}$$

상기의 체비셰프 다항식 중 하나를 사용하여 다음과 같이 Insertion Loss를 정의하는 저역통과 필터를 체비셰프 필터(Chebyshev Filter 또는 Equal Ripple Filter)라 한다.

$$P_{LR} = 1 + k^2 \, T_N^2\left(\frac{\omega}{\omega_c}\right) \tag{12.30}$$

여기에서 $N$은 필터의 차수(Order)이며, $T_N(x)$는 $\pm 1$ 사이의 값을, $T_N^2(x)$는 $0 \sim 1$ 사이의 값을 가지므로, 상기 식의 삽입손실은 최솟값 '1'과 최댓값 $1 + k^2$ 사이의 리플값을 갖게 되고, 따라서 리플률(Ripple Factor) $k$값에 의해서 필터 통과대역 내의 리플값을 조절할 수 있다.

식 (12.29)의 모든 체비셰프 다항식은 충분히 큰 $x$값에 대해서 가장 높은 차수의 항이 주도하게 되므로, $T_N(x) \simeq (2x)^N/2$으로 근사될 수 있고, 따라서 상기 식 (12.30)은 다음과 같이 쓸 수 있다.

$$P_{LR} \simeq \frac{k^2}{4}\left(\frac{2\omega}{\omega_c}\right)^{2N} |x| \gg 1 \tag{12.31}$$

상기 식 (12.31)에서 삽입손실 $P_{LR}$은 주파수가 10배 증가함에 따라 약 $\left(2^{2N} 10^{2N}\right)/4$배, 즉 $(26N - 6)$ dB / Decade로서 최대평탄 필터에 비해 감쇠가 더 큼을 알 수 있으며, 이들 삽입손실과 역수 관계에 있는 전력전달률은 최댓값이 '1'이고, 이의 dB 값으로 나타내어진 주파수 차단 특성을 그림 12.13에 비교하여 나타내었다.

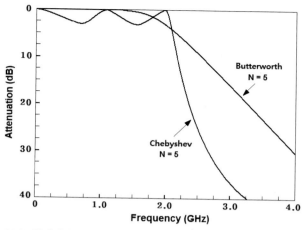

**| 그림 12.13 |** 최대평탄필터와 체비셰프 필터 전력전달률의 주파수 차단 특성 비교

그림 12.13으로부터 체비셰프 필터는 좀 더 날카로운 차단 특성을 갖는 대신 통과대역 내에 $1 + k^2$만큼의 리플이 생기게 됨을 알 수 있다.

그림 12.12에서 임의의 $N$값에 대해서 $T_N(1) = 1$이므로, 식 (12.30)의 삽입손실 값은 차단 주파수 $\omega = \omega_c$에서 $1 + k^2$임을 알 수 있고, 만일 이 점을 삽입손실이 2가 되는, 즉 전력손실이 1/2이 되는 $-3\,\mathrm{dB}$ 점이라고 한다면 $k = 1$인 경우가 된다.

---

**예제 12.3** 체비셰프 LPF 원형의 설계

이번에는 예제 12.1의 그림 12.9가 체비셰프 저역통과 특성을 갖도록 $\omega_c = 1$, $k = 1$인 경우에 대해서 L과 C 값을 결정하시오.

**풀이** 필터의 차수 $N = 2$이고 $\omega_c = 1$, $k = 1$이므로, 식 (12.30)의 삽입손실은 다음과 같이 나타내어질 수 있다.

$$P_{LR} = 1 + k^2 T_N^2\left(\frac{\omega}{\omega_c}\right) = 1 + T_2^2(\omega) = 2 - 4\omega^2 + 4\omega^4 \tag{12.32}$$

이미 예제 12.1에서 계산된 입력 임피던스 $Z_{in}$과 그에 따른 식 (12.24)의 삽입손실 $P_{LR}$은 동일하기 때문에, 그대로 사용하여 상기 결과와 비교하면 다음과 같다.

$$P_{LR} = 1 + \frac{1}{4R}\left[(R-1)^2 + \omega^2(L^2 + R^2C^2 - 2LCR^2) + \omega^4 L^2 R^2 C^2\right]$$

$$= 2 + \frac{1}{4R} \left[ R^2 - 6R + 1 + \omega^2 (L^2 + R^2 C^2 - 2LCR^2) + \omega^4 L^2 R^2 C^2 \right]$$

$$= 2 - 4\omega^2 + 4\omega^4 \tag{12.33}$$

상기 식 (12.33)의 각 항들을 비교하면 다음과 같이 쓸 수 있다.

$$R^2 - 6R + 1 = 0 \tag{12.34a}$$

$$\frac{1}{4R} (L^2 + R^2 C^2 - 2LCR^2) = -4 \tag{12.34b}$$

$$\frac{RL^2 C^2}{4} = 4 \tag{12.34c}$$

상기 식으로부터 다음과 같이 최종적인 결과를 얻을 수 있다.

$$R \simeq 5.8 \, L \simeq 3.1 \, C \simeq 0.534 \tag{12.35}$$

상기 예제에서 부하저항 $R \simeq 5.8$로서, 만일 $R_L = 1$인 필터를 연결하고자 한다면 정합회로가 필요하게 된다.

또한 상기 예제와 같이 $N = 2$인 경우에 만일 $k \neq 1$이면, 식 (12.33) 대신 다음 식을 만족하여야 한다.

$$P_{LR} = 1 + k^2 T_2^2(\omega) = 1 + k^2 (2\omega^2 - 1)^2 = 1 + k^2 (4\omega^4 - 4\omega^2 + 1)$$

$$= 1 + \frac{1}{4R} \left[ (R - 1)^2 + \omega^2 (L^2 + R^2 C^2 - 2LCR^2) + \omega^4 L^2 R^2 C^2 \right] \tag{12.36}$$

상기 식 (12.36)의 각 항들을 비교하면 다음 결과들을 유도할 수 있다.

$$k^2 = \frac{(R - 1)^2}{4R} \ \rightarrow \ R = 1 + 2k^2 \pm 2k \sqrt{1 + k^2} \tag{12.37a}$$

$$4k^2 = \frac{1}{4R} L^2 R^2 C^2 \tag{12.37b}$$

$$-4k^2 = \frac{1}{4R} (L^2 + R^2 C^2 - 2LCR^2) \tag{12.37c}$$

식 (12.37a)를 보면 $k = 0$이 아닌 한, 임피던스 정합이 되지 않음을 알 수 있고, 그러한 경향은 $N$이 짝수인 모든 경우에 해당되며, 이는 짝수 차의 체비셰프 다항식이 $\omega = 0$에서 '0'이

되지 않는다는 사실에 기인된다.

$$T_N(0) = \begin{cases} 0, & N \text{ 이 홀수인 경우} \\ 1, & N \text{ 이 짝수인 경우} \end{cases}$$

그에 비하여 $N$이 홀수인 경우에는 상기와 같이 그림 12.12의 홀수 차 체비셰프 다항식이

| 표 12.2 | 체비셰프 저역통과 필터 원형들의 차수와 리플률에 따른 소자값($g_0 = 1$, $\omega_c = 1$, $N = 1 \sim 10$)

### 0.5 dB 리플 ($k = 0.35$)

| $N$ | $g_1$ | $g_2$ | $g_3$ | $g_4$ | $g_5$ | $g_6$ | $g_7$ | $g_8$ | $g_9$ | $g_{10}$ | $g_{11}$ |
|---|---|---|---|---|---|---|---|---|---|---|---|
| 1 | 0.6986 | 1.0000 | | | | | | | | | |
| 2 | 1.4029 | 0.7071 | 1.9841 | | | | | | | | |
| 3 | 1.5963 | 1.0967 | 1.5963 | 1.0000 | | | | | | | |
| 4 | 1.6703 | 1.1926 | 2.3661 | 0.8419 | 1.9841 | | | | | | |
| 5 | 1.7058 | 1.2296 | 2.5408 | 1.2296 | 1.7058 | 1.0000 | | | | | |
| 6 | 1.7254 | 1.2479 | 2.6064 | 1.3137 | 2.4758 | 0.8696 | 1.9841 | | | | |
| 7 | 1.7372 | 1.2583 | 2.6381 | 1.3444 | 2.6381 | 1.2583 | 1.7372 | 1.0000 | | | |
| 8 | 1.7451 | 1.2647 | 2.6564 | 1.3590 | 2.6964 | 1.3389 | 2.5093 | 0.8796 | 1.9841 | | |
| 9 | 1.7504 | 1.2690 | 2.6678 | 1.3673 | 2.7239 | 1.3673 | 2.6678 | 1.2690 | 1.7504 | 1.0000 | |
| 10 | 1.7543 | 1.2721 | 2.6754 | 1.3725 | 2.7392 | 1.3806 | 2.7231 | 1.3485 | 2.5239 | 0.8842 | 1.9841 |

### 3.0 dB 리플 ($k = 1$)

| $N$ | $g_1$ | $g_2$ | $g_3$ | $g_4$ | $g_5$ | $g_6$ | $g_7$ | $g_8$ | $g_9$ | $g_{10}$ | $g_{11}$ |
|---|---|---|---|---|---|---|---|---|---|---|---|
| 1 | 1.9953 | 1.0000 | | | | | | | | | |
| 2 | 3.1013 | 0.5339 | 5.8095 | | | | | | | | |
| 3 | 3.3487 | 0.7117 | 3.3487 | 1.0000 | | | | | | | |
| 4 | 3.4389 | 0.7483 | 4.3471 | 0.5920 | 5.8095 | | | | | | |
| 5 | 3.4817 | 0.7618 | 4.5381 | 0.7618 | 3.4817 | 1.0000 | | | | | |
| 6 | 3.5045 | 0.7685 | 4.6061 | 0.7929 | 4.4641 | 0.6033 | 5.8095 | | | | |
| 7 | 3.5182 | 0.7723 | 4.6386 | 0.8039 | 4.6386 | 0.7723 | 3.5182 | 1.0000 | | | |
| 8 | 3.5277 | 0.7745 | 4.6575 | 0.8089 | 4.6990 | 0.8018 | 4.4990 | 0.6073 | 5.8095 | | |
| 9 | 3.5340 | 0.7760 | 4.6692 | 0.8118 | 4.7272 | 0.8118 | 4.6692 | 0.7760 | 3.5340 | 1.0000 | |
| 10 | 3.5384 | 0.7771 | 4.6768 | 0.8136 | 4.7425 | 0.8164 | 4.7260 | 0.8051 | 4.5142 | 0.6091 | 5.8095 |

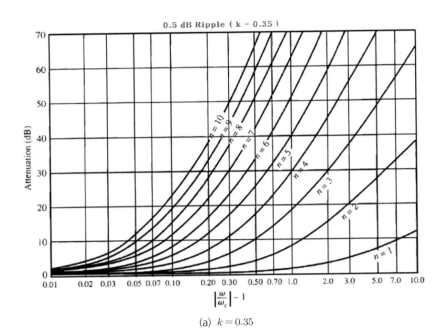

(a) $k = 0.35$

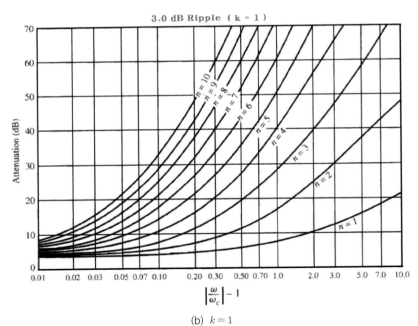

(b) $k = 1$

| 그림 12.14 | 체비셰프 저역통과 필터 원형의 주파수 차단 특성
("Microwave Filters, Impedance Matching Networks", G. L. Marthaei, L. Young, E. Jones)

$\omega = 0$에서 '0'으로서 삽입손실이 '1'이 되어 반사계수가 '0'이 되고 임피던스 정합이 이루어 지므로 저역통과 특성을 만족하게 된다.

따라서 $N$이 짝수인 모든 경우에는 임피던스 정합회로를 사용하거나 아니면 소자 하나를 추가하여 $N$을 홀수로 만들어 설계하게 된다.

그림 12.10의 사다리구조 필터 원형들이 체비셰프 저역통과 특성을 가지도록 리플률 $k =$ 0.35, 1 및 $N = 1 \sim 10$에 대하여 구해진 소자값들을 표 12.2에 나타내었다.

상기 표 12.2에서도 소자값 $g_n$은 $n = 1 \sim N$에 대해서는 직렬이면 인덕턴스를, 병렬이면 용량값을 나타내고, $g_o$는 저항 또는 컨덕턴스 값을 나타내며, $g_{N+1}$은 $g_N$이 직렬이면 컨덕턴스 값, 병렬이면 저항값을 나타내게 된다.

또한 그림 12.14에는 체비셰프 저역통과 필터 원형의 차수 $N$값에 따른 주파수 차단 특성을 dB 값으로 나타내었다.

## (3) 필터의 스케일링(Filter Scaling)

모든 필터는 저역통과 필터의 원형을 변환시켜 구현될 수 있는데, 앞에서 구해진 저역통과 필터 원형은 차단주파수를 $\omega_c = 1$로, 부하 임피던스와 소스 임피던스를 모두 '1'로 규준화하여 설계된 것이기 때문에, 원형을 가지고 원하는 차단주파수와 임피던스 레벨에 맞는 실제적인 저역통과 필터를 구현하거나, 고역통과 필터, 대역통과 필터, 또는 대역차단 필터로 변환시키기 위해서는 필수적으로 임피던스 스케일링(Impedance Scaling)과 주파수 스케일링(Frequency Scaling) 과정을 거쳐야 한다.

### 임피던스 스케일링

필터의 임피던스 레벨을 맞춰주기 위해서는 원형에 나타나는 모든 임피던스에는 특성 임피던스 $Z_o$를 곱해 주고, 어드미턴스에는 특성 어드미턴스 $Y_o$를 곱해 주어야 하며, 그 결과를 다음과 같이 정리할 수 있다.

$$Z_s = 1 \implies Z_o \tag{12.38a}$$

$$j\omega L' \implies j\omega Z_o L' \tag{12.38b}$$

$$L' \implies L = Z_o L' \tag{12.38c}$$

$$Y_s = 1 \implies Y_o \tag{12.39a}$$

$$j\omega C' \implies j\omega Y_o C' \tag{12.39b}$$

$$C' \implies C = Y_o C' = \frac{C'}{Z_o} \tag{12.39c}$$

### 주파수 스케일링

차단주파수를 '1'로 규준화하였던 원형 필터를 그림 12.15의 삽입손실(dB)과 같이 차단주파수가 $\omega_c$인 필터로 확장 변환하려면 주파수 $\omega'$을 $\omega/\omega_c$로 치환해야 하며, 이는 결국 다음과 같이 소자값을 변환시키는 역할을 한다.

$$\omega' \implies \frac{\omega}{\omega_c} \tag{12.40a}$$

$$j\omega' Z_o L' \implies j\frac{\omega}{\omega_c} Z_o L' = j\omega \left( \frac{Z_o L'}{\omega_c} \right) = j\omega L \tag{12.40b}$$

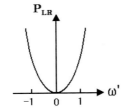
(a) 저역통과 필터 원형

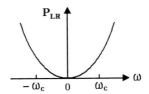
(b) 차단주파수가 $\omega_c$인 저역통과 필터

| 그림 12.15 | 저역통과 필터의 삽입손실(dB)

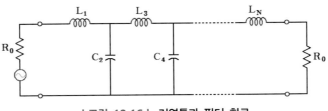

| 그림 12.16 | 저역통과 필터 회로

$$L' \implies L = \frac{Z_o L'}{\omega_c} \tag{12.40c}$$

$$j\omega' Y_o C' \implies j\frac{\omega}{\omega_c} Y_o C' = j\omega\left(\frac{C'}{Z_o \omega_c}\right) = j\omega C \tag{12.41a}$$

$$C' \implies C = \frac{C'}{Z_o \omega_c} \tag{12.41b}$$

## (4) 필터의 변환(Filter Transform)

### 저역통과를 고역통과로 변환(Low Pass to High Pass Transform)

그림 12.17(a), (b)와 같이 저역통과 필터 (a)를 고역통과 필터 (b)로 변환시키기 위해서는 식 (12.12)와 식 (12.30)의 $\omega$에 관한 다항식으로 나타내어지는 삽입손실이 주파수에 역비례하도록 해야 하므로 주파수가 역수로 치환되어야 하며, 또한 $\omega$는 소자값과 결합하여 리액턴스 또는 서셉턴스를 정의하기 때문에 그것이 역수가 될 경우에 리액턴스는 서셉턴스로, 서셉턴스는 리액턴스로 바뀌어야 하고, 결국 다음과 같이 치환되어야 한다.

$$j\omega' \implies \frac{\omega_c}{j\omega} = -j\frac{\omega_c}{\omega} \tag{12.42a}$$

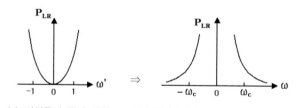

(a) 저역통과 필터 원형        (b) 차단주파수가 $\omega_c$인 고역통과 필터

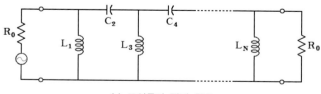

(c) 고역통과 필터 회로

| 그림 12.17 | 저역통과 필터 원형과 고역통과 필터의 삽입손실 및 고역통과 필터 회로

$$jX_k{'} = j\omega{'}Z_oL_k{'} = -j\frac{\omega_c}{\omega}Z_oL_k{'} = \frac{1}{j\omega C_k} \qquad (12.42b)$$

$$C_k = \frac{1}{Z_o\omega_cL_k{'}} \qquad (12.42c)$$

$$jB_k{'} = j\omega{'}Y_oC_k{'} = -j\frac{\omega_c}{\omega}Y_oC_k{'} = \frac{1}{j\omega L_k} \qquad (12.43a)$$

$$L_k = \frac{Z_o}{\omega_c C_k{'}} \qquad (12.43b)$$

### 저역통과를 대역통과로 변환(Low Pass to Band Pass Transform)

그림 12.18과 같이 저역통과 필터 원형을 대역통과 필터로 변환하는 것은 하드웨어적으로 구현하는 것은 매우 까다롭게 느껴지지만, 각각의 부품들을 1 : 1로 대응시킴으로써 비교적 수월하게 근사적으로 변환시킬 수 있다.

저역통과 필터를 구성하는 직렬 인덕터와 병렬 커패시터의 주파수 특성은 그림 12.19와 같다.

그림 12.19(a)의 직렬 인덕터 리액턴스와 그림 12.19(b)의 병렬 커패시터 서셉턴스는 공통적으로 $\omega{'}g_k$이므로, $\omega{'} = \pm1$에서의 리액턴스 또는 서셉턴스 값은 $\pm g_k$이다.

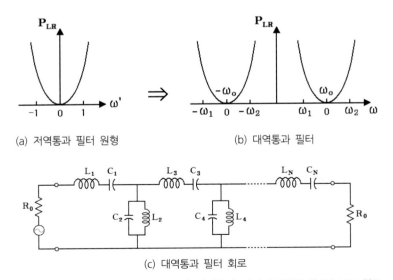

(a) 저역통과 필터 원형     (b) 대역통과 필터

(c) 대역통과 필터 회로

| 그림 12.18 | 저역통과 필터 원형과 대역통과 필터의 삽입손실 및 BPF 회로

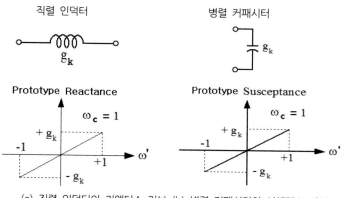

(a) 직렬 인덕터의 리액턴스 커브 (b) 병렬 커패시터의 서셉턴스 커브

**| 그림 12.19 | 인덕터와 커패시터의 주파수 특성**

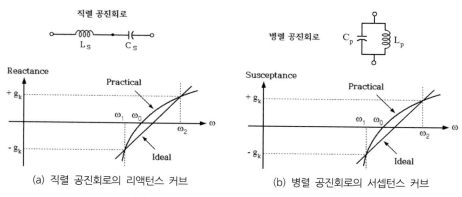

(a) 직렬 공진회로의 리액턴스 커브　　　(b) 병렬 공진회로의 서셉턴스 커브

**| 그림 12.20 | 직병렬 공진회로의 주파수 특성**

이들 리액턴스 및 서셉턴스 궤적은 모두 직선으로 나타나는데, 이러한 저역통과 필터를 대역통과 필터로 변환하기 위해서는 이들 L, C를 대역통과 필터의 통과대역에서도 대응하여 같은 직선특성을 나타낼 수 있는 부품 또는 회로로 대치하여야 하지만, 이들을 정확하게 이상적(Ideal)으로 구현하는 것은 거의 불가능하며, 근사적으로 그림 12.20과 같이 유사한 특성(Practical)을 갖는 회로로 대역통과 필터의 통과대역 내에 유사한 주파수 특성을 구현할 수가 있다.

그림 12.20(a)의 직렬 공진회로 리액턴스는 다음과 같이 나타내어진다.

$$\omega L_S - \frac{1}{\omega C_S} = \omega L_S - \frac{\omega_o^2 L_S}{\omega} = \omega_o L_S \left( \frac{\omega}{\omega_o} - \frac{\omega_o}{\omega} \right) \tag{12.44}$$

여기에서 $\omega_o^2 = \dfrac{1}{L_S C_S}$로서, 직렬 공진주파수이다.

이제 저역통과 필터와 대역통과 필터가 각각 해당 통과대역에서 근사적으로 같은 주파수 특성을 갖도록 만들기 위하여, 상기 식 (12.44)의 리액턴스 값이 그림 12.19(a)의 리액턴스 $\omega' g_k$를 $Z_o$로 임피던스 스케일링한 값과 같은 값을 갖는 것으로 간주하면 다음과 같이 쓸 수 있다.

$$\omega' g_k Z_o = \omega_o L_S \left( \frac{\omega}{\omega_o} - \frac{\omega_o}{\omega} \right) \tag{12.45}$$

따라서 그림 12.19(a)의 통과대역 경계점들인 $\omega' = \pm 1$에서의 리액턴스 값과 상기 식 (12.45)의 $\omega = \omega_1,\ \omega_2$에서의 값이 각각 같아지도록 함으로써 다음 식들을 얻을 수 있다.

$$-g_k Z_o = \omega_o L_S \left( \frac{\omega_1}{\omega_o} - \frac{\omega_o}{\omega_1} \right) \tag{12.46a}$$

$$g_k Z_o = \omega_o L_S \left( \frac{\omega_2}{\omega_o} - \frac{\omega_o}{\omega_2} \right) \tag{12.46b}$$

상기 식 (12.46a)와 식 (12.46b)를 더하면 다음을 얻는다.

$$\left( \frac{\omega_2}{\omega_o} - \frac{\omega_o}{\omega_2} \right) + \left( \frac{\omega_1}{\omega_o} - \frac{\omega_o}{\omega_1} \right) = 0 \tag{12.47}$$

상기 식을 통분하여 정리하면 다음의 결과를 얻을 수 있다.

$$\frac{\omega_1 \omega_2^2 - \omega_o^2 \omega_1 + \omega_1^2 \omega_2 - \omega_o^2 \omega_2}{\omega_o \omega_1 \omega_2} = 0$$

$$\omega_1 \omega_2 (\omega_1 + \omega) - \omega_o^2 (\omega_1 + \omega_2) = 0$$

$$\omega_o = \sqrt{\omega_1 \omega_2} \tag{12.48}$$

이제 식 (12.45)를 식 (12.46b)로 나누면 다음을 얻을 수 있다.

$$\omega' = \frac{\left( \dfrac{\omega}{\omega_o} - \dfrac{\omega_o}{\omega} \right)}{\left( \dfrac{\omega_2}{\omega_o} - \dfrac{\omega_o}{\omega_2} \right)} = \frac{\left( \dfrac{\omega}{\omega_o} - \dfrac{\omega_o}{\omega} \right)}{\dfrac{\omega_2^2 - \omega_o^2}{\omega_o \omega_2}} = \frac{\left( \dfrac{\omega}{\omega_o} - \dfrac{\omega_o}{\omega} \right)}{\dfrac{\omega_2^2 - \omega_1 \omega_2}{\omega_o \omega_2}} \frac{\left( \dfrac{\omega}{\omega_o} - \dfrac{\omega_o}{\omega} \right)}{\dfrac{\omega_2 - \omega_1}{\omega_o}} \qquad (12.49)$$

상기 식 중 분모 부분은 다음과 같이 비대역폭(Fractional Bandwidth)으로 정의된다.

$$\triangle = \frac{\omega_2 - \omega_1}{\omega_o} \qquad (12.50)$$

따라서 식 (12.49)는 다음과 같이 쓸 수 있다.

$$\omega' = \frac{1}{\triangle} \left( \frac{\omega}{\omega_o} - \frac{\omega_o}{\omega} \right) \qquad (12.51)$$

식 (12.51)은 그림 12.19의 주파수 $\omega'$을 그림 12.20의 주파수 $\omega$로 변환시킬 수 있는 주파수 변환함수(Frequency Mapping Function)이다.

이제 상기 결과들을 가지고 그림 12.19(a) 소자값 $g_k$를 그림 12.20(a) 직렬 공진회로의 소자 값 $L_S$ 및 $C_S$로 그림 12.21과 같이 변환시켜보자.

식 (12.45)를 다시 쓰면 다음과 같다.

$$\omega' g_k Z_o = \omega L_k - \frac{1}{\omega C_k} \qquad (12.52)$$

상기 식의 좌변에 식 (12.51)을 대입하여 정리하면 다음을 얻는다.

$$\omega' g_k Z_o = \frac{g_k Z_o}{\triangle} \left( \frac{\omega}{\omega_o} - \frac{\omega_o}{\omega} \right) = \omega \frac{g_k Z_o}{\omega_o \triangle} - \frac{1}{\omega \dfrac{\triangle}{\omega_o g_k Z_o}} \qquad (12.53)$$

규준화 인덕터                          직렬 공진회로

$g_k$                          $L_k$           $C_k$

| 그림 12.21 | 원형 LPF 직렬 소자와 BPF 직렬 회로의 변환

규준화 커패시터                    병렬 공진회로

| 그림 12.22 |  원형 LPF 병렬 소자와 BPF 병렬 회로의 변환

상기 식을 식 (12.52)의 우변과 비교하면 다음과 같이 대역통과 필터를 위한 직렬 공진회로의 소자값들을 결정할 수 있다.

$$L_k = \frac{g_k Z_o}{\omega_o \triangle} \quad C_k = \frac{\triangle}{\omega_0 g_k Z_o} \tag{12.54}$$

병렬 소자의 경우에도 직렬 소자의 경우와 동일한 과정을 거쳐 그림 12.22와 같이 변환될 수 있으며, 그 결과는 다음과 같다.

$$L_k = \frac{Z_o \triangle}{\omega_o g_k} \quad C_k = \frac{g_k}{\omega_o Z_o \triangle} \tag{12.55}$$

대역통과 필터의 삽입손실은 식 (12.11)과 식 (12.51)을 참고하여 다음과 같이 나타낼 수 있다.

$$P_{LR}(\omega') = 1 + \frac{M(\omega'^2)}{N(\omega'^2)} \tag{12.56a}$$

$$\omega' = \frac{1}{\triangle}\left( \frac{\omega}{\omega_o} - \frac{\omega_o}{\omega} \right) \tag{12.56b}$$

### 대역통과를 대역차단으로 변환(Band Pass to Band Stop Transform)

대역차단 필터는 대역통과 필터로부터 삽입손실 특성의 주파수 항을 역으로 만들어줌으로써 그림 12.23과 같이 구현할 수 있으며, 이 경우에 차단대역 특성이 통과대역 필터의 통과대역과는 다소 다를 수 있지만 차단대역이기 때문에 별 문제가 되지 않는다.

주파수 변환이 식 (12.56b)의 역수로 이루어져야 하므로 저역통과 필터 원형의 주파수 $\omega'$을

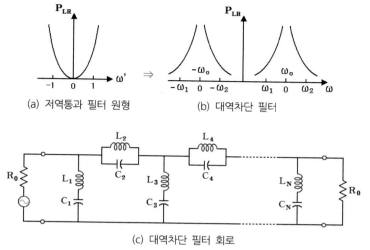

| 그림 12.23 | **대역통과 필터와 대역차단 필터의 삽입손실 및 대역차단 필터 회로**

다음 식으로 치환한다.

$$\omega' \implies \Delta \left( \frac{\omega}{\omega_o} - \frac{\omega_o}{\omega} \right)^{-1} \tag{12.57}$$

$$\Delta = \frac{\omega_o}{\omega_2 - \omega_1}$$

이제 저역통과 필터 원형 직렬 소자의 리액턴스를 식 (12.57)에 의해 주파수 스케일링하고 임피던스 스케일링한 다음, 이를 대역차단 필터의 직렬 연결된 병렬 공진회로의 리액턴스와 같도록 하면 다음과 같다.

$$\omega' g_k Z_o = g_k Z_o \Delta \frac{1}{\frac{\omega}{\omega_o} - \frac{\omega_o}{\omega}} = \frac{1}{\omega \frac{1}{\omega_o g_k Z_o \Delta} - \frac{1}{\omega \frac{g_k Z_o \Delta}{\omega_o}}}$$

$$= \frac{1}{\omega C_k - \frac{1}{\omega L_k}} \tag{12.58}$$

상기 식으로부터 다음의 결과를 얻는다.

| 그림 12.24 | 원형 LPF 직렬 소자와 BSF 직렬 연결 병렬 공진회로의 변환

| 그림 12.25 | 원형 LPF 직렬 소자와 BSF 병렬 연결 직렬 공진회로의 변환

$$L_k = \frac{g_k\, Z_o\, \triangle}{\omega_o} \quad C_k = \frac{1}{\omega_0\, g_k\, Z_0\, \triangle} \tag{12.59}$$

마찬가지 과정에 의하여 그림 12.25와 같이 병렬 연결된 직렬 공진회로의 소자값들을 구하기 위하여 저역통과 필터 원형 병렬 커패시터의 서셉턴스를 대역차단 필터의 병렬 연결된 직렬 공진회로의 서셉턴스와 같도록 놓으면 다음과 같다.

$$\omega' g_k\, Y_o = g_k\, Y_o\, \triangle\, \frac{1}{\dfrac{\omega}{\omega_o} - \dfrac{\omega_o}{\omega}} = \frac{1}{\omega\, \dfrac{Z_o}{\omega_o\, g_k\, \triangle} - \dfrac{1}{\omega\, \dfrac{g_k\, \triangle}{\omega_o\, Z_o}}}$$

$$= \frac{1}{\omega\, L_k - \dfrac{1}{\omega\, C_k}} \tag{12.60}$$

최종적으로 다음의 소자값들을 얻는다.

$$L_k = \frac{Z_o}{\omega_o\, g_k\, \triangle} \quad C_k = \frac{g_k\, \triangle}{\omega_0\, Z_o} \tag{12.61}$$

## 12.3.3 필터의 분포정수 설계

파장이 긴 낮은 주파수의 경우에는 분포정수소자들의 크기가 지나치게 커서 사용되지 못하여 대부분의 필터는 집중정수를 이용하여 설계되는 반면, 주파수가 약 2 GHz 이상의 마이크로파대역에서는 오히려 집중정수소자의 크기가 분포정수소자에 비하여 훨씬 커지게 되므로 대부분 분포정수소자를 사용한다. 이는 낮은 주파수에서의 집중정수회로는 모든 회로소자들이 단 한 개의 위상점에 있는 것으로 간주되지만, 주파수가 높아짐에 따라 각 소자들의 위상에 차이가 생기게 되어 회로특성이 설계값과 다르게 나타나기 때문이다.

따라서 높은 주파수에서는 집중정수소자를 분포정수소자로 대치하면 위상문제를 분포정수소자 자체의 특성에 흡수시켜 설계할 수가 있기 때문에 위상문제에 있어 비교적 자유로워진다.

따라서 마이크로파대역에서는 앞의 대역통과 필터나 대역차단 필터의 공진회로들은 마이크로스트립이나 동축선로, 도파관 등을 주로 사용하여 구현되며, 사용목적이나 제한조건 등에 따라 매우 다양한 분포정수 필터들이 개발되어 사용되고 있다. 이들을 위한 분포정수소자의 구현은 필터 종류에 따라 제작 방법이나 재질이 모두 다르기 때문에 이들의 개발을 위해서는 개별적으로 집중적인 연구 개발이 요구된다.

또한 필터 종류에 따라 특정 분포정수소자 형태의 구현이 어렵거나 불가능하게 되는 경우도 있기 때문에, 집중정수회로를 분포정수회로로 변환시키는 데에는 몇 가지의 문제점이 있다.

첫째, 분포정수 설계에 있어서 가장 많이 사용되는 것이 전송선로의 단락 또는 개방 특성을 이용한 스터브인데, 이를 주 전송선로에 연결할 때, 병렬 연결 밖에 가능하지 않음에 비하여 필터는 직렬 리액턴스 또는 서셉턴스가 필수적이기 때문에, 필터를 구현하기 위해서는 직렬소자를 병렬 스터브로 대치할 수 있는 방법을 강구하여야 한다.

둘째, 분포정수 필터에 있어서 직렬 소자 대신 병렬 스터브를 사용하면 연속적으로 병렬 스터브가 촘촘히 연결되어야 하기 때문에, 이들을 주 전송선로에 연결함에 있어서 위상문제로 연결에 필요한 공간적인 제약이 생기고, 이들을 위상문제 없이 합리적으로 이격시켜줄 수 있는 방법이 필요하다.

셋째, 분포정수 필터를 설계한 후에 이를 구현함에 있어 요구되는 리액턴스 또는 서셉턴스 값의 제작이 불가능하거나 지극히 비현실적인 상황이 종종 발생하므로, 임피던스 값을 제작이 쉽게 가능한 값으로 변환시켜줄 필요성이 있다.

2장 전송선로에서 이미 단락선로와 개방선로는 임의의 리액턴스 또는 서셉턴스 값을 구현할 수 있음을 알고 있으므로, 상기의 문제점들을 고려하여 이러한 분포정수소자들로 앞에서 설계되었던 필터회로의 집중정수소자들을 대치할 수 있을 것이며, 이러한 과정에서 많이 사용되는 개념들을 요약하면 다음과 같다.

### 부하 $Z_L$로 종단된 선로의 입력 임피던스

손실이 없는 모든 전송선로의 특성 임피던스는 순실수이고, 부하 $Z_L$이 연결된 선로 임피던스 또는 입력 임피던스는 다음과 같이 나타내어진다.

$$Z_{in} = Z_o \frac{Z_L + j Z_o \tan\beta d}{Z_o + j Z_L \tan\beta d} \tag{12.62}$$

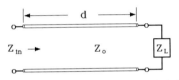

| 그림 12.26 | 전송선로의 선로 임피던스

### 단락선로의 입력 임피던스

$$Z_{in} = j Z_o \tan\beta d \tag{12.63}$$

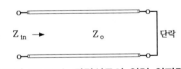

| 그림 12.27 | 단락선로의 입력 임피던스

### 개방선로의 입력 임피던스

$$Z_{in} = - j Z_o \cot\beta d \tag{12.64}$$

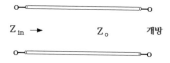

| 그림 12.28 | 개방선로의 입력 임피던스

## 부하 $Z_L$로 종단된 $\lambda/4$선로의 입력 임피던스

$$Z_{in} = \frac{Z_o^2}{Z_L}$$ (12.65)

| 그림 12.29 | $\lambda/4$선로의 입력 임피던스

## 부하 $Z_2$로 종단된 $\lambda/8$선로의 입력 임피던스

특성 임피던스가 $Z_1$인 무손실 전송선로에 부하 임피던스 $Z_2$가 연결되었을 경우의 선로 임피던스 또는 입력 임피던스는 다음과 같이 나타내어진다.

$$Z_{in} = Z_1 \frac{Z_2 + j Z_1}{Z_1 + j Z_2}$$ (12.66)

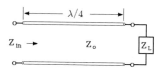

| 그림 12.30 | $\lambda/8$선로의 입력 임피던스

## 리차드 변환(Richard Transform)

특성 임피던스가 $Z_1$이고 길이가 $\lambda/8$인 무손실 전송선로가 단락 또는 개방되었을 경우의 입력 임피던스는 다음과 같이 나타내어진다.

주파수 $\omega_c$에서 $\lambda/8$인 단락선로의 입력 임피던스;

| 그림 12.31 | 리차드 변환

$$Z_{in} = j Z_1 \qquad (12.67a)$$

주파수 $\omega_c$에서 $\lambda/8$인 개방선로의 입력 임피던스 및 어드미턴스;

$$Y_{in} = j Y_1 \qquad (12.67b)$$

$$Y_1 = \frac{1}{Z_1} \qquad (12.67c)$$

$$Z_{in} = -j Z_1 \qquad (12.67d)$$

임의의 직렬 인덕터의 임피던스는 주파수 $\omega = \omega_c$에서 $j\omega_c L$이므로, 만일 $\omega_c = 1$로 규준화 시키면 인덕터 임피던스는 $jL$이 되고, 또한 만일 $L = Z_1$이면 $\lambda/8$단락선로와 인덕터는 등가적이 된다. 마찬가지로 병렬 커패시터의 어드미턴스는 $\omega_c = 1$에서 $jC$로서 만일 $C = Y_1$이면 역시 $\lambda/8$개방선로와 등가적이 되며, 이를 그림 12.31에 나타내었다.

### 전송선로의 ABCD 파라미터

$$\begin{bmatrix} A & B \\ C & D \end{bmatrix} = \begin{bmatrix} \cos\theta & jZ_o\sin\theta \\ jY_o\sin\theta & \cos\theta \end{bmatrix} = \frac{1}{\sqrt{1+\tan^2\theta}} \begin{bmatrix} 1 & jZ_o\tan\theta \\ jY_o\tan\theta & 1 \end{bmatrix}$$

| 그림 12.32 | 위상길이가 $\theta$인 전송선로의 ABCD 파라미터

## 단위요소(Unit Element) ≡ $\lambda/8$선로

$$\frac{1}{\sqrt{2}}\begin{bmatrix} 1 & jZ_u \\ jY_u & 1 \end{bmatrix} \equiv$$

| 그림 12.33 | 단위요소

## 집중정수 및 분포정수 직렬 인덕터의 ABCD 파라미터

직렬 인덕터

$$\begin{bmatrix} A & B \\ C & D \end{bmatrix} = \begin{bmatrix} 1 & Z \\ 0 & 1 \end{bmatrix} = \begin{bmatrix} 1 & j\omega L \\ 0 & 1 \end{bmatrix}$$

| 그림 12.34 | 직렬 $L$의 ABCD 파라미터

## 병렬 커패시터의 ABCD 파라미터

병렬 커패시터

$$\begin{bmatrix} A & B \\ C & D \end{bmatrix} = \begin{bmatrix} 1 & 0 \\ Y & 1 \end{bmatrix} = \begin{bmatrix} 1 & 0 \\ j\omega C & 1 \end{bmatrix}$$

| 그림 12.35 | 병렬 $C$의 ABCD 파라미터

## 쿠로다 정의(Kuroda Identities)

그림 12.36에서 $\theta < \pi/2$의 범위 내에서 Port 1 측에 직렬로 연결된 위상길이가 $\theta$인 단락 스터브의 입력 임피던스는 $jZ_1 \tan\theta$이고, Port 2 측의 위상길이가 역시 $\theta$인 전송선로의 ABCD 파라미터는 그림 12.32와 같으므로, 그림 12.36 전체를 2단자쌍 회로로 간주한 ABCD 파라미터는 각각의 ABCD 파라미터를 곱함으로써 다음과 같이 얻어질 수 있다.

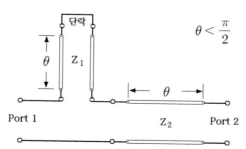

| 그림 12.36 | 분포정수 단락선로를 이용한 직렬 임피던스와 전송선로의 연결

$$\begin{bmatrix} A_1 & B_1 \\ C_1 & D_1 \end{bmatrix} = \begin{bmatrix} 1 & jZ_1\tan\theta \\ 0 & 1 \end{bmatrix} \tag{12.68}$$

또한 그림 12.32에 주어진 것처럼 $Z_2$ 선로의 ABCD 파라미터는 다음과 같다.

$$\begin{bmatrix} A_2 & B_2 \\ C_2 & D_2 \end{bmatrix} = \frac{1}{\sqrt{1+\tan^2\theta}} \begin{bmatrix} 1 & jZ_2\tan\theta \\ jY_2\tan\theta & 1 \end{bmatrix} \tag{12.69}$$

따라서 두 선로가 합쳐진 회로의 ABCD 파라미터는 $\tan\theta = \Omega$ 라 할 때, 다음과 같이 나타내어진다.

$$\begin{aligned}
\begin{bmatrix} A & B \\ C & D \end{bmatrix} &= \begin{bmatrix} A_1 & B_1 \\ C_1 & D_1 \end{bmatrix} \begin{bmatrix} A_2 & B_2 \\ C_2 & D_2 \end{bmatrix} \\
&= \frac{1}{\sqrt{1+\Omega^2}} \begin{bmatrix} 1 & jZ_1\Omega \\ 0 & 1 \end{bmatrix} \begin{bmatrix} 1 & jZ_2\Omega \\ j\dfrac{\Omega}{Z_2} & 1 \end{bmatrix} \\
&= \frac{1}{\sqrt{1+\Omega^2}} \begin{bmatrix} 1 - \Omega^2\dfrac{Z_1}{Z_2} & j\Omega(Z_1+Z_2) \\ j\dfrac{\Omega}{Z_2} & 1 \end{bmatrix}
\end{aligned} \tag{12.70}$$

이제 그림 12.37과 같이 위상길이가 $\theta$ 인 주 전송선로의 Port 2 측에 역시 위상길이가 $\theta$ 인 개방선로를 이용한 분포정수 병렬 커패시터가 연결된 회로의 ABCD 파라미터를 계산해보자.

그림 12.37에서 Port 2에 연결된 특성 임피던스가 $n^2 Z_2$ 인 병렬 개방 스터브의 입력 어드미턴스는 식 (12.64)를 참고하여 다음과 같음을 알 수 있다.

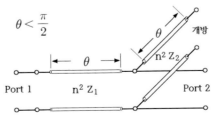

| 그림 12.37 | 전송선로와 분포정수 병렬 서셉턴스의 연결

$$Y_{in} = \frac{j \tan \theta}{n^2 Z_2} \tag{12.71}$$

따라서 이에 대응하는 ABCD 파라미터는 $\tan \theta = \Omega$라 할 때 다음과 같이 쓸 수 있다.

$$\begin{bmatrix} A_2 & B_2 \\ C_2 & D_2 \end{bmatrix} = \begin{bmatrix} 1 & 0 \\ \dfrac{j \Omega}{n^2 Z_2} & 1 \end{bmatrix} \tag{12.72}$$

또한 Port 1 측의 주 선로의 ABCD 파라미터는 다음과 같다.

$$\begin{bmatrix} A_1 & B_1 \\ C_1 & D_1 \end{bmatrix} = \frac{1}{\sqrt{1 + \Omega^2}} \begin{bmatrix} 1 & j n^2 Z_1 \Omega \\ \dfrac{j \Omega}{n^2 Z_1} & 1 \end{bmatrix} \tag{12.73}$$

이제 식 (12.72)와 식 (12.73)을 곱하여 그림 12.37 회로 전체의 ABCD 파라미터를 구하면 다음과 같다.

$$\begin{bmatrix} A & B \\ C & D \end{bmatrix} = \begin{bmatrix} A_1 & B_1 \\ C_1 & D_1 \end{bmatrix} \begin{bmatrix} A_2 & B_2 \\ C_2 & D_2 \end{bmatrix}$$

$$= \frac{1}{\sqrt{1 + \Omega^2}} \begin{bmatrix} 1 & j n^2 Z_1 \Omega \\ \dfrac{j \Omega}{n^2 Z_1} & 1 \end{bmatrix} \begin{bmatrix} 1 & 0 \\ \dfrac{j \Omega}{n^2 Z_2} & 1 \end{bmatrix}$$

$$= \frac{1}{\sqrt{1 + \Omega^2}} \begin{bmatrix} 1 - \Omega^2 \dfrac{Z_1}{Z_2} & j n^2 Z_1 \Omega \\ j \dfrac{\Omega}{n^2} \left( \dfrac{1}{Z_1} + \dfrac{1}{Z_2} \right) & 1 \end{bmatrix} \tag{12.74}$$

식 (12.70)과 식 (12.74)의 행렬식이 같아지기 위해서는 행렬식의 각 요소들이 같아야 하므로 다음 조건식을 얻을 수 있다.

$$Z_1 + Z_2 = n^2 Z_1 \tag{12.75a}$$

$$\frac{1}{Z_2} = \frac{1}{n^2}\left(\frac{1}{Z_1} + \frac{1}{Z_2}\right) \tag{12.75b}$$

상기 식 (12.75a)로부터 $n^2$을 구하면 다음과 같다.

$$n^2 = 1 + \frac{Z_2}{Z_1} \tag{12.76}$$

상기 식을 식 (12.75b)에 대입해보면 다음과 같다.

$$\frac{1}{Z_2} = \frac{1}{1 + \dfrac{Z_2}{Z_1}}\left(\frac{1}{Z_1} + \frac{1}{Z_2}\right) = \frac{Z_1}{Z_1 + Z_2}\frac{Z_1 + Z_2}{Z_1 Z_2} = \frac{1}{Z_2} \tag{12.77}$$

따라서 만일 식 (12.76)이 만족되면 식 (12.70)과 식 (12.74)가 같아짐을 알 수 있으며, 결론적으로 그림 12.36과 그림 12.37이 그림 12.38에 나타낸 바와 같이 등가적임을 알 수 있다.

그런데 그림 12.38 좌측 회로의 단락 스터브는 직렬 인덕터로 대치할 수 있고, 우측 회로의 개방 스터브는 병렬 커패시터로 대치할 수 있으며, 이를 그림 12.39에 나타내었다.

상기의 등가성은 주 전송선로와 스터브 길이가 $\lambda/8$인 경우에도 성립하므로, 이 경우에 주 전송선로는 단위요소로 나타낼 수 있고, 따라서 그림 12.38의 등가성은 단위요소와 집중정수 소자를 사용하여 그림 12.40과 같이 나타낼 수 있다.

상기와 동일한 과정을 거쳐 얻어진 4가지 등가성을 쿠로다 정의(Kuroda Identities)라고 하며, 이를 그림 12.41에 나타내었다.

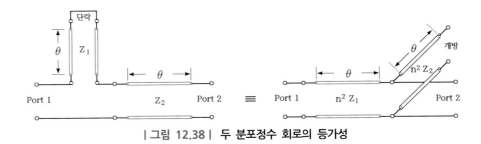

| 그림 12.38 | 두 분포정수 회로의 등가성

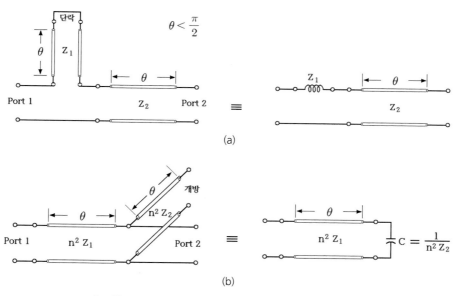

| 그림 12.39 | 분포정수 회로와 집중정수 회로의 등가성

| 그림 12.40 | 두 회로의 등가성

## 인버터(Inverters)

그림 12.42와 같은 인버터를 사용하면 인덕터나 커패시터 중 한 가지만 구현가능할 경우 다음과 같이 $\lambda/4$ 또는 $3\lambda/4$를 사용하여 위상을 $\pm\pi/2$만큼 바꾸어줌으로써 다른 소자로 바꾸어 설계할 수가 있다.

임피던스 인버터(K-Inverter);

$$Z_{in} = \frac{K^2}{Z_L} \tag{12.78}$$

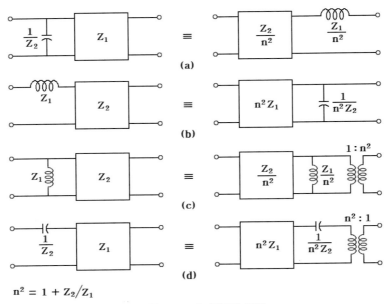

| 그림 12.41 | 쿠로다 정의

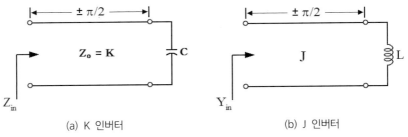

(a) K 인버터        (b) J 인버터

| 그림 12.42 | 인버터

어드미턴스 인버터(J-Inverter);

$$Y_{in} = \frac{J^2}{Y_L} \tag{12.79}$$

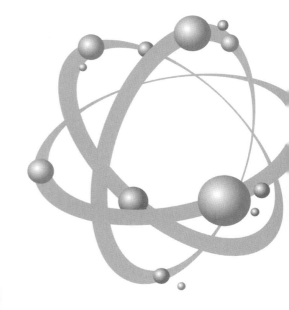

# 13 초고주파 측정

# 13.1 　전력 측정

　　마이크로파대역에서의 전력 측정은 동작주파수 이상으로 중요한 파라미터로서 무손실 또는 저손실 선로상에서 일정한 것으로 간주되며, 이 측정방법은 동작주파수나 전력레벨 또는 CW 출력/펄스출력에 따라 달라지게 된다.

　　낮은 주파수대역에서는 전력이 회로 내 임의 점에서 전압과 전류를 측정함으로써 결정될 수 있지만, 마이크로파 주파수에서는 선로상의 측정점에 따라 전압전류값이 달라지기 때문에 이로부터 전력을 정의할 수가 없고 가능만 하다면 전력을 직접 측정하는 것이 최선의 방법이다.

　　전력레벨에 따른 마이크로파의 전력 측정은 대략 다음과 같이 세 가지 범위로 구분함이 편리하다.

1) 저전력(0 dBm, 즉 1 mW 이하)
2) 중전력(1 mW부터 40 dBm까지)
3) 고전력(40 dBm, 즉 10 W 이상)

　　또한 마이크로파 측정장치는 실제로 수없이 많은 주기 동안의 평균전력을 측정하기 때문에, 펄스출력을 측정하려면 전력검출소자의 펄스 에너지에 대한 열적특성을 알아야 하고, 더 넓은 주파수대역폭이 필요하다. 평균전력 측정 시에도 마찬가지지만 특히 펄스 전력의 측정을 위해서는 모든 측정소자들이 정격 이상의 특성을 가져야 하며, 또한 인체에 대한 안전성이 심각하게 고려되어야 한다.

## 13.1.1 전력계

　　최근에는 다양한 감지소자(Sensor)를 사용하여 RF 전력을 직접 읽을 수 있도록 한 전력계(Power Meter)들이 가용하며, 여러 가지 주파수대역에 걸쳐 많은 측정에 매우 유용하게 사용되고 있는데, 이들은 계기를 사전조정하기 위해 내부적으로 1 mW의 기준전력원을 갖고 있다.

　　전력계는 사용하기 전에 충분한 예열시간을 거쳐야 하고, 예상되는 주파수대역에 대해서 측정 시 감지소자의 주파수 응답 특성으로 인하여 발생할 수 있는 오차를 교정하기 위한 정밀

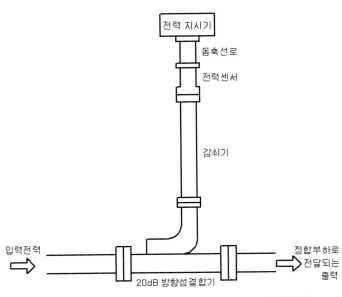

| 그림 13.1 | **전력계의 측정범위를 크게 하기 위한 장치**

조정(Calibration)을 해주어야 한다. 측정될 신호주파수를 알면 계기 내부 또는 외부적으로 RF 기준전원을 입력에 연결하고, 계기 전면의 Calibration-Factor Control을 조절하여 감지소자에 표시된 값에 맞추어야 한다.

이러한 상태에서 전력계로부터 전력레벨의 절댓값을 dBm 또는 Watts로 직접 읽을 수 있으며, 실제적으로는 전력레벨의 측정범위를 확장하기 위하여 통상 그림 13.1과 같이 주 전송선로의 일부 전력을 방향성 결합기(Directional Coupler)를 통하여 샘플링하고 다시 전력레벨을 낮추기 위하여 감지소자와 직렬로 감쇠기(Attenuator)를 연결하여 사용하고 있다.

그와 같이 측정된 전력레벨값은 감지소자와 감쇠기의 임피던스 부정합 오차와 방향성 결합기의 삽입손실이나 주파수 특성으로 인한 오차를 포함할 수 있다.

일반적으로 마이크로파 전력 측정을 위한 전력계에 사용되는 감지소자로는 다음과 같은 것들이 있다.

1) 볼로미터(Bolometer)
2) 열전대(Thermocouple)
3) 마이크로파 크리스틸(Microwave Crystal)

## 볼로미터

볼로미터(Bolometer)는 열적인 온도특성을 이용한 전력검출기(Power Detector)로서, 볼로미터의 저항은 온도에 비례하여 변하며, 저항의 온도는 흡수된 신호전력에 따라 변하기 때문에 저항값이 신호전력에 비례하여 변한다.

사용될 수 있는 볼로미터로는 버레터(Barretter)와 서미스터(Thermistor)의 두 가지가 있는데, 이들은 모두 $\mu$W($10^{-6}$ W)까지 검출할 수 있는 민감한 전력검출기로서, 통상 브리지회로와 같이 사용되어 저항값을 전압으로 변환시킴으로써, 계기상의 전력값으로 지시하도록 할 수 있다.

버레터는 보통 아주 가느다란 백금선들로 이루어져 있는데, 이들은 전송선로상 임의 점에 장착되며, 그 부분을 Detector Mount(또는 Bolometer Mount)라 한다. 선로에서 유입된 신호전력이 흡수되면 버레터의 온도가 올라가고, 버레터는 양의 온도계수(Positive Temperature Coefficient)를 갖기 때문에 결국 소자의 저항이 온도증가에 따라 증가한다.

서미스터는 일반적으로 금속산화물로 이루어진 반도체 Bead 형태를 갖고 있고, 버레터와 다른 점이 있다면 음의 온도계수(NTC : Negative Temperature coefficient)를 갖기 때문에 소자의 저항이 온도증가에 따라 감소하는 것이다.

버레터와 서미스터의 임피던스는 모든 입사전력이 흡수될 수 있도록 하기 위해서 전송선로의 임피던스와 정합이 이루어져야 하며, 볼로미터의 Detector Mount는 임피던스의 부정합으로 인한 손실을 최소화시킬 수 있도록 설계되어야 한다.

버레터나 서미스터 등 열을 감지하는 소자에 의한 저항의 변화를 계기상의 눈금으로 읽을 수 있어야 하는데, 이것은 그림 13.2와 같은 평형 브리지회로를 이용하여 그 한쪽 변에 감지소자를 저항 대신 연결함으로써 가능하게 된다.

그림 13.2에서 RF 입력이 가해지지 않은 상태에서 가변저항 $R_0$를 조절하여 갈바노미터(Galvanometer) $G$의 눈금을 0으로 맞추어 회로의 평형을 맞추면, 전류계 $M$이 가리키는 전류값 $i_1$은 좌우 대칭이므로 양쪽으로 반씩 갈라져 흐르게 되고, 그때 감지소자의 저항은 $R$과 같게 되며 거기에서 소모되는 전력을 $P_1$이라 한다.

다음에는 RF 입력을 인가한 상태에서 가변저항 $R_0$를 조절하여 다시 회로의 평형을 맞추고, 그때 전류계 $M$이 가리키는 전류값을 $i_2$, 감지소자에서 소모되는 전력을 $P_2$라 하면, 감지소자의 저항은 다시 $R$이 되고 감지소자에서 소모되는 RF 전력의 크기는 직류소모전력의 차이인

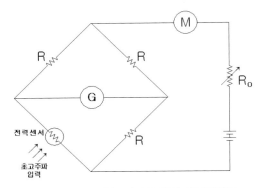

| 그림 13.2 | 볼로미터의 평형 브리지회로

$P_1 - P_2$ 로 나타내어진다.

$$P_{rf} = P_1 - P_2 = \frac{R}{4}(i_1^2 - i_2^2)$$ (13.1)

## 열전대

열전대(Thermocouple)란 이종의 두 가지 금속의 가느다란 선 조각들의 양 끝점을 연결시켜 두 개의 접합을 이루도록 한 것으로서, 만일 두 접합의 온도가 다르면 그들 접합 사이에 전압이 유기되는 원리를 이용한 것이다.

그렇게 유기된 전압은 두 접합 사이의 온도 차이에 비례하고, 온도 차이가 없으면 유기전압은 0이 된다.

만일 두 접합 중 하나가 전송선로상 임의 점에 위치하고 있으면 신호전력을 흡수하여 온도가 올라가고, 열전대 양단에 걸쳐 인가된 전력에 비례하는 전압이 유기되며, 이 전압은 직류 증폭기를 거쳐 계기상에 전력의 눈금으로 읽을 수 있도록 조절된다.

열전대는 대단히 민감한 소자로서 저전력 및 중전력 레벨의 전력계기로 사용되고 있으며, 전력을 효율적으로 흡수하기 위하여 접합부를 박막(Thin-Film) 구조로 함으로써, 볼로미터에 비하여 전반적인 특성이 더 우수하다.

## 마이크로파 크리스털

마이크로파 크리스털(Microwave Crystal) 일종의 다이오드로서, RF를 인가했을 때 전력에 비례하는 전류를 흘려주는 비선형 검파기이다.

전력레벨이 낮을 경우에는 다이오드 크리스털의 출력전류가 RF 입력전력에 비례하는 제곱법칙(Square-Law) 특성을 갖는 현상을 이용한 것으로서, 이러한 특성은 소신호 전력에 대해서만 얻을 수 있고, 대신호에 대해서는 다른 다이오드들과 마찬가지로 선형특성을 갖기 때문에, 통상 마이크로파 크리스털은 10 mW 미만의 저전력 측정에만 사용될 수 있다.

## 13.1.2 스펙트럼 분석기

스펙트럼 분석기(Spectrum Analyzer)를 이용하면 직접 RF 전력을 결정할 수 있으며, 부수적으로 신호전력 내에 존재하는 임의의 왜곡(Distortion)까지도 분리하여 관찰할 수 있는 장점이 있다.

절대전력의 측정은 기준주파수의 전력을 추가함으로써 가능하게 되며, 이 방법은 CW (Continuous Wave)나 AM파 신호의 측정에 편리하게 사용될 수 있다.

## 13.1.3 마이크로파 검출기와 오실로스코프

오실로스코프(Oscilloscope)도 전력 측정에 이용될 수 있는데, 마이크로파대역의 경우에는 통상적으로 오실로스코프의 가용주파수대역을 벗어나므로, 한 개의 마이크로파 검출기(Microwave Detector)가 필요하게 되며, 이때의 다이오드는 제곱법칙 특성이 아닌 이상적인 다이오드 특성, 또는 무릎전압이 충분히 낮은 다이오드 특성이 요구된다. 이 경우에도 절대전력의 측정을 위해서는 기준전원이 필요하다.

## 13.1.4 칼로리미터

고주파 대전력의 측정에는 이미 오래전부터 사용되었던 칼로리 전력계(Calorimetric Power Meter) 또는 칼로리미터(Calorimeter)가 많이 사용되는데, 이는 온도 및 열용량 또는 시간을 변수로 하여 소모전력을 측정하는 방법으로서, 소전력을 측정하는 경우에는 온도의 변화가 작아서 정밀도가 떨어질 수 있으므로 저주파전력으로 치환하여 측정하는 방법이 사용된다. 입력된 고주파전력을 일정한 속도로 시스템을 순환하는 액체 매질에 전달하고 그 매질의 온도상승을 볼로미터의 평형 브리지와 유사한 회로에 의해 전력을 측정할 수도 있고, 기지의 직류 또는 저주파전력으로 매질의 온도를 동일한 양만큼 상승시켜서 등가적으로 측정할 수도 있다.

평형 브리지에 연결할 시에는 한 쌍의 부하저항과 감지소자를 미지의 채널로 하고 다른 한 쌍을 비교채널로 하여 각각 평형 브리지의 한 팔이 되도록 연결한 다음, 마이크로파 전력이 부하에 입력되면 부하의 온도증가가 인접한 감지소자에 의하여 검출되고, 그 저항변화는 브리지의 평형을 깨뜨리게 되는데, 이 불평형 브리지 전압은 비교채널부하의 소모전력을 증가시키고 다시 바로 인접한 감지소자에 의하여 저항변화로 나타나며, 그러한 저항의 변화는 브리지회로가 다시 평형을 찾을 때까지 계속된다. 다시 평형상태가 되었을 때, 이를 위해 유입된 전력값이 곧 미지의 부하에서 소모된 마이크로파 전력 크기이다.

## 13.1.5 피크 전력과 평균전력

레이더 신호와 같이 전자파가 RF 펄스 형태로 출력되는 경우에는 전력 펄스의 크기를 그 펄스의 피크 전력(Peak Power) $P_{peak}$라 하는데, 이때의 펄스 시간폭(Pulse Width)을 $\tau$라 하고, 펄스의 시간주기(Period)를 $T$라 할 때, 시간 $T$ 동안 폭이 $\tau$인 펄스 전력의 단순 평균값을 구한 것을 평균전력이라 한다. 따라서 그림 13.3에서 보는 바와 같이 펄스의 면적과 평균전력(Average Power)이 $T$와 이루는 사각형의 면적은 같다. 즉

$$P_{peak} \cdot \tau = P_{average} \cdot T \tag{13.2}$$

매 초당 펄스 수를 PRR(Pulse Repitition Rate)라 하며, 이는 주기 $T$의 역수와 같다. 주기적인 펄스와 관련하여 유용하게 사용되는 듀티 사이클은 다음과 같이 정의된다.

$$듀티 \ 사이클 = \frac{\tau}{T} \tag{13.3}$$

이러한 피크 전력을 측정하는 방법으로는 전력값을 계기 눈금으로부터 직접 읽을 수 있는 Direct-Reading 방법과 평균전력을 읽어 그로부터 피크 전력을 계산해내는 Indirect- Reading 방법으로 나눌 수 있고, 이들을 나열하면 다음과 같은 것들이 있다.

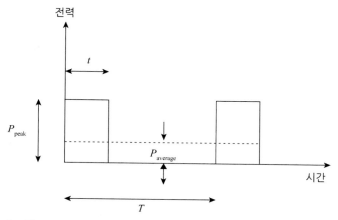

| 그림 13.3 | 주기적 펄스신호에 대한 평균전력과 피크 전력의 관계

1) 스펙트럼 분석기(Spectrum Analyzer)
2) 적분/미분법(Integration/Differentiation Method)
3) 평균전력과 듀티 사이클의 측정
4) 노치 전력계(Notch Wattmeter)

상기 항목 중에 스펙트럼 분석기를 사용하면 직접 눈금을 읽을 수는 있으나, 개개의 주요 주파수성분 전력들이 모두 합해져야 하므로, 많은 주파수성분들을 포함하고 있는 경우에는 거의 사용되지 않는다.

둘째로 버레터를 이용한 적분/미분법은 직접 눈금을 읽을 수 있는 방법으로서, 버레터로 입력되는 펄스파에 대한 응답은 적분형태로 나타나므로, 그 출력을 다시 미분하여 펄스파형을 복원하고 그로부터 펄스 크기를 결정할 수 있다.

셋째는 주 선로의 큰 펄스 전력을 방향성 결합기에 의하여 분기시킨 작은 전력을 두 종류의 검출기에 입력시키는데, 하나는 시정수가 펄스주기에 비하여 큰 검출기를 통하여 전력계로 연결하고, 다른 하나는 응답속도가 아주 빠른 검출기로서 그 출력을 오실로스코프에 연결하여 파형을 보아 펄스주기와 펄스폭을 측정한 다음, 평균전력을 측정하고 듀티 사이클을 결정하여 최종적으로 식 (13.2)로부터 피크 전력을 계산하는 간접적인 방법이다.

마지막으로 펄스파의 듀티 사이클이 아주 작아서 앞에서의 방법들로는 피크 전력을 측정하기가 어려운 경우에 사용할 수 있는 노치 전력계가 있는데, 이는 측정하고자 하는 펄스를 기

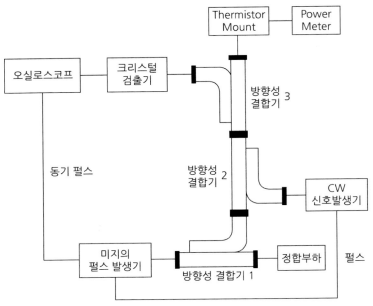

| 그림 13.4 | 노치 전력계 피크 전력 측정 시스템

준 CW 발생기 출력과 비교하는 방법으로서, 이를 위한 측정 시스템은 그림 13.4와 같다.

이와 같은 노치 전력계 측정 시스템이 동작하기 위해서는 측정해야 할 미지의 RF 펄스 전원이 별도로 펄스동기신호를 공급할 수 있어야 하며, 이는 그림 13.4와 같이 오실로스코프의 수평축신호와 CW 신호발생기의 펄스변조신호로 사용된다.

미지의 RF 펄스전원출력은 방향성 결합기에 의해 분기되어 CW 신호발생기의 펄스출력과 합해져서 오실로스코프와 전력계로 나뉘어져 가는데, 만일 펄스전원으로부터 CW 발생기로 가는 동기펄스가 1일 때 신호발생기가 게이트-off되도록 하면서 펄스폭과 지연시간 등을 잘 조절하면, 오실로스코프상의 합성파형을 완전히 일자형으로 평탄하게 할 수 있다.

대부분의 전력이 유입되어 전력계로 측정되기 때문에, 이때의 측정값이 바로 미지 펄스출력의 피크 전력이 된다. 통상 듀티 사이클이 매우 작아서 CW의 on/off 시간에 의한 오차는 무시할 수 있으나, 서미스터의 부정합손실 및 방향성 결합기들의 손실 등이 고려되어야 한다.

**예제 13.1**

노치 전력계의 펄스출력이 50dB 방향성 결합기(그림 13.4의 방향성 결합기 1)를 통하여 10 dB 방향성 결합기(그림 13.4에서 방향성 결합기 2)의 주 선로로 들어오고, 이는 부 선로를 통하여 유입되는 CW 발생기의 출력과 합해진다.

서미스터의 반사손실이 0.5 dB이고 전력계의 눈금은 35 mW를 가리키고 있다면, 미지 펄스의 피크 전력은 얼마인가?

**풀이** 펄스 발생기에서부터 전력계까지의 총 손실 IL(dB)은 다음과 같다.

50.0(방향성 결합기 1의 결합손실) + 0.5(서미스터의 부정합손실) = 50.5 [dB]

$$IL(dB) = 10 \log_{10} \frac{P_{peak}}{P_{power\ meter}} = 10 \log_{10} \frac{P_{peak}}{0.035} = 50.5$$

$$P_{peak} = 0.035 \times 10^{5.05} = 0.035 \times 1.122 \times 10^5 = 3.927 \ [kW]$$

## 13.2   VSWR 및 파장 측정

VSWR을 측정하는 한 가지 방법으로, 방향성 결합기 및 전력계를 이용하여 반사계수를 측정함으로써 VSWR을 계산할 수 있으며, 그보다 슬롯티드 라인(Slotted Line)과 전력계를 사용함으로써 편리하게 VSWR을 측정할 수 있다.

이러한 측정을 위해서 슬롯티드 라인을 포함한 전송선로상에 정재파가 발생되도록 부하 임피던스를 부정합시키면 정재파의 최댓값과 최솟값이 λ/4마다 번갈아 생기므로, 이들 최댓값과 최솟값을 전력계로부터 읽어서 그 비를 구함으로써 VSWR을 알 수 있다.

마이크로파대역의 파장 측정에도 슬롯티드 라인이 편리하게 사용되는데, 낮은 마이크로파대역에는 동축 슬롯티드 라인이 주로 사용되고 높은 마이크로파대역에는 도파관 슬롯티드 라인이 사용된다.

이러한 슬롯티드 라인은 모두 낮은 주파수 부분에서의 선로길이에 의하여 제한을 받으며, 특히 동축 슬롯티드 라인은 파장이 짧은 높은 주파수에서의 정확도가 문제가 될 수 있다.

최댓값과 인접 최댓값 사이, 또는 최솟값과 인접 최솟값 사이의 간격을 마이크로미터에 의하

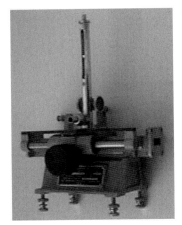

(a) Coaxial Slotted Line     (b) Waveguide Slotted Section

| 그림 13.5 |  Coaxial 및 Waveguide Slotted Line

여 측정함으로써 파장을 알 수 있는데, 최댓값보다는 최솟값의 위치가 명확하게 나타나기 때문에, 주로 최솟값 간의 간격이 사용된다. 이러한 정재파의 두 최소점은 슬롯티드 라인의 측정가능 영역 내에 나타나야 하기 때문에, 측정이 가능한 최소주파수가 제한을 받는 것이다.

그림 13.6에 동축 슬롯티드 라인을 사용하여 파장을 측정하는 블록도를 나타내었는데, 슬롯티드 라인을 따라서 지시기에 나타나는 값이 최소가 될 때까지 프로브를 움직이며, 이때 두 개의 인접한 최소점 간격이 바로 파장의 1/2이 된다. 부하(load)를 단락시키거나 개방시키면 완전반사가 일어나 정재파의 최소점 값을 0으로 할 수 있는데, 이 경우에 반사파가 미지의 전원에 영향을 주어 주파수가 변하는 현상(Frequency Pulling)을 방지하기 위하여 감쇠기 (Attenuator)를 두며, 이 감쇠기는 또한 전원의 신호레벨을 국부발진기(Local Oscillator) 출력 보다 낮춤으로써 믹서(Mixer)가 선형적으로 동작할 수 있도록 하는 역할까지 한다. 저역통과 필터(LPF)는 미지의 전원으로부터 나올 수 있는 고조파를 제거하기 위한 것이고, IF 증폭기는 지시기(Indicator)의 감도를 향상시키는 역할을 한다.

그림 13.6의 시스템으로 전압의 최댓값과 최솟값을 구할 수 있는데, 이 두 전압을 이용하여 정재파비를 구하면 다음과 같다.

$$VSWR = \frac{V_{max}}{V_{min}} \tag{13.4}$$

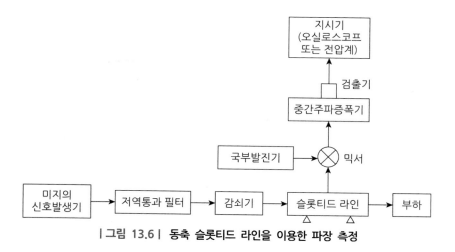

| 그림 13.6 | **동축 슬롯티드 라인을 이용한 파장 측정**

또한 앞 식을 이용하여 반사계수를 구하면 다음과 같다.

$$\Gamma = \frac{VSWR - 1}{VSWR + 1} \tag{13.5}$$

도파관 슬롯티드 라인을 이용한 파장 및 VSWR의 측정은 상기의 동축 슬롯티드 라인을 이용한 방법과 똑같으나 단지 도파관 내의 전송모드가 지배모드로 되도록 주의하여야 한다.

## 13.3  주파수 측정

마이크로파 신호의 주파수를 측정하는 방법은 전자적인 것과 Electromechanical한 것으로 구분할 수 있으며, 다음과 같은 방법들이 있다.

1) 스펙트럼 분석기(Spectrum Analyzer)
2) 주파수 카운터(Frequency Counter)
3) 제로 비트 미터(Zero-Beat Meter)
4) 전자기계적 방법; 주파수 미터(Wavemeter), Slotted Line

### 13.3.1 스펙트럼 분석기

오실로스코프가 신호파형을 시간영역으로 나타내기 위해 사용되는 데 비하여, 스펙트럼 분석기(Spectrum Analyzer)는 신호파를 주파수영역에서 스크린상에 나타내어주는 장치로서, 발생된 주파수 및 각 주파수의 전력 크기, 변조의 형태, S/N비, 파형왜곡, 주파수 변화 또는 필터의 주파수 특성 등을 정의함으로써, 마이크로파 회로나 소자들의 동작상태를 규명하기 위한 목적으로 매우 편리하게 사용될 수 있다.

스펙트럼 분석기의 기본동작모드는 수평축을 주파수로 하고 수직축을 로그함수형태의 전압으로 하는 것으로서, 통상 역노치형의 이동가능한 기준 마커가 있기 때문에 스크린상에서 디지털 숫자를 통해 직접 주파수를 읽을 수 있고, 전력까지도 dBm 단위로 읽을 수 있다.

### 13.3.2 주파수 카운터

마이크로파 신호의 CW 주파수를 직접 디지털 디스플레이를 통해 측정할 수 있는 주파수 카운터(Frequency Counter)가 가용하며, 실제 측정은 그림 13.7과 같이 미지의 신호원의 출력을 방향성 결합기 및 감쇠기를 이용하여 적당량만큼 감쇠시킨 다음 주파수 카운터에 입력시켜야 한다.

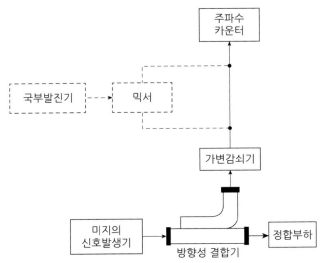

| 그림 13.7 | 측정범위를 크게 한 주파수 측정 시스템

그림 13.7의 점선으로 보인 것처럼 국부발진기와 믹서를 사용하여 측정주파수범위를 확장시킬 수도 있는데, 이 경우에 국부발진기의 주파수 안정도가 요구되는 측정의 정확도보다 높아야 한다.

### 13.3.3 제로 비트법

제로 비트법(Zero-Beat Method)은 미지의 주파수신호를 방향성 결합기를 통하여 기준 주파수신호와 같이 믹서에 입력시킨 다음, 그 비트 주파수의 신호크기가 완전히 상쇄되도록 가변감쇠기를 조정하여 주파수를 측정하도록 한 시스템으로서, 매우 정확한 측정이 가능하다.

### 13.3.4 전자기계적 측정법

일반적으로 사용되는 Frequency Meter 또는 Wavemeter는 크기가 조절가능한 일종의 공진캐비티로서, 정확한 마이크로미터의 눈금으로 주파수를 읽을 수 있도록 되어 있으며, 이의 Calibration에는 보통 제로 비트법이 사용된다.

Wavemeter는 원통형 캐비티 공진기 내에 Sliding Plunger를 가지고 크기를 변화시킴으로써

| 그림 13.8 | 전달형 Wavemeter

| 그림 13.9 | **Wavemeter를 이용한 주파수 측정**

공진주파수를 조절할 수 있도록 한 장치로서, 전달형과 리액티브형, 흡수형으로 나눌 수 있으며, 대부분 공진 캐비티의 $Q$가 매우 높아서 정확도가 높다.

슬롯티드 라인을 이용하여 주파수를 측정하기 위해서는 먼저 이미 설명한 바와 같이 파장을 측정한 다음, 위상속도를 고려하여 주파수를 계산할 수 있다.

## 13.4 잡음 측정

### 13.4.1 S/N비 측정

대부분의 스펙트럼 분석기(Spectrum Analyzer)는 입력신호레벨 범위가 지극히 낮아서 신호대 잡음비(S/N비)를 측정하기에 적합하다. 잡음은 스펙트럼 분석기의 스크린상에 연속적인 스펙트럼으로 보이고, 신호는 그 잡음배경 위에 날카로운 임펄스 형태로 나타나게 된다. 다음 예제에서 그 실례를 보도록 하자.

**예제 13.2**

신호와 잡음이 스펙트럼 분석기상에 그림 13.10과 같이 나타났을 경우에 S/N비를 구하시오.

**풀이** 수평축상 3 GHz 신호의 피크 전력값이 수직축 눈금에서 $-10$ dBm이고, 잡음은 $-20$ dBm이다. 신호전력 $P_s$과 잡음전력 $P_n$의 비는 dBm 단위로 차에 해당하고, 따라서 S/N비는 다음과 같이 구해진다.

$$(S/N)\ dB = P_s - P_n = -10 - (-20) = 10\ [dB]$$

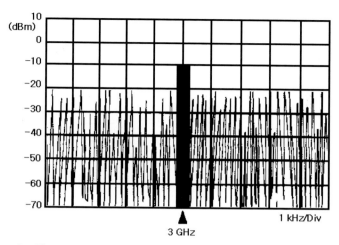

| 그림 13.10 | 스펙트럼 분석기에 입력된 신호와 잡음 스펙트럼

## 13.4.2 잡음지수 측정

스펙트럼 분석기는 지극히 낮은 전력레벨까지도 측정할 수 있고 잡음전력을 직접 확인할 수 있으므로, S/N비를 재빨리 결정할 수 있어 매우 유용하게 사용되는데, 이로부터 쉽게 잡음지수도 계산할 수 있다.

그림 13.11과 같이 먼저 신호발생기의 출력을 감쇠기를 거쳐 직접 스펙트럼 분석기 입력에 연결함으로써, DUT(Device Under Test) 입력 측의 S/N비를 측정하고 난 다음, 감쇠기와 스펙트럼 분석기 사이에 DUT를 삽입하고 신호전력과 잡음전력을 측정하여 식 (10.22)에 따라 잡음지수를 계산한다.

그 외에 증폭기의 잡음지수 측정을 위한 일반적인 방법으로는 전력계를 이용하는 방법이 있는데, 이 경우에는 증폭기의 전력이득 $G$는 쉽게 알 수 있지만 대역폭은 경계점이 없어서 잡음대역폭을 정의하기가 어렵고, 또한 피측정회로(DUT)에서 발생되는 잡음으로부터 입력단에서 발생되는 잡음을 제거해야 하는 문제점들이 있다.

| 그림 13.11 | 스펙트럼 분석기를 이용한 잡음지수 측정 장치

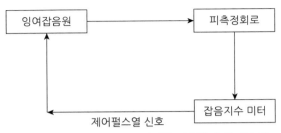

| 그림 13.12 | **잡음지수 미터를 이용한 측정 시스템**

하여간 만일 대역통과 필터에 의해 대역폭 $\Delta f$를 결정하였다고 하면 전력계를 가지고 잡음 전력 및 증폭기의 전력이득 $G_p$를 측정한 다음, 식 (10.29)를 이용하여 잡음지수를 계산할 수 있다.

잡음지수 미터를 사용하면 매우 편리하고 정확하게 직접 잡음지수를 측정할 수가 있으며, 이를 위한 측정 시스템은 그림 13.12와 같다.

잡음지수 자동측정 시스템에서는 DUT의 입력에 기지의 잉여잡음전력을 주기적으로 삽입하고, 잡음전력을 측정하면 두 가지 전력레벨의 펄스열을 얻게 되는데, 이 두 전력레벨 비는 원하는 잡음지수에 관한 정보를 갖고 있다.

이러한 잡음지수 미터에 의해 증폭기나 믹서 또는 완전한 수신기 시스템의 잡음과 전력이득을 측정할 수가 있는데, 컴퓨터를 같이 이용하면 데이터를 얻어서 자기 자신의 잡음영향을 보정하고, 수동조작으로는 어렵고 때로는 측정오차로 인정되는 작은 효과들을 설명해줄 수 있다. 또한 테이프 카트리지에 저장된 Calibration 데이터를 가지고 수동으로 단순히 많은 계산을 요하게 될 정확도의 개선을 수월히 할 수 있다.

잡음지수 미터와 동시에 사용되는 잡음원은 대체로 다이오드나 아르곤 방전관이 이용되고 있고, 잡음지수 미터로부터 잡음원을 켜고 끌 수 있는 제어신호가 공급되는데, 시스템의 측정 주파수 범위를 증가시키기 위해서는 잡음지수 미터와 증폭기 사이에 믹서와 국부발진기를 두어 높은 주파수를 측정기가 소화할 수 있는 낮은 주파수로 변환시켜야 한다.

잉여잡음과 상온잡음의 비는 통상 33 : 1 정도가 된다.

# 회로분석기 측정

임의의 신호원에 의하여 구동되면서 다른 다양한 회로와 접속될, 임의의 동작성능을 규격화하는 일은 회로 설계나 측정 과정에 있어 가장 기본이 되는 사안이다. 예를 들어 복잡한 회로를 설계하는 엔지니어는 개개의 부품에 대한 지식을 기초로 최종 회로의 성능을 어느 정도 예측할 수 있어야 하며, 이와 마찬가지로 생산 매니저도 생산될 제품의 허용가능한 기준치와 최종적 제품이 명시된 규격을 만족할 수 있는지를 알아야 한다.

그러한 문제들을 해결하는 데 있어 회로해석(Network Analysis)은 선형회로의 동작특성을 주파수영역에서 완전히 규명해줄 수 있는데, 구체적으로 임피던스나 전달함수 같은 파라미터들의 데이터 모형을 만듦으로써 능동회로와 수동회로 모두를 해석하게 되며, 그 파라미터들은 주파수의 함수이면서 크기와 위상을 갖는 복소함수가 된다.

현대적인 회로분석기(Network Analyzer)가 나오기 전까지는 CW의 위상 측정이 매우 어려웠으며, 고정된 주파수에서 제한된 파라미터를 구하는 데 있어서도 매우 복잡한 작업을 거쳐야 하였는데, 저주파에서는 오실로스코프가 사용되었고 마이크로파에서는 슬롯티드 라인을 주로 이용하였다.

그에 반해 스위프 오실레이터를 장착한 회로분석기를 사용하면 임피던스나 전달함수의 크기와 위상(또는 복소량)을 특별한 어려움 없이 측정하여 CRT나 프린터, 플로터, X-Y 리코더 등의 컴퓨터 주변장치로 출력시킬 수가 있고, 선형회로의 특성을 넓은 주파수대역에 걸쳐서 빠르고 정확하게 정의할 수 있기 때문에, 회로를 설계하는 경우나 생산하는 과정에서 소요되는 측정시간을 줄이고 측정 시의 불확정성을 최소화할 수 있다.

회로해석이란 해당 주파수대역에 걸쳐서 정현파가 통과하는 선형회로의 임피던스와 전달함수에 관한 데이터 모형을 만드는 과정을 말하는 것으로서, 이러한 과정은 회로소자가 완전하지 못하고 회로들의 어떤 특성은 주파수에 따라 많이 변하여 실제의 회로특성이 계산된 결과와 차이가 많이 날 경우에 매우 중요하게 된다.

실제로 1 MHz 이상의 주파수에서는 대부분의 집중정수소자들이 기본적인 소자값 이외에 기생용량(Stray Capacitance)이나 인입선 인덕턴스, 불요저항성분 등을 갖게 되는데, 이러한 기생성분들은 소자 각각이 다르고 회로에 따라서도 달라지기 때문에 이들을 예측하는 것은 거의 불가능하다. 특히 1 GHz 이상의 주파수대역에서는 부품의 크기가 파장에 비하여 크게 차이가 나지 않기 때문에 부품 구조에 따른 회로 동작의 불명확성이 더욱 커지며, 따라서 집중정수보다는 분포정수소자를 사용하여야만이 회로를 완전히 정의할 수가 있다.

측정하고자 하는 회로의 선형특성을 완전히 기술하기 위해서는 임피던스와 전달함수의 데이터 모형이 얻어져야 하는데, 저주파의 경우에는 $z$, $y$, $h$파라미터에 의하여 나타내어지고, 높은 주파수의 경우에는 $S$파라미터가 사용된다.

회로 또는 소자(Device under Test)를 측정하기 위한 시스템 중에 필요한 첫째는 DUT에 입력시킬 정현파 신호원이고, 그 다음으로 임피던스와 전달함수가 여러 전압과 전류들의 비로 나타내지기 때문에 그러한 전류전압 양들을 분리해낼 수 있는 방법이 필요하며, 마지막으로 회로분석기가 그 분리된 신호들을 검출하여 그들 사이의 비를 구하고 모니터에 디스플레이하게 되는 것이다. 일반적으로 회로분석기의 규격만 만족되면 임의의 정현파 신호원이 사용될 수 있어서, CW 측정에 있어 간단한 오실레이터만 있어도 충분하지만, 만일 높은 주파수 정밀도를 필요로 한다면 신호발생기나 주파수 합성기를 신호원으로 사용하는 것이 좋을 것이다.

또한 만일 회로분석기가 스위프 측정기능을 갖고 있으면, 스위프 발전기나 스위프 주파수 합성기로 DUT를 여기시킴으로써 많은 시간을 절약할 수 있고, 넓은 주파수대역에 걸쳐 쉽게 회로의 Characterization이 가능하다. 어떤 회로분석기는 자기 전용의 신호원만을 사용할 수 있도록 하기도 하는데, 그 경우에는 대부분 그 신호원이 DUT의 여기뿐 아니라 회로분석기 내의 국부발진기로도 사용된다.

저주파의 경우에는 DUT의 단자를 적당하게 개방 또는 단락시킴으로써 임피던스와 전달함수의 측정을 위해 필요한 적당한 전압전류를 쉽게 분리해낼 수 있지만, 주파수가 높아지면 전송선로상의 진행파를 분리하기 위하여 특별한 측정 장치(Test Set)가 필요하며, 이러한 측정 장치(일명 Transducer)로부터 얻어지는 원하는 신호는 회로분석기에 의하여 검출되어져야 한다.

일반적으로 회로분석기는 한 개의 기준 채널과 여러 개의(최소한 한 개 이상) 테스트 채널을 사용하는 다중 채널 수신기가 내장되는데, 이들을 통하여 절대신호레벨과 채널 사이의 상대신호레벨을 측정하게 되고, VNA(Vector Network Analyzer)의 경우에는 채널 간의 상대적인 위상차이도 측정할 수 있다. 이와 같이 측정된 양들로부터 전달함수와 임피던스함수를 계산하고 곧바로 회로분석기로 디스플레이하는 것이 가능하다.

크기(Magnitude)의 측정은 절대적 측정과 상대적 측정으로 나눌 수가 있으며, 절대적 측정은 각 채널 내의 신호레벨을 정확히 측정하는 데 비하여 상대적 측정에서는 두 채널 간의 신호레벨비만을 측정하게 된다. 절대적 측정에서는 측정량이 통상적으로 전압은 dBV로, 전력은 dBm으로 나타내고, 상대적 측정에서는 선택된 기준신호(Reference Channel)에 대한 미지신호의 비를 dB로 나타낸다.

위상의 측정에서는 항상 기준 채널의 신호위상을 0으로 간주한 상대적인 위상차이를 측정하게 된다.

CW의 측정결과는 LED, 프린터 또는 아날로그 계기에 출력되며, 스위프 주파수 측정결과는 크기 및 위상이 CRT나 X-Y 플로터에 주파수의 함수로 디스플레이될 수 있다.

**반사계수 측정**

반사계수는 크기와 위상을 갖는 복소량으로서, 이의 측정을 위해서는 선로상의 입사파와 반사파를 측정할 수 있는 시스템인 그림 13.13과 같은 측정 시스템이 사용된다.

여기에서 사용되는 회로분석기는 자체의 극좌표 스크린상에 반사계수의 크기와 위상을 나타낼 수 있는데, 만일 스미스 도표를 겹쳐서 그리면 선로상의 임피던스까지도 정확하게 읽어낼 수 있다. 회로분석기의 종류에 따라 셀로판 용지에 그려진 스미스 도표를 스크린 위에 잘 정돈하여 겹칠 수도 있고, 최신의 측정기기(예를 들어 HP8510C)는 내장된 소프트웨어에 의해 직접 스크린상에 그려 보일 수도 있으며, 그림 13.13과 같은 구성이 필요 없이 단순히 회로분석기 본체 전면의 두 단자 P1, P2 사이에 DUT를 삽입함으로써 원하는 모든 측정(S11, S12, S21, S22)을 수행할 수 있다.

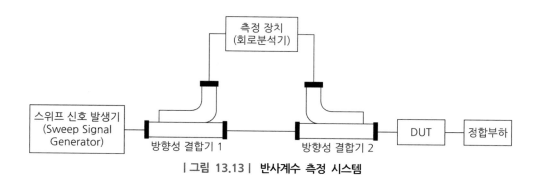

| 그림 13.13 | 반사계수 측정 시스템

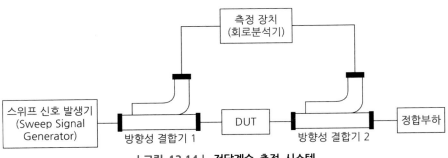

| 그림 13.14 | **전달계수 측정 시스템**

## 전달계수 측정

전달계수의 측정에는 Insertion과 Incremental 그리고 Comparative의 세 가지 분야로 나눌 수가 있는데, 그 중에 Insertion 측정은 그림 13.14와 같은 시스템에서 DUT를 삽입하기 전과 후에 그 크기와 위상을 측정하는 것을 말하며, 증폭기의 전력이득이나 필터의 감쇠특성을 결정하는 데 유용하며, Incremental 측정은 온도변화나 시간에 따른 특성측정을 말하는 것으로 환경시험이나 수명(end-of-life)을 결정하는 것이고, Comparative 측정이란 여러 개의 DUT를 반복적으로 비교 측정하여 원하는 케이블이나 정합증폭기를 선택하고자 할 때 하는 측정을 말한다.

이 경우에도 측정 장치는 크기만을 잴 수 있는 스칼라 회로분석기일 수도 있고, 구형 VNA (Vector Network Analyzer)를 사용할 수도 있는데, 이들은 대부분 주파수변환장치, 전달/반사 측정장치, $S$파라미터 측정 장치 그리고 방향성 결합기나 스위프 신호 발생기 등이 별도의 장치로 되어 있어 모두 갖추어 연결되어야만이 여러 가지 측정이 가능한 데 비하여, 최신의 VNA는 모두가 일체형으로 집적되어 있거나 스위프 신호 발생기만 별도의 장치로 되어 있기 때문에 DUT를 간단히 연결하는 것으로 모든 측정을 수행할 수가 있다.

---

**예제 13.3**

(1) 결합계수(Coupling Coefficient)가 20 dB인 X-밴드 방향성 결합기(Directional Coupler)에 주파수가 10 GHz이고 크기가 250 mW인 전자파를 입력시켰을 때, 주 선로의 출력과 보조 선로의 출력은 각각 얼마인가?

(2) 도파관 Slotted Line의 눈금상에서 정재파의 두 인접한 최소점이 각각 4.45 cm 및 7.36 cm인 것으로 나타났다. 도파관의 $TE_{10}$ 모드에 대한 차단파장이 7.0 cm라 할 때, 입력주파수는 얼마인가?

(3) 어떤 도파관의 종단에 Detector Mount를 연결하려고 한다. 반사손실전력을 1% 이내로 하고자 할 때, 허용될 수 있는 VSWR은 얼마인가?

(4) 어떤 회로시스템에 155 mW의 마이크로파를 입력시킬 때, 임피던스의 부정합으로 인한 VSWR이 1.4였다. 만일 역방향으로의 차단 특성이 20 dB인 Isolator를 삽입한다면, 개선된 VSWR은 얼마인가? (단 순방향 삽입손실은 무시함)

(5) VSWR이 1.5인 마이크로파 전원과 VSWR이 1.3인 부하를 연결할 경우에 발생할 수 있는 최대 및 최소 반사계수를 구하시오.

(6) 듀티 사이클이 0.2인 신호의 평균전력 $P_{avg}$가 34 mW라 할 때, 피크 전력 $P_{peak}$을 구하시오.

(7) 출력이 2 W인 초고주파 전원과 전력계를 이용하여 어떤 증폭기의 전력이득을 측정하고자 한다. 증폭기의 동작전력레벨과 전력계의 측정범위를 고려하여 증폭기의 앞단에 감쇠율이 20 dB인 감쇠기를 달고, 증폭기 뒤에 감쇠율 30 dB인 감쇠기를 삽입하여 측정하였더니, 전력계의 눈금이 40 mW를 지시하였다. 증폭기의 이득은 얼마인가?

(8) 어떤 증폭기의 출력잡음을 측정한 결과 0.06 pW로 나타났다. 그 증폭기의 Gain-Bandwidth Product를 $1.0 \times 10^7$ Hz라 할 때, 상온에서의 회로잡음지수를 구하시오.

**풀이** (1) 주 선로 : 247.5 mW

보조 선로 : 2.5 mW

(2) $\lambda_g = \dfrac{\lambda}{\sqrt{1 - \left(\dfrac{\lambda}{\lambda_c}\right)^2}}$

$\lambda_g = (7.36 - 4.45) \times 2 = 5.82$ cm, $\lambda_c = 7$ cm

$f = c\sqrt{\dfrac{1}{\lambda_g^2} + \dfrac{1}{\lambda_c^2}} = 3 \times 10^{10}\sqrt{\dfrac{1}{5.82^2} + \dfrac{1}{7^2}}$

$= 3 \times 10^{10}\sqrt{0.0295 + 0.0204} = 6.7$ GHz

(3) $\Gamma^2 = 0.01$

$\text{VSWR} = \dfrac{1 + |\Gamma|1 - |\Gamma|}{} = 1.22$

(4) $|\Gamma| = \dfrac{\text{VSWR} - 1}{\text{VSWR} + 1} = 0.1667$, $I_P = 0.01$, $I_V = 0.1$

$\text{VSWR} = \dfrac{1 + |\Gamma| \times I_V}{1 - |\Gamma| \times I_V} = \dfrac{1 + 0.1667 \times 0.1}{1 - 0.1667 \times 0.1} = 1.034$

(5) $\text{VSWR}_{max} = \text{VSWR}_{source} \times \text{VSWR}_{load} = 1.5 \times 1.3 = 1.95$

$$|\Gamma|_{max} = \frac{\text{VSWR}_{max} - 1}{\text{VSWR}_{max} + 1} = 0.322$$

$$\text{VSWR}_{min} = \frac{\text{VSWR}_{source}}{\text{VSWR}_{load}} = \frac{1.5}{1.3} = 1.154$$

$$|\Gamma|_{min} = \frac{\text{VSWR}_{min} - 1}{\text{VSWR}_{min} + 1} = 0.0715$$

**(6)** $P_{avg} = P_{peak} \times \dfrac{t}{T} = 6.8 \text{ mW}$

**(7)** $A(\text{dB}) = 16(\text{dBm}) + 50(\text{dB}) - 33(\text{dBm}) = 33 \text{ dB}$

**(8)** $F = \dfrac{N_{out}}{kT_0 B_n G} - \dfrac{0.06 \times 10^{-12}}{1.38 \times 10^{-23} \times 290 \times 1.0 \times 10^{7}} = 1.5$

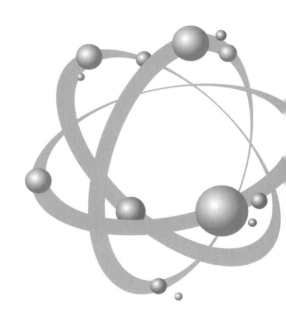

# 부록

# 원통형 구리선의 임피던스

| FREQ. | AWG #2, D=6.54mm | | | | AWG #10, D=2.59mm | | | | AWG #22, D=0.64mm | | | |
|---|---|---|---|---|---|---|---|---|---|---|---|---|
| | ℓ=1cm | ℓ=10cm | ℓ=1m | ℓ=10m | ℓ=1cm | ℓ=10cm | ℓ=1m | ℓ=10m | ℓ=1cm | ℓ=10cm | ℓ=1m | ℓ=10m |
| 10Hz | 5.13µ | 51.4µ | 517µ | 5.22m | 32.7µ | 327µ | 3.28µ | 32.8µ | 529µ | 5.29m | 52.9m | 529m |
| 20Hz | 5.14µ | 52.0µ | 532µ | 5.50m | 32.7µ | 328µ | 3.28µ | 32.8µ | 529µ | 5.29m | 53.0m | 530m |
| 30Hz | 5.15µ | 52.8µ | 555µ | 5.94m | 32.8µ | 328µ | 3.28µ | 32.9µ | 529µ | 5.30m | 53.0m | 530m |
| 50Hz | 5.20µ | 55.5µ | 624µ | 7.16m | 32.8µ | 329µ | 3.30µ | 33.2µ | 530µ | 5.30m | 53.0m | 530m |
| 70Hz | 5.27µ | 59.3µ | 715µ | 8.68m | 32.8µ | 330µ | 3.33µ | 33.7m | 530µ | 5.30m | 53.0m | 530m |
| 100Hz | 5.41µ | 66.7µ | 877µ | 11.2m | 32.9µ | 332µ | 3.38m | 34.6m | 530µ | 5.30m | 53.0m | 530m |
| 200Hz | 6.20µ | 99.5µ | 1.51m | 20.6m | 33.2µ | 345µ | 3.67m | 39.6m | 530µ | 5.30m | 53.0m | 530m |
| 300Hz | 7.32µ | 137µ | 2.19m | 30.4m | 33.7µ | 365µ | 4.11m | 46.9m | 530µ | 5.30m | 53.0m | 531m |
| 500Hz | 10.1µ | 219µ | 3.59m | 50.3m | 35.3µ | 425µ | 5.28m | 64.8m | 530µ | 5.31m | 53.2m | 533m |
| 700Hz | 13.2µ | 303µ | 5.01m | 70.2m | 37.7µ | 500µ | 6.66m | 84.8m | 530µ | 5.32m | 53.4m | 537m |
| 1KHz | 18.1µ | 429µ | 7.14m | 100m | 42.2µ | 632µ | 8.91m | 116m | 531µ | 5.34m | 53.9m | 545m |
| 2KHz | 35.2µ | 855µ | 14.2m | 200m | 62.5µ | 1.13m | 16.8m | 225m | 536µ | 5.48m | 56.6m | 589m |
| 3KHz | 52.5µ | 1.28m | 21.3m | 300m | 86.3µ | 1.65m | 25.0m | 336m | 545µ | 5.71m | 60.9m | 656m |
| 5KHz | 87.3µ | 2.13m | 35.6m | 500m | 137µ | 2.72m | 41.5m | 559m | 571µ | 6.39m | 72.9m | 835m |
| 7KHz | 122µ | 2.98m | 49.8m | 700m | 189µ | 3.79m | 58.1m | 783m | 609µ | 7.28m | 87.9m | 1.04Ω |
| 10KHz | 174µ | 4.26m | 71.2m | 1.00Ω | 268µ | 5.41m | 82.9m | 1.11Ω | 681µ | 8.89m | 113m | 1.39Ω |
| 20KHz | 348µ | 8.53m | 142m | 2.00Ω | 533µ | 10.8m | 165m | 2.23Ω | 1.00m | 15.2m | 207m | 2.63Ω |
| 30KHz | 523µ | 12.8m | 213m | 3.00Ω | 799µ | 16.2m | 248m | 3.35Ω | 1.39m | 22.0m | 305m | 3.91Ω |
| 50KHz | 871µ | 21.3m | 356m | 5.00Ω | 1.33m | 27.0m | 414m | 5.58Ω | 2.20m | 36.1m | 504m | 6.48Ω |
| 70KHz | 1.22m | 29.8m | 498m | 7.00Ω | 1.86m | 37.8m | 580m | 7.82Ω | 3.04m | 50.2m | 704m | 9.06Ω |
| 100KHz | 1.74m | 42.6m | 712m | 10.0Ω | 2.66m | 54.0m | 828m | 11.1Ω | 4.31m | 71.6m | 1.00Ω | 12.9Ω |
| 200KHz | 3.48m | 85.3m | 1.42Ω | 20.0Ω | 5.32m | 108m | 1.65Ω | 22.3Ω | 8.59m | 142m | 2.00Ω | 25.8Ω |
| 300KHz | 5.23m | 128m | 2.13Ω | 30.0Ω | 7.98m | 162m | 2.48Ω | 33.5Ω | 12.8m | 214m | 3.01Ω | 38.7Ω |
| 500KHz | 8.71m | 213m | 3.56Ω | 50.0Ω | 13.3m | 270m | 4.14Ω | 55.8Ω | 21.4m | 357m | 5.01Ω | 64.6Ω |
| 700KHz | 12.2m | 298m | 4.98Ω | 70.0Ω | 18.6m | 378m | 5.80Ω | 78.2Ω | 30.0m | 500m | 7.02Ω | 90.4Ω |
| 1MHz | 17.4m | 426m | 7.12Ω | 100Ω | 26.6m | 540m | 8.28Ω | 111Ω | 42.8m | 714m | 10.0Ω | 129Ω |
| 2MHz | 34.8m | 853m | 14.2Ω | 200Ω | 53.2m | 1.08Ω | 16.5Ω | 223Ω | 85.7m | 1.42Ω | 20.0Ω | 258Ω |
| 3MHz | 52.3m | 1.28Ω | 21.3Ω | 300Ω | 79.8m | 1.62Ω | 24.8Ω | 335Ω | 128m | 2.14Ω | 30.1Ω | 387Ω |
| 5MHz | 87.1m | 2.13Ω | 35.6Ω | 500Ω | 133m | 2.70Ω | 41.4Ω | 558Ω | 214m | 3.57Ω | 50.1Ω | 646Ω |
| 7MHz | 122m | 2.98Ω | 49.8Ω | 700Ω | 186m | 3.78Ω | 58.0Ω | 782Ω | 300m | 5.00Ω | 70.2Ω | 904Ω |
| 10MHz | 174m | 4.26Ω | 71.2Ω | 1.00kΩ | 266m | 5.40Ω | 82.8Ω | 1.11kΩ | 428m | 7.14Ω | 100Ω | 1.29kΩ |
| 20MHz | 348m | 8.53Ω | 142Ω | 2.00kΩ | 532m | 10.8Ω | 165Ω | 2.23kΩ | 857m | 14.2Ω | 200Ω | 2.58kΩ |
| 30MHz | 523m | 12.8Ω | 213Ω | 3.00kΩ | 798m | 16.2Ω | 248Ω | 3.35kΩ | 1.28Ω | 21.4Ω | 301Ω | 3.87kΩ |
| 50MHz | 871m | 21.3Ω | 356Ω | 5.00kΩ | 1.33Ω | 27.0Ω | 414Ω | 5.58kΩ | 2.14Ω | 35.7Ω | 501Ω | 6.46kΩ |
| 70MHz | 1.22Ω | 29.8Ω | 498Ω | 7.00kΩ | 1.86Ω | 37.8Ω | 580Ω | 7.82kΩ | 3.00Ω | 50.0Ω | 702Ω | 9.04kΩ |
| 100MHz | 1.74Ω | 42.6Ω | 712Ω | 10.0kΩ | 2.66Ω | 54.0Ω | 828Ω | 11.1kΩ | 4.28Ω | 71.4Ω | 1.00kΩ | 12.9kΩ |
| 200MHz | 3.48Ω | 85.3Ω | 1.42kΩ | 20.0kΩ | 5.32Ω | 108Ω | 1.65kΩ | 22.3kΩ | 8.57Ω | 142Ω | 2.00kΩ | 25.8kΩ |
| 300MHz | 5.23Ω | 128Ω | 2.13kΩ | 30.0kΩ | 7.98Ω | 162Ω | 2.48kΩ | 33.5kΩ | 12.8Ω | 214Ω | 3.01kΩ | 38.7kΩ |
| 500MHz | 8.71Ω | 213Ω | 3.56kΩ | 50.0kΩ | 13.3Ω | 270Ω | 4.14kΩ | 55.8kΩ | 21.4Ω | 357Ω | 5.01kΩ | 64.6kΩ |
| 700MHz | 12.2Ω | 298Ω | 4.98kΩ | 70.0kΩ | 18.6Ω | 378Ω | 5.80kΩ | 78.2kΩ | 30.0Ω | 500Ω | 7.02kΩ | 90.4kΩ |
| 1GHz | 17.4Ω | 426Ω | 7.12kΩ | | 26.6Ω | 540Ω | 8.28kΩ | | 42.8Ω | 714Ω | 10.0kΩ | |

AWG = American Wire Gage
ℓ = wire length in cm or m
m = milliohms

D = wire diameter in mm
µ = microhms
Ω = ohms

| 파라미터의 종류 | 입출력 파라미터와 방향 | 연립방정식 | 행렬식 |
|---|---|---|---|
| Z (임피던스) 파라미터 | | $V_1 = Z_{11}I_1 + Z_{12}I_2$ <br> $V_2 = Z_{21}I_1 + Z_{22}I_2$ | $\begin{bmatrix} V_1 \\ V_2 \end{bmatrix} = \begin{bmatrix} Z_{11} & Z_{12} \\ Z_{21} & Z_{22} \end{bmatrix} \begin{bmatrix} I_1 \\ I_2 \end{bmatrix}$ |
| Y (어드미턴스) 파라미터 | | $I_1 = Y_{11}V_1 + Y_{12}V_2$ <br> $I_2 = Y_{21}V_1 + Y_{22}V_2$ | $\begin{bmatrix} I_1 \\ I_2 \end{bmatrix} = \begin{bmatrix} Y_{11} & Y_{12} \\ Y_{21} & Y_{22} \end{bmatrix} \begin{bmatrix} V_1 \\ V_2 \end{bmatrix}$ |
| H (하이브리드) 파라미터 | | $V_1 = h_{11}I_1 + h_{12}V_2$ <br> $I_2 = h_{21}I_1 + h_{22}V_2$ | $\begin{bmatrix} V_1 \\ I_2 \end{bmatrix} = \begin{bmatrix} h_{11} & h_{12} \\ h_{21} & h_{22} \end{bmatrix} \begin{bmatrix} I_1 \\ V_2 \end{bmatrix}$ |
| G (역 하이브리드) 파라미터 | | $I_1 = g_{11}V_1 + g_{12}I_2$ <br> $V_2 = g_{21}V_1 + g_{22}I_2$ | $\begin{bmatrix} I_1 \\ V_2 \end{bmatrix} = \begin{bmatrix} g_{11} & g_{12} \\ g_{21} & g_{22} \end{bmatrix} \begin{bmatrix} V_1 \\ I_2 \end{bmatrix}$ |
| A (전달) 파라미터 (ABCD와 등가적) | | $V_1 = a_{11}V_2 - a_{12}I_2$ <br> $I_1 = a_{21}V_2 - a_{22}I_2$ | $\begin{bmatrix} V_1 \\ I_1 \end{bmatrix} = \begin{bmatrix} a_{11} & a_{12} \\ a_{21} & a_{22} \end{bmatrix} \begin{bmatrix} V_2 \\ -I_2 \end{bmatrix}$ |
| B (역 전달) 파라미터 | | $V_2 = b_{11}V_1 - b_{12}I_1$ <br> $I_2 = b_{21}V_1 - b_{22}I_1$ | $\begin{bmatrix} V_2 \\ I_2 \end{bmatrix} = \begin{bmatrix} b_{11} & b_{12} \\ b_{21} & b_{22} \end{bmatrix} \begin{bmatrix} V_1 \\ -I_1 \end{bmatrix}$ |
| ABCD (전달) 파라미터 | | $V_1 = AV_2 + BI_2$ <br> $I_1 = CV_2 + DI_2$ | $\begin{bmatrix} V_1 \\ I_1 \end{bmatrix} = \begin{bmatrix} A & B \\ C & D \end{bmatrix} \begin{bmatrix} V_2 \\ I_2 \end{bmatrix}$ |
| S (산란) 파라미터 전압/전류에 의한 정의 | | $V_1^- = S_{11}V_1^+ + S_{12}V_2^+$ <br> $V_2^- = S_{21}V_1^+ + S_{22}V_2^+$ | $\begin{bmatrix} V_1^- \\ V_2^- \end{bmatrix} = \begin{bmatrix} S_{11} & S_{12} \\ S_{21} & S_{22} \end{bmatrix} \begin{bmatrix} V_1^+ \\ V_2^+ \end{bmatrix}$ |
| S (산란) 파라미터 전력에 의한 정의 | | $b_1 = S_{11}a_1 + S_{12}a_2$ <br> $b_2 = S_{21}a_1 + S_{22}a_2$ | $\begin{bmatrix} b_1 \\ b_2 \end{bmatrix} = \begin{bmatrix} S_{11} & S_{12} \\ S_{21} & S_{22} \end{bmatrix} \begin{bmatrix} a_1 \\ a_2 \end{bmatrix}$ |

| | S | Z | Y | ABCD |
|---|---|---|---|---|
| $S_{11}$ | $S_{11}$ | $\dfrac{\Delta Z_-}{\Delta Z}$ | $\dfrac{\Delta Y_-}{\Delta Y}$ | $\dfrac{A+B/Z_o - CZ_o - D}{A+B/Z_o + CZ_o + D}$ |
| $S_{12}$ | $S_{12}$ | $\dfrac{2 Z_{12} Z_o}{\Delta Z}$ | $\dfrac{-2 Y_{12} Y_o}{\Delta Y}$ | $\dfrac{2(AD-BC)}{A+B/Z_o + CZ_o + D}$ |
| $S_{21}$ | $S_{21}$ | $\dfrac{2 Z_{21} Z_o}{\Delta Z}$ | $\dfrac{-2 Y_{21} Y_o}{\Delta Y}$ | $\dfrac{2}{A+B/Z_o + CZ_o + D}$ |
| $S_{22}$ | $S_{22}$ | $\dfrac{\Delta Z_+}{\Delta Z}$ | $\dfrac{\Delta Y_+}{\Delta Y}$ | $\dfrac{-A+B/Z_o - CZ_o + D}{A+B/Z_o + CZ_o + D}$ |
| $Z_{11}$ | $Z_o \dfrac{(1+S_{11})(1-S_{22}) + S_{12} S_{21}}{(1-S_{11})(1-S_{22}) - S_{12} S_{21}}$ | $Z_{11}$ | $\dfrac{Y_{22}}{\lvert Y \rvert}$ | $\dfrac{A}{C}$ |
| $Z_{12}$ | $Z_o \dfrac{2 S_{12}}{(1-S_{11})(1-S_{22}) - S_{12} S_{21}}$ | $Z_{12}$ | $\dfrac{-Y_{12}}{\lvert Y \rvert}$ | $\dfrac{AD-BC}{C}$ |
| $Z_{21}$ | $Z_o \dfrac{2 S_{21}}{(1-S_{11})(1-S_{22}) - S_{12} S_{21}}$ | $Z_{21}$ | $\dfrac{-Y_{21}}{\lvert Y \rvert}$ | $\dfrac{1}{C}$ |
| $Z_{22}$ | $Z_o \dfrac{(1-S_{11})(1+S_{22}) + S_{12} S_{21}}{(1-S_{11})(1-S_{22}) - S_{12} S_{21}}$ | $Z_{22}$ | $\dfrac{Y_{11}}{\lvert Y \rvert}$ | $\dfrac{D}{C}$ |
| $Y_{11}$ | $Y_o \dfrac{(1-S_{11})(1+S_{22}) + S_{12} S_{21}}{(1+S_{11})(1+S_{22}) - S_{12} S_{21}}$ | $\dfrac{Z_{22}}{\lvert Z \rvert}$ | $Y_{11}$ | $\dfrac{D}{B}$ |
| $Y_{12}$ | $Y_o \dfrac{-2 S_{12}}{(1+S_{11})(1+S_{22}) - S_{12} S_{21}}$ | $\dfrac{-Z_{12}}{\lvert Z \rvert}$ | $Y_{12}$ | $\dfrac{BC-AD}{B}$ |
| $Y_{21}$ | $Y_o \dfrac{-2 S_{21}}{(1+S_{11})(1+S_{22}) - S_{12} S_{21}}$ | $\dfrac{-Z_{21}}{\lvert Z \rvert}$ | $Y_{21}$ | $\dfrac{-1}{B}$ |
| $Y_{22}$ | $Y_o \dfrac{(1+S_{11})(1-S_{22}) + S_{12} S_{21}}{(1+S_{11})(1+S_{22}) - S_{12} S_{21}}$ | $\dfrac{Z_{11}}{\lvert Z \rvert}$ | $Y_{21}$ | $\dfrac{A}{B}$ |

(계속)

| | $S$ | $Z$ | $Y$ | $ABCD$ |
|---|---|---|---|---|
| $A$ | $\dfrac{(1+S_{11})(1-S_{22})+S_{12}S_{21}}{2S_{21}}$ | $\dfrac{Z_{11}}{Z_{21}}$ | $\dfrac{-Y_{22}}{Y_{21}}$ | $A$ |
| $B$ | $Z_o\dfrac{(1+S_{11})(1+S_{22})-S_{12}S_{21}}{2S_{21}}$ | $\dfrac{|Z|}{Z_{21}}$ | $\dfrac{-1}{Y_{21}}$ | $B$ |
| $C$ | $\dfrac{1}{Z_o}\dfrac{(1-S_{11})(1-S_{22})-S_{12}S_{21}}{2S_{21}}$ | $\dfrac{1}{Z_{21}}$ | $\dfrac{-|Y|}{Y_{21}}$ | $C$ |
| $D$ | $\dfrac{(1-S_{11})(1+S_{22})-S_{12}S_{21}}{2S_{21}}$ | $\dfrac{Z_{22}}{Z_{21}}$ | $\dfrac{-Y_{11}}{Y_{21}}$ | $D$ |

$$\Delta Z = (Z_{11}+Z_o)(Z_{22}+Z_o)-Z_{12}Z_{21} \ ; \ \Delta Y = (Y_{11}+Y_o)(Y_{22}+Y_o)-Y_{12}Y_{21}$$

$$\Delta Z_+ = (Z_{11}+Z_o)(Z_{22}-Z_o)-Z_{12}Z_{21}; \ \Delta Y_+ = (Y_o+Y_{11})(Y_o-Y_{22})+Y_{12}Y_{21}$$

$$\Delta Z_- = (Z_{11}-Z_o)(Z_{22}+Z_o)-Z_{12}Z_{21}; \Delta Y_- = (Y_o-Y_{11})(Y_o+Y_{22})+Y_{12}Y_{21}$$

$$|Z| = Z_{11}Z_{22}-Z_{12}Z_{21}; \ |Y| = Y_{11}Y_{22}-Y_{12}Y_{21}; \ Y_o = \frac{1}{Z_o}$$

어떤 물체에 외부에서 주기적인 힘을 가하는 경우 그 힘의 주기가 물체가 진동하는 주기와 일치하면 적은 힘으로도 큰 진동을 일으킬 수 있으며, 이와 같은 현상을 일컬어 공진(Resonance)이라고 한다(음파의 경우에는 공명이라 함).

전기 시스템에서도 회로에 인가되는 전원의 주파수가 회로 자체의 고유주파수와 일치하면 회로에는 큰 전기적인 진동이 일어나는데, 기계적 공진을 위해서는 물체의 운동에너지와 위치에너지 사이에 에너지 교환이 있어야 하는 것처럼, 전기적 공진이 일어나려면 유도기에 축적되는 자기에너지와 용량기에 축적되는 전기에너지 사이에 에너지 교환이 있어야 한다. 그러므로 전기적 공진회로에는 $L$과 $C$가 모두 필요하며, 이것들이 연결되는 방식에 따라서 직렬 공진, 병렬 공진, 직병렬 공진회로 등으로 나뉘어진다.

### RLC 직렬 공진회로

RLC 직렬 회로의 입력단자에 연결한 전압전원의 전압 크기를 일정하게 유지시키고 주파수만을 변화시킬 때, 정상상태에서 회로에 흐르는 전류의 크기를 알아보자.

입력 어드미턴스를 $Y$라 하면 $I = YV$에서 $V$는 일정하므로 전류의 크기는 어드미턴스의 크기에 비례하게 되므로, 전류의 주파수응답 대신 어드미턴스의 주파수 특성을 이용할 수 있다.

편의상 먼저 임피던스부터 써보면, $R$을 전원의 내부저항, 코일에서의 손실, 그리고 부하로 전달되는 전력을 모두 합한 효과를 나타내는 등가적인 저항이라 할 때, 다음과 같이 쓸 수 있다.

$$Z = R + j \left( \omega L - \frac{1}{\omega C} \right)$$

$$= R + j X \qquad (\text{IV}.1)$$

$$X = \omega L - \frac{1}{\omega C} \qquad (\text{IV}.2)$$

낮은 주파수에서는 용량성 리액턴스가 우세하여 식 (IV.2)에서 $X < 0$으로서 $\omega \to 0$에 대

해 $X \rightarrow -1/\omega C$이 되며, 높은 주파수에서는 유도성 리액턴스가 우세하여 $X > 0$이고 $\omega \rightarrow \infty$에 대해 $X \rightarrow \omega L$이 된다. 또한 $X = 0$이 되는 경우에는 $Z$ 또는 $Y$가 순실수가 되고 단자 전압과 전류는 동상이 되며, 이때 회로가 공진상태에 있다고 말하고, 그 주파수를 공진주파수 (Resonant Frequency)라고 한다.

공진회로에서 회로소자 값을 변화시켜서 그 공진주파수를 전원주파수에 일치시키는 것을 동조(Tuning)한다고 하고, 두 주파수가 일치하지 않을 때를 이조(Detuning)되어 있다고 말하며, 공진회로를 동조회로(Tuned Circuit)라고도 한다.

따라서 RLC 직렬 공진회로의 공진주파수를 $\omega_0$라 하면 다음과 같이 쓸 수 있다.

$$\omega_0 L - \frac{1}{\omega_0 C} = 0$$

$$\omega_0 = \frac{1}{\sqrt{LC}} \quad \text{또는} \quad f_0 = \frac{1}{2\pi \sqrt{LC}} \tag{IV.3}$$

또한 전류의 주파수응답에 따라서 어드미턴스의 주파수 특성이 중요하게 되므로 RLC 직렬 공진회로의 어드미턴스를 구하고 그 최댓값에 대하여 규준화하면 다음과 같다.

$$Y = \frac{1}{R + j\left(\omega L - \dfrac{1}{\omega C}\right)} \tag{IV.4}$$

$$Y_0 = \frac{1}{R}$$

$$\frac{Y}{Y_0} = \frac{1}{1 + j\dfrac{1}{R}\left(\omega L - \dfrac{1}{\omega C}\right)} \tag{IV.5}$$

위 식에 $\omega_0^2 = 1/LC$의 관계를 이용하면 분모식은 다음과 같이 된다.

$$1 + j\frac{1}{R}\left(\omega L - \frac{1}{\omega C}\right) = 1 + j\frac{1}{R}\left(\omega L - \frac{\omega_0^2 L}{\omega}\right) = 1 + j\frac{\omega_0 L}{R}\left(\frac{\omega}{\omega_0} - \frac{\omega_0}{\omega}\right)$$

이제 다음과 같이 원(Dimension)이 없는 양 $Q_0$를 정의하여 사용하면 다음을 얻는다.

$$Q_0 \equiv \frac{\omega_0 L}{R} = \frac{1}{\omega_0 CR} = \frac{1}{R} \sqrt{\frac{L}{C}} \quad \text{(RLC 직렬 회로에 대해)} \tag{IV.6}$$

$$\frac{Y}{Y_0} = \frac{1}{1 + JQ_0 \left( \dfrac{\omega}{\omega_0} - \dfrac{\omega_0}{\omega} \right)} = \frac{I}{I_0} \tag{IV.7}$$

그런데 만일 $Q_0$가 100 이상이 되면 공진점 근방에서 곡선들이 매우 좁아져서 정확한 변화를 알기 어렵기 때문에, 실제 주파수와 공진주파수와의 차를 새로운 변수로 사용하는 것이 편리하며, 이 차주파수의 공진주파수에 대한 비를 $\delta$라 한다.

$$\delta \equiv \frac{\omega - \omega_0}{\omega_0} = \frac{\omega}{\omega_0} - 1 \tag{IV.8}$$

이 $\delta$를 이조율(Fractional Detuning)이라 하는데, $\omega > \omega_0$에서는 정, $\omega < \omega_0$에서는 부의 값을 가지며, 이 $\delta$를 이용하면

$$\frac{\omega}{\omega_0} - \frac{\omega_0}{\omega} = \delta + 1 - \frac{1}{\delta + 1} = \frac{2\delta + \delta^2}{1 + \delta} = 2\delta \left( \frac{1 + \delta/2}{1 + \delta} \right)$$

이므로 식 (IV.7)은 다음과 같이 쓸 수 있다.

$$\frac{Y}{Y_0} = \frac{I}{I_0} = \frac{1}{1 + j\,2\,Q_0\,\delta \left( \dfrac{1 + \delta/2}{1 + \delta} \right)} \tag{IV.9}$$

특히 $\omega \simeq \omega_0$에서는 $\delta \ll 1$이므로 다음과 같이 된다.

$$\frac{\omega}{\omega_0} - \frac{\omega_0}{\omega} \simeq 2\delta \qquad (\delta \ll 1)$$

$$\frac{Y}{Y_0} = \frac{I}{I_0} \simeq \frac{1}{1 + j\,2\,Q_0\delta \left( \dfrac{1 + \delta/2}{1 + \delta} \right)} \qquad (Q_0 \gg 1, \delta \ll 1) \tag{IV.10}$$

직렬 공진회로는 일종의 대역통과의 특성을 갖는 주파수 선택회로로서 일정한 전압하에 전

원주파수가 회로의 공진주파수에 가까운 경우에는 큰 전류가 흐르나, 이보다 낮을수록 또는 높을수록 전류는 적게 흐른다.

이러한 주파수 선택성이 좋고 나쁜 것은 어드미턴스에 대한 공진곡선을 그려서 첨예한가 또는 둔한가를 보면 알 수 있는데, 공진곡선의 첨예도는 회로의 $Q_0$ 또는 대폭에 의해서도 판단할 수 있다. 즉, $Q_0$가 클수록 대폭은 좁아지고 공진곡선이 첨예해져서 주파수 선택성이 좋아진다.

대폭은 보통 최대응답의 $1\sqrt{2}$ 배의 응답을 주는 두 주파수 간의 폭으로서 정의되고, 그 경계가 되는 주파수는 공진주파수의 상하에 각각 하나씩 존재하며, 이들 $\omega_1$, $\omega_2$를 반전력주파수(Half-Power Frequency)라 하고, $\Delta\omega = \omega_1 - \omega_2$을 반전력대폭(Half-Power Bandwidth)이라 한다.

식 (IV.7)에서 반전력주파수 $\omega_1$, $\omega_2$는 분모의 허수부 크기를 1로 하는 주파수이므로 다음을 얻는다.

$$\frac{\omega}{\omega_0} - \frac{\omega_0}{\omega} = \pm\, \frac{1}{Q_0} \tag{IV.11}$$

이 식은 $\omega$에 관한 2차방정식이므로 그 해를 구하면 다음과 같다.

$$\omega_1 = \omega_0 \sqrt{1 + (1/2\,Q_0)^2} - \frac{\omega_0}{2\,Q_0}$$

$$\omega_2 = \omega_0 \sqrt{1 + (1/2\,Q_0)^2} + \frac{\omega_0}{2\,Q_0} \tag{IV.12}$$

따라서 반전력대폭은 아래와 같고 회로의 $Q_0$에 반비례한다.

$$\Delta\omega = \omega_2 - \omega_1 = \frac{\omega_0}{Q_0}$$

$$\frac{\Delta\omega}{\omega_0} = \frac{1}{Q_0} \quad \text{또는} \quad \frac{\Delta f}{f_0} = \frac{1}{Q_0} \tag{IV.13}$$

여기에서 $\Delta\omega/\omega_0$을 비대폭(Fractional Bandwidth)이라 하며, 식 (IV.12)의 두 식을 곱함으로써

다음과 같은 관계를 얻을 수 있다.

$$\omega_1 \omega_2 = \omega_0^2 \tag{IV.14}$$

## $Q_0$의 정의

앞에서 정의된 직렬 공진회로의 $Q_0 = \omega_0 L / R$ 식 분모, 분자에 $I^2$($I$는 전류의 실효값)을 곱하면

$$Q_0 = \omega_0 \frac{LI^2}{RI^2}$$

여기에서 $LI^2$은 직렬 공진회로의 공진 시에 축적되는 전체 에너지와 같고 또 $RI^2$은 저항에서 소비되는 평균전력이므로 다음과 같이 쓸 수 있다.

$$Q_0 = \omega_0 \frac{축적에너지}{평균에너지} = 2\pi \frac{축적에너지}{매 사이클당 소비되는 에너지}$$

## 코일의 $Q$

앞서 $Q_0$의 정의에서는 코일의 저항, 전원이 내부저항, 콘덴서에서의 손실, 부하로 유출되는 전력을 대표하는 저항 등 회로 내의 모든 손실을 포함시켜 회로의 $Q$라고 하는 데 반하여, 다음과 같은 코일만의 저항에 대한 코일의 리액턴스의 비를 코일의 $Q$라고 한다.

$$Q_{\text{coil}} = \frac{\omega L}{R_{\text{coil}}}$$

코일의 저항은 낮은 주파수에서는 대체로 일정하므로 코일의 $Q$는 주파수와 함께 거의 직선적으로 증가하지만, 주파수가 높아지면 표피효과로 인하여 권선의 실효저항이 증가하고 또 코일의 분포용량의 영향을 받아서 코일 단자에서 관측되는 등가저항과 등가리액턴스는 주파수에 따라 거의 같은 비율로 증가하므로, $Q$는 상당히 넓은 주파수 범위에서 거의 일정한 값을 가진다.

코일에서의 손실이 회로 내 대부분의 손실을 차지할 경우에는 코일의 $Q$와 회로의 $Q$는 일치하나 다른 손실도 존재할 때에는 회로의 $Q$가 더 낮게 된다.

### RLC 병렬 공진회로

RLC 병렬 공진회로는 일명 반공진회로(Antiresonance Circuit)라고도 하며, 회로에 전류전원을 연결한 다음 전류의 크기를 고정시키고 주파수만을 변화시킬 때, 정상상태에서 양단에 나타나는 전압을 알아보기 위해서는 공진회로 양단의 임피던스를 해석해야 하므로 RLC 직렬회로와는 상대적이어서, 직렬 회로에 관한 모든 결과를 그대로 이용할 수 있다.

그와 같은 쌍대성에 따라 병렬 공진회로의 특성을 요약하면 다음과 같다.

1) 공진 시에 입력 어드미턴스의 허수부, 즉 서셉턴스는 0이 되고 $Y$ 및 $Z$는 순실수가 된다.
2) RLC 병렬 회로의 공진주파수는 직렬 회로와 마찬가지이다.

$$\omega_0 = \frac{1}{\sqrt{LC}}$$

3) 공진 시에는 $Y$의 크기가 최소로 되며 $Z$의 크기는 최대가 된다.
4) 공진 시에는 $L$ 및 $C$를 흐르는 전류는 매우 크게 되나 두 전류의 위상이 정반대여서 서로 상쇄되고 입력전류는 병렬저항성분으로만 흐른다.
5) 입력 임피던스는

$$Z = \frac{1}{G_1 + j\left(\omega L - \frac{1}{\omega C}\right)}$$

으로 나타내어지며, 공진 시에는 $Z_0 = \dfrac{1}{G_1} = R_1$이 된다.

6) 회로의 $Q_p$

$$Q_p = \frac{\omega_0 C}{G_1} = \frac{1}{\omega_0 L G_1} = \frac{1}{G_1}\sqrt{(C/L)}$$

$$Q_p = \frac{R_1}{\omega_0 L} = R_1 \omega_0 C = R_1 \sqrt{(C/L)}$$

7) 규준화된 임피던스

$$\frac{Z}{Z_0} = \frac{1}{1 + j Q_p \left( \dfrac{\omega}{\omega_0} - \dfrac{\omega_0}{\omega} \right)} = \frac{V}{V_0}$$

단, $V_0$는 공진 시의 전압 $V_0 = R_1 I$

8) 병렬 공진회로의 반전력대역 및 비대폭

$$\Delta\omega = \frac{\omega_p}{Q_p}$$

$$\Delta\omega / \omega = 1 / Q_p$$

# 찾아보기

**ㅇ**

ㅈ

# 마이크로파 공학

2016년 08월 10일 제1판 1쇄 인쇄 | 2016년 08월 17일 ＿＿반 1쇄 펴냄
지은이 나극환 | 펴낸이 류원식 | 펴낸곳 청문각출판

편집팀장 우종현 | 책임진행 안영선 | 본문편집 네임북스 | 표지디자인 유선영
제작 김선형 | 홍보 김은주 | 영업 함승형·이훈섭 | 출력 동화인쇄 | 인쇄 동화인쇄 | 제본 한진제본
주소 (10881) 경기도 파주시 문발로 116(문발동 536-2) | 전화 1644-0965(대표)
팩스 070-8650-0965 | 등록 2015. 01. 08. 제406-2015-000005호
홈페이지 www.cmgpg.co.kr | E - mail cmg@cmgpg.co.kr
ISBN 978-89-6364-290-1 (93560) | 값 25,000원